焊接技术人员培训教材

电力设备焊接技术

主　编　公维炜　张艳飞

副主编　原　帅　田　峰

中国电力出版社

CHINA ELECTRIC POWER PRESS

内 容 提 要

本书主要阐述了电力设备用金属材料及焊接材料、输变电设备金属材料焊接方法及工艺、电站设备金属材料焊接方法及工艺、焊接质量检验及控制体系、焊接培训考核与管理等内容。本书力求理论联系生产，突出电力设备焊接及操作特点，注重对焊接技术人员基本理论和高级操作方法的培养，并对不同类型的焊接接头失效原因进行了详细分析，为焊接操作人员及工程技术人员预防和解决同类型问题提供了有价值的参考。

本书可作为发输变电焊接技术人员教学、培训与考核教材，也可供从事焊接工作及相关金属技术监督管理的人员参考。

图书在版编目（CIP）数据

电力设备焊接技术／公维炜，张艳飞主编．—北京：中国电力出版社，2023.12
ISBN 978-7-5198-8331-7

Ⅰ.①电…　Ⅱ.①公…②张…　Ⅲ.①电力设备－焊接工艺　Ⅳ.① TM405

中国国家版本馆 CIP 数据核字（2023）第 224391 号

出版发行：中国电力出版社
地　　址：北京市东城区北京站西街 19 号（邮政编码 100005）
网　　址：http://www.cepp.sgcc.com.cn
责任编辑：宋红梅　柳　璐
责任校对：黄　蓓　朱丽芳
装帧设计：赵姗杉
责任印制：吴　迪

印　　刷：北京九天鸿程印刷有限责任公司
版　　次：2023 年 12 月第一版
印　　次：2023 年 12 月北京第一次印刷
开　　本：787 毫米 ×1092 毫米　16 开本
印　　张：24
字　　数：437 千字
印　　数：0001－1500 册
定　　价：108.00 元

编委会

前言

PREFACE

按照习近平总书记提出的"四个革命、一个合作"能源安全新战略，在"碳达峰、碳中和"目标以及能源电力转型的新形势下，我国发电生产供应能力快速提升，电网规模显著扩大，逐步形成多元的、绿色的以新能源为主体的新型电力系统。

我国制造业规模现稳居世界第一，截至2022年底，全国发电装机总容量达到25.6亿kW，水电、风电和光伏发电装机容量均突破3亿kW，并网电力装机容量连续多年稳居全球首位，累计建成投运"十五交十八直"33个特高压输电工程。

电力行业是技术密集型产业，同时也是人才密集型产业。技能人才是人才队伍的重要组成部分，加强技能人才工作是电力行业实现高质量发展的重要基础。电力焊工培训依托行业优势，聚集人才与智慧，极力打造电力行业人才发展服务平台，从1952年富拉尔基热电厂首次开展电力系统高压焊工和技术人员培训工作开始，历经70多年几代人的接力发展，为打造电力行业工匠级、大师级高技能人才队伍夯实了人才基础。

党的二十大报告提出教育、科技、人才是全面建设社会主义现代化国家的基础性、战略性支撑。着力打造电力工匠大师队伍，让技能大师和电力工匠涌现在电力行业各个岗位，携手推进高技能人才培养选拔，培养造就更多大国工匠和高技能人才，为实现中华民族伟大复兴的中国梦，提供坚实的技能人才保障。

在此背景下，高效超（超）临界火电机组及特高压输变电工程建设必将持续发展，而作为其中可靠连接的焊接设备成型技术也仍将大放异彩。因此，持续提升焊接工作质量，提升焊接操作人员水平，培养胜任电力高质量发展需求的焊接操作技术人员是当前及今后相当长一段时间内的重要工作，迫切需要一支专业素质过硬、具有工匠精神、适应新发展要求的高技能焊接人才队伍。

新能源消纳新形势下，对火电机组高合金耐热钢及大厚壁部件，以及特高压输电线路高强度钢焊接接头可靠性提出了更高的要求。为提升解决和应对上述问题的能力，在总结电力设备焊接接头服役特点，以及电力设备用金属材料的焊接工艺特性的基础上，编写了本书，以加强焊接质量管理和焊接操作人员培训、考核水平，提升电力设备安全运行水平，给设计、制造、安装、运行、修理、改造等工程技术人员提供参考，为解决新形势下焊接技术面临的难点问题和共性问题提供思路和方法。

本书共十一章，阐述了电力设备用金属材料及焊接材料、输变电设备金属材料焊接方法及工艺、电站设备金属材料焊接方法及工艺、焊接质量检验及控制体系、焊接培训考核与管理等内容。本书力求理论联系生产，突出电力设备焊接及操作特点，注重对焊接技术人员基本理论和高级操作方法的培养，并对不同类型的焊接接头失效原因进行了详细分析，为焊接操作人员及工程技术人员预防和解决同类型问题提供了有价值的参考。

本书编者多年来一直从事焊接技术工作，具有丰富的焊接技术，焊工培训、考核，焊接质量检验及质量体系管理经验，但由于编者技术水平所限，疏漏和不足之处在所难免，恳请广大读者多提宝贵意见。

编委会

2023 年 10 月　呼和浩特

目 录
CONTENTS

第一章　金属材料及热处理

第一节　金属学基础

金属是指具有正电阻温度系数的物质，其电阻随着温度的升高而增大。金属材料的化学成分和内部组织结构决定着其各项性能，通常情况下，金属和合金在固态时均为晶体，因此研究金属材料及其焊接性能首先需要了解晶体的结构和特点。

一、晶体结构基础

（一）晶体的特点

在晶体中，原子在三维空间按一定规则周期性重复排列，如金刚石、石墨及固态金属等材料具有晶体结构。而非晶体内部的原子则无规律地堆积在一起，如沥青、玻璃、松香等材料为非晶体结构材料。由于这种规则性的排列，晶体在某些性能上与非晶体存在明显的差异：

（1）晶体具有固定的熔点，在熔点以上处于非结晶状态。

（2）在不同方向具有不同的性能（导电性、导热性、热膨胀性、弹性和强度等），即各向异性。

（二）晶体结构

晶体结构是指晶体中原子在三维空间有规律地、周期性地排列。由于组成晶体的原子种类不同或者排列规则不同，从而可以形成各种各样的晶体结构，即实际存在的晶体结构有很多种。为便于分析晶体中原子排列规律，将原子近似地看成一个点，并用假想的线条将各原子中心连接起来，这样构成的空间格子称为晶格。组成晶格的最基本的周期重复排列而成的几何单元称为晶胞。

由于金属原子趋向于紧密排列，所以在工业上使用的金属元素中，除了少数具有复杂的晶体结构外，绝大多数都具有比较简单的晶体结构，其中最典型、最常见的金

属晶体结构有3种类型，即体心立方结构、面心立方结构和密排六方结构。

1. 体心立方结构

体心立方结构的晶胞为立方体，如图1-1所示。立方体的八个顶角各排列着一个原子，立方体的中心有一个原子。属于这种晶格类型的金属有α-Fe（铁）、δ-Fe（铁）、β-Ti（钛）、Cr（铬）、Mo（钼）、W（钨）、V（钒）、Nb（铌）等。

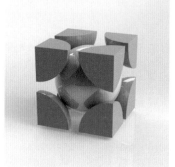

图1-1　体心立方结构晶胞

2. 面心立方结构

面心立方结构的晶胞为一个立方体，如图1-2所示。立方体的八个顶角和六个面的中心各排列一个原子。属于这种晶格类型的金属有γ-Fe（铁）、Al（铝）、Cu（铜）、Ni（镍）、Ag（银）等。

图1-2　面心立方结构晶胞

3. 密排六方结构

密排六方结构的晶胞是一个六方柱体，如图1-3所示。柱体的十二个顶角和上、下中心各排列着一个原子，在上、下面之间还有三个原子。属于这种晶格类型的金属有Mg（镁）、Zn（锌）、Be（铍）、α-Ti（钛）、Cd（镉）等。

图1-3　密排六方结构晶胞

二、金属的结晶

　　金属由液态转变为固态的过程称为凝固，又称为结晶。金属在焊接时，熔池中的焊缝金属经历加热、熔化后也会发生凝固和结晶，结晶后组织中的晶粒形状、大小和分布等将极大地影响焊接接头的性能。结晶的过程十分复杂，这里从结晶的宏观现象入手，进而简述其微观本质。

　　1. 宏观特征

　　利用热分析法研究金属的结晶过程时，可以得到结晶过程中的两个十分重要的宏观特征，即过冷现象与结晶潜热，金属结晶时的冷却曲线示意图如图1-4所示。

　　过冷现象指金属在结晶过程中，当冷却至理论结晶温度 t_m（熔点）时，并未开始结晶，而需要继续冷却至 t_m 以下的某一温度 t_n，液态金属才开始结晶，金属的实际结晶温度与理论结晶温度之差 Δt 称为过冷度，即 $\Delta t = t_m - t_n$。金属的过冷度不是一个恒定值，受金属中的杂质和冷却速度影响。金属越纯，过冷度越大；冷却速度越大，过冷度越大。

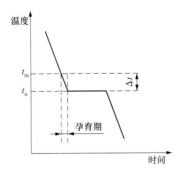

图1-4　金属结晶时的冷却曲线示意图

金属熔化时从固相转变为液相需要吸收热量，而结晶则相反，从液相转变为固相放出热量，前者称为熔化潜热，后者称为结晶潜热。当液态金属的温度达到结晶温度 t_n 时，由于结晶潜热的释放，补偿了散失到周围的热量，即液体变为固体是一个放热过程，放出来的热称为结晶潜热。

2. 微观过程

金属的凝固（结晶）是一个形核与长大的过程。结晶时首先形成一定尺寸的晶核，然后晶核不断凝聚液体中的原子并继续不断长大。由于各个晶核是随机形成的，其位向各不相同，这样就形成了多晶体金属。金属结晶过程示意如图1-5所示。

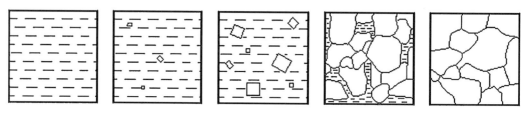

图1-5　结晶过程示意图

三、铁碳合金及其相图

一般把含碳量［碳的质量分数，用 $W(C)$ 表示］为0.021%～2.11%的铁碳合金称为钢，含碳量 $W(C) > 2.11\%$ 的铁碳合金称为铸铁。由于钢和铸铁主要由碳元素和铁元素组成，因此通常把钢和铸铁统称为铁碳合金，是电力设备中使用最广泛的金属材料。

铁碳相图可以作为分析钢材在加热和冷却过程中，转变产物或组织状态的依据，也是制定材料热加工工艺和热处理工艺的基础。对于焊接技术人员来说，掌握铁碳相图可以判断相应含碳量的钢在各种温度情况下的组织和大致的性能，有助于理解焊接及焊接热处理工艺。

（一）铁碳合金的分类

根据含碳量、组织转变的特点及室温平衡组织，铁碳合金可以分为工业纯铁、钢和白口铸铁。

$W(C) < 0.0218\%$ 的称为工业纯铁，组织为铁素体+三次渗碳体。

$W(C) = 0.0218\%～2.11\%$ 的铁碳合金称为钢。根据其含碳量及室温平衡组织的不同，可分为亚共析钢［ $0.0218\% < W(C) < 0.77\%$ ］、共析钢［ $W(C) = 0.77\%$ ］和过

共析钢 [0.77% < W（C）< 2.11%]。

W（C）为 2.11% ~ 6.69% 的铁碳合金称为白口铸铁。可分为亚共晶白口铸铁 [2.11% < W（C）< 4.3%]、共晶白口铸铁 [W（C）=4.3%] 和过共晶白口铸铁 [4.3% < W（C）< 6.9%]。

（二）铁碳合金的相和组织

相是指材料中晶体结构和化学成分相同，并以界面相互分开的均匀组成部分。不同的相具有不同的晶体结构，根据晶体结构特点可以分为固溶体和金属化合物两大类。固溶体是指溶质原子进入溶剂晶格中仍保持溶剂类型的合金相。当超过固溶体的固溶度极限时，可形成金属化合物。

在纯金属与合金中，由于形成条件的不同，可能形成不同的相，相的数量、形态及分布状态也可能不同，从而形成不同的组织。通常将用肉眼或放大镜观察到的形貌图像称为宏观组织，用显微镜观察到的微观形貌图像称为显微组织。相是组织的基本组成部分，但是同样的相，当它们的形态和分布不同时，就会出现不同的组织，材料表现出不同的性能。

纯铁在固态下有 δ-Fe、γ-Fe 和 α-Fe 三种同素异构体，在铁碳合金中，碳可以与铁组成化合物，也可以形成固溶体，或者是两者的机械混合物。

1. 铁碳合金中的基本相

（1）碳溶于 α-Fe 中的固溶体称为铁素体，为体心立方结构，常用符号 F 或 α 表示。铁素体中含碳量很低，性能和组织与纯铁相似，具有良好的塑性和韧性，强度和硬度较低。

（2）碳溶于 δ-Fe 中的固溶体称为 δ- 铁素体，又称高温铁素体，用符号 δ 表示。δ-铁素体形成会降低钢的持久强度和冲击韧性等性能，高铬铁素体耐热钢焊缝组织中要严格控制其含量。

（3）碳溶于 γ-Fe 中的固溶体称为奥氏体，为面心立方结构，常用符号 A 或 γ 表示。奥氏体的强度和硬度不高，具有良好的塑性，易于锻压成型。

（4）铁与碳形成的化合物称为渗碳体，即 Fe_3C。渗碳体硬度很高，塑性很差，伸长率和冲击韧性几乎为零，是一种硬而脆的组织。

2. 铁碳合金的多相组织

（1）铁素体和渗碳体的机械混合物称为珠光体，用符号 P 表示。

（2）奥氏体和渗碳体的机械混合物称为莱氏体，用符号 Ld 表示。

此外，不同的过冷奥氏体等温转变温度下，会生成索氏体（S）、托氏体（T）、贝氏体（B）和马氏体（M）等不同的组织。

（三）铁碳合金相图分析

铁碳合金相图表示在缓慢冷却（或缓慢加热）的条件下，不同成分的铁碳合金的状态或组织随温度变化的图形，如图1-6所示。

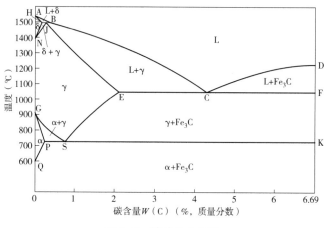

图1-6　铁碳合金相图

1. 铁碳合金相图的特征点

铁碳合金相图中钢的特征点及碳的质量分数如表1-1所示。

表1-1　　　　　铁碳合金相图中钢的特征点及碳的质量分数

特性点	温度（℃）	$W(C)$（%）	说明
A	1538	0	纯铁的熔点
B	1495	0.53	包晶转变时液态合金的成分
C	1148	4.3	共晶点
D	1227	6.69	渗碳体的熔点
E	1148	2.11	碳在γ-Fe中的最大溶解度
F	1148	6.69	渗碳体的成分
G	912	0	α-Fe→γ-Fe纯铁的同素异晶转变点
H	1495	0.09	碳在δ-Fe中的最大溶解度
J	1495	0.17	包晶点
N	1394	0	α-Fe→γ-Fe纯铁的同素异晶转变点

续表

特性点	温度（℃）	$W(C)(\%)$	说明
P	727	0.0218	碳在 α-Fe 中的最大溶解度
S	727	0.77	共析点 γ-Fe→α-Fe+Fe₃C
Q	600	0.01	碳在 α-Fe 中的溶解度

2. 铁碳合金相图的特征线

如图 1-6 所示，ABC 线为铁碳合金的液相线，钢加热到此线以上相应温度时，全部变成液态，而冷却到此线时，开始结晶出现固相。

AHJECF 线为铁碳合金的固相线。钢加热到此线相应的温度，开始出现液相，而冷却到此线时转变为固相。

ES 线为碳在奥氏体中的溶解度线，常用 A_{cm} 表示。从线上可以看出，1148℃时 γ-Fe 中溶解碳的质量分数最大为 2.11%，在 727℃时溶解碳的质量分数为 0.77%。因此碳质量分数大于 0.77% 的铁碳合金，自 1148℃冷却到 727℃的过程中，由于奥氏体溶解碳量的减少，将从奥氏体中析出渗碳体，一般称为二次渗碳体（Fe₃C_{II}）。

GS 线为冷却时奥氏体开始析出铁素体的温度线，或加热时铁素体完全转变为奥氏体的温度线，GS 线常用 A_3 表示。

PQ 线为碳在铁素体中的溶解度线。铁素体中的溶碳量在 727℃时达到最大值 0.0218%，随着温度的降低，铁素体中的溶碳量逐渐减少，在 300℃以下，溶碳量小于 0.001%。因此当铁素体从 727℃冷却下来时，将从铁素体中析出渗碳体，称为三次渗碳体（Fe₃C_{III}）。

GP 线为碳的质量分数在 0.0218% 以下的铁碳合金在冷却时奥氏体全部转变为铁素体的温度线，或在加热时铁素体开始转变为奥氏体的温度线。

PSK 线为共析转变线。常用符号 A_1 表示，共析转变的产物为珠光体。

ECF 线为共晶转变线，共晶转变的产物为莱氏体。

A_1 线、A_3 线和 A_{cm} 线是钢在缓慢加热和冷却过程中组织转变的临界点。在热处理过程中，实际转变温度要偏离平衡的临界温度。通常把加热时的实际临界温度标以字母 "c"，如 Ac_1、Ac_3、Ac_{cm}；而把冷却时的实际临界温度标以字母 "r"，如 Ar_1、Ar_3、Ar_{cm} 等。

铁碳合金相图是在平衡状态下得到的相图。在焊接过程中，加热和冷却十分迅速，达不到平衡状态时的均匀组织，可能出现非平衡组织，如贝氏体、马氏体等异常组织。

第二节　钢的热处理工艺

热处理是将金属或合金工件在固态下加热到预定的温度，并在此温度保持一定时间，然后以一定的速度冷却到室温的一种热加工工艺。其目的是改变钢的内部组织结构，以改善其性能。金属热处理工艺可分为整体热处理、表面热处理和化学热处理三大类。

一、钢在加热及冷却时的组织转变

（一）钢在加热时的转变

钢在加热过程中，由加热前的组织转变为奥氏体的过程，称为钢的加热转变或奥氏体化过程。加热转变所得到的奥氏体组织状态，其中包括奥氏体晶粒的大小、形状、亚结构及均匀性等，均将直接影响随后的冷却过程中所发生的转变及转变产物和性能。

以共析钢为例，珠光体向奥氏体的转变是一个晶核的形成和长大的过程。具体包括奥氏体晶核的形成、晶核的长大、残余渗碳体溶解和奥氏体成分均匀化四个阶段。奥氏体转变过程示意如图1-7所示。

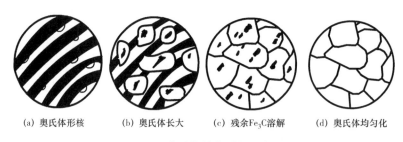

(a) 奥氏体形核　　(b) 奥氏体长大　　(c) 残余Fe_3C溶解　　(d) 奥氏体均匀化

图1-7　奥氏体转变过程示意图

（1）奥氏体晶核形成：首先在铁素体与Fe_3C相界形核。

（2）奥氏体晶核长大：奥氏体晶核通过碳原子的扩散向铁素体和Fe_3C方向长大。

（3）残余Fe_3C溶解：铁素体的成分、结构更接近于奥氏体，因而先消失。残余的Fe_3C随保温时间延长继续溶解直至消失。

（4）奥氏体均匀化：Fe_3C溶解后，所在部位碳含量仍很高，长时保温可使奥氏体成分趋于均匀。

（二）钢在冷却时的转变

铁碳相图适用于缓慢冷却、平衡状态下的等温转变，而实际热处理则是以一定的冷却速度来进行的，不同冷却速度也会得到不同的组织。热处理冷却方式通常有两种，即等温冷却和连续冷却。

1. 过冷奥氏体的等温转变

这里以共析钢为例，介绍等温冷却组织转变的规律。反映过冷奥氏体转变产物与时间关系的曲线称为过冷奥氏体等温转变曲线，如图1-8所示。其中处于相变温度 A_1 以下的，尚未发生转变且处于不稳定状态的奥氏体，称为过冷奥氏体（A'）。共析钢过冷奥氏体在相变温度 A_1 以下的不同温度下，会发生三种不同的转变，即珠光体转变、贝氏体转变和马氏体转变。

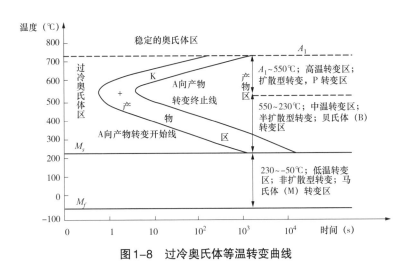

图1-8　过冷奥氏体等温转变曲线

（1）珠光体转变。当过冷奥氏体冷却到 A_1 ~ 550℃高温区等温停留，将发生珠光体转变，转变产物为珠光体，根据奥氏体化温度和奥氏体化程度不同，过冷奥氏体可以形成片状珠光体和粒状珠光体两种组织形态。

（2）贝氏体转变。当过冷奥氏体冷却到550℃ ~ M_s（M_s 为马氏体转变开始温度）中温区等温停留，将发生贝氏体转变，转变产物为贝氏体（过饱和铁素体和碳化物组成的机械混合物），在较高温度（550 ~ 350℃）范围内形成的贝氏体称为上贝氏体，在较低温度（350℃ ~ M_s）范围内形成的贝氏体称为下贝氏体。

（3）马氏体转变。当钢从奥氏体状态快速冷却，在较低温度下（低于 M_s 点）发生的无扩散型相变称为马氏体转变。与前两种转变不同，马氏体转变是在一定温度

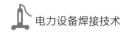

$M_s \sim M_f$（M_f为马氏体转变终止温度）范围内快速连续冷却完成的。马氏体量随温度降低而不断增加，在M_f以下，过冷奥氏体停止转变。

2. 过冷奥氏体的连续转变

实际生产中，奥氏体的转变大多是在连续冷却过程中进行的，连续冷却转变曲线如图1-9所示。图中P_s和P_f分别表示奥氏体到珠光体转变的开始线和中止线。KK'线表示奥氏体到珠光体转变的终了线；V_k为上临界冷却速度，表征获得全部马氏体组织的最小冷却速度；$V_{k'}$为下临界冷却速度，是保证奥氏体全部转变为珠光体的最大冷却速度。

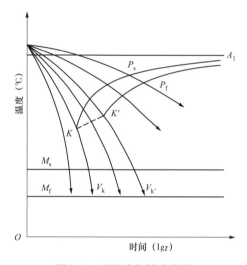

图1-9　连续冷却转变曲线

二、钢的热处理工艺

（一）退火

退火是指将钢加热至Ac_1以上或以下温度，保持一定的时间，然后缓慢冷却的热处理工艺。退火的目的主要是均匀钢的化学成分及组织、细化晶粒、调整硬度、消除内应力和加工硬化，改善钢的加工性能，为后续热处理做好组织准备。常见的退火工艺有再结晶退火、去应力退火、球化退火和完全退火等。

1. 完全退火和等温退火

完全退火是将钢材或钢件加热至Ac_3以上$20 \sim 30$℃，保温足够长时间，组织完全奥氏体化后缓慢冷却，以获得近于平衡组织的热处理工艺。完全退火又称重结晶退火，一般简称为退火，这种退火主要用于亚共析成分的各种碳钢和合金钢的铸、锻件及热轧型材，有时也用于焊接结构。一般常作为一些不重要工件的最终热处理，或者作为某些工件的预先热处理工艺。

完全退火需要的时间很长，如果将奥氏体化后的钢较快地冷至稍低于 Ar_1 温度恒温，使奥氏体转变为珠光体，再空冷至室温，则可缩短退火时间，这种退火方法称为等温退火。适用于高碳钢、合金工具钢和高合金钢，它不但可以达到和完全退火相同的目的，而且有利于钢件获得均匀的组织和性能。而对于大截面积的钢件和大批量炉料，等温退火却难以保证工件内外达到等温温度。

2. 球化退火

球化退火主要用于过共析碳钢及合金工具钢。使钢中碳化物球化，得到在铁素体基体上均匀分布的球状或颗粒状碳化物的组织。其主要目的在于降低硬度，改善切削加工性。

3. 去应力退火

将工件加热至 Ac_1 以下某一温度，保温一定时间后冷却，从而消除残余内应力的工艺称为去应力退火。主要用来消除铸件、锻件、焊接件、热轧件、冷拉件等的残余应力。习惯上，把较高温度下的去应力处理称为去应力退火，而把较低温度下的去应力处理，称为去应力回火。

（二）正火

指将工件加热到 Ac_3 或 Ac_{cm}（钢的上临界点温度）以上 $30 \sim 50℃$，保持适当时间后，在空气中冷却的热处理工艺。正火的主要目的是细化金属组织晶粒，消除在锻、轧后的组织缺陷，改善钢的机械性能（强度、韧性和塑性）。火力发电厂的管道用钢大多采用正火处理。

（三）淬火

指将钢件加热到 Ac_3 或 Ac_1 以上某一温度，保持一定的时间，然后以适当的冷却速度，获得马氏体（或下贝氏体）组织的热处理工艺。常见的淬火工艺有盐浴淬火、马氏体分级淬火、贝氏体等温淬火、表面淬火和局部淬火等。淬火的主要目的是使钢件获得所需的马氏体组织，提高工件的硬度，强度和耐磨性，从而满足各种机械零件和工具的不同使用要求。

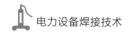

（四）回火

回火是指将淬火钢加热到A_1以下的某一温度，保温一定时间，然后以适当的方式冷却到室温的热处理工艺。回火的主要目的是减少或消除淬火应力，保证相应的组织转变，提高钢的韧性和塑性，获得硬度、强度、塑性和韧性的适当匹配，以满足不同用途工件的性能要求。按其回火温度的不同，可将回火分为低温回火、中温回火和高温回火。

1. 低温回火（150~250℃）

低温回火所得组织主要为回火马氏体，又称为消除应力回火。其目的是在保持淬火钢的高硬度和高耐磨性的前提下，降低其淬火内应力和脆性，适当提高其韧性。主要用于各种高碳的切削刀具、量具、冷冲模具、滚动轴承以及渗碳件等，铝合金的时效热处理也属于低温回火。

2. 中温回火（350~500℃）

中温回火所得组织为回火屈氏体。其目的是获得高的屈服强度、弹性极限和较高的韧性。主要用于各种弹簧和热作模具的处理。

3. 高温回火（500~650℃）

高温回火所得组织为回火索氏体。习惯上将淬火加高温回火相结合的热处理称为调质处理，经调质处理后，钢具有优良的综合力学性能。广泛用于螺栓、齿轮及轴类等承受动载荷的重要零部件。例如火电厂汽轮机转子、叶轮、高温紧固螺栓、阀门门杆等多采用高温回火处理。

第三节　金属材料的性能

金属材料的性能可分为使用性能和工艺性能。使用性能指材料在使用过程中所表现的性能，主要包括力学性能、物理性能和化学性能。工艺性能指材料在加工过程中所表现的性能，主要包括铸造、锻压、焊接、热处理和切削等性能。

一、力学性能

金属材料在各种外加载荷（拉伸、压缩、弯曲、扭转、冲击、交变应力）作用下所表现的力学特性称为金属材料的力学性能，包括强度、硬度、塑性、韧性、弹性、刚性、缺口敏感性和抗疲劳强度等指标。力学性能是焊接结构设计、材料选用和质量检验的主要依据。

（一）常温力学性能

强度是金属材料抵抗永久变形和断裂的能力，常用的强度性能指标有屈服强度和抗拉强度。

塑性是指金属材料在载荷作用下断裂前发生不可逆永久变形的能力。工程上通常以材料受外力断裂后的断后伸长率（A）或断面收缩率（Z）大小来确定材料的塑性。

硬度是指金属材料抵抗局部塑性变形，特别是压痕或划痕形成的永久变形的能力。常用的硬度试验方法有布氏硬度、洛氏硬度、里氏硬度、维氏硬度等。

韧性是指金属在断裂前吸收变形能量的能力。衡量材料韧性的指标分为冲击韧性和断裂韧性。

疲劳是指材料在循环应力和应变作用下，在一处或几处产生局部永久性累积损伤，经一定循环次数后产生裂纹或突然完全断裂的现象。材料在规定次数应力循环后仍不发生断裂时的最大应力称为疲劳极限，用 σ_{-1} 表示。一般规定，钢在经受 10^7 次、有色金属材料经受 10^8 次交变载荷作用时不发生断裂的最大应力为疲劳极限。

（二）高温力学性能

火力发电、光热发电和余热锅炉发电机组的锅炉管道、集箱和汽轮机等设备部件长期在高温条件下服役。研究表明载荷持续时间和温度对材料的抗拉强度及断裂形式都会产生不同程度的影响，高温材料的性能好坏，不能简单地用常温拉伸的应力–应变曲线来评定，必须加入温度和时间两个重要因素。常用的高温力学性能指标有蠕变极限、持久强度和松弛稳定性。

1.蠕变极限

在规定温度和恒应力作用下，材料塑性变形随时间而增加的现象称为蠕变，由于这种变形而发生的材料断裂称为蠕变断裂。金属的蠕变过程可用蠕变曲线来描述，典型的蠕变曲线如图1-10所示。

蠕变可以分为三个阶段：

第一阶段是过渡蠕变阶段，蠕变速率不断降低。

第二阶段是稳态蠕变阶段，蠕变速率达到最小，并保持相对稳定，是材料蠕变失

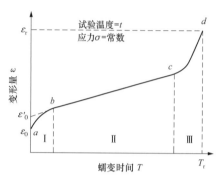

图1-10 典型的蠕变曲线

效的主要阶段。

第三阶段是加速蠕变阶段，蠕变速率和变形量迅速增大，直至试样断裂。

蠕变极限指在规定温度下使试样在规定时间内产生的蠕变总伸长率或稳态蠕变速率不超过规定值的最大应力，它表征金属材料抵抗蠕变变形的能力。符号为 σ_v^t，上标 t 表示试验温度（℃），下表 v 表示规定的蠕变速度，例如 $\sigma_{1\times10^{-5}}^{600}=49\text{MPa}$，表示在蠕变试验第二阶段，温度为600℃，经过 $1\times10^5\text{h}$ 产生变形量1%时的应力为49MPa。

2. 持久强度

试样在规定的温度下达到规定的试验时间而不致断裂的最大应力，表征金属材料抗高温蠕变断裂的能力。符号为 σ_t^t，上标 t 表示试验温度（℃），下标 t 表示持续时间，例如 $\sigma_{1\times10^5}^{580}=88\text{MPa}$，表示580℃时，10万h的持久强度极限为88MPa。

3. 松弛稳定性

在规定温度和初始变形或位移恒定的条件下，材料的应力随时间而减小的现象称为应力松弛。松弛稳定性是指金属材料抵抗应力松弛的性能，通过应力松弛曲线来评定，如图1-11所示。金属的应力松弛曲线是在给定温度和总变形量不变条件下应力随时间而降低的曲线。松弛过程是弹性变形减少、塑性变形增加的过程。

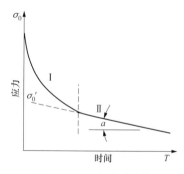

图1-11 应力松弛曲线

二、金属材料的焊接性

金属材料的焊接性是指材料在限定的施工条件下，焊接成按规定设计要求的构件，并满足预定服役的能力。焊接性受材料、焊接方法、构件类型及使用要求四个因素的影响。

1. 金属材料焊接性的内容

金属材料焊接性内容包括工艺焊接性和使用焊接性。不同的金属材料用不同的焊接方法进行焊接时，由于材料的成分和性能差异及焊接冶金过程，从而对焊接操作的难易程度和材料的组织与性能产生不同的影响。焊接性能可通过焊接性试验进行评价。

工艺焊接性是指在一定焊接工艺条件下，能否获得优质致密、无缺陷的焊接接头的能力。不仅与母材的成分和性能有关，还受焊接热源的性质、保护方式、接头形式及焊接方位、预热、后热等因素影响，反映了金属在焊接过程中对接头性能的改变，尤其是形成缺陷的敏感性。

对于熔化焊而言，工艺焊接性可分为热焊接性和冶金焊接性。热焊接性是指在焊接热过程中，对焊接热影响区的组织性能及产生缺陷的影响程度，常用来评定被焊金属对热的敏感性，如晶粒长大和组织性能变化等。冶金焊接性是指冶金反应对焊接性能和产生缺陷的影响程度。包括合金元素的氧化、还原、蒸发，氢、氧和氮的溶解等对气孔、夹杂物和裂纹等缺陷的敏感性，主要影响焊缝金属的化学成分和性能。

使用焊接性是指焊接接头或整体焊接结构满足技术条件所规定的各种使用性能的程度。主要包括力学性能、低温性能、抗脆断性能、高温蠕变、疲劳性能、持久强度、抗腐蚀性和耐磨性能等，反映了在一定工艺条件下所获得的焊接接头对使用要求的适应性。

2. 影响金属材料焊接性的因素

对于钢铁材料而言，影响金属焊接性的因素主要有材料、结构、工艺和使用要求等。在分析金属的焊接性时，不能单纯地以某一因素进行独立分析，而应结合多方面因素进行综合分析。

材料的焊接性主要与焊接时直接参与物理化学反应和发生组织变化的母材和焊材的化学成分、力学性能、冶炼轧制、热处理和组织状态等因素有关，其中化学成分是主要影响因素。

结构因素指焊接结构形状、尺寸、厚度及接头坡口形式和焊缝布置等。结构的刚度、应力集中程度与应力状态等，不仅影响材料对焊接裂纹的敏感性，还可能影响接

头的力学性能。

对于同一种材料，不同的焊接方法和工艺措施，焊接性不同。焊接热过程和冶金过程直接决定接头的质量和性能，工艺措施对防止焊接缺陷，提高接头使用性能有重要的作用。

服役环境因素主要包括焊接结构的工作温度、工作介质、负荷条件（载荷种类、施加方式和速度）和工作环境等。服役条件越恶劣，对接头质量的要求就越高，焊接性就越不易得到保证。

3. 金属材料焊接性评价指标

常用焊接冷裂纹试验、热裂纹试验、再热裂纹试验、层状撕裂试验、应力腐蚀裂纹试验和脆性断裂试验等来作为判定金属材料冶金焊接性的指标。

可根据材料的化学成分、金相组织、力学性能之间的关系，焊接热循环过程进行推测或评估，从而确定焊接性优劣。如碳当量法、焊接裂纹敏感指数法、连续冷却组织转变曲线法、焊接热应力模拟法、焊接热影响区最高硬度法及焊接区断口金相分析等。

碳对冷裂纹敏感性的影响较显著，碳当量法是将钢中包含碳元素在内的各种合金元素对淬硬、冷裂及脆化等的影响折合成碳的相当量来推断钢材的焊接性。国际焊接学会（IIW）推荐的碳当量（CE）计算公式 CE（IIW）=C+Mn/6+（Cr+Mo+V）/5+（Ni+Cu）/15（%）（式中：C、Mn、Cr、Mo、V、Ni、Cu为钢中该元素含量）。对于中、高强度的非调质低合金高强度钢，若 CE（IIW）< 0.4%，则淬硬倾向小，焊接性良好，焊前不需要预热。若 CE（IIW）=0.4%～0.6%，尤其是大于0.5%时，钢材易淬硬，说明焊接性差，焊接时需要预热才能防止焊接裂纹的产生。

也可将施焊的接头甚至产品在使用条件下进行各方面性能的试验结果来评定其焊接性。如焊缝及接头的拉伸、弯曲、冲击等力学性能试验、高温蠕变及持久强度试验、断裂韧性试验、低温脆性试验、耐腐蚀及耐磨试验、疲劳试验等。直接用产品做的试验有水压试验、爆破试验等。

三、金属材料的热处理工艺性能

淬透性指淬火时得到淬硬层深度大小的能力，也称为可淬性，是衡量不同钢种接受淬火能力强弱的重要指标。为了便于用金相和硬度鉴别，规定以马氏体组织占比50%处为淬硬层深度。

过热敏感性指金属在加热过程中晶粒粗化倾向的大小，一般以晶粒开始急剧长大时的温度来衡量晶粒长大倾向。晶粒长大往往使钢材的机械性能降低，淬火加热时也容易形成裂纹。

淬裂敏感性是指金属在淬火时产生裂纹的倾向。一般用一定形状的试样经不同冷却能力的淬冷介质淬火后，统计出现裂纹的多少来进行相对比较。

脱碳敏感性是指钢在加热和保温过程中表层的碳逸出氧化的倾向。一般将试样在相应的加热环境下保持一定时间后，用金相法或剥层分析法测定脱碳层的深浅来评定。

回火脆性是指淬火钢在 $400 \sim 600$℃温度区间回火时的脆化现象。一般用钢在回火后慢冷状态下和水冷状态下冲击韧性的比值大小来衡量，也可用回火后快冷和慢冷两种不同状态下钢的脆性转变温度的变化大小来衡量。

第四节　钢铁材料的分类及表示方法

金属材料分为黑色金属材料和有色金属材料两大类。钢铁材料被称为黑色金属材料，是以铁与碳、硅、锰、磷、硫及少量其他元素所组成的铁碳合金。铁是碳的质量分数大于2.11%的铁碳合金，钢是碳的质量分类为0.04%～2.3%的铁碳合金。钢铁材料是工业中应用最广、用量最多的金属材料，其品种规格繁多，性能及用途各异。

一、钢铁材料分类

钢铁材料可以按化学成分、冶金质量、用途、脱氧程度、冶炼方法及显微组织等进行分类。

1. 按化学成分分类

依据化学成分可分为非合金钢（习惯称为碳素钢或碳钢）、低合金钢和合金钢三大类。

GB/T 13304.1—2008《钢分类　第1部分：按化学成分分类》规定了按照化学成分对钢进行分类的基本准则，并规定了非合金钢、低合金钢与合金钢中合金元素含量的基本界限值。非合金钢一般指碳素钢，其中除以碳作为主要合金元素外，还有少量锰和硅等有益元素，并严格控制所有合金元素的上限含量。根据碳质量分数的不同，碳素钢在以往的标准中又分为工业钝铁 [W（C）≤0.02%]、低碳钢 [W（C）≤0.25%]、中碳钢 [W（C）=0.25%~0.60%] 和高碳钢 [W（C）=0.60%~2.11%]。

低合金钢是为了改善钢的性能，在碳钢基础上加入某些合金元素炼制而成的钢。一般其主要合金元素含量在2%以下，或者各种合金元素的总量达到3%~5%。GB/T 13304.1—2008《钢分类　第1部分：按化学成分分类》对低合金钢对合金元素的含量上限值和含量下限值都进行了限定。

合金钢规定了每种合金元素的下限含量，任何一种元素超过限定值都应列为合金钢。如，当Cr、Cu、Mo、Ni四种元素有其中两种、三种或四种元素同时规定在钢中时，对于低合金钢应同时考虑这些元素中每种元素的规定含量。即使这些元素每种的规定含量低于规定的最高界限值，但含量总和大于每种元素最高界限值总和的70%也应划入合金钢。有时也把合金元素总量为5%~10%的称为中合金钢，大于等于10%的称为高合金钢。

2. 按钢材冶金质量分类

依据GB/T 13304.2—2008《钢分类　第2部分：按主要质量等级和主要性能或使用特性的分类》标准。非合金钢按主要质量等级可分为普通质量非合金钢、优质非合金钢和特殊质量非合金钢。普通质量非合金钢是指生产过程中不规定需要特别控制质量要求的钢。优质非合金钢是指在生产过程中需要特别控制质量（如控制晶粒度，降低硫、磷含量，改善表面质量或增加工艺控制等），以达到比普通质量非合金钢特殊的质量要求（如良好的抗脆断性能、良好的冷成型性等）。特殊质量非合金钢是指在生产过程中需要特别严格控制质量和性能（如控制淬透性和纯洁度）的非合金钢。

低合金钢按主要质量等级分为普通质量低合金钢、优质低合金钢和特殊质量低合金钢。普通质量低合金钢是指不规定生产过程中需要特别控制质量要求的，供作一般用途的低合金钢。优质低合金钢是指在生产过程中需要特别控制质量，以达到比普通质量低合金钢特殊的质量要求。特殊质量低合金钢是指在生产过程需要特别严格控制质量和性能（特别是严格控制硫、磷等杂质含量和纯洁度）的低合金钢。

合金钢按主要质量等级分为优质合金钢和特殊质量合金钢。优质合金钢是指在生产过程中需要特别控制质量和性能（如韧性、晶粒度或成形性）的钢。特殊质量合金钢是指需要严格控制化学成分和特定的制造及工艺条件，以保证改善综合性能，并使性能严格控制在限值范围内。

3. 按用途分类

非合金钢按其主要性能或使用特性分为以规定最高强度（或硬度）为主要特性的

非合金钢（如普通质量低碳结构钢板和钢带）、以规定最低强度为主要特性的非合金钢（如碳素结构钢，锅炉、压力容器和管道等用的结构钢）、以限制碳含量为主要特性的非合金（如线材、调质用钢）、具有专门规定磁性或电性能的非合金钢（如电磁纯铁）、非合金易切削钢、非合金工具钢等。

低合金钢分为可焊接的低合金高强度结构钢（简称低合金结构钢）、低合金耐候钢、低合金混凝土用钢及预应力用钢、铁道用低合金钢、矿用低合金钢、其他低合金钢（如焊接用钢）。

合金钢分为工程结构用合金钢、压力容器用钢、输送管线用钢、预应力用合金钢、高锰耐磨钢、机械结构用合金钢、合金弹簧钢、不锈钢、耐酸钢、抗氧化钢、热强钢、合金工具钢、高速工具钢、轴承钢等及其他软磁钢、永磁钢、无磁钢及高电阻钢特殊物理性能钢。

4. 按冶炼时脱氧程度分类

按冶炼时脱氧程度可分为沸腾钢、镇静钢、半镇静钢、特殊镇静钢。

沸腾钢是脱氧不完全的钢，钢在浇注和凝固时，由于碳与氧化铁反应，钢液不断析出一氧化碳，产生沸腾现象，故称为沸腾钢。沸腾钢耐蚀性和力学性能差，不宜用于重要结构。

镇静钢为完全脱氧钢，浇注和凝固时钢液镇静不沸腾，故称为镇静钢。火电机组锅炉受压元件和与受压元件焊接的承载构件钢材应当使用镇静钢。

半镇静钢为半脱氧钢，脱氧程度介于上述两者之间。特殊镇静钢是比镇静钢脱氧程度更充分彻底的钢，故称为特殊镇静钢。

5. 按冶炼方法分类

根据炼钢炉类别分类，可分为平炉钢、转炉钢（又分氧气吹炼和空气吹炼转炉钢）和电炉钢（又分为电弧炉钢、电渣炉钢、感应炉钢和电子束炉钢等）三大类。

6. 按显微组织分类

按室温时的显微组织可分珠光体型钢、贝氏体型钢、铁素体型钢、奥氏体型钢、马氏体型钢、奥氏体/铁素体型钢（双相钢）、沉淀硬化型钢等。

二、钢铁材料的表示方法

GB/T 221—2008《钢铁产品牌号表示方法》规定了生铁、碳素结构钢、低合金结构钢、优质碳素结构钢、易切削钢、合金结构钢、弹簧钢、工具钢、轴承钢、不锈钢、耐热钢、焊接用钢、冷轧电工钢、电磁纯铁、原料纯铁、高电阻电热合金及有关专用钢等产品牌号表示方法。

GB/T 221—2008《钢铁产品牌号表示方法》采用国际化学元素符号、汉语拼音字母和阿拉伯数字相结合来表示钢铁材料。即钢号中化学元素用国际化学符号表示；钢材名称、用途、冶炼和浇注方法等一般以大写汉语拼音的首字母缩写来表示；钢中主要化学元素含量（百分率）采用数字表示。

（一）碳素结构钢和低合金结构钢

这两类钢的牌号通常由四部分组成：第一部分前缀符号加强度值，通用结构钢前缀符号为屈服强度的拼音字母Q，专用结构钢的前缀中L是管线用钢、HP是焊接气瓶用钢；第二部分钢的质量等级，用英文字母A、B、C、D、E、F……表示；第三部分脱氧方式，分别以F、b、Z、TZ表示沸腾钢、半镇静钢、镇静钢和特殊镇静钢，镇静钢和特殊镇静钢表示符号通常可以省略；第四部分为产品用途、特性和工艺方法。

（二）优质碳素结构钢

优质碳素结构钢的牌号用两位数字表示。两位数字表示该钢种平均碳质量分数的万分率，如20、45钢，分别表示钢中平均碳质量分数为0.20%、0.45%的优质碳素结构钢。常用的钢号有10、15、20、30、35、40、45等。高级优质碳素结构钢在钢号后附加"高"或"A"字。含锰量较高［W（Mn）=0.70%～1.00%］的优质碳素钢，应将锰元素标出，如15Mn、60Mn等。

在碳素结构钢基础上为满足某些专业用途、特性和工艺方法的需要，发展了一些专用钢，R表示锅炉和压力容器用钢板，G表示锅炉用钢管、NH表示耐候钢等。如电站锅炉低温段用的20G、压力容器用Q345R、焊接耐候钢板Q355NHDZ25。

（三）合金结构钢

合金结构钢的牌号主要由"数字+合金元素符号+数字"组成。首数字表示平均碳质量分数（以万分之几计）。合金元素符号后面的数字表示该合金元素平均质量分数百分比。合金元素含量上限不超过1.5%时，编号中只写元素符号不标明含量，但在特殊情况下易致混淆者，在元素符号后亦可标以数字"1"，平均含量为1.50%～2.49%、2.50%～3.49%、3.50%～4.49%……时，在合金元素后相应写成2、3、4……化学元素符号的排列顺序推荐按含量值递减排列。如果两个或多个元素的含量相等时，相应符号位置按英文字母的顺序排列。

必要时在钢号后加上代表该钢种冶金质量或产品用途、特性或工艺方法符号。低温压力容器用钢如16MnDR；电站锅炉和压力容器用珠光体耐热钢属于耐热型合金结构钢，如12Cr1MoVG、13MnNiMoR等；抽水蓄能电站引水管道用低焊接裂纹敏感钢板，如07MnMoVR（N610CF）、B780CF等。

（四）不锈钢与耐热钢

不锈钢与耐热钢（珠光体型耐热钢除外）牌号采用化学元素符号和表示各元素含量的阿拉伯数字表示。用两位或三位阿拉伯数字表示碳含量最佳控制值（以万分之几或十万分之几计）。钢中有意加入的铌、钛、锆、氮等合金元素，虽然含量很低，也应在牌号中标出。

不锈钢与耐热钢是火力发电机组锅炉、超（超）临界机组承压类重要部件最常用的钢种。常见的牌号有10Cr9Mo1VNbN（T/P91）、10Cr9MoW2VNbBN（T/P92）、07Cr18Ni11Nb（TP347H）、07Cr25Ni21NbN（HR3C、TP310HCbN）。有些特殊高合金钢钢号不标出含碳量，如Cr17，表示其碳质量分数小于等于0.12%，但未表示出。对超低碳不锈钢（即碳含量不大于0.030%），用三位阿拉伯数字表示碳含量最佳控制值（以十万分之几计），有时钢号前分别以"00"或"0"表示，如00Cr18Ni10、0Cr13等。

（五）铸钢

铸钢代号用"铸"和"钢"两字的汉语拼音的第一个大写正体字母ZG表示。

1. 以力学性能表示的铸钢牌号

在牌号中ZG后面的两组数字表示力学性能。第一组数字表示该牌号铸钢的屈服强度最低值，第二组数字表示其抗拉强度最低值，单位均为MPa，两组数字间用"-"隔开，如ZG200-400。

2. 以化学成分表示的铸钢牌号

一般与合金钢的牌号表示方法基本相同，只是在牌号前冠ZG字母，如ZG15CrMo1V、ZG10Cr9Mo1VNbN分别是和15CrMo1V、10Cr9Mo1VNbN成分相近的铸钢。

第五节　有色金属材料

电力设备用有色金属材料主要应用在烟囱防腐用钛合金钢板，汽轮机用镍基高温合金，换热器中的铜管，锡为基体的轴承合金，电气设备和输电线路用铜及铜合金、铝及铝合金等方面。

一、铜及铜合金

铜具有优良的导电性、导热性、耐腐蚀性和延展性，并具有较好的力学性能和加工性能，在电力工业中使用广泛。铜与其他金属不同，铜在自然界中既以矿石的形式存在，同时也以单质的形式存在，但纯铜的强度较低，在工业应用中通过合金化处理，可得到满足使用要求的各类铜合金。

1.铜及铜合金的分类

纯铜一般指纯度高于99.70%工业用金属铜，俗称紫铜。具有良好的导电性和导热性，在大气、淡水和冷凝水中有良好的耐蚀性。冷变形可使退火纯铜的强度提高一倍以上，但塑性明显降低，还使铜的导电性略微降低。

根据化学成分的特点，将铜合金分为黄铜、青铜和白铜三类。黄铜是纯铜加入锌元素后呈金黄色，根据化学成分又分为普通黄铜和特殊黄铜。青铜是在铜基中增加锡、铝、硅、铍、锰等合金元素形成的铜合金。白铜是以镍为主要添加元素的铜基合金，呈银白色，有金属光泽。

2.铜及铜合金的焊接性

铜及铜合金具有独特的物理性能，因而其焊接性有别于钢和铝。熔焊主要问题如下：

（1）难熔合、焊缝成形能力差、易产生气孔。铜的热导率在20℃时比铁大7倍多，1000℃时大11倍多。焊接时热量从加热区迅速传出去，扩大了加热范围，焊接区难以达到熔化温度，焊件厚度越大，散热越严重，所以母材和填充金属难熔合。焊缝产生的气孔比焊接钢时严重得多，这与铜及铜合金的冶金特性和物理特性有关。

（2）焊接应力与变形大。铜的线胀系数比铁大15%，而收缩率比铁大1倍以上。铜的导热能力强、冷却凝固时，变形量大。当焊接刚性大的工件或焊接变形受阻时，就会产生很大的焊接应力，成为导致焊接裂纹的力学原因。

（3）易在焊缝和热影响区上可能产生热裂纹。主要原因是铜在液态下易氧化生成氧化亚铜Cu_2O），它溶于液态铜而不溶于固态铜，冷凝过程中与铜生成低熔点的Cu_2O+Cu共晶（熔点为1064℃）；铜中若有杂质铋（Bi）和铅（P）等，在熔池结晶过程中也生成低熔点共晶$Cu+Bi$（熔点270℃）、$Cu+Pb$（熔点326℃），这些共晶物分布在焊缝金属的枝晶间或晶界处。当焊缝处于高温时，热影响区的低熔共晶物重新熔化，在焊接应力作用下，在焊缝或热影响区上就会产生热裂纹。又因铜及铜合金在加热过程中无同素异构转变，晶粒易长大，有利于低熔点共晶薄膜的形成，从而增大了热裂倾向。

（4）焊接接头性能下降。因铜及铜合金一般不发生相变，焊缝和热影响区晶粒易长大；各种脆性低熔共晶出现于晶界，其结果是使接头的塑性和韧性显著降低。铜越纯其导电性能就越好，焊接过程中任何杂质和合金元素的加入，都导致电导率降低。铜合金的耐蚀性是依赖于加入的锌、铝、锰、镍等合金元素，焊接过程中这些元素蒸发、烧损，都不同程度上使接头的耐蚀性能下降。焊接应力会使对应力腐蚀较敏感的高锌黄铜、铝青铜、镍锰青铜的焊接接头在腐蚀环境中过早失效。

3. 铜及铜合金的应用

电力设备常用的铜合金有用于发电厂的换热器管和气液动操作管路上黄铜和白铜管、发电机轴瓦上的锆铜、高压断路器引弧触头的铜钨合金、真空断路器导电触头的铜铬合金等。纯铜可在加工硬化状态下用作导线。变压器的高低绕组、引出线、开关的引出线等一般都为纯铜材质。

二、铝及铝合金

铝具有密度小、无磁性、强度高、导电性和导热性好等特点。铝在空气中具有优良的抗蚀性，铝及铝合金的在常温和低温下均具有良好的力学性能。

1. 铝合金的分类

根据铝中加入不同的合金元素获得不同性能的系列化合金，铝及铝合金分为工业纯铝、铝铜合金、铝锰合金、铝硅合金、铝镁合金、铝镁硅合金和铝锌镁铜合金等七个大类。

按强化方式分为非热处理强化铝合金和热处理强化铝合金，具有良好塑性和可焊性的Al-Mn系、Al-Mg系防锈铝合金只能变形强化，不能热处理强化。Al-Cu-Mg系和Al-Cu-Mn系硬铝合金、Al-Zn-Mg-Cu系超硬铝合金、锻造铝合金既可热处理强化，也可变形强化。

按加工工艺和性能特点分为变形铝合金和铸造铝合金，变形铝合金是指经不同的冲压、弯曲、轧制和挤压等工艺方法使组织和形状发生变化的铝合金。铸造铝合金与变形铝合金具有相同的合金体系，相似的强化机理（除应变强化外），差别在于铸造铝合金中合金化元素硅的最大含量超过多数变形铝合金中的硅含量，以使合金具有一定的流动性，二元铝合金相图如图1-12所示。

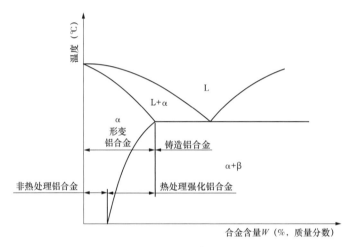

图1-12　二元铝合金相图

2. 铝及铝合金的焊接性

铝及铝合金由于其特殊的物理和化学性能，如表面存在致密的氧化膜、线膨胀系数大、导热性能好以及焊接接头软化、焊接变形等问题，致使其焊接性比碳钢较差，铝合金在熔融状态下，表面张力小，焊缝根部容易形成塌陷，薄壁件容易焊穿和凹陷，无法保证焊接质量。相对来说纯铝和非热处理强化的变形铝合金焊接性良好，只是热处理强化的铝合金焊接性稍差。

（1）铝与氧的化学亲和力大，在空气中极易结合成致密的氧化铝（Al_2O_3）薄膜，且 Al_2O_3 的熔点及密度都远远超过铝，焊接时不易在熔池中上浮，在焊缝中易形成夹杂。存在于焊接坡口、层间或熔池表面的氧化铝影响金属间的结合，易产生未熔合、未焊透缺陷。

（2）气孔是铝及铝合金焊接时常见的缺陷之一，铝及铝合金的高温液体熔池很容易吸收气体，焊后冷却凝固过程中来不及析出，在焊缝中形成气孔。主要是焊接时存在大量的氢，氢在高温时能过饱和地溶于液态铝，由于铝及铝合金的密度小，氢气泡在熔池里浮升速度慢，加上液态铝凝结速度较快，故铝及铝合金的焊接容易出现气孔缺陷。

（3）焊缝热裂纹倾向大，铝及铝合金的线胀系数约为钢的两倍，凝固时的体积收缩率达6.5%左右，焊接时导致工件变形严重，在焊接共晶型铝合金时，会产生较大的内应力而在脆性温度区间产生热裂纹，尤其是热处理强化铝合金和高强铝合金焊接时较常见。

（4）铝及铝合金的热导率和热容量较大，焊接过程中热能传导迅速，焊接时热损失大，需要消耗更多的能量，且铝合金表面易产生难熔的氧化膜。为获得高质量的焊接接头，必须采用能量集中、功率大的强热源进行焊接，焊接热输入量大。厚壁工件需要采取焊前预热等工艺措施。

（5）焊接接头的"不等强性"较明显。铝及铝合金焊接后，接头的强度和塑性等力学性能与母材差别较大，焊缝区、半熔化区和热影响区接头组织如图1-13所示。焊缝区为铸态组织，部分低沸点的合金元素蒸发和烧损，导致焊缝中强化相的减少。无论是非热处理强化铝合金或热处理强化铝合金，主要表现为热影响区强化效果的损失，半熔化区组织疏松且晶粒粗大，有时因晶界局部液化，出现晶粒过烧和被氧化的现象，导致基体金属靠近焊缝区的某些部位力学性能变坏。特别是过时效软化区由于加热温度超过了时效温度而产生退火，成为焊接接头的软化区。

（6）铝及非热处理强化铝合金从固态到液态没有同素异构转变，在无其他细化晶粒措施的情况下，易形成较大的晶粒。同时在焊接热循环的作用下，热影响区性能的变化、焊接材料中元素的烧损、焊接应力和焊接缺陷的存在及母材与焊缝成分的差异等，造成焊接接头组织不均匀，特别是产生与基体电极电位不同的析出物相，导致焊接接头的耐蚀性下降。

3. 铝及铝合金的应用

纯铝的导电性和导热性良好，仅次于银和铜。其中硬铝质地较坚硬，密度小，价格便宜，仅为铜的1/3，加入适量的其他元素在导电率降低很少的情况下能够提高强度

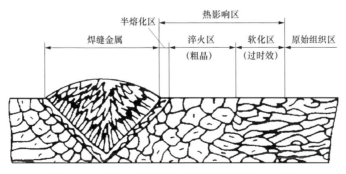

图1-13　热处理强化铝合金焊接接头组织示意图

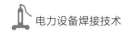

和耐热性。由于具有上述良好性能，铝合金作为导体和结构广泛应用于电力行业，成为在电网中使用量最大的有色金属，常用于制作导线、电缆、金具等导流部件或连接部件以及结构用支撑件和壳体。

三、钛及钛合金

钛具有密度小（密度为4.5g/cm³）、强度高的特点，且钛的耐腐蚀性能好，在600℃以下具有良好的抗氧化性能。纯钛在固态具有同素异构性，在882℃以下为密排六方晶格，称为α钛（表示为α-Ti）；在882℃以上转化为体心立方晶格，称为β钛（表示为β-Ti）。

1. 钛合金的分类

钛合金的合金化元素主要有铝、铬、锰、铁、钼、钒等，能够起到固溶强化和弥散硬化的作用，这些元素可与钛形成置换固溶体或与钛化合为金属化合物。钛合金按组织结构的不同可分为α型、β型、α+β型三种。钛合金常用牌号有TA4、TA5、TB1、TB2、TC2、TC4、TC7等。

2. 钛及钛合金的焊接性

钛及其合金的性能活泼，焊接性差，一般的焊接技术难以得到满意的结果。随着焊接技术的发展，焊接性和焊接方法的研究取得了丰硕的成果，也得到了工业规模的应用。

（1）焊接接头的脆化主要是溶解在钛中的氧、氮、氢气和碳。540℃以上高温下的钛及钛合金氧化膜不致密，随着温度升高，容易被污染吸收上述元素，降低焊接接头的塑性和韧性，在熔化状态下尤其严重。对熔池及温度超过400℃的焊缝和热影响区（包括熔池背面）都要加以妥善保护。

（2）焊接接头晶粒易粗化。由于钛的熔点高、热容量大，导热性差，焊缝及近焊缝区容易产生晶粒长大，引起塑性和断裂韧度降低。焊接时对焊接热输入要严格控制，一般宜用小电流，快速焊。

（3）气孔是钛及其合金焊缝中常见的缺陷，一般认为氢气是引起气孔的主要原因。氢在钛中的溶解度随温度升高而降低，在凝固温度处有跃变。熔池中部比熔池边缘温度高，故熔池中部的氢易向熔池边缘扩散富集。气孔多集中在熔合线附近，有时也发生在焊缝中心线附近。

（4）钛及钛合金中硫、磷、碳等杂质很少，低熔点共晶难在晶界出现，而且结晶温度区窄和焊缝凝固时收缩量小等，所以很少会产生热裂纹。钛及钛合金时极易受到氧、氢、氮等杂质污染，当这些杂质含量较高时，焊缝和热影响区变脆，在焊接应力作用下易产生冷裂纹。

对于（α+β）相及β相钛合金，在焊后冷却过程中会析出脆性相，可能引起冷裂纹。氢是产生冷裂纹的主要原因，氢从高温熔池向较低温度的热影响区扩散，当该区氢富集到一定程度将从固溶体中析出 TiH_2，使之脆化。随着 TiH_2 析出，将产生较大的体积变化而引起较大的内应力。

3. 钛及钛合金的应用

钛合金以其优异的抗腐蚀性能，常以钢-钛复合钢板形式用于火电机组烟囱内壁烟气防腐。

四、其他有色金属

（1）锌的化学性质活泼，在常温下的空气中，表面生成一层薄而致密的碱式碳酸锌膜，可阻止进一步氧化。利用锌的还原性和易与铁结合特点，变电站架构和输电线路铁塔的铁构件均采用热镀锌进行防腐。

（2）银是导热、导电性能良好的金属，其化学性质稳定，具有很高的延展性。因此，金属银常用来制作灵敏度极高的电器元件，如各种要求较高的电器接触点。此外，高压隔离开关的动静触头均采用银或其合金镀层。

（3）铅在空气中受到氧、水和二氧化碳作用，其表面会很快氧化生成保护薄膜，具有紫外线不易穿透等性能，过去常作为电缆的护套，目前由于交联聚乙烯电缆的广泛应用，在电缆护套方面的使用逐年减少。目前沿在电力行业主要用于制造铅酸蓄电池。

（4）镍是在某些介质中耐蚀性非常好的金属材料。镍具有高的熔点（1453℃），在镍中加入一定量的Cr、Mn、Mo、Co、W、Cu、Al、Ti等元素成为镍基合金，具有良好的耐蚀性和高耐热性。在一些引进超（超）临界发电机组中，作为部分锅炉受热面管和高温连接螺栓用。如蒙乃尔（Monel）、因科洛依（Incoloy）和中国钢研院转化研究的GH3030、GH4169等。

第二章　焊接工艺相关知识及焊接材料

焊接是通过加热或加压，或两者并用，用或不用填充材料，使工件达到原子间结合的一种加工方法，是金属材料应用极为广泛的一种永久性连接方法。目前，世界上已有50余种焊接工艺方法应用于电力、航空航天、船舶、机械、建筑、石油化工等行业。

第一节　焊接方法及选择

一、焊接方法

金属材料焊接方法的种类很多，按照焊接工艺特点，可分为熔焊、压焊和钎焊三类。

熔焊是在焊接过程中，将焊接接头加热至熔化状态，不施加压力完成的焊接方法。在加热的条件下，当被焊金属加热至熔化状态形成液态熔池时，原子间可以充分扩散和紧密接触，因此冷却凝固后，可形成牢固的焊接接头。

熔焊包括电弧焊、气焊、铝热焊、电渣焊、电子束焊、激光焊等焊接方法。按照焊接过程中电极是否熔化，电弧焊可细分为熔化极电弧焊（焊条电弧焊、埋弧焊、熔化极氩弧焊、CO_2气体保护电弧焊、药芯焊丝电弧焊）和非熔化极电弧焊（钨极氩弧焊、螺柱焊、等离子弧焊）。

压焊是在焊接过程中，必须对工件施加压力（加热或不加热）完成焊接的方法。①将被焊金属接触部分加热至塑性状态或局部熔化状态，然后加一定的压力，使金属原子间相互结合而形成牢固的焊接接头，如锻焊、电阻焊、摩擦焊和气压焊等。②不进行加热，仅在被焊金属的接触面上施加足够大的压力，借助压力所引起的塑性变形，而使原子间相互接近直至获得牢固的压挤接头，如冷压焊、爆炸焊等均属此类。

钎焊是指采用比母材熔点低的金属材料作为钎料，将工件和钎料加热到高于钎料熔点，低于母材熔点的温度，利用液态钎料润湿母材，填充接头间隙并与母材相互扩散实现连接工件的方法。常见钎焊方法有烙铁钎焊、火焰钎焊等。

从焊接过程及焊接冶金角度分析，熔焊属液相焊接，母材可为同质或异质连接外，还可以添加同质或异质的填充材料，与母材共同连接成为一体的液相物质，冷凝后形成起连接母材作用的焊缝。压焊属固相焊接，若需加热，其温度通常低于母材的熔点，一般不使用填充材料。钎焊属固-液相焊接，待焊的同质或异质母材为固态，与处于中间的熔点低于母材的液相钎料之间存在两个固-液界面，彼此进行充分扩散而实现原子间结合。

二、焊接方法的选择

根据不同焊接方法的特点，针对焊接结构的材料性能和结构特征，结合生产类型和生产条件等因素，综合分析后选择合适的焊接方法。母材的性能和焊接结构的特征是选择焊接方法的主要依据。

1. 母材性能对焊接方法选择的影响

母材的导热、导电和熔点等物理性能对焊接方法的选择有较大影响。热导率高的金属材料，如铜铝及其合金，应选用热输入大，焊透能力强的焊接方法。热敏感的材料，宜用热输入小的焊接方法，如激光焊或超声波焊。难熔的金属如锆和钼等，应采用高能束的焊接方法，如电子束焊等。

选择焊接方法时，应充分考虑母材的强度、塑性、韧性和硬度等力学性能指标的影响。母材的力学性能是否易于实现金属之间的连接，焊后接头的力学性能是否发生改变，且改变后是否满足设计要求。塑性温度区窄的金属，如铅和镁等不宜用电阻焊，而低碳钢则因其塑性温度区宽，对电阻焊很适应。延性差的金属不宜用冷压焊，而铝具有很好的塑性变形能力，故可以用冷压焊。铜和铝之间很难用熔焊连接，但因它们都具有很好的塑性变形能力，所以用摩擦焊很易实现连接。延展性和韧性好的材料才适于爆炸焊，焊接时要求母材具有承受快速变形而不断裂的能力。

母材的焊接冶金性能主要由其化学成分决定。对于普通碳素钢和低合金钢，适用焊接方法范围广，随着碳含量或合金含量的增加，焊接性能变差，可选择的焊接方法范围逐渐缩小。高碳钢或碳当量高的合金结构钢宜采用冷却速度缓慢的焊接方法，以减少热影响区开裂倾向。铝及其合金等极易氧化的金属，不宜选用二氧化碳气体保护焊和埋弧焊，而应采用惰性气体保护焊。钛及其合金因其对气体的溶解度高，焊后易变脆，可选用高真空电子束焊或扩散焊。对于冶金相容性较差的异种金属不宜采用熔焊，而应选择固相焊接法，如扩散焊和钎焊等。

2. 焊接结构特征对焊接方法选择的影响

不同的焊接方法对施焊操作所需的空间和位置要求不同，应根据焊接结构的几何形状和尺寸选择焊接方法，确保满足焊接时所需的操作空间和位置。例如，火电机组锅炉受热面现场组焊时，因锅炉内空间位置有限，且多种类型受热面布置紧凑，因而自动焊等方法无法实现，应选择操作灵活的手工电弧焊或者手工钨极氩弧焊等焊接方法。

不同的焊接方法适用的厚度范围不同，超出适用的厚度范围则难以保证焊接质量。以熔焊方法为例，对于重要焊接结构，一般要求熔焊时应保证焊透。可焊最大厚度取决于该焊接方法在最大热输入下单面单道焊的最大熔深，如果该结构可开坡口且可采用双面多层多道焊，则可焊最大厚度在技术上无限制，此时选择焊接方法主要应考虑生产效率、操作便利性等因素。

焊接接头形式通常由焊接结构形状、使用要求和工件厚度等因素决定。例如，熔焊方法一般均能够适用于对接接头、搭接接头、T形接头和角接接头。对于棒状工件的对接接头，采用电阻焊或摩擦焊时具有生产效率高、接头质量可靠等优点。变电站常用铜覆铝线夹，其铜与铝的接头形式基本为全覆盖型搭接接头，故宜选择电阻对焊或钎焊。

在不能变位的情况下，就要考虑因焊缝处在不同的空间位置而必须采用平、横、立、仰焊四种不同位置的焊接。能进行四种位置焊接的称可全位置焊的方法。埋弧焊只适于平焊位置，电渣焊和气电焊适于立焊。焊条电弧焊、气焊和各种气体保护电弧焊均能全位置焊。各种焊接方法中以平焊最容易操作，生产率高，焊接质量容易保证，而仰焊操作最困难，极易产生焊接缺陷，有条件的情况下应使工件变位，让焊缝都处在平焊位置。

三、电力设备常用焊接方法代号

电力设备常用的焊接方法代号如表2-1所示。

表2-1   电力设备常用焊接方法及其英文缩写

焊接方法	代号缩写	焊接方法	代号缩写
焊条电弧焊	SMAW	气焊	OFW
钨极氩弧焊	GTAW/TIG	埋弧焊	SAW
熔化极气体保护焊	GMAW	等离子弧焊	PAW
熔化极惰性气体保护焊	MIG	激光焊	LBW
熔化极活性气体保护焊	MAG	冷焊	CW
熔化极（药芯焊丝）气体保护焊	FCAW	闪光焊	FW
螺柱电弧焊	SW	钎焊	B
爆炸焊	EXW	铝热焊	TW

第二节　焊接接头及坡口形式

一、焊接接头的形式

　　一个焊接结构总是由若干个焊接接头组成，电力设备焊接接头的主要形式有对接接头、角接接头、T形接头、搭接接头四种，如图2-1所示。

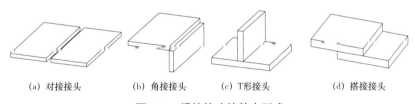

(a) 对接接头　　　(b) 角接接头　　　(c) T形接头　　　(d) 搭接接头

图2-1　焊接接头的基本形式

1. 对接接头

　　对接接头指两工件表面构成大于或等于135°且小于或等于180°夹角的接头。对接接头是特种设备压力容器、压力管道制造中使用最广泛的一种接头形式，也是各种焊接结构中采用最多的接头形式。其传力效率最高，应力集中较低，并容易保证焊透和排除工艺缺陷，具有较好的综合性能，是重要零件和结构连接的首选接头。其缺点是焊前准备工作量大，组装费工时，焊接变形也较大。根据板材厚度的不同对接接头可采取不同坡口形式的接头，如I形坡口、V形坡口、X形坡口、U形坡口等，如图2-2所示。

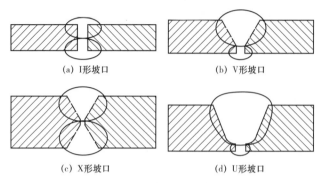

图2-2　不同坡口形式对接接头

2. 角接接头

角接接头指两工件端部构成大于30°且小于135°夹角的接头，角接接头独立使用时的承载能力很低，受力状况不太好，一般用于箱体结构及不重要的结构中。根据工件厚度不同，接头形式分为开坡口和不开坡口两种，如图2-3所示。

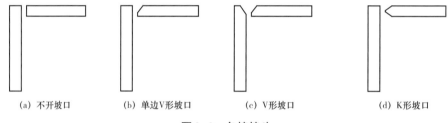

图2-3　角接接头

3. T形接头

T形接头指工件的端面与另一工件表面构成直角或近似直角的接头。这是一种用途极为广泛的接头形式，仅次于对接接头。根据垂直板（翼缘板）厚度的不同，T形接头的垂直板可开成如图2-4所示的示的坡口形式，焊接热处理时要综合考虑腹板和翼缘板的厚度。

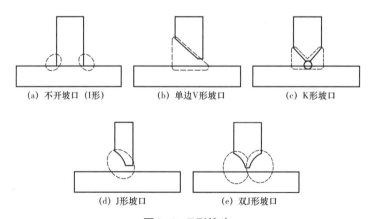

图2-4　T形接头

4. 搭接接头

两工件部分重叠构成的接头称为搭接接头。该接头的应力集中比对接接头复杂，焊接变形大；母材和焊接材料的消耗量较大；接头的动载强度较低；搭接面间有间隙。焊前准备工作量较少，装配较容易，对焊工技术水平要求较低，且焊接的横向收缩量也较小。广泛用于工作环境良好、不重要的结构中，如接地体扁钢的焊接多采用搭接接头形式。图2-5所示为搭接接头的基本形式。

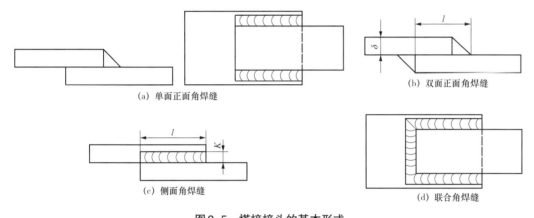

(a) 单面正面角焊缝　　　　(b) 双面正面角焊缝

(c) 侧面角焊缝　　　　(d) 联合角焊缝

图2-5　搭接接头的基本形式

二、坡口形式及尺寸

根据设计或工艺需要，将工件的待焊部位加工成一定几何形状的沟槽称为坡口。坡口的作用是使焊接电弧能深入接头根部，保证焊缝根部焊透，以获得质量良好的焊接接头。此外对于合金钢，坡口还能起到调节母材金属与填充金属比例的作用。

（一）设计与选择坡口的原则

对接接头、T形接头和角接接头中，为了保证根部焊透，常在焊前对待焊边缘加工出各种形状的坡口，设计和选择这些坡口，主要取决于被焊构件的厚度、焊接方法、焊接位置和焊接工艺程序。表2-2为熔焊接头坡口设计不当的例子。此外，还应尽量做到以下几点：

（1）填充材料应最少。例如，同样厚度的平板对接，双面V形坡口比单面V形坡口省约一半的填充金属材料。

（2）具有好的可达性。例如，有些情况不便或不能两面施焊时，宜选择单面V形或U形坡口。

（3）坡口容易加工，且费用低。V形和双V形坡口可以采用气割，而U形坡口一般要机械加工。

（4）要有利于控制焊接变形。双面对称坡口角变形小；单面V形坡口角变形比单面U形的大。

表2-2　　　　　　　　　　熔焊接头坡口设计不当的例子

接头	圆棒对接	厚板与薄板角接	法兰角接	三板T形接
不合理				
合理				
说明	棒端车成尖锥状，对中和施焊困难，削成扁凿状即可改善	坡口应开在薄板侧，既节省坡口加工费用，也节省填充材料	不合理栏所示方式填充金属多，可能产生层状撕裂，并且焊缝位于加工面上	不合理栏所示方式易引起立板端层状撕裂

（二）坡口的基本形式

焊接接头的坡口形式很多，具体的产品或工程施工、验收中，在相应的国家标准或行业标准中都有不同的规定。电站设备焊接结构中常采用的坡口形式有以下几种，并在此基本坡口形式的基础上，可采用组合、变形等方法得到其他形式的坡口。表2-3列出了常用坡口的类型。

1.I形坡口

适用于薄壁材料的焊接，在所有的坡口形式中焊缝填充金属最少，埋弧焊采用I形坡口。

2.V形坡口

V形坡口是最常用的坡口形式。适用的材料厚度3~16mm，坡口角度一般为60°~70°，这种坡口形状简单、便于加工，焊接时为单面焊，不用翻转工件，但焊后工件容易产生变形，因此在应用时通常要采取反变形措施。

3. X形坡口

坡口形状简单，易于加工，用于双面焊结构，适用于中厚材料的焊接，在同样厚度下，能减少焊缝金属量约1/2，且是对称焊接，所以焊后工件的残余变形较小。但缺点是焊接时需要翻转工件。

4. U形坡口

在工件厚度相同的条件下，U形坡口的空间面积比V形坡口小得多，所以当工件厚度较大，只能单面焊接时，为提高生产效率，可采用U形坡口。但这种坡口由于根部有圆弧，加工比较复杂，特别是在圆筒形工件的筒壳上加工更加困难。

除上述坡口形式外，还有双U形、K形、J形等坡口形式，以适应不同结构的需要。

表2-3　　　　　　　　　　　　　常用坡口的类型

坡口名称	I形坡口	V形坡口	Y形坡口	双Y形坡口	单边Y形坡口	双单边Y形坡口
图形	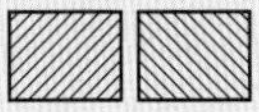		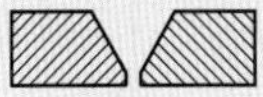	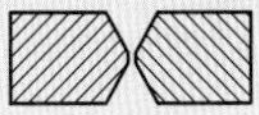	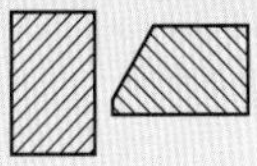	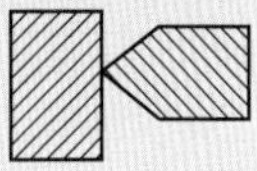
符号	 ‖	 V	 Y	 X	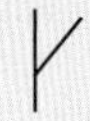 Y	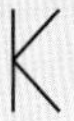 K
坡口名称	卷边	U形坡口	U形坡口带钝边	双U形坡口带钝边	J形坡口带钝边	双J形坡口带钝边
图形		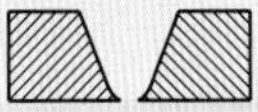		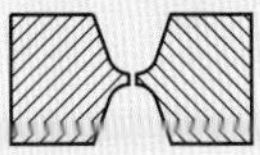	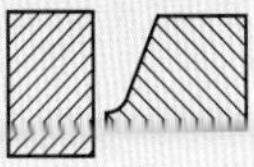	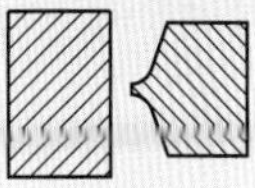
符号	 ⅄	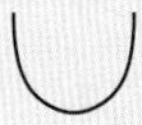 U	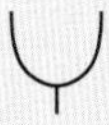 Y	 X	 Y	 K

（三）坡口的几何尺寸及制备

1. 坡口面

工件上的坡口表面称为坡口面，如图2-6所示。

2. 坡口面角度和坡口角度

待加工坡口的端面与坡口面之间的夹角称为坡口面角度，两坡口面之间的夹角称为坡口角度，如图2-7所示。开单面坡口时，坡口角度等于坡口面角度。开双面对称坡口时，坡口角度等于两倍的坡口面角度。

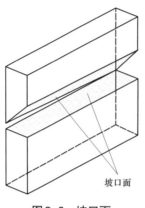

图2-6　坡口面

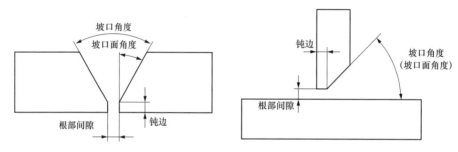

图2-7　坡口的几何尺寸

3. 根部间隙

焊接前，在焊接接头根部之间预留的空隙称为根部间隙。根部间隙的作用是焊接封底焊道时能保证将根部焊透。

4. 钝边

工件开坡口时，沿工件接头坡口根部的端面直边部分称为钝边，钝边的作用是防止将焊缝根部焊穿。钝边尺寸要保证能将第一层焊缝焊透。

5. 根部半径

在T形接头、U形坡口底部的半径称为根部半径。根部半径的作用是增大坡口根部的空间，使焊条能够伸入根部的空间，以促使将根部焊透。

6. 坡口的制备

坡口的加工方法分为机械加工和热切割两种。前者只能加工直线坡口和圆周边缘坡口，费用高，应用范围受到一定限制，但加工精度高；后者应用范围广，可切割任意曲线边缘坡口，设备简单，费用低，但加工精度稍差。选择坡口加工方法时，要考虑到材质、坡口形状、角度、尺寸等因素，表2-4列出了不同材料的坡口加工方法。

表2-4　　　　　　　　　　　不同材料的坡口加工方法

加工方法	材质			
	碳素钢与低合金钢	不锈钢与镍基合金	铝合金与铜合金	钛合金
气割	√[a]	—	—	—
等离子切割	√	√[bc]	√[bc]	—
砂轮切割	√	√[c]	√[c]	—
机械加工	√	√	√	√[d]

[a] 用气割方法加工坡口时，原则上不预热。
[b] 等离子切割后，用砂轮磨去氧化膜，使坡口表面光滑。
[c] 必须使用专用的砂轮机磨削，不同材质的坡口加工所使用的砂轮不能混用。
[d] 用气割、等离子切割等热切法进行粗切、机械加工方法加工坡口时，热影响区变色部分宽度不得超过3mm。

第三节　焊接接头的组成及焊缝尺寸

　　焊接接头是指将两个或两个以上的构件以焊接的方法来完成连接，使之成为具有一定刚度且不可拆卸的整体，其连接部位就是焊接接头。依据焊接原理的不同，可以将其区分为熔焊接头、钎焊接头和压焊接头等。本节所述的焊接接头是指采用电弧焊方法来实现连接的熔焊接头。

一、熔焊接头的组成

　　熔焊的焊接接头由焊缝金属、熔合区、热影响区和母材金属所组成，如图2-8所示。

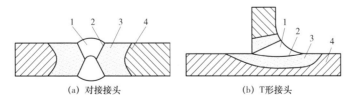

(a) 对接接头　　　　　　　　(b) T形接头

图2-8　焊接接头的组成

1—焊缝；2—熔合线；3—热影响区；4—母材

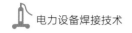
1. 焊缝

工件经焊接后所形成的结合部分称为焊缝。焊缝在接头中起着连接金属和传递力的作用，在焊接过程中由填充金属（当使用时）和部分母材熔合后凝固而成，焊缝金属的性能取决于两者熔合后的成分和组织。按结合形式，焊缝可分为对接焊缝、角焊缝、塞焊缝和端接焊缝四种。

2. 熔合区

熔合区是焊缝与母材交接的过渡区，即熔合线处微观显示的母材半熔化区。熔合区的温度在液相线和固相线之间，处于液相与固相同时并存的两相混杂区，冷却后的组织为过热组织。是化学成分、组织和性能极不均匀的区域，也是焊接接头最薄弱的区域。

3. 热影响区

热影响区是母材受焊接热的影响（但未熔化）而发生金相组织和机械性能变化的区域。其宽度与焊接方法及热输入量大小有关；其组织和性能的变化与材料的化学成分、焊前热处理状态以及焊接热循环等因素有关。图2-9所示为两种钢材热影响区强度、塑性和韧性的分布示意图，从图中可以看出热影响区上的力学性能是不均匀的。

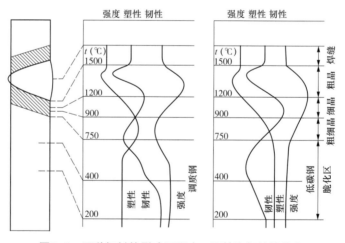

图2-9 两种钢材热影响区强度、塑性和韧性的分布

二、焊接接头符号

焊接接头符号是工程语言的一种，是指在图样上标注焊接方法、焊接接头形式和尺寸等技术内容的符号。焊接接头符号按GB/T 324—2008《焊缝符号表示法》执行。一般由基本符号与指引线组成，必要时还可加上补充符号和焊缝尺寸符号。

1. 基本符号

　　基本符号是表示焊接接头横截面形状的符号，部分焊接接头基本符号表示方法如表2-5所示。标注双面焊接接头或接头时，基本符号可以组合使用，如表2-6所示。基本符号的应用示例如表2-7所示。

表2-5 　　　　　　　　　　　　　　焊接接头基本符号

序号	名称	示意图	符号
1	I形焊接接头	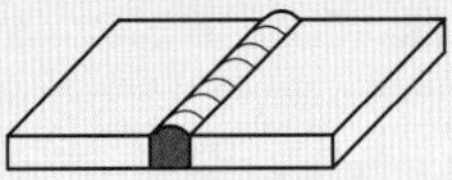	‖
2	V形焊接接头	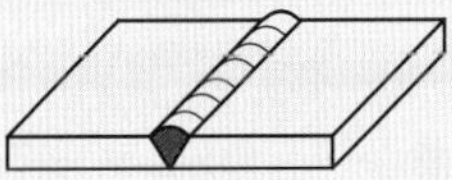	 V
3	带钝边V形焊接接头	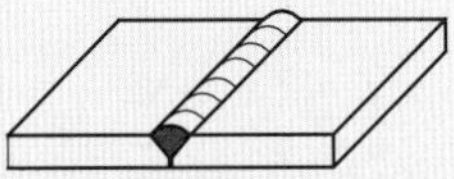	 Y
4	带钝边U形焊接接头	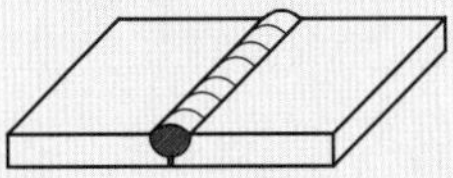	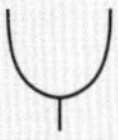 Y
5	角焊接接头	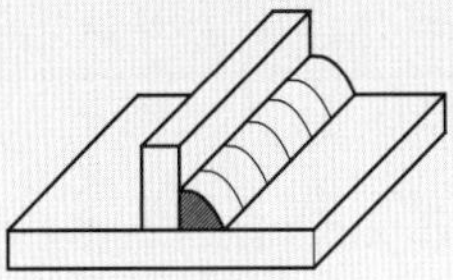	 △

表2-6 　　　　　　　　　　　　　　基本符号的组合

序号	名称	示意图	符号
1	双面V形焊接接头（X焊接接头）		 X
2	双面单V形焊接头（K焊接接头）	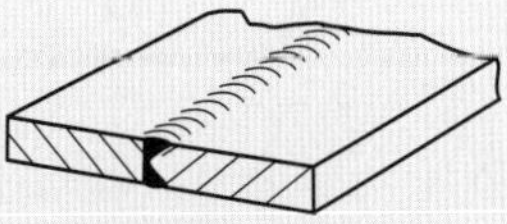	 K
3	带钝边的双面V形焊接接头	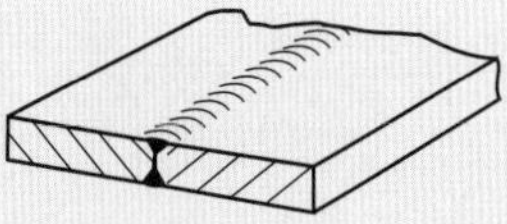	 X
4	带钝边的双面单V形焊接接头	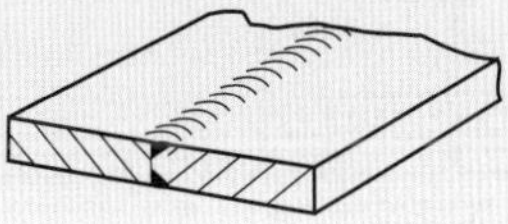	K

续表

序号	名称	示意图	符号
5	双面U形焊接接头		

表2-7 　　　　　　　　　　　基本符号应用示例

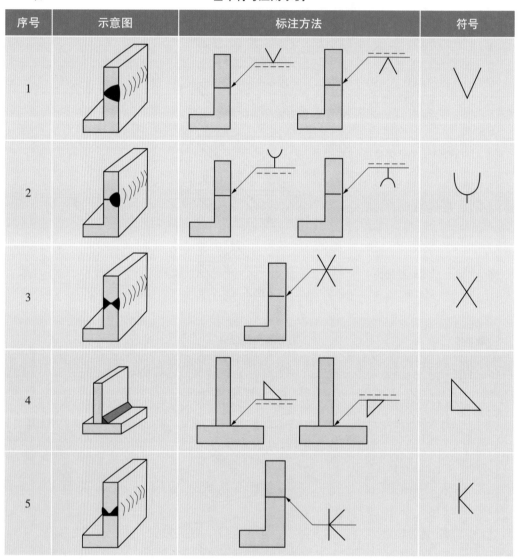

序号	示意图	标注方法	符号
1			
2			
3			
4			
5			

2. 焊接接头尺寸符号

焊接接头尺寸符号是表示焊接坡口的焊接接头尺寸的符号，如表2-8所示。

表2-8   焊接接头尺寸符号

符号	名称	示意图	符号	名称	示意图
δ	工件厚度	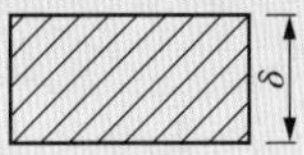	c	焊接接头宽度	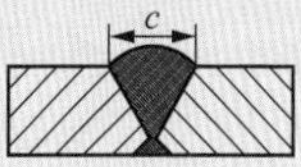
α	坡口角度	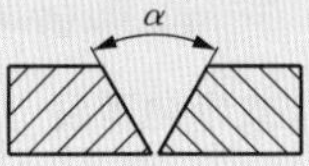	K	焊脚尺寸	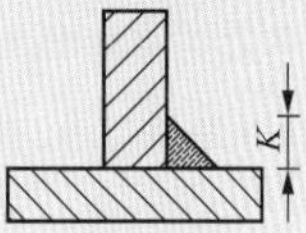
β	坡口面角度	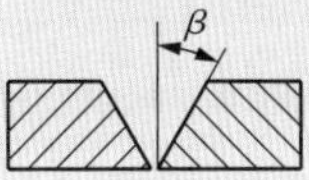	d	熔核直径	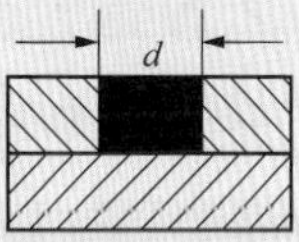
b	根部间隙	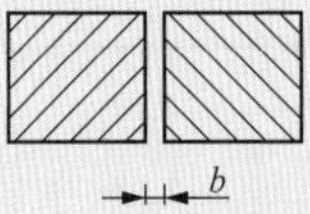	n	焊接接头段数	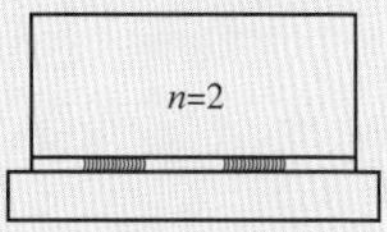 $n=2$
p	钝边	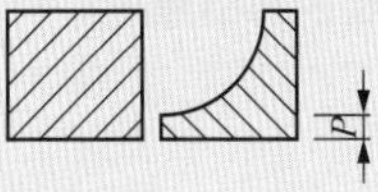	L	焊接接头长度	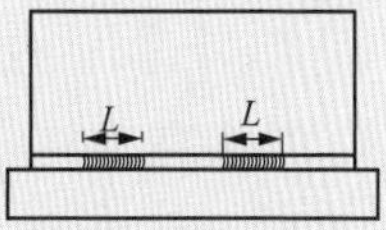
R	根部半径	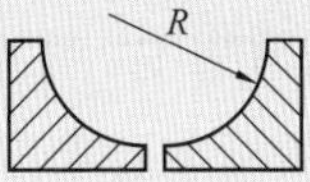	e	焊接接头间隙	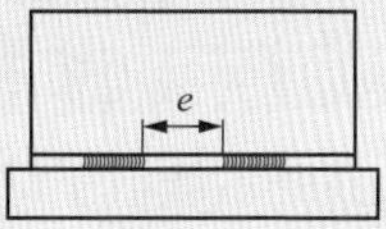
H	坡口深度	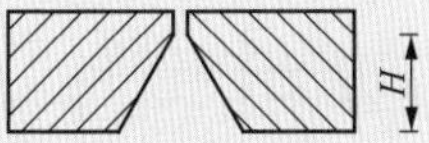	N	相同焊接接头数量	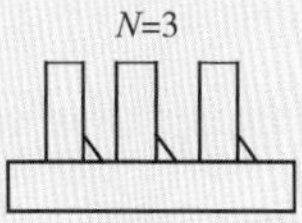 $N=3$
S	焊接接头有效厚度	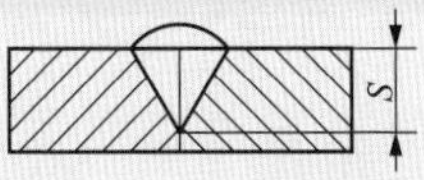	h	余高	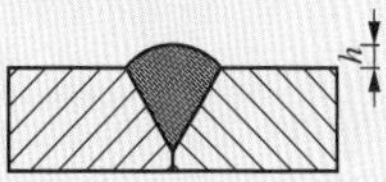

三、焊缝的形状和几何尺寸

1. 焊缝宽度

焊缝表面与母材的交界处称为焊趾,两焊趾之间的距离即为焊缝宽度,如图2-10所示。

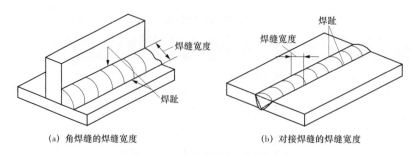

(a) 角焊缝的焊缝宽度　　　　(b) 对接焊缝的焊缝宽度

图2-10　两种连接方式焊缝宽度

2. 焊缝厚度

焊缝厚度是指在焊缝横截面中，从焊缝正面到焊缝背面的距离，如图2-11所示。

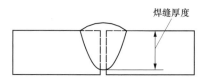

图2-11　对接焊缝的焊缝厚度

3. 余高

余高是指超出母材表面连线的那部分焊缝金属的最大高度，如图2-12所示。余高使焊缝的截面积增加，但容易使焊趾处产生应力集中，尤其是影响抗疲劳性能，所以余高既不能低于母材，但也不能太高，应按相关标准要求控制余高值。

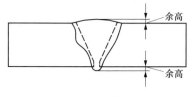

图2-12　余高

4. 熔深

熔深是指在焊接接头横截面上，母材或前道焊缝熔化的深度，如图2-13所示。当填充金属材料一定时，熔深的大小决定焊缝的化学成分。

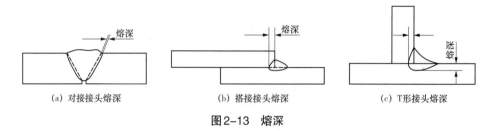

(a) 对接接头熔深　　　　(b) 搭接接头熔深　　　　(c) T形接头熔深

图2-13　熔深

5. 焊缝成形系数

熔焊时，在单道焊缝横截面上焊缝宽度与焊缝计算厚度的比值称为焊缝成形系数。焊缝成形系数越小，表示焊缝窄而深，这样的焊缝中容易产生气孔、夹渣和裂纹。

6. 角焊缝的形状和尺寸

根据角焊缝的外表形状，可将角焊缝分成两类：焊缝表面凸起的角焊缝称为凸形角焊缝，焊缝表面下凹的角焊缝称为凹形角焊缝，如图2-14所示。

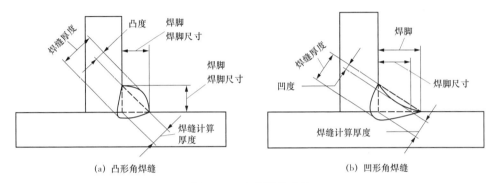

(a) 凸形角焊缝　　　　　　　　(b) 凹形角焊缝

图2-14　角焊缝的形状

焊缝计算厚度指在角焊缝断面内画出最大直角等腰三角形，从直角的顶点到斜边垂线长度。如果角焊缝的断面是标准的等腰直角三角形，则焊缝计算厚度等于焊缝厚度，在凸形或凹形角焊缝中，焊缝计算厚度均小于焊缝厚度。

焊缝凸度指凸形角焊缝横截面中，焊趾连线与焊缝表面之间的最大距离。

焊缝凹度指凹形角焊缝横截面中，焊趾连线与焊缝表面之间的最大距离。

焊脚指角焊缝横截面中，从一个工件上的焊趾到另一个工件表面的最小距离。

焊脚尺寸指在角焊缝横截面中画出的最大等腰直角三角形中直角边的长度，对于凸形角焊缝，焊脚尺寸等于焊脚；对于凹形角焊缝，焊脚尺寸小于焊脚。

第四节　焊接材料

焊接材料一般是指焊接过程中所消耗的填充金属以及用于提高焊接质量的辅助装置及耗材，如焊条、焊丝、金属粉末、焊剂、焊接用气体和钨极等消耗性材料。电力设备主要采用熔焊方法，其焊接接头的性能受焊接材料影响较大。

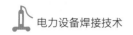

一、焊条

焊条是手工电弧焊接过程中熔化填充在被焊接工件接合处的金属条。

（一）焊条的组成及作用

焊条是涂有药皮的供焊条电弧焊使用的熔化电极，由药皮和焊芯两部分组成，对焊缝金相组织和工艺性能起重要作用。焊条前端药皮有倒角，便于施焊时短路接触引弧，部分焊条制造厂在焊条前端药皮处涂有引弧剂，以利于接触引弧，减少电弧引燃过程时产生黏结、气孔等缺陷，提高焊缝合格率。焊条尾部有一段裸焊芯，便于焊钳夹持导电。

1. 药皮

焊条药皮是指涂在焊芯表面的涂料层，由铁合金、矿石、化工物料、有机物、纯金属混合构成。焊条药皮是决定焊缝质量的重要因素，焊接过程中可提高电弧燃烧的稳定性，减少飞溅，增加熔融金属流动性，易于脱渣，利于焊缝成形，增加熔敷系数，提高焊接生产效率，在焊接过程中分解熔化后形成大量气体，隔绝熔池金属，熔渣覆盖熔滴和熔池，保护焊接熔池，保证焊缝脱氧、除氢、去硫磷杂质，改善焊接工艺性能，亦可为焊缝补充合金元素，提高力学性能。

2. 焊芯

焊芯即焊条的金属芯，在焊接时作为导电电极，起传导焊接电流的作用，在工件间产生电弧，在电弧作用下熔化为焊缝的填充金属。焊芯成分直接影响着焊缝金属的成分和性能，焊芯的化学成分与母材相近或优于母材，可通过药皮中的成分进行微量调整。为了保证焊缝的质量与性能，对焊芯中各金属元素的含量进行严格的规定。

（二）焊条分类

1. 按化学成分分类

按化学成分分为非合金钢及细晶粒钢焊条、热强钢焊条、高强钢焊条、不锈钢焊条、堆焊焊条、铸铁焊条及焊丝、镍及镍合金焊条、铜及铜合金焊条、铝及铝合金焊条。

2. 按熔渣性质分类

按焊条熔渣的碱度，即熔渣中碱性氧化物与酸性氧化物的比例来划分，有酸性和碱性两大类。

酸性焊条药皮中含有大量酸性氧化物及一定数量的碳酸盐。酸性焊条焊接工艺性能好，可以采用交流或直流电源进行焊接。电弧柔和、飞溅小、熔渣流动性好、易于脱渣、焊缝外表美观。氧化性较强，焊接时合金元素烧损较多，因而熔敷金属的塑性和韧性较低。焊接时碳的剧烈氧化，造成熔池的沸腾，有利于熔池中气体逸出，所以不容易产生由铁锈、油脂及水造成的气孔。

碱性焊条药皮中含有大量大理石、萤石等造渣物，并含有脱氧剂和合金剂。碱性焊条脱硫、脱磷能力强，药皮有去氢作用。焊接接头含氢量低，又称为低氢型焊条。由于焊缝金属中氢和氧含量低，非金属夹杂物较少，焊缝具有较高的塑性、韧性和良好的抗裂性能，但工艺性能较差，一般用直流反接法焊接，主要用于动载或刚性较大的重要结构的焊接，当药皮中加入稳弧剂后可以用交流电源焊接。缺点是焊接时产生气孔倾向较大，对油、水、锈等敏感，使用前须高温烘干。

3.按药皮主要成分分类

按焊条药皮的主要成分划分为氧化钛型、钛钙型、钛铁矿型、氧化铁型、纤维素型、石墨型和盐基型八大药皮类型。由于药皮配方不同，致使各种药皮类型的熔渣特性、焊接工艺性能和焊缝金属性能有较大的差别。即使同一类型的药皮，由于生产厂家不同，采用不同的药皮成分和配比，在焊接工艺性能等方面也会出现明显区别。

（三）电力工程常用焊条标准及适用范围

我国现行的焊条焊丝有两种分类方法：一种由国家标准规定，用型号表述；另一种由原机械工业部《焊接材料产品样本》规定，用商业牌号表述，而且采用已久。

电力工程使用的主要焊条标准及适用范围如表2-9所示。

表2-9　　　　　　　　　　　电力工程使用的主要焊条标准

标准编号	标准名称	适用范围
GB/T 983—2012	《不锈钢焊条》	熔敷金属中铬含量大于11%的不锈钢焊条
GB/T 984—2001	《堆焊焊条》	手工电弧焊表面耐磨堆焊焊条
GB/T 3669—2001	《铝及铝合金焊条》	焊条电弧焊用铝及铝合金焊条
GB/T 3670—2021	《铜及铜合金焊条》	熔敷金属中铜含量超过其他任一元素含量的铜及铜合金焊条
GB/T 5117—2012	《非合金钢及细晶粒钢焊条》	抗拉强度低于570MPa的非合金钢及细晶粒钢焊条
GB/T 5118—2012	《热强钢焊条》	电弧焊用热强钢焊条
GB/T 10044—2022	《铸铁焊条及焊丝》	铸铁的电弧焊用焊条
GB/T 13814—2008	《镍及镍合金焊条》	焊条电弧焊用镍及镍合金焊条
GB/T 32533—2016	《高强钢焊条》	熔敷金属抗拉强度不小于590MPa高强钢焊条

（四）焊条型号的编制方法

焊条型号是指反映焊条主要特性的一种表示方法，一般按熔敷金属力学性能、药皮类型、焊接位置、电流类型、熔敷金属化学成分和焊后状态等进行划分，GB/T 5117—2012《非合金钢及细晶粒钢焊条》规定了非合金钢及细晶粒钢焊条型号组成示例，如图2-15所示。

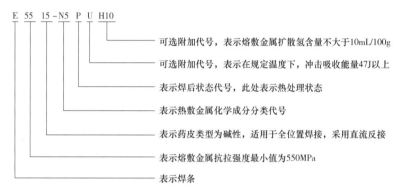

图2-15　非合金钢及细晶粒钢焊条型号组成示例

GB/T 32533—2016《高强钢焊条》规定的高强钢所用焊条型号示例如图2-16所示。焊条型号组成由五部分组成：第一部分用字母E表示焊条；第二部分为两位数字，表示熔敷金属的抗拉强度代号；第三部分为药皮类型、焊接位置、电流种类；第四部分为熔敷金属的化学成分分类代号，如焊接高强钢Q460所使用的焊条为E5516-G，G表示熔敷金属化学成分为其他类；第五部分为焊后状态代号，可在型号后附加字母U表示在规定的试验温度下，冲击功应不小于47J；附加扩散氢代号HX，型号第三部分为药皮类型、焊接位置、电流种类，第四部分为熔敷金属的化学成分分类代号，可为无

图2-16　高强钢所用焊条型号示例

标记或"-"后的字母、数字；第五部分为焊后状态代号，无标记表示焊态，P表示热处理状态，AP表示焊态和焊后热处理两种状态均可。

GB/T 5118—2012《热强钢焊条》规定了热强钢焊条型号组成由四部分组成：字母E表示焊条；第二部分表示熔敷金属最小抗拉强度代号，第三部分为药皮类型、焊接位置、电流种类，第四部分为熔敷金属的化学成分分类代号。附加扩散氢代号同非合金钢及细晶粒钢焊条要求，型号示例如图2-17所示。

图2-17 热强钢焊条型号组成示例

GB/T 983—2012《不锈钢焊条》规定型号组成由四部分组成：第一部分用字母E表示焊条；第二部分数字表示熔敷金属的化学成分分类，数字后面L表示碳含量较低，H表示碳含量较高，如有其他特殊化学成分用元素符号表示放在后面；第三部分为焊接位置；第四部分为一位数字，表示药皮类型和电流种类，型号示例如图2-18所示。

图2-18 不锈钢焊条组成示例

（五）承压设备用焊条

承压设备用非合金钢及细晶粒钢焊条、热强钢焊条、高强钢焊条和不锈钢焊条除了分别符合相应国家标准的规定外，还应符合NB/T 47018《承压设备用焊接材料订货技术条件》系列标准的要求。NB/T 47018系列标准规定了承压设备用焊接材料采购基本要求、批量标识、组批规则、质量证明、复验、保管和运输要求。在靠近焊条夹持端的药皮上印有产品标识NB/T 47018。

（六）电力工程常用焊条及牌号

电力工程用焊条应根据钢材化学成分、力学性能、使用工况和焊接工艺评定结果综合选用。常用非合金钢及细晶粒钢焊条、热强钢和不锈钢型号与牌号对照如表2-10～表2-12所示。

表2-10　　　　电力工程常用非合金钢及细晶粒钢焊条型号与牌号对照表

序号	焊条型号	原牌号	美国（AWS）	序号	焊条型号	原牌号	美国（AWS）
1	E4303	J422	—	5	E5003	J502	—
2	E4315	J427	E6015	6	E5015	J507	E7015
3	E4316	J426	E6016	7	E5016	J506	E7016
4	E4320	J424	E6020	—	—	—	—

表2-11　　　　　　　　电力工程常用热强钢焊条型号与牌号对照表

序号	焊条型号	原牌号	美国（AWS）	序号	焊条型号	原牌号	美国（AWS）
1	E5015-1M3	R107	7016-A	20	E6218-2C1M	R406Fe	—
2	E5016-1M3	R106		21	E5515-2C1ML		
3	E5018-1M3	R106Fe	—	22	E5516-2C1ML		
4	E5503-CM	R202	E8016-B1	23	E5518-2C1ML		
5	E5515-CM	R207	E8016-B1	24	E5515-2CMVNb	R417	
6	E5516-CM	R206	—	25	E6215-2C1MV		
7	E5518-CM	R206Fe		26	E6216-2C1MV		
8	E5515-1CM	R307	E8018-B2	27	E6218-2C1MV		
9	E5516-1CM	R306		28	E6215-3C1MV		
10	E5518-1CM	R306Fe		29	E6216-3C1MV		
11	E5215-1CML	—		30	E6218-3C1MV	J502	
12	E5216-1CML	—		31	E5515-5CM	J507	E7015
13	E5218-1CML	—		32	E5516-5CM	J506	E7016
14	E5515-1CMV	R317	E8016-B2	33	E5518-5CM		
15	E5515-1CMWV	R327	—	34	E5515-5CML	—	—
16	E5515-1CMVNb	R337	—	35	E5516-5CML	—	—
17	E5515-2CMWVB	R347	—	36	E5518-5CML	—	—
18	E6215-2C1M	R407	E9015B3L	37	E5515-5CMV	—	—
19	E6216-2C1M	R406	—	38	E5516-5CMV		

续表

序号	焊条型号	原牌号	美国（AWS）	序号	焊条型号	原牌号	美国（AWS）
39	E5518-5CMV	—	—	49	E6215-9C1ML	—	—
40	E5515-7CM	—	—	50	E6216-9C1ML	—	—
41	E5516-7CM	—	—	51	E6218-9C1ML	—	—
42	E5518-7CM	—	—	52	E6215-9C1MV	—	—
43	E5515-7CML	—	—	53	E6216-9C1MV	—	—
44	E5516-7CML	—	—	54	E6218-9C1MV	—	—
45	E5518-7CML	—	—	55	E6215-9C1MV1	—	—
46	E6215-9C1M	—	—	56	E6216-9C1MV1	—	—
47	E6216-9C1M	—	—	57	E6218-9C1MV1	—	—
48	E6218-9C1M	—	—				

表2-12　　　　　　　　　电力工程常用不锈钢焊条型号与牌号对照表

序号	焊条型号	原牌号	美国（AWS）	序号	焊条型号	原牌号	美国（AWS）
1	E308-15	A107	E308-15	15	E316-15	A207	E316-15
2	E308-16	A102	E308-16	16	E316-16	A202	E316-16
3	E308L-15	A007	—	17	E316L-15	A027	—
4	E308L-16	A002	E308L-16	18	E316L-16	A022	E316L-16
5	E308H-15	—	—	19	E316H-15	—	—
6	E309-15	A307	—	20	E316H-16	—	—
7	E309-16	A302	E309-16	21	E347-15	A137	E347-15
8	E309L-15	A067	E330-15	22	E347-16	A132	E347-16
9	E309L-16	A062	—	23	E347L-15	A137	—
10	E309H-15	—	—	24	E347L-16	A132	—
11	E310-15	A407	E310-15	25	E410-15	G207	E410-15
12	E310-16	A402	E310-16	26	E410-16	G202	E410-16
13	E310H-15	—	—	27	E2209-15	—	—
14	E310H-16	—	—	28	E2209-16	—	—

二、焊丝

焊丝是埋弧焊、气体保护焊、气焊、电渣焊等的主要焊接材料，起填充金属和传导焊接电流的作用。在气焊和钨极气体保护电弧焊时，焊丝用作填充金属；在埋弧焊、电渣焊和其他熔化极气体保护电弧焊时，焊丝既是填充金属，也是导电电极。焊丝实物如图2-19所示。

图2-19 焊丝

（一）焊丝分类

焊丝按结构分实心和药芯焊丝两大类，药芯焊丝有自保护作用，分为自保护焊丝（如混合气体和二氧化碳气体）和有保护焊丝（埋弧焊、电渣焊）。按焊接方法分为埋弧焊、二氧化碳气体保护焊、氩弧焊、电渣焊、气焊、堆焊用焊丝。按照焊接材料的不同分为非合金钢及细晶粒钢、热强钢、不锈钢焊丝和焊带、钛及钛合金焊丝、铜及铜合金焊丝、铝及铝合金焊丝。焊丝分类如图2-20所示。

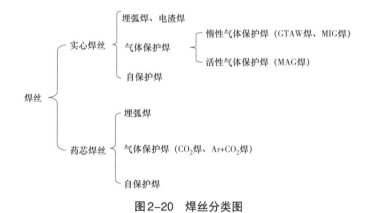

图2-20 焊丝分类图

（二）实心焊丝

实心焊丝是目前最常用的焊丝，由热轧线材经拉拔加工而成。为了防止焊丝生锈，焊丝表面进行了特殊处理，主要是镀铜处理（不包括不锈钢焊丝），实心焊丝的相关标准如表2-13所示。

表2-13　　　　　　　　　　　　　　实心焊丝的相关标准

标准编号	标准名称
GB/T 5293—2018	《埋弧焊用非合金钢及细晶粒钢实心焊丝、药芯焊丝和焊丝—焊剂组合分类》
GB/T 8110—2020	《熔化极气体保护电弧焊用非合金钢及细晶粒钢实心焊丝》
GB/T 9460—2008	《铜及铜合金焊丝》
GB/T 10858—2008	《铝及铝合金焊丝》
GB/T 12470—2018	《埋弧焊用热强钢实心焊丝、药芯焊丝和焊丝—焊剂组合分类要求》
GB/T 14957—1994	《熔化焊用钢丝》
GB/T 15620—2008	《镍及镍合金焊丝》
GB/T 29713—2013	《不锈钢焊丝和焊带》
GB/T 30562—2014	《钛及钛合金焊丝》
GB/T 39279—2020	《气体保护电弧焊用热强钢实心焊丝》
GB/T 39280—2020	《钨极惰性气体保护电弧焊用非合金钢及细晶粒钢实心焊丝》
NB/T 47018.4—2022	《承压设备用焊接材料订货技术条件　第4部分：埋弧焊钢焊丝和焊剂》
NB/T 47018.5—2017	《承压设备用焊接材料订货技术条件　第5部分：堆焊用不锈钢焊带和焊剂》
NB/T 47018.6—2022	《承压设备用焊接材料订货技术条件　第6部分：铝及铝合金焊丝和填充丝》
NB/T 47018.7—2022	《承压设备用焊接材料订货技术条件　第7部分：钛及钛合金焊丝和填充丝》

1. 熔化极气体保护电弧焊用焊丝

熔化极气体保护电弧焊用非合金钢及细晶粒钢实心焊丝的生产、验收执行GB/T 8110—2020《熔化极气体保护电弧焊用非合金钢及细晶粒钢实心焊丝》的规定，适用于熔敷金属最小抗拉强度不大于570MPa的熔化极气体保护电弧焊用非合金钢及细晶粒钢实心焊丝。焊丝型号由五部分组成：第一部分用的字母 G 表示熔化极气体保护电弧焊用实心焊丝；第二部分表示在焊态、焊后热处理条件下熔敷金属的抗拉强度代号；第三部分表示冲击吸收能量不小于27J时的试验温度代号；第四部分表示保护气体类型代号，保护气体按GB/T 39255—2020《焊接与切割用保护气体》规定执行；第五部分表示焊丝化学成分分类；无镀铜代号N附加在第五部分后。型号组成示例如图2-21所示。

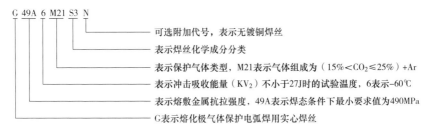

图2-21　熔化极气体保护电弧焊用非合金钢及细晶粒钢实心焊丝型号组成示例

2. 钨极惰性气体保护电弧焊焊丝

钨极惰性气体保护电弧焊用非合金钢及细晶粒钢实心焊丝的生产、验收执行GB/T 39280—2020《钨极惰性气体保护电弧焊用非合金钢及细晶粒钢实心焊丝》的规定，适用于熔敷金属最小抗拉强度不大于570MPa的惰性气体保护电弧焊用非合金钢及细晶粒钢实心焊丝。焊丝型号由四部分组成：第一部分的字母W表示钨极惰性气体保护电弧焊用实心填充焊丝，其余和熔化极气体保护电弧焊用非合金钢及细晶粒钢实心焊丝的表示方法类似。型号组成示例如图2-22所示。

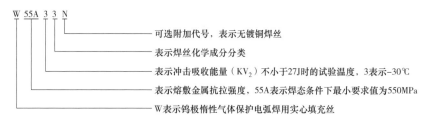

W 55A 3 3 N

— 可选附加代号，表示无镀铜焊丝

— 表示焊丝化学成分分类

— 表示冲击吸收能量（KV$_2$）不小于27J时的试验温度，3表示-30℃

— 表示熔敷金属抗拉强度，55A表示焊态条件下最小要求值为550MPa

— W表示钨极惰性气体保护电弧焊用实心填充丝

图2-22 钨极惰性气体保护电弧焊用非合金钢及细晶粒钢实心焊丝型号组成示例

3. 气体保护电弧焊用热强钢实心焊丝

气体保护电弧焊用热强钢实心焊丝的型号、技术要求、试验方法、复验和供货技术条件执行GB/T 39279—2020《气体保护电弧焊用热强钢实心焊丝》的规定，适用于熔化极气体保护焊和钨极气体保护电弧焊。气体保护电弧焊用热强钢实心焊丝型号由四部分组成：第一部分的字母G表示熔化极气体保护电弧焊用实心填充焊丝，W表示钨极惰性气体保护电弧焊用实心填充焊丝；第二部分表示在焊后热处理条件下熔敷金属的抗拉强度代号；第三部分表示保护气体类型代号，按GB/T 39255—2020《焊接与切割用保护气体》的规定执行。焊丝化学成分分类和无镀铜代号同其他焊丝表示方法一致。型号组成示例如图2-23所示。

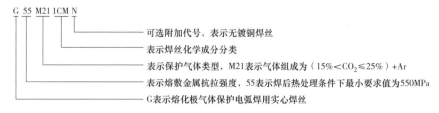

G 55 M21 1CM N

— 可选附加代号，表示无镀铜焊丝

— 表示焊丝化学成分分类

— 表示保护气体类型，M21表示气体组成为（15%<CO$_2$≤25%）+Ar

— 表示熔敷金属抗拉强度，55表示焊后热处理条件下最小要求值为550MPa

— G表示熔化极气体保护电弧焊用实心焊丝

图2-23 气体保护电弧焊用热强钢实心焊丝型号组成示例

4. 不锈钢焊丝

不锈钢焊丝、焊带的型号、技术要求、试验方法、复验和供货技术条件执行

GB/T 29713—2013《不锈钢焊丝和焊带》的规定，适用于熔化极气体保护焊、非熔化极气体保护电弧焊、埋弧焊、电渣焊、等离子弧焊及激光焊等。焊带是焊接材料的一种类型，焊接时既作为填充金属又传导电流。一般以卷状供货，通常用于埋弧焊和电渣焊。焊丝及焊带型号由两部分组成：第一部分的字母S表示焊丝、B表示焊带；第二部分的字母S或B后面的数字或与字母的组合表示化学成分分类，L表示碳含量较低，H表示碳含量较高。如有特殊要求的化学成分放在后面。型号组成示例如图2-24所示。

图2-24　不锈钢焊丝、焊带型号组成示例

5. 钛及钛合金焊丝

钛及钛合金焊丝和填充丝的型号、技术要求、试验方法、复验和供货技术条件执行GB/T 30562—2014《钛及钛合金焊丝》的规定，适用于熔化极惰性气体保护焊、钨极惰性气体保护电弧焊、等离子弧焊和激光焊等。焊丝型号由两部分组成：第一部分的字母STi表示钛及钛合金焊丝；第二部分的四位数字表示焊丝型号分类，其中前两位表示合金类别，后两位数字表示同一合金类别中基本合金的调整。型号组成示例如图2-25所示。

图2-25　钛及钛合金焊丝和填充丝型号组成示例

6. 铜及铜合金焊丝

铜及铜合金焊丝和填充丝的型号、技术要求、试验方法、复验和供货技术条件执行GB/T 9460—2008《铜及铜合金焊丝》的规定，适用于熔化极气体保护焊、钨极气体保护电弧焊、气焊、等离子弧焊等焊接用铜及铜合金实心焊丝和填充丝。焊丝型号组成由三部分组成：第一部分的字母SCu表示铜及铜合金焊丝；第二部分的四位数字表示焊丝型号分类；第三部分为可选部分，表示化学成分代号。型号组成示例如图2-26所示。

图2-26 铜及铜合金焊丝和填充丝型号组成示例

7. 铝及铝合金焊丝

铝及铝合金焊丝和填充丝技术条件按GB/T 10858—2008《铝及铝合金焊丝》的规定执行，适用于熔化极气体保护焊、钨极气体保护电弧焊、气焊及等离子弧焊等。按化学成分分为铝、铝铜、铝锰、铝硅、铝镁五类。焊丝型号由三部分组成：第一部分的字母SAl表示铝及铝合金焊丝；第二部分的四位数字表示焊丝型号分类；第三部分为可选部分，表示化学成分代号。型号组成示例如图2-27所示。

图2-27 铝及铝合金焊丝和填充丝型号组成示例

（三）药芯焊丝

即将薄钢带卷制成圆形或异形，内部填充配制好的焊药，然后拉拔成不同规格的药芯焊丝，焊药的作用与焊条药皮相似，也称粉芯焊丝、管状焊丝。药芯焊丝易于实现机械化自动化焊接，电力工程安装及检修过程中与非熔化极惰性气体保护焊配合使用直条短焊丝，应用于不锈钢和高合金钢的根部封底焊接以及大口径厚壁管道的工厂化预制装配过程。

药芯焊丝适应各种钢材的焊接，调整焊剂的成分和比例方便容易，满足焊缝的化学成分，电弧稳定、熔滴过渡均匀飞溅少，焊接工艺性好，焊缝成型美观，可用较大焊接电流进行全位置焊接，熔敷速度快，生产效率高。缺点是焊丝制造过程复杂，焊接过程较实心焊丝送丝困难，焊丝表面容易锈蚀，药粉易受潮，保存环境与管理要求严格。

1. 药芯焊丝的分类

按焊丝结构分为无缝焊丝和有缝焊丝两类，无缝焊丝由无缝钢管压入所需的焊药后拉拔而成，有缝焊丝按其截面形状分为简单截面O形和复杂截面折叠形两类。

按保护方式分为有保护和自保护类，有保护的药芯焊丝在焊接时需外加气体或熔渣保护，一般是二氧化碳和氩气或两者的混合气体，熔渣保护是焊丝和药剂配合用于

埋弧焊、堆焊和电渣焊，自保护是药芯燃烧分解出的气体保护焊接区域，也产生熔渣
保护熔池和焊缝金属。

2. 药芯焊丝执行标准及适用范围

药芯焊丝–焊剂组合分类按照力学性焊后状态、焊剂类型和熔敷金属化学成分等进
行划分。药芯焊丝标准及适用范围如表2–14所示。

表2–14　　　　　　　　　　　药芯焊丝标准及适用范围

标准编号	用途	适用范围
GB/T 5293—2018	埋弧焊用非合金钢及细晶粒钢实心焊丝、药芯焊丝和焊丝–焊剂组合分类要求	适用于埋弧焊用非合金钢及细晶粒钢实心焊丝分类，及最小抗拉强度不大于570MPa的焊丝–焊剂组合分类
GB/T 10045—2018	非合金钢及细晶粒钢药芯焊丝	适用于最小抗拉强度不大于570MPa的气体保护和自保护电弧焊用非合金钢及细晶粒钢药芯焊丝
GB/T 12470—2018	埋弧焊用热强钢实心焊丝、药芯焊丝和焊剂–组合分类要求	适用于埋弧焊用热强钢实心焊丝、药芯焊丝和焊丝–焊剂组合分类
GB/T 17493—2018	热强钢药芯焊丝	适用气体保护焊用热强钢药芯焊丝
GB/T 17853—2018	不锈钢药芯焊丝	用于熔化极气体保护和自保护电弧焊及钨极惰性气体保护焊用不锈钢药芯焊丝及填充丝
GB/T 36233—2018	高强钢药芯焊丝	适用于熔敷金属最小抗拉强度要求值不小于590MPa的气体保护和自保护电弧焊用高强钢药芯焊丝
GB/T 36034—2018	埋弧焊用高强钢实心焊丝、药芯焊丝和焊丝–焊剂组合分类要求	本标准适用于埋弧焊用高强钢实心焊丝分类，以及最小抗拉强度要求值不小于590MPa的焊丝–焊剂组合的分类要求
GB/T 41110—2021	镍及镍合金药芯焊丝	适用于气体保护和自保护电弧焊用镍及镍合金药芯焊丝
GB/T 3429—2015	焊接用钢盘条	适用于焊条电弧焊、埋弧焊、电渣焊、气焊和气体保护焊等用途的焊接用钢盘条

3. 常用药芯焊丝选用技术要求

选用药芯焊丝与选用焊条和实心焊丝原则基本相同，结合母材的焊接性按等强度
原则选用，要求焊缝金属与母材同材质时，确保熔敷金属化学成分与母材基本相近。
选用时注意其保护方式，药芯焊丝与实心焊丝的自保护焊丝在焊接过程中焊缝金属受
大气污染较大，其焊接质量比外加气体保护要低一些。自保护焊丝的焊缝金属塑性、
韧性，一般低于带辅助保护气体的药芯焊丝。外加气体保护焊中用氩气和二氧化碳混

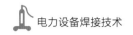

合气体改善了工艺性能，焊接质量比只用二氧化碳气体保护好一些，重要焊接结构，宜采用混合气体保护，自保护焊丝目前主要用于低碳钢焊接结构。

（四）承压设备焊接用焊丝

承压设备用焊丝除了符合相应的国家标准外，气体保护电弧焊碳钢焊丝、低合金钢焊丝、不锈钢焊丝还应符合 NB/T 47018.3—2017《承压设备用焊接材料订货技术条件 第3部分：气体保护电弧焊丝和填充丝》的规定，碳钢、低合金钢、不锈钢埋弧焊用钢焊丝和焊剂符合 NB/T 47018.4—2022《承压设备用焊接材料订货技术条件 第4部分：埋弧焊钢焊丝和焊剂》的规定，堆焊用不锈钢焊带和焊剂符合 NB/T 47018.5—2017《承压设备用焊接材料订货技术条件 第5部分：堆焊用不锈钢焊带和焊剂》的规定，铝及铝合金焊丝符合 NB/T 47018.6—2022《承压设备用焊接材料订货技术条件 第6部分：铝及铝合金焊丝和填充丝》的规定，钛及钛合金焊丝符合 NB/T 47018.7—2022《承压设备用焊接材料订货技术条件 第7部分：钛及钛合金焊丝和填充丝》的规定。

（五）电力工程常用焊丝

电力工程用焊丝也应根据钢材化学成分、力学性能、使用工况和焊接工艺评定结果综合选用。电力工程常用焊丝型号及牌号如表2-15所示，使用时应按照电弧气氛的氧化性选择适宜焊丝。

表2-15　　　　　　　　　电力工程常用焊丝型号及牌号

序号	型号或牌号	标准编号	序号	型号或牌号	标准编号
1	W ER50 6（TIG-J50）	GB/T 39280—2020	8	W ER55 5CM（TIG-R50）	GB/T 39279—2020
2	W ER50（TIG-R10）	GB/T 39279—2020	9	W ER62 9C1MV（TIG-R71）	GB/T 39279—2020
3	W ER55 1CM（TIG-R30）	GB/T 39279—2020	10	W ER62 10CMWV-Co（TIG-R72）	GB/T 39279—2020
4	W ER55 1CM4V（TIG-R31）	GB/T 39279—2020	11	S308（H06Cr21Ni10）	GB/T 29713—2013
5	W ER62 2C1MV（TIG-R40）	GB/T 39279—2020	12	S309（H10Cr24Ni13）	GB/T 29713—2013
6	W ER55 2CMWV-Ni（TIG-R34）	GB/T 39279—2020	13	S310（H11Cr26Ni21）	GB/T 29713—2013
7	W ER55 3C1MV	GB/T 39279—2020	14	S316（H06Cr19Ni12Mo2）	GB/T 29713—2013

续表

序号	型号或牌号	标准编号	序号	型号或牌号	标准编号
15	S347（H06Cr20Ni10Nb）	GB/T 29713—2013	21	ER50-3（H10MnSiA）	GB/T 8110—2020
16	S410（H10Cr13）	GB/T 29713—2013	22	ER49-1（H08Mn2SiA）	GB/T 8110—2020
17	S430（H08Cr17）	GB/T 29713—2013	23	H08CrMoA	GB/T 3429—2015
18	S2209（H022Cr22Ni9Mo3N）	GB/T 29713—2013	24	H13CrMoA	GB/T 3429—2015
19	H08A	GB/T 3429—2015	25	H08CrMoVA	GB/T 3429—2015
20	H08MnA	GB/T 3429—2015			

注 表中 W 为 GB/T 39279—2020《气体保护电弧焊用热强钢实心焊丝》和 GB/T 39280—2020《钨极惰性气体保护电弧焊用非合金钢及细晶粒钢实心焊丝》规定的氩弧焊丝，若采用气体保护焊则为 G，按照 GB/T 8110—2020《熔化极气体保护电弧焊用非合金钢及细晶粒钢实心焊丝》的规定。

三、焊剂

焊剂是能够焊接时熔化形成熔渣，对熔化金属起保护和冶金作用的一种颗粒状物质。与焊条药皮作用相似，对焊接熔池起保护、冶金处理和改善焊接工艺性能的作用，烧结焊剂还具有渗合金作用。焊剂和焊丝配合使用，共同决定熔敷金属的化学成分和性能。

1. 焊剂分类

根据制造方法分为熔炼焊剂和非熔炼焊剂两类，按焊剂（熔渣）的化学性质分为氧化性焊剂、弱氧化性焊剂、惰性焊剂，焊剂的化学性质决定其冶金性能。按焊接方法分埋弧焊用焊剂、堆焊用焊剂、电渣焊用焊剂。按被焊金属材料分碳钢用焊剂、低合金钢用焊剂、不锈钢用焊剂等。按焊剂颗粒结构分为玻璃状焊剂、结晶状焊剂、浮石状焊剂。

2. 焊剂相关规程标准

埋弧焊和电渣焊用焊剂的型号、分类代号、技术要求、试验方法、复验和供货技术条件须满足 GB/T 36037—2018《埋弧焊和电渣焊用焊剂》的要求，承压设备的焊接同时须符合 NB/T 47018.4—2022《承压设备用焊接材料订货技术条件 第4部分：埋弧焊钢焊丝和焊剂》的规定。

埋弧焊用焊剂须满足相应的材料标准，如 GB/T 5293—2018《埋弧焊用非合金钢及细晶粒钢实心焊丝、药芯焊丝和焊丝–焊剂组合分类要求》、GB/T 12470—2018《埋弧焊用热强钢实心焊丝、药芯焊丝和焊丝–焊剂组合分类要求》、GB/T 36034—2018《埋

弧焊用高强钢实心焊丝、药芯焊丝和焊丝-焊剂组合分类要求》、GB/T 17854—2018《埋弧焊用不锈钢焊丝-焊剂组合分类要求》。

3. 焊剂的型号编制方法

焊剂型号由四部分组成：第一部分表示焊剂适用的焊接方法，如S表示适用于埋弧焊、ES表示适用于电渣焊；第二部分表示焊剂制造方法，如F表示熔炼焊接、A表示烧结焊剂、M表示混合焊剂；第三部分表示焊剂类型代号，根据焊剂中转化后的Al_2O_3、CaO、MgO、MnO、SiO_2、TiO_2、ZrO_2等氧化物含量确定；第四部分为表示焊剂适用范围代号。型号组成示例如图2-28所示。

图2-28　焊剂型号组成示例

4. 焊剂与焊丝的选用技术要求

焊丝的选择原则要根据被焊钢材种类、化学成分、焊接部件的质量要求、焊接保护气体、厚度、坡口形状、焊接位置、焊接条件、焊后热处理及焊接操作、焊接工艺性等综合考虑。选择焊剂必须与选择焊丝同时进行，焊丝与焊剂的不同组合，可获得不同性能或不同化学成分的熔敷金属。

埋弧焊用的焊剂和焊丝通常都是根据被焊金属材料及对焊缝金属性能要求选择与产品结构特点相适应，且与焊丝合理匹配的焊剂。结构钢包括碳钢和低合金高强度钢的焊接，选用与母材强度相匹配的焊丝。耐热钢、不锈钢的焊接，选用与母材成分相近的焊丝。根据堆焊层的技术要求和使用性能等选定合金成分相近的堆焊焊丝。选配焊剂除考虑钢种外，还要考虑产品的焊接技术和焊接工艺要求，不同类型焊剂的工艺性能、抗裂性能和抗气孔性能差别较大。

四、焊接用气体

焊接用气体是指气体保护焊中所用的保护性气体和气焊用的气体，包括二氧化碳

CO_2、氩气 Ar、氦气 He、氧气 O_2、氮气 N_2、可燃气体和混合气体等。气体保护焊时保护气体既是焊接区域的保护介质，也是产生电弧的气体介质，气体的特性不仅影响保护效果，也影响到电弧的引燃、焊接过程的稳定性。气焊主要是依靠气体燃烧时产生的热量集中的高温火焰完成焊接操作。

1. 焊接方法与气体

各种焊接方法与气体及应用范围如表 2-16 所示。

表 2-16　　　　　　　　　　　焊接方法与气体及应用范围

焊接方法		气体	应用范围
熔化极气体保护焊	活性气体保护焊	$Ar+O_2$	可以焊接碳钢、低合金钢、不锈钢等，能焊接薄板、中板和厚板工件
		$Ar+CO_2+O_2$	
		$Ar+CO_2$	
	惰性气体保护焊	Ar	几乎可以焊接所有金属材料，主要用于焊接非铁金属、不锈钢和合金钢或用于碳钢及低合金钢管道及接头封底焊道的焊接，适用不同厚度板材的焊接
		$Ar+He$	
		He	
	二氧化碳气体保护焊	CO_2+O_2	应用于焊接低碳钢、低合金钢、与药芯焊丝配合可以焊接耐热钢、不锈钢及堆焊等，特别适用于薄板焊接
		CO_2	
钨极气体保护焊	钨极惰性气体保护焊（手工或自动）	Ar	无熔渣，电弧稳定，特别适合薄件及全位置管道焊接，易实现单面焊双面成形。几乎可焊接除熔点非常低的铅、锡以外的所有金属和合金
		$Ar+He$	
		He	
气焊	氧-乙炔焊	$C_2H_2+O_2$	随着先进的焊接方法迅速发展和广泛应用，气焊的应用范围逐渐缩小，但在铜、铝、铸铁焊接领域仍有独特优势
		H_2	
钎焊	气体保护钎焊	Ar	可焊接同种金属、也适宜焊接异种金属，甚至可以焊接金属与非金属。钎焊的应力与焊接变形小，接头的强度和耐热能力较基本金属低
		H_2	
		N_2	
		分解氨	

2. 焊接用气体型号的编制方法

保护气体型号由三部分组成：第一部分表示保护气体的类型代号，由大类代号（如表 2-17 所示）和小类代号（如表 2-18 所示）构成；第二部分表示基体气体和组成气体的化学符号代号，按体积分数递减的顺序排列；第三部分表示组分气体的体积分数（公称值），按递减的顺序对应排列，用"/"分隔。保护气体型号组成示例如图 2-29 所示。

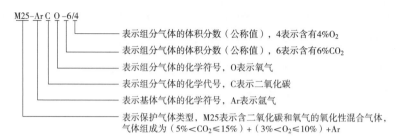

图2-29　保护气体型号组成示例

表2-17　　　　　　　　保护气体的类型代号－大类代号

大类代号	气体化学性质	大类代号	气体化学性质
I	惰性单一气体和混合气体	Ar	氩气
M1，M2，M3	含氧气和/或二氧化碳的氧化性混合气体	C	二氧化碳
C	强氧化性气体和混合气体	H	氢气
R	还原性混合气体	N	氮气
N	含氮气的低活性气体或还原性混合气体	He	氦气
O	氧气	Z	其他混合气体

表2-18　　　　　　　　保护气体的类型代号－小类代号

类型代号		气体组分含量（体积分数，%）					
大类代号	小类代号	氧化性		惰性		还原性	低活性
		CO_2	O_2	Ar	He	H_2	N_2
I	1	—	—	100	—	—	—
	2	—	—	—	100	—	—
	3	—	—	余量 a	$0.5 \leqslant He \leqslant 95$	—	—
M1	1	$0.5 \leqslant CO_2 \leqslant 5$	—	余量 a	—	$0.5 \leqslant H_2 \leqslant 5$	—
	2	$0.5 \leqslant CO_2 \leqslant 5$	—	余量 a	—	—	—
	3	—	$0.5 \leqslant O_2 \leqslant 3$	余量 a	—	—	—
	4	$0.5 \leqslant CO_2 \leqslant 5$	$0.5 \leqslant O_2 \leqslant 3$	余量 a	—	$0.5 \leqslant H_2 \leqslant 5$	—
M2	0	$5 < CO_2 \leqslant 15$	—	余量 a	—	—	—
	1	$15 < CO_2 \leqslant 25$	—	余量 a	—	—	—
	2	—	$3 < O_2 \leqslant 10$	余量 a	—	—	—
	3	$0.5 \leqslant CO_2 \leqslant 5$	$3 < O_2 \leqslant 10$	余量 a	—	—	—
	4	$5 < CO_2 \leqslant 15$	$0.5 \leqslant O_2 \leqslant 3$	余量 a	—	—	—
	5	$5 < CO_2 \leqslant 15$	$3 < O_2 \leqslant 10$	余量 a	—	—	—

续表

类型代号		气体组分含量（体积分数，%）					
大类代号	小类代号	氧化性		惰性		还原性	低活性
		CO_2	O_2	Ar	He	H_2	N_2
M2	6	$15 < CO_2 \leq 25$	$0.5 \leq O_2 \leq 3$	余量ª	—	—	—
M2	7	$15 < CO_2 \leq 25$	$3 < O_2 \leq 10$	余量ª	—	—	—
M3	1	$25 < CO_2 \leq 50$	—	余量ª	—	—	—
M3	2	—	$10 < O_2 \leq 15$	余量ª	—	—	—
M3	3	$25 < CO_2 \leq 50$	$2 < O_2 \leq 10$	余量ª	—	—	—
M3	4	$5 < CO_2 \leq 25$	$10 < O_2 \leq 15$	余量ª	—	—	—
M3	5	$25 < CO_2 \leq 50$	$10 < O_2 \leq 15$	余量ª	—	—	—
C	1	100	—	—	—	—	—
C	2	余量	$0.5 < O_2 \leq 30$	—	—	—	—
R	1	—	—	余量ª	—	$0.5 \leq H_2 \leq 15$	—
R	2	—	—	余量ª	—	$15 < H_2 \leq 50$	—
N	1	—	—	—	—	—	100
N	2	—	—	余量ª	—	—	$0.5 \leq N_2 \leq 5$
N	3	—	—	余量ª	—	—	$5 < N_2 \leq 50$
N	4	—	—	余量ª	—	$0.5 \leq H_2 \leq 10$	$0.5 \leq N_2 \leq 5$
N	5	—	—	—	—	$0.5 \leq H_2 \leq 50$	余量
O	1	—	100	—	—	—	—
Zᵇ		其他混合气体					

a 以分类为目的，氩气可以部分或全部被氦气代替。
b 表中未列出的类型可用Z表示大类，小类及化学成分范围不进行规定，同为Z分类的两种气体之间不可替换。

3. 焊接用气体技术要求

焊接用保护气体的质量、气体种类、纯度、供货技术条件应符合GB/T 39255—2020《焊接与切割用保护气体》的要求，该标准气体适用于钨极惰性气体保护电弧焊、熔化极气体保护电弧焊、等离子弧焊、等离子弧切割、激光焊、激光切割和电弧钎焊等工艺方法用保护、工作和辅助气体及混合气体。保护气体性质物理和化学性质如表2-19所示。

表2-19 保护气体物理和化学性质

气体名称	化学符号	密度（kg/m³）	相对空气密度的比值	沸点（0.101MPa下，℃）	焊接时反应特性
氩气	Ar	1.784	1.380	-185.9	惰性
氦气	He	0.178	0.138	-268.9	惰性
二氧化碳	CO_2	1.977	1.529	-78.5	氧化性
氧气	O_2	1.429	1.105	-183.0	氧化性
氮气	N_2	1.251	0.968	-195.8	低活性
氢气	H_2	0.090	0.070	-252.8	还原性

焊接保护气体纯度及气瓶涂色标记如表2-20所示。

表2-20 焊接保护气体纯度及气瓶涂色标记

气体	最低纯度体积分数（%）	容器涂色	字样	字色	色环
氩气	99.997	银灰	氩	深绿	
氦	99.995	银灰	氦	深绿	$p=20$，白色单环
氮	99.5	黑	氮	白	$p\geq30$，白色双环
氧	99.5	淡（酞）蓝	氧	黑	
氢	99.55	淡绿	氢	大红	$p=20$，大红单环 $p\geq30$，大红双环
二氧化碳	99.8	铝白	液化二氧化碳	黑	$p=20$，黑色单环

注 p是气瓶的公称工作压力，单位为兆帕（MPa）。

焊接用各类气瓶实物如图2-30所示。

图2-30 焊接用各类气瓶实物

4. 焊接保护气体的选用

选择保护用焊接气体，主要取决于焊接方法，被焊金属的性质、接头的质量要求、工件厚度和焊接位置、工艺方法等因素。根据每种气体的冶金特性和工艺特性选择最能满足接头质量来要求保护气体，在同样能满足接头质量的前提下，选用来源容易，价格便宜的气体。

对于易氧化的铝、钛、铜、锆等及它们的合金焊接应选用惰性气体做保护，而且越容易氧化的金属所用惰性气体的纯度要求越高。对采用熔化极气体保护焊方法焊接碳素钢、低合金钢、不锈钢等不宜采用纯惰性气体，推荐选用氧化性的保护气体，如 CO_2、$Ar+O_2$、$Ar+CO_2$ 等，这样能改善焊接工艺性能，减少飞溅且熔滴过渡稳定，可获得好的焊缝成型。

手工钨极氩弧焊焊接极薄材料时，宜用 Ar 保护，当焊接厚件、热导率高和难熔金属或者进行高速自动焊时，宜选用 He 或 Ar+He 作保护，对于铝的手工钨极氩弧焊采用交流电源时，选用 Ar 作保护；对于熔化极气体保护焊，保护气体的选择不仅取决于被焊金属，而且还取决于熔滴过渡的形式。

五、焊接电极

焊接电极是指熔化焊时用以传导电流，并使填充材料和母材熔化或本身也作为填充材料而熔化的金属丝、棒以及电阻焊时用以传导电流和传递压力的金属极。熔化焊用的电极分为熔化电极和不熔化电极，焊条和焊丝属于熔化电极，既作电极又不断熔化作为填充金属。不熔化电极是只用作传导电流、压力以实现焊接过程的材料，焊接时在电弧焊时指用来传导电流、产生电弧的石墨、钨棒，在电阻焊中指传导电流和传递压力的由铜（或铜合金）制成的棒状、块状或圆盘状金属零件。

（一）弧焊用钨电极

不熔化电极的基本要求是可以传导电流，发射电子能力强，高温时不易熔化挥发且使用寿命要长等。金属钨可导电，熔点为3410℃和沸点为5900℃都很高，电子逸出功为4.5eV，发射电子能力强，适合作为电弧焊的不熔化电极。钨极氩弧焊或等离子弧焊时常用金属钨棒作为电极，称为钨电极（简称钨极），使用的钨电极应符合GB/T 32532—2016《焊接与切割用钨极》的规定。

1. 钨极的种类及特点

钨极氩弧焊用的电极材料与等离子弧焊相同，国内外常用的钨极主要有纯钨、铈钨、钍钨和锆钨等四种。常用钨极的种类及化学成分如表2-21所示。

表2-21　　　　　　　　常用钨极的种类及化学成分（质量分数）

钨极类型	牌号	W（%）	ThO$_2$（%）	CeO（%）	ZrO（%）	SiO$_2$（%）	Fe$_2$O$_3$%+Al$_2$O$_3$（%）	Mo（%）	CaO（%）
纯钨极	W1	99.92	—	—	—	0.03	0.03	0.01	0.01
	W2	99.85	杂质总含量小于0.15						
钍钨极	WTh-7	余量	0.7 ~ 0.99	—		0.06	0.02	0.01	0.01
	WTh-10	余量	1.0 ~ 1.49	—		0.06	0.02	0.01	0.01
	WTh-15	余量	1.5 ~ 2.0	—		0.06	0.02	0.01	0.01
	WTh-30	余量	3.0 ~ 3.5	—		0.06	0.02	0.01	0.01
铈钨极	WCe-5	余量		0.50	杂质总含量小于0.1				
	WCe-13	余量		1.30	杂质总含量小于0.1				
	WCe-20	余量		1.8 ~ 2.2	杂质总含量小于0.1				
锆钨极	WZr	99.2		—	0.15 ~ 0.40	其他不大于0.5			

纯钨极熔点和沸点高，不易熔化蒸发、烧损，但电子发射能力较其他钨极差，不利于电弧稳定燃烧，此外，电流承载能力较低，抗污染性能差，纯钨极烧损严重，目前已不常用。

钍钨极的电子发射能力强，允许电流密度大，电弧燃烧稳定，寿命较长，是焊接性能最好的钨电极品种，但钍元素具有一定放射性，欧美国家已限制生产该品种电极。

铈钨极电子逸出功低，化学稳定性高，阴极斑点小、压降低、烧损小，弧束细长，热量集中，使用寿命长，允许电流密度大，引弧和稳弧不亚于钍钨极，无放射性，是目前国内普遍采用的一种钨极材料，完全可以取代钍钨极。

锆钨极的性能介于纯钨极和钍钨极之间，在需要防止电极污染焊缝金属的特殊条件下使用，焊接时，电极尖端易保持半球形，适于交流焊接。各类钨极如图2-31所示。

2. 钨极的表面质量和形状尺寸

钨极直径范围一般为0.25 ~ 6.4mm，在拉拔或锻造之后要经过清洗、抛光或磨光工艺处理，对于有伤痕、裂纹、缩孔、毛刺或非金属夹杂缺陷的电极，不应当使用，这些缺陷会影响载流能力。电极在使用前应对其端部磨削成尖锥状，磨尖程度应根据焊丝直径和使用电流的大小来确定，对于用高频引弧装置也能提供更好的起弧作用，便

（a）   （b）

图2-31　钨极

于在受限制的部位上焊接。

正确使用钨极可以获得较稳定的电弧，并能延长钨极的使用寿命。当采用交流钨极氩弧焊时，一般将钨极末端磨成半圆球状，随着电流增加，球径也随之增加，最小为钨极直径（即不带锥角）。随着钨极末端锥角增大，弧柱的扩散倾向减小，但熔深增大，熔宽减小，焊缝横截面积基本不变。

当采用等离子弧焊时，钨电极必须为圆柱形并且同心。为便于引弧和提高电弧燃烧的稳定性，电极末端应磨尖呈锥状、夹角为20°~60°，随着电流增大，其尖锥可稍微磨平或磨成锥球状、环状等以减慢电极的烧损。钨极端部形状对电弧稳定性有一定影响，交流钨极氩焊时，一般将钨极端部磨成圆珠形；直流小电流施焊时，钨极可以磨成尖锥角；直流大电流施焊时，钨极宜磨成钝角。常用钨极端部形状如图2-32所示。

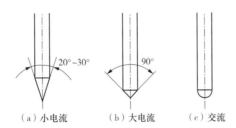

（a）小电流　　（b）大电流　　（c）交流

图2-32　常用的钨极端部形状

3. 钨极端头的打磨

不熔化电极在长期高温下使用，会发生不同程度的烧损、磨损或变形，需要经常磨修或更换。为正确打磨钨极并防止污染，应使用专用钨极磨削机（带有通风吸尘装置）。磨制时钨极的轴线应与砂轮转动方向的切线一致，确保打磨的痕迹是纵向的，钨极磨制方式及角度影响如图2-33所示。

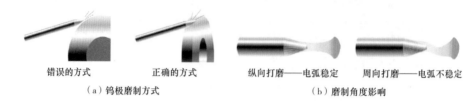

错误的方式　　　　正确的方式　　　纵向打磨——电弧稳定　　周向打磨——电弧不稳定

（a）钨极磨制方式　　　　　　　　　　（b）磨制角度影响

图2-33　钨极磨制方式及角度影响

4. 氩弧焊钨极的选用

选用钨极应综合考虑各种钨极的电弧特性（引弧与稳弧）、载流能力、被焊金属的材质、厚度、电流类型及电极特性。不同金属钨极氩弧焊时推荐用的钨极和保护气体如表2-22所示。

表2-22　　　　　　　　　　　不同金属推荐用钨极和保护气体

工件材质	工件厚度	电流类型	电极	保护气体
铝	所有厚度	交流	纯钨或锆钨极	Ar或Ar+He
	厚件	直流正接	钍钨或铈钨极	Ar+He或Ar
	薄件	直流反接	铈钨、钍钨或锆钨极	Ar
铜及铜合金	所有厚度	直流正接	铈钨或钍钨极	Ar或Ar+He
	薄件	交流	纯钨或锆钨极	Ar
镍及镍合金	所有厚度	直流正接	铈钨或钍钨极	Ar
低碳、低合金钢	所有厚度	直流正接	铈钨或钍钨极	Ar或Ar+He
	薄件	交流	纯钨或锆钨极	Ar
不锈钢	所有厚度	直流正接	铈钨或钍钨极	Ar或Ar+He
	薄件	交流	纯钨或锆钨极	Ar
钛	所有厚度	直流正接	铈钨或钍钨极	Ar

焊接薄板时用小电流焊接，应选用小直径钨极，并将钨极末端打磨成尖锐的圆锥形，有利于引弧并且保持电弧燃烧稳定。当使用大电流焊接时，由于电流密度过大而使末端过热熔化，从而使钨极烧损增加，同时电弧斑点也会扩展到钨极末端的锥面上，使弧柱扩散或飘忽不定，此时钨极末端锥角要适当加大或采用顶锥形。

一般厚板焊接时要求获得较大熔深，应采用直流正接和大电流进行焊接，宜选用载流能力强的钍钨极和铈钨极。薄板焊接要求熔深较浅，焊接时电流较小，应采用直流反接的方法，但容易使电极发热，选用引弧容易、稳定性好、载流能力强的钍钨极和铈钨极。铝、镁及其合金的焊接要求采用交流电，电极烧损的程度比直流反接时小，可选用较便宜的纯钨极。

（二）电阻焊（RW）用铜电极

电极是电阻焊机的易耗零件，电阻焊电极工作条件比较恶劣，制造电极的材料除了应有较好的导电和导热性能外，还应承受高温和高压力的作用。目前最常用的电极材料是铜和铜合金，在特殊焊接场合，也采用钨、钼、氧化铝等耐高温的粉末烧结材料，各种电阻焊用电极形状如图2-34所示。

电阻焊的点焊、缝焊、凸焊和对焊等都需使用不熔化电极，它们的形状各不相同，但在焊接过程中都用以向工件传输焊接电流和焊接压力。在某些焊接场合，电极还需要作为焊模、夹具或定位装置。

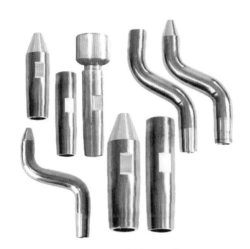

图2-34　各类电阻焊电极

1. 电阻焊电极的功能

（1）传导电流。焊接时通过电极的电流因被焊金属性质和厚度的不同而不同，电流值可高达数千至数万安培，通过电极工作面的电流密度每平方毫米可达数百至数千安培。

（2）传递压力。为了使焊点或接头牢固，不发生飞溅、裂纹或疏松等缺陷，保持焊接质量稳定，焊接时必须通过电极向工件施加一定的焊接压力和锻压力。

（3）散热功能。焊接电流通过工件所产生的热量，只有一小部分用于生成熔核，绝大部分热量是通过上、下电极传导而消散。若焊接产生的热量没有及时消散，达到或超过电极材料在该温度下的屈服点，就会引起电极工作面的变形、压溃和黏附现象。

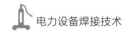

2. 电极材料的基本要求

根据电阻焊电极的传导电流、传递压力和散热等功能，电极材料基本要求为电导率和热导率高，自身电阻发热小，能迅速逸散焊接区传来的热量，高温下具有较高的强度和硬度，有良好的抗变形和抗磨损能力，高温下与工件金属形成合金化倾向小，物理性能稳定，不易黏附，材料生产成本低，加工方便，变形或损坏后便于更换。

六、防飞溅材料

焊接过程产生的金属飞溅，常容易黏结在焊缝两侧的金属材料上，尤其是在焊接不锈钢材料或较大厚度的工件时，使用的焊接规范大，飞溅的颗粒也较大，此时飞溅与金属黏结很牢固，不易清除。因此，可在待焊的焊缝两侧涂抹一层防止飞溅黏结的涂料，使焊接飞溅金属不易黏结在母材上。即便有飞溅黏结，也容易清除。防止飞溅黏结的配方为石英砂30%、白垩粉30%、硅酸钠40%。

七、焊接填充材料的选用原则

焊接材料选用是焊接准备工作中的重要环节，直接影响到焊接接头的化学成分和使用性能，使用前须进行焊接工艺评定试验，根据母材的化学成分、力学性能、抗裂性能、结构形状、工作条件、受力情况以及焊接设备综合考虑，如耐热钢的高温抗氧化性和热强性，不锈钢的耐蚀性等，制定相应的工艺措施，便于选择适宜的焊接材料，保证产品的焊接质量。

1. 满足焊接接头力学性能要求

现代焊接结构大多是以等强度、等韧性和等塑性原则设计的，选用焊条确保焊缝金属力学性能与母材相当，对于普通结构钢，通常要求焊缝金属与母材等强，除满足强度要求外，应选用熔敷金属抗拉强度等于或稍高于母材，同时也具有足够的韧性。对于合金结构钢，要求合金成分与母材相同或接近。对结构形状复杂、刚性大和承受冲击载荷的工件，可选用塑性、韧性指标较高的低氢型焊条。当被焊母材中碳、硫、磷等元素的含量偏高时，焊缝易产生裂纹，应保证焊缝金属具有较高的冲击韧性和塑性，故应选用抗裂性能好的碱性低氢型焊条。

2. 满足焊接接头化学与物理性能要求

接触腐蚀介质的工件，应根据介质的种类、浓度、工作温度及腐蚀类型（一般腐蚀、晶间腐蚀、应力腐蚀等）选用合适不锈钢类焊条或其他耐腐蚀焊条。对于不锈钢和耐热钢焊条，要求焊缝金属有必要的强度和韧性外，还必须具有耐腐蚀性和热强性。在高温、低温或其他特殊条件下工作的焊接件，应选用相应的耐热钢、低温钢或其他特殊用途焊条，确保满足焊缝使用性能的要求。耐磨焊接材料的选择需要考虑与基体的附着力以及颗粒磨损、冲击磨损、高温磨损、腐蚀环境等因素。

3. 满足焊接工艺性能要求

焊条应具有良好的抗裂纹、抗气孔能力，飞溅小，电弧燃烧稳定，脱渣性好，不容易产生夹渣或成形不良的工艺缺陷。对受力不大、焊接部位难以清理干净的工件，应选用对铁锈、氧化皮、油污不敏感的酸性焊条。对受条件限制不能翻转的工件，应选用适于全位置焊接的焊条。在狭小或通风条件差的场合，应选用酸性焊条或低尘焊条。

4. 考虑工件的结构特点、焊接接头形式、焊接位置

对坡口较小或根部焊透控制严格的焊接接头，应选用具有较大熔深或熔透能力的焊接材料。受条件限制焊接部位难以清理干净时，应选用对铁锈、氧化皮和油污反应不敏感的焊材，如酸性焊条，以免产生气孔等缺陷。有的焊材只适用于某一位置的焊接，其他位置焊接时效果较差，有的焊材则是各种位置均能焊接，选用时要考虑焊接位置的特点。

5. 异种钢焊接材料选用

有时因特殊性能要求、工况差别、经济性等原因出现异种材料焊接。异种钢焊接接头的焊接材料选择一般采用低匹配原则，选用介于两种钢材合金成分之间或与较低一侧钢材相匹配，熔敷金属的抗拉强度不低于强度较低一侧母材标准规定的下限值。电力工程焊接异种钢的焊条和焊丝选用及热处理推荐表如表2-23所示，焊条、焊丝及热处理温度说明如表2-24所示。

碳素钢（含C≤0.35%）、普通低合金钢类型的异种钢焊接接头，选用焊接材料应保证熔敷金属的抗拉强度不低于强度较低一级母材标准规定的下限值。热强钢之间或与碳素钢（含C≤0.35%）、普通低合金钢组成的异种钢焊接接头，宜选用合金成分与较低一侧钢材相匹配或介于两侧钢材之间的焊接材料。马氏体型不锈耐热钢、铁素体型不锈耐热钢与碳素钢（含C≤0.35%）、普通低合金钢组成的异种钢接头可选用合金含量较低侧钢材匹配的焊接材料，也可选用奥氏体型或镍基焊接材料。

与奥氏体型不锈耐热钢组成的异种钢焊接接头，选用焊材应保证焊缝金属的抗裂性能和力学性能，且当设计温度不超过425℃时，可采用Cr、Ni含量较奥氏体型母材高的奥氏体型焊接材料，当设计温度高于425℃时，应采用镍基焊接材料，两侧为同种钢

材，应选用同质焊接材料，在实际条件无法实施选用同质焊材时，可选用优于钢材性能的异质焊接材料。异种钢接头两侧材料的合金成分差异较大时，可在低成分侧堆焊一种中间成分的材料，形成过渡层来减小接头部分材料合金的成分差，过渡层的厚度应不小于5mm。

6. 母线焊接材料的选用

母线材料通常为纯铝及铝合金、纯铜及铜合金材质，焊接材料应根据所焊母材的化学成分、力学性能、使用工况条件和焊接工艺试验的结果选用，保证熔敷金属的化学成分与母材相当，电阻率不低于母材，耐腐蚀性能不低于母材相应要求，焊接工艺性能良好，并完成工艺评定试验。

7. 首次使用新型焊接材料和进口焊接材料使用要求

首次使用的新型焊接材料应由供应商提供该材料熔敷金属化学成分、力学性能（含常温、高温）、下临界温度转变点Ac1、指导性焊接工艺参数等技术资料，并经过焊接工艺评定合格后方可使用。

焊接工程使用的进口焊接材料应在使用前通过复验，确认其符合设计使用要求，并完成工艺评定试验。在满足技术要求的前提下，尽量选用强度级别较低和焊接性较好的焊材，降低生产制造成本获得较佳的经济效益。

八、焊接材料的管理

焊接材料的管理包括验收、烘干、保管、领用等方面，焊接材料的储存与保管状况对焊接质量有直接的影响，从事焊接工作的人员应该掌握焊接材料的储存、保管的基本知识。

1. 焊接材料的验收要求

焊接材料的验收应符合JB/T 3223—2017《焊接材料质量管理规程》的规定。在周转和储存过程中，焊条可能发生吸潮、锈蚀和药皮脱落等现象，对焊接材料质量产生怀疑时，应重新鉴定，符合质量要求时方可使用。

焊接材料入库前检验包装符合有关标准要求，无破损、受潮，标记完整清晰可辨。核对焊材的质量证明资料，使用方有规定时，焊材生产企业或经销商应提供质量证明原件，允许经销商提供复印件，但应加盖经销商公章和经办人员章，注明销售数量，焊材供应商建立可追溯的产品原始信息。检验焊材外表面是否有污染，在储运过程是否产生可能影响焊接质量的缺陷。依据有关标准和订货技术条件进行成分及性能检验。

表2-23

焊接异种钢的焊条和焊丝选用及热处理推荐表

钢种	C	C-Mo	1/2Cr-1/2Mo	1Cr-1/2Mo	1 1/4Cr-1/2Mo	1/2Cr-1/2Mo-V	1Cr-1/2Mo-V	1 1/2Cr-1Mo-V	1 3/4Cr-1/2Mo-V	2Cr-1/2Mo	2 1/4Cr-1Mo	2Cr-1/2Mo-VW	3Cr-1Mo	3Cr-1Mo-VTi	5Cr-1/2Mo	7Cr-1/2Mo	9Cr-1Mo-VNb	9Cr-0.5Mo-1.5W	12Cr-2W-MoVNb	18-8型	25-20型
C	1 a A																				
C-Mo	1 a B	2 b B																			
1/2Cr-1/2Mo	1 a B	2 b B	3 b B																		
1Cr-1/2Mo	1 a C	2 b C	3 b C	4 b C																	
1 1/4Cr-1/2Mo	1 a C	2 b C	3 b C	4 b C	4 c C																
1/2Cr-1/2Mo-V	1 a D	2 b D	3 b D	4 b D	4 c D	4' d D															
1Cr-1/2Mo-V	1 a D	2 b D	3 b D	4 b D	4 c D	4' d D	4' d D														
1 1/2Cr-1Mo-V	1 a D	2 b D	3 b D	4 b D	4 c D	4' d D	4' d D	4' d D													
1 3/4Cr-1/2Mo-V	1 a D	2 b D	3 b D	4 b D	4 c D	4' d D	4' d D	4' d D	5 d D												
2Cr-1/2Mo	3 b D	3 b D	3 b D	4 b D	4 c D	4' d D	4' d D	4' d D	5 d D	5 e D											
2 1/4Cr-1Mo	3 b D	3 b D	3 b D	4 b D	4 c D	4' d D	4' d D	4' d D	5 d D	5 e D	5 e D										
2Cr-1/2Mo-VW	4 c E	4 c E	4 c E	4 c D	4 c D	4' d D	4' d D	4' d D	5 d D	5 e D	5 e D	5' f D									
3Cr-1Mo	4' d E	4' d E	4' d E	4' d E	4 c E	4' d E	4' d E	4' d E	5 d E	5 e E	5 e E	5' f E	5" f E								
3Cr-1Mo-VTi	4' d E	4' d E	4' d E	4' d E	4 c E	4' d E	4' d E	4' d E	5 d E	5 e E	5 e E	5' f E	5" f E	5" f E							
5Cr-1/2Mo	5' e E	5' e E	5' e E	5' e E	5' e E	5' e E	5' e E	5' e E	5' e E	5' e E	5' e E	5' f E	5" f E	5" f E	6' f E						
7Cr-1/2Mo	5' e E	5' e E	5' e E	5' e E	5' e E	5' e E	5' e E	5' e E	5' e E	5' e E	5' e E	5' f E	5" f E	5" f E	6' f E	6' f E					
9Cr-1Mo-VNb	5' e E	5' e E	5' e E	5' e E	5' e E	5' e E	5' e E	5' e E	5' e E	5' e E	5' e E	5' f E	5" f E	5" f E	6' f E	6' f E	6' f E				
9Cr-0.5Mo-1.5W	5' e E	5' e E	5' e E	5' e E	5' e E	5' e E	5' e E	5' e E	5' e E	5' e E	5' e E	5' f E	5" f E	5" f E	6' f E	6' f E	6' f E	6' f E			
12Cr-2W-MoVNb	7 g E	7 g E	7 g E	7 g E	7 g E	7 g E	7 g E	7 g E	7 g E	7 g E	7 g E	7 g E	7 g E	7 g E	7 g E	7 g E	7 g E	7 g E	7 g E		
18-8型	8 h A	8 h A	8 h A	8 h A	8 h A	8 h A	8 h A	8 h A	8 h A	8 h A	8 h A	8 h A	8 h A	8 h A	8 h A	8 h A	8 h A	8 h A	8 h E	9iA	
25-20型	8 h A	8 h A	8 h A	8 h A	8 h A	8 h A	8 h A	8 h A	8 h A	8 h A	8 h A	8 h A	8 h A	8 h A	8 h A	8 h A	8 h A	8 h A	8 h E	9iA	9iA

注
1. 表中推荐的是介于两者之间的焊材，应用时可向下直到"低匹配"应用。
2. 表中"×××"第一位表示焊条，第二位表示焊丝，第三位表示焊后热处理温度。当采用氩弧焊封底或全氩弧焊接时，氩弧焊丝 a' 可同焊条 1；b' 可同焊条 2；c' 可同焊条 3；d' 同焊条 3'、3"；e' 可同焊丝 4；f' 可同焊条 4'、4"；g' 可同焊丝 10 和焊条 6 相配使用。
3. 当两侧钢材之一为奥氏体不锈钢。
4. 对工作温度大于 425℃ 的奥氏体合金钢管子、管件等承压部件或其上焊接管接头，若限于条件焊后无法进行热处理时，推荐选用焊条 10。且工作温度低于 425℃ 时，可选用焊条 10、10" 和焊丝 J、K。
5. TIG-R71 为推荐的氩弧焊丝。
6. 表内推荐的焊后热处理温度是参考值，请注意对照钢材和焊材制造商的说明书和焊接材料制造商的说明书及 DL/T 869—2021《火力发电厂焊接技术规程》中免于热处理的规定。

表2-24　　　　　　　　　　　　焊条、焊丝及热处理温度说明

焊条	焊丝	氩弧焊丝	热处理温度（℃）
1 —E5015、E5016	a —H08MnA；H08MnReA	a′—TIG-J50	A ——一般不进行热处理
2 —E5515-A1	b —H08CrMo	b′—TIG-R10	B —650 ~ 700
3 —E5515-B1	c —H13CrMo	c′—TIG-R30	C —670 ~ 700
4 —E5515-B2	d —H08CrMoV	d′—TIG-R31	D —720 ~ 750
4′—E5515-B2-V	e —H08Cr2Mo1	e′—TIG-R40	E —750 ~ 770
5 —E5515-B3-VWB	f —H08Cr2MoVNb	f′—TIG-R34	
5′—E6015-B3	g —H16Cr10MoNiV	g′—TIG-R71	
5″ —E5515-B3- VNb	h —AWS A5.14：ENiCr-3（Inconel 82）		
6 —E0-7Mo-xx	i —H1Cr19Ni9Nb		
6′—E1-9Mo-xx	j— H1Cr23Ni13		
7 —E1-13-xx	k— H1Cr26Ni21		
8—AWS A5.11：ENiCrFe-3（Inconel 182）			
9 —E0-19-10-xx			
10—E1-23-13-xx			
10'—E1-26-21-xx			

2. 焊接材料储存与保管条件

焊材的存储库应保持适宜的温度及湿度，一般室内温度不低于5℃，相对湿度不大于60℃，焊接材料库房应装设温湿度计。摆放高度和层数视包装情况和环境条件，与地面及墙面的距离不小于300mm，以利于安全和通风。焊剂应存放在干燥的库房内，防止受潮，使用前进行烘干。焊条在施工现场二级库存放不宜超过半年，超过有效期的焊接材料须经复验合格后才可以使用。

品种、型号/牌号、批号、规格、入库时间不同的焊接材料应分别存放，并有明确标识，避免混放，建立相应的库存档案。在搬运、装卸、摆放过程中，避免混料、损伤焊条药皮及密封包装影响使用及性能，定期对库存的焊接材料进行检查，发现问题及时处理。

3. 焊接材料的发放与使用

焊材入库后建立相应的档案，焊材领用、发放应专人审核登记，防止错发、错用、混用，焊接材料的发放一般按先入先出的原则进行。烘干后的焊接材料，应在保持规定的温度范围内的烘箱或保温筒内保存，随用随取，焊丝使用前消除锈、垢、油污。

焊条使用前须按产品说明书要求进行烘焙，焊条烘焙时间、温度严格按相关标准

要求及使用说明书进行。一般酸性焊条烘干温度为75～150℃，时间1～2h，碱性焊条一般为350～400℃，保温1～2h。对于烘干温度不低于350℃的焊条，累计烘干次数一般不宜超过三次。焊剂使用前进行烘干，熔炼焊剂200～250℃下烘焙1～2h，烧结焊剂300～400℃烘焙1～2h。

4. 焊剂的保管与使用

焊剂和焊条一样不能受潮和污染，不能混入杂物，并应保持其颗粒度。出厂前经烘干的焊剂应装在防潮容器内并密封，转运过程中防止破损。焊剂在使用前应按使用说明书规定的参数进行烘干，一般非熔炼焊剂比熔炼焊剂烘干温度高，烘干时间长。其中碱度大的焊剂需要的烘干温度更高，烘干时间也更长。非熔炼焊剂极易吸收水分，是引起焊缝金属气孔和氢致裂纹的主要原因。长期储藏时，各种焊剂应储藏在室温为5～50℃的干燥库房内，不能放在高温高湿度的环境中。

未消耗或未熔化的焊剂可以多次反复使用，但不能被锈、氧化皮或其他外来物质污染，应清除渣壳和碎粉，被油或其他物质污染的焊剂应报废。特别是含铬的烧结焊剂，一般不重复使用，若回收焊剂与新焊剂混用时应为同批号、且添加的混合物质量分数不超过50%（一般宜控制在30%左右），清除回收焊剂中的焊渣、杂质及细粉，颗粒度符合规定要求后可与新焊剂混合后使用。

焊接时，焊剂堆放高度与焊接熔池表面的压力成正比，堆放过高时，焊缝表面波纹粗大，凹凸不平，有"麻点"。一般使用玻璃状焊剂时堆放高度以25～45mm为佳，高速焊时宜堆放低些，但不能太低，否则电弧外露，焊缝表面变得粗糙。

第五节　焊接基本工艺参数

焊接基本工艺参数有焊条或焊丝直径、焊接电流、弧长与电弧电压、焊接速度、焊接位置等。

一、焊条或焊丝直径

为了提高生产率，应尽可能选用较大直径的焊条或焊丝。但使用直径过大的焊条或焊丝焊接时，将影响焊缝组织性能，还会造成未焊透或焊缝成形不良等缺陷。

二、焊接电流

焊接时流经焊接回路的电流称为焊接电流，焊接电流的大小直接影响着焊接质量和焊接生产率。增大焊接电流可以提高生产率，但电流过大易造成焊缝咬边、烧穿等缺陷，同时增加了金属飞溅，也会使接头的组织产生过热而发生变化；而电流过小时易造成夹渣、未焊透等缺陷，降低焊接接头的力学性能，所以应选择适当的焊接电流。焊接作业中实际使用的焊接电流，应根据工件壁厚、焊接位置、材料种类、坡口形式及装配间隙等加以调整。

三、电弧电压

电弧电压是指电弧两端（两电极）之间的电压。电弧电压的大小与电弧长度成正比，在焊接过程中，电弧不宜过长，电弧过长会出现下列不良现象：电弧燃烧不稳定；飞溅大；焊缝厚度小，容易产生咬边、未焊透等缺陷。电压是影响焊缝宽度的主要因素，为了获得良好的焊缝成形，焊接电流必须与电弧电压进行良好的匹配。

四、焊接速度

单位时间内焊接完成的焊缝长度称为焊接速度。焊接速度应均匀适当，既要保证焊透又要保证不烧穿，同时还要使焊缝宽度和高度符合图样设计要求。如果焊接速度过慢，高温停留时间增长，热影响区宽度增加，焊接接头的晶粒变粗，力学性能降低，同时变形量增大。当焊接较薄工件时，则易烧穿。如果焊接速度过快，熔池温度不够，易造成未焊透、未熔合、焊缝成形不良等缺陷。

五、焊接线能量

焊接线能量即焊接热输入量，是指焊接时由焊接能源输入给定单位长度上的热量大小。其计算公式如式（2-1）所示。由式（2-1）可知，焊接线能量（q）与焊接电流（I）、电弧电压（U）成正比，与焊接速度（v）成反比

$$q = IU/v \tag{2-1}$$

焊接线能量依据焊接工艺评定报告确定，选择适当的焊接线能量，可提高珠光体耐热钢、马氏体耐热钢、铁素体耐热钢和奥氏体耐热钢的焊接接头质量。采用小电流、快速焊，可减小工件受热区域，降低焊接区域温度梯度，降低焊缝金属高温（1100℃以上）区停留时间，有利于减小热影响区宽度，减弱晶粒长大倾向，降低焊接残余应力峰值，提高焊缝的塑性和韧性。

不同的焊接方法，其最佳的焊接线能量范围不同，应严格按照焊接工艺指导书（焊接工艺卡）进行施焊，获得符合要求的焊接接头。

六、焊接位置

焊接位置是指熔焊时工件接缝所处的空间位置，GB/T 3375—1994《焊接术语》和 GB/T 16672—1996《焊缝　工作位置　倾角和转角的定义》中用焊缝倾角和焊缝转角来表示各种焊接位置。焊缝倾角指焊缝轴线与水平面之间的夹角，焊缝转角指焊缝中心线（焊缝根部和盖面层中心连线）和水平参照面的夹角。

（一）焊接位置分类

1. 平焊

平焊是试件在焊缝倾角0°或180°，焊缝转角90°焊接位置的焊接，平角焊的焊缝转角为45°或135°，是接近水平面上任何方向进行焊接的一种操作方法。由于焊缝处在水平位置，熔滴主要靠自重过渡，操作技术比较容易掌握，可以选用较大直径的焊条和较大的焊接电流，生产效率高，在生产中应用较为普遍，是埋弧焊的唯一焊接位置。

2. 横焊

横焊是在焊缝倾角0°或180°，焊缝转角0°或180°的对接位置的焊接，是在垂直或倾斜平面上焊接水平焊缝的一种操作方法。由于熔化金属受重力作用容易下淌而产生各种缺陷，因此应采用短弧焊接，并选用直径较小的焊条和较小的焊接电流以及适当的焊条角度和运条方法。

3. 立焊

立焊是在垂直方向进行焊接的一种操作方法，焊缝倾角90°（立向上）或270°（立向下）。由于受重力作用，焊条熔化所形成的熔滴及熔池中的金属要下淌，造成焊缝成形困难。立焊时选用的焊条直径和焊接电流均应小于平焊，采取之字形或三角形焊接方法，并采用短弧焊接。

4.仰焊

仰焊是在焊缝倾角0°或180°，焊缝转角270°焊接位置的焊接，焊工在仰视位置进行焊接。仰焊劳动强度大，是最难焊的一种焊接位置。仰焊时熔化金属在重力作用下较易下淌，熔池形状和大小不易控制。焊接时尽量维持最短的电弧，控制好焊道高度和宽度，每层焊道均不宜过厚，利用电弧吹力使熔滴在很短的时间内过渡到熔池中，并使熔池尽可能小而薄，以减小下坠的现象。

与试件的焊接不同，产品制造中的焊接位置并不是完全垂直或水平，设计焊接位置可能有一定的倾角，倾角和旋转角都有一定的偏差。如定义焊缝倾角±15°，焊缝转角±30°内的焊接都属于平焊。

（二）不同焊接结构的焊接位置代号

板材对接接头可分为平焊（代号1G）、横焊（代号2G）、立焊（代号3G）、仰焊（代号4G）等，如图2-35所示。

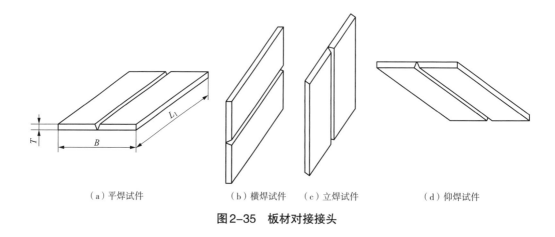

(a) 平焊试件　　　(b) 横焊试件　　(c) 立焊试件　　　(d) 仰焊试件

图2-35　板材对接接头

管子对接接头根据管子厚度和试件位置不同，可分为水平转动［代号1G（转动）］、垂直固定（代号2G）、水平固定［代号5G、5GX（向下焊）］、45°固定［代号6G、6GX（向下焊）］几种焊接位置，如图2-36所示。

管板角接接头可分为插入式管板和骑坐式管板两类，根据空间位置不同，可分为垂直固定横焊（代号2F）、垂直固定仰焊（代号4F）和水平固定全位置焊（代号5F）三种，如图2-37所示。

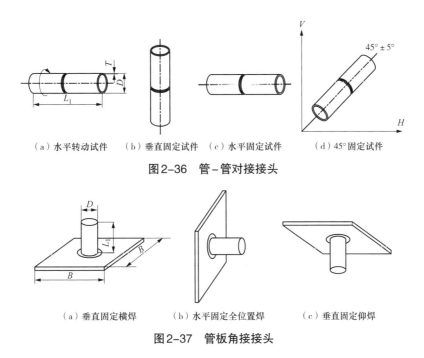

（a）水平转动试件 　（b）垂直固定试件 　（c）水平固定试件 　　（d）45°固定试件

图2-36　管-管对接接头

（a）垂直固定横焊 　　　（b）水平固定全位置焊 　　　（c）垂直固定仰焊

图2-37　管板角接接头

七、焊接操作方法

　　焊接操作方法可分为单道焊法与多层多道焊法（包括焊道布置及焊接次序等），电力设备中高温高压部件多采用多层多道法施焊。在手工操作时有小电流、快速、不摆动焊法和大电流、慢速摆动焊法。不同的焊接操作方法对焊接接头热影响区、焊缝金属性能的影响不同。

　　单道大功率慢速焊接线能量大，焊缝晶粒粗大、杂质元素易在焊缝中心线处发生偏析、焊接应力增大、焊缝热影响区加宽、过热区晶粒粗化，导致焊缝力学性能下降。单道焊法多用于焊接性良好的材料，可提高焊接生产效率。

　　多层多道焊接接头显微组织较细，热影响区较窄，焊接接头的塑性和韧性较好。对于低合金高强度钢的焊接，焊缝层数、焊道宽度对接头性能有明显影响。一般每层焊缝厚度不大于所使用的焊条直径，焊道宽度不大于或等于焊条直径的3倍为宜。采用多层多道焊接方法时，需要控制层间温度及两层之间的焊接时间间隔。可采取降低预热温度的措施，同时缩短两层之间的焊接时间间隔的措施，以避免产生较大的角变形和根部应力应变集中程度。

　　多层多道、小线能量、快速小摆动、薄层焊法特点是焊接线能量小，结晶方向随着每一焊道的位置不同而不断变化，故杂质元素的偏析比较分散，不会集中在焊缝中心线上，可避免产生中心裂纹。同时，由于多层多道焊时后焊焊道对前一焊道及热影响区进行再加热，使再加热区的淬硬组织发生再结晶，并随回火温度的高低而产生不同的回火组织，从而获得强度、塑性和韧性综合性能良好的焊接接头，因此，该焊法多用于材料焊接性差、服役条件苛刻的设备或部件的焊接。

在电力设备中，管道和压力容器直径较小时，仅具备单面进行焊接操作的条件，多采用单面焊双面成形技术。该技术是指在坡口的正面进行焊接，焊后坡口正反两面均能得到焊缝根部成形良好的一种操作方法。

第六节　焊接热处理

焊接热处理是指在焊接之前、焊接过程中或焊接之后，将工件全部或局部加热到一定的温度，保温一定的时间，然后以适当的速度冷却下来，以改善焊接接头的金相组织和力学性能的一种工艺方法。焊接热处理包括预热、后热和焊后热处理。

一、预热

预热是指在焊接开始前，对工件的整体或局部区域进行加热的工艺措施。对于普通低合金钢和碳钢材料，可根据壁厚适当提高预热温度，以减少裂纹等焊接缺陷的出现；对于马氏体钢和奥氏体钢，在保证不出现焊接裂纹的前提下应尽量采用低的预热温度，以保证焊接过程中组织的完全转变。焊前预热的有利作用为：可改变焊接过程的热循环，降低焊接接头各区域的冷却速度，遏制或减少淬硬组织的形成；可减小焊接区域的温度梯度，降低焊接接头的内应力，并使其均匀分布；可延长焊接区域在100℃以上温度的停留时间，有利于焊缝金属中氢的逸出；可扩大焊接区域的温度场范围，使焊接接头在较宽的区域内处于塑性状态，降低焊接残余应力峰值，减小焊接残余应力的不利影响。

预热温度与施焊时的环境温度、钢种的强度级别、坡口形式、焊接材料类型或焊缝金属的含氢量等因素有关。钢材焊接所需的预热温度通常通过焊接性试验确定，或采用经验公式计算确定。电力设备常用金属材料的预热温度一般选择50～250℃。

采用多层多道焊法时，还应控制层间温度。层间温度上、下限值都应严格控制。

控制层间温度上限值的目的是防止焊缝金属温度在1100℃以上长时间停留，而引起焊接接头晶粒粗化严重，降低塑性和韧性。控制层间温度下限值的目的是防止焊接区域冷却速度过快，而形成淬硬组织和影响氢扩散逸出。层间温度一般要求不低于预热温度，且不高于预热温度高20~30℃为宜。

二、后热

后热是指在焊接后，立即将工件的全部或局部进行加热或保温，使其缓冷的工艺措施，其目的为加速氢逸出，因此也可称为消氢或去氢热处理。对于有冷裂纹倾向或淬硬倾向较大的钢种和厚壁结构的焊接，当焊接工作停止时，若不能及时进行焊后热处理，应立即采取后热措施。马氏体型耐热钢焊接接头焊后不宜采用后热。后热工艺的加热温度及保温时间与工件的钢种、焊接厚度、焊接结构形式等因素有关。

后热处理的主要目的是促进焊缝中氢的扩散和逃逸，降低焊接接头的含氢量，减小焊接残余应力，改善接头组织，降低淬硬性，从而达到防止冷裂纹产生的目的。

后热加热温度根据钢材合金含量选择，一般为200~350℃，但不能低于预热温度，其保温时间根据工件厚度选择，一般为0.5~6h。

三、焊后热处理

焊后热处理是指焊后为改善焊接接头的组织和性能或减小焊接残余应力而进行的热处理。焊后热处理的方法有焊后正火、焊后高温回火、去应力退火、脱氢处理等。焊后正火的主要作用是消除应力、均匀组织、消除内应力、改善切削加工性能。焊后高温回火的主要作用是消除焊接残余应力、稳定组织、稳定尺寸、减小脆性开裂倾向性。去应力退火的主要作用是消除焊接残余应力、减小脆性开裂倾向性。脱氢处理的主要作用是加速工件内氢扩散，预防延迟裂纹和冷裂纹的产生。

焊后热处理的主要工艺参数有恒温温度、恒温时间、升温速率、降温速率等。

1. 恒温温度

焊后热处理时，热处理恒温温度不应高于焊接材料熔敷金属及两侧母材中较低的下转变温度（Ac_1），一般恒温温度比两侧母材的Ac_1温度低20~30℃。对于调质结构钢焊接接头，恒温温度应不高于调质处理时的回火温度。

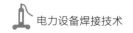

2. 恒温时间

焊后热处理恒温的目的是保证工件的各部位温度均匀，同时保证有充足的时间进行应力释放和组织稳定化。焊后热处理恒温时间等于部件的均温时间加上应力释放和组织稳定化所需要的时间。影响恒温时间的因素主要有以下两个方面：

（1）材料合金化程度越高，组织转变越复杂，需要的恒温时间也越长；材料的高温强度越高，高温下塑性变形能力就相对越差，应力释放就越困难，需要的恒温时间就越长。

（2）工件厚度越大，热传导阻力越大，均温需要的时间也越长；工件厚度越大，拘束越大，拘束应力也越大，而变形能力下降，阻碍应力的释放，需要释放应力的时间也就越长。

焊后热处理恒温时间和恒温温度是相互影响的，恒温温度高，则需要的恒温时间会相应缩短，恒温温度低，则需要的恒温时间就长。DL/T 868—2014《焊接工艺评定规程》中规定，当工件厚度大于40mm时，对适用的厚度不限定。而在超（超）临界机组中，对于厚度大于70mm以上的厚壁管道焊接时，焊后热处理恒温时间要延长，甚至达到7~8h，而用40mm厚度对应的工艺参数进行评定是不合格的。因此当工件厚度大于70mm时，需要进行工艺评定来确定焊接热处理的恒温时间。

根据工件厚度计算恒温时间时，厚度应按照厚件侧的厚度进行计算，即保证厚件满足热处理保温时间的要求，当采用补焊时，厚度不能按补焊层厚度计算，应按工件的名义厚度计算。

3. 升温速率、降温速率

控制升温速率、降温速率的主要目的是保证管壁厚度范围内不产生较大的温差应力而形成缺陷。DL/T 819—2019《火力发电厂焊接热处理技术规程》规定，采用柔性陶瓷电加热或远红外辐射加热时，焊接热处理升温速率、降温速率为$6250/\delta$（单位为℃/h，其中δ为坡口处工件厚度，单位为mm）；采用中频感应加热时，焊接热处理升温速率为$8000/\delta$（单位为℃/h），降温速率为$6250/\delta$（单位为℃/h）。升温、降温速率最大不大于300℃/h。当壁厚大于100mm时，升温速率、降温速率按60℃/h进行控制；300℃以下不控制升温和降温速率。需要注意的是，不控制是指在保温条件下自然降温，并不是可以拆保温加速冷却，否则在超（超）临界机组大厚壁管道焊接过程中会出现新的残余应力，不利于管道的长期稳定运行。

第三章　电力设备常用焊接方法

电力系统主要由发电、变电、输电、配电等环节组成。发电方式有火力、风力、太阳能、核反应堆和水力发电等，其主要设备一般均采用焊接方式进行连接。在电力设备焊接生产中，已普遍应用的焊接方法有焊条电弧焊、埋弧焊、熔化极气体保护焊、药芯焊丝电弧焊、钨极惰性气体保护焊、等离子弧焊、气电立焊、电子束焊、电阻焊、螺柱焊和堆焊等。其中各种弧焊方法占主要地位，尤其是熔化极气体保护焊发展速度最快。生产厂家大部分焊接工作量由熔化极气体保护焊、药芯焊丝电弧焊和埋弧焊完成，基建安装和检修则主要以焊条电弧焊和钨极惰性气体保护焊为主。

第一节　焊条电弧焊

焊条电弧焊是用手工操纵焊条，利用焊条和工件之间产生的焊接电弧来加热并熔化焊条与局部工件形成焊缝的一种熔化焊方法，是目前焊接生产中使用最广泛的焊接方法。

一、焊条电弧焊工作原理

焊条电弧焊的焊接回路由弧焊电源、导线、焊钳、焊条、电弧和工件组成，如图3-1所示。焊接时，将焊条与工件接触短路后立即提起焊条，引燃电弧。电弧在焊条端部和待焊母材表面之间燃烧，燃烧产生的热量将焊条工件局部熔化，熔化的焊芯以熔滴形式过渡到局部熔化的工件表面，熔化在一起形成熔池。焊条药皮在熔化过程中产生气体和液态熔渣，气体充满在电弧和熔池的周围，起隔绝大气保护液体金属的作用。液态熔渣密度小，在熔池中不断上浮，覆盖在液体金属上面，也起到保护液体金属的作用。药皮熔化产生的气体、熔渣与熔化的焊芯、工件发生一系列冶金反应保证焊缝的性能。随着电弧沿焊接方向不断移动，熔池液态金属逐步冷却结晶形成焊缝。

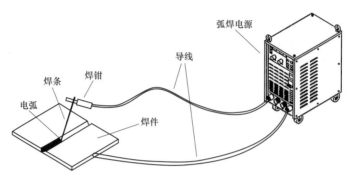

弧焊电源

导线

焊钳

焊条

电弧

焊件

图3-1　焊条电弧焊焊接回路简图

二、焊条电弧焊的特点及应用

1. 焊条电弧焊的优点

焊条电弧焊电弧柱的温度可高达3000℃以上，且热量集中。目前该方法所用的焊条均为优质药皮焊条，品种规格齐全，所焊焊缝的质量和理化性能均可满足现代焊接工程较高的技术要求。

焊条电弧焊还具有所需焊接设备简单、易于操作、应用范围广和工艺适应性强等优点。对于不同的焊接位置、接头形式、工件厚度，只要焊条所能达到的任何位置，均能进行方便的焊接。尤其是对一些单件、小件、短的、不规则的空间任意位置的以及不易实现机械化焊接的焊缝。焊条电弧焊的焊条能够与大多数工件金属性能相匹配，接头的性能可以达到被焊金属的性能。

采用焊条电弧焊，可以通过改变焊接工艺，如采用跳焊、分段退焊、对称焊等方法，减少变形和改善焊接应力的分布，尤其是对应力和变形问题突出的、结构复杂而焊缝又比较集中的、长焊缝和大厚度工件。焊条电弧焊使用的交流焊机和直流焊机，其结构比较简单，维护保养较方便，设备轻便且易于移动，焊接中不需要辅助气体保护，故成本相对较低。

2. 焊条电弧焊的缺点

焊条电弧焊也有不容忽视的缺点，包括焊接效率和焊接材料的利用率较低，需要频繁地更换焊条和清除焊渣，焊工劳动强度大，焊缝质量依赖性强，焊接过程难以实现机械化和自动化，焊接环境污染严重，焊工职业病发病率高等。这些缺点已成为推广应用焊条电弧焊的一大障碍，在一些工业发达国家，焊条电弧焊的应用比例已下降到20%以下，我国应用比例仍占一半以上。

3. 焊条电弧焊的应用

焊条电弧焊不适用于活泼金属（钛、铌等）、难熔金属（锆、钼等）和薄板的焊接。焊条电弧焊可在空间任意位置焊接的特点，使其成为火电、风电、光伏/光热、抽水蓄能电站以及输变电安装工程中主要的焊接方法，尤其是火电机组锅炉及管道的现场焊接工程必不可少的焊接方法。

三、焊条电弧焊设备及辅助器具

焊条电弧焊的设备及辅助器具有弧焊电源、焊钳、面罩、焊条保温筒、敲渣锤等。

（一）弧焊电源

弧焊电源是电弧焊机中的核心部分，供给电弧能量，并具有弧焊工艺电气特性的设备或装置。弧焊电源按结构原理不同分为交流、直流、交直流两用弧焊电源和脉冲弧焊电源。

1. 交流弧焊电源

交流弧焊电源又称为弧焊变压器，实际上是一种特殊的变压器，它把线路电压（一般为220V或380V）降至安全而又能满足电弧所需的空载电压（60～70V），并具有焊接工艺所要求的下降外特性和调节焊接工艺参数的性能。主要分为动铁芯式、串联电抗式、动线圈式、晶闸管式、变换抽头式、逆变式交流弧焊机。焊接电流调节方便，仅需移动铁芯即可满足电流调节要求，电流调节范围广。

2. 直流弧焊电源

直流弧焊电源分为磁放大器或饱和电抗式、动铁芯式、动线圈式、晶体管式、晶闸管式、变换抽头式、逆变式直流弧焊机。弧焊整流器是一种将交流电变压、整流转换成直流电的弧焊电源。弧焊整流器有硅弧焊整流器、晶闸管弧焊整流器、晶体管弧焊整流器等。晶闸管弧焊整流器以其优异的性能已逐步代替了弧焊发电机和硅弧焊整流器。晶闸管弧焊整流器是一种电子控制的弧焊电源，是用晶闸管作为整流元件，以获得所需外特性及焊接参数的调节，性能优于硅弧焊整流器。

交直流两用弧焊电源既可以输出直流电，也可以输出交流电，是焊条电弧焊的一种两用电源。脉冲弧焊电源按获得脉冲电流所用的主要器材不同分为单相整流式脉冲弧焊电源、磁放大器电抗器式脉冲弧焊电源、晶闸管式脉冲弧焊电源、晶体管式脉冲弧焊电源和IGBT式脉冲弧焊电源。

3. 逆变式弧焊电源

逆变式弧焊电源又称为弧焊逆变器，是一种新型的现代焊接电源。输出电流是直流或交流，因而有两种逆变系统。输出交流的，其变换顺序为工频交流→直流→中频交流，即 AC-DC-AC 系统。输出交流的，顺序为工频交流→直流→中频交流→直流，即 AC-DC-AC-DC 系统。逆变式弧焊机具有诸多优势：高效节能，效率可达 80%~90%；密度小、体积小；具有良好的动特性弧焊工艺性能，所有焊接工艺参数均可无级调整；具有多种外特性，能适应各种弧焊方法，如焊条电弧焊、气体保护焊、等离子弧焊及埋弧焊等并适合作为机器人的弧焊电源，是目前使用最广泛的焊接设备。

现代焊接设备的结构和功能已经发生了根本性的变化，特别是新型半导体、集成电路、数字控制技术、网络控制技术及计算机软件的应用，使焊接设备进入了高度现代化、信息化的发展阶段。

（二）焊钳和面罩

1. 焊钳

焊钳是夹持焊条并传导电流进行焊接的工具，如图3-2所示。它既能控制焊条的夹持角度，又可将焊接电流传输给焊条，型号规格按60%负载持续率时的额定电流设计，通常手持焊钳有200A、315（300）A和500A，安全及性能要求符合GB 15579.11—2012《弧焊设备　第11部分：电焊钳》。

2. 面罩

面罩是防止焊接时的飞溅、弧光及其他辐射对焊工面部和颈部损伤的一种遮盖工具，有手持式和头盔式两种，头盔式面罩多用于需要双手作业的场合，如图3-3所示。面罩正面开有长方形孔，内嵌白玻璃和黑玻璃，黑玻璃起减弱弧光和过滤红外线、紫外线作用。黑玻璃按亮度的深浅不同分为6个型号（7~12号），号数越大，色泽越深，应根据年龄和视力情况选用，一般常用9~10号。白玻璃仅起保护黑玻璃的作用。

图3-2　焊钳

图3-3　头盔式面罩

（三）焊条烘箱、保温筒

焊条在保管、储存期间，往往会因为吸潮而使工艺性能变坏，造成电弧不稳、飞溅增多，并容易产生气孔、裂纹等缺陷，因此使用前必须进行烘干。焊条烘箱广泛应用于电力、机械、化工、石油等行业，是焊接工程必备的烘干设备。

焊条保温筒是施工现场供焊工携带可储存少量焊条的一种保温容器。与电焊机的二次电压相连，以保持一定的温度。经过烘干后的焊条在使用过程中易再次受潮，从而使焊条的工艺性能变差、焊缝质量降低，故焊条从烘烤箱取出后，应储存在通电的焊条保温筒内，在焊接时随取随用。焊条保温筒是现场焊接时不可缺少的工具，焊接锅炉、压力容器、压力管道及承重钢结构时尤为重要。

（四）常用焊接手工工具

常用的焊接手工工具有清渣用的敲渣锤、錾子、钢丝刷、手锤、钢丝钳、夹持钳等，用于修整工件接头和坡口钝边用的锉刀，用于检验焊缝几何尺寸的焊缝检验尺。

四、焊条电弧焊的焊接工艺

焊条电弧焊的焊接工艺参数主要包括焊条直径、电源种类和极性、焊接电流、电弧电压、焊接速度、焊接层数等。

（一）焊条直径

生产中，为了提高生产率，应尽可能选用较大直径的焊条。但直径过大时，焊接热输入大，将影响焊缝组织性能，还会造成未焊透或焊缝成形不良。因此必须正确选择焊条的直径，焊条直径大小的选择按下列原则进行：厚度较大的工件应选用直径较大的焊条；反之，厚度较小的工件如薄工件的焊接，则应选用小直径的焊条。为形成较小的熔池，减少熔化金属的下淌，立焊时焊条直径不超过5mm；仰焊、横焊时焊条直径不超过4mm；平焊时的焊条直径可比其他位置大一些。

在进行多层焊时，如果第一层焊缝所采用的焊条直径过大，会造成因电弧过长而不能焊透。因此为了防止焊缝根部产生未焊透缺陷，在焊接多层焊的第一层焊道时，应采用直径较小的焊条进行焊接，之后各层可以根据工件厚度，选较大直径的焊条。

搭接接头、T形接头因不存在全焊透问题，所以应选用较大的焊条直径以提高生产率。

（二）电源种类和极性

1. 电源种类

采用交流电源焊接时，电弧稳定性差。采用直流电源焊接时，电弧稳定，飞溅少，但电弧磁偏吹较交流严重。在实际应用中，当使用低氢型焊条焊接时，由于该焊条的稳弧性差，通常必须采用直流电源。当使用小电流焊接薄板时，也常用直流电源。

2. 极性

极性是指在直流电弧焊时工件的极性，工件接正极称为正极性，也称正接，接负极称为反极性，也称反接。对于交流电源来说，由于极性是交变的，所以不存在正接和反接。

极性的选用主要应根据焊条的性质和工件所需的热量来决定。焊条电弧焊时，当阳极和阴极的材料相同时，阳极区温度高于阴极区的温度，因此使用酸性焊条焊接厚钢板时，可采用直流正接，以获得较大的熔深。焊接薄钢板时，则采用直流反接，可防止烧穿。在使用碱性焊条时，无论焊接厚板或薄板，均应采用直流反接，以减少飞溅和气孔，并使电弧稳定燃烧。

（三）焊接电流

焊条电弧焊时，焊接电流的影响因素很多，如焊条类型、焊条直径、工件厚度、接头形式、焊缝位置和层数等，具体影响方式如下：

（1）焊条直径越大，熔化焊条所需要的电弧热量越多，焊接电流也越大。

（2）相同焊条直径的条件下，在焊接平焊缝时，由于比较容易控制熔池中的熔化金属，可以选择较大的电流进行焊接。但在其他位置焊接时，为了避免熔化金属从熔池中流出，要使熔池尽可能小些，通常立焊、横焊的焊接电流比平焊的焊接电流小10%～15%，仰焊的焊接电流比平焊的焊接电流小15%～20%。

（3）当其他条件相同时，碱性焊条使用的焊接电流应比酸性焊条小10%～15%，否则焊缝中易形成气孔。不锈钢焊条使用的焊接电流应比碳钢焊条小15%～20%。

（4）焊接封底层时，特别是单面焊双面成形时，为保证背面焊缝质量，常使用较小的焊接电流。焊接填充层时，为提高效率，保证熔合良好，常使用较大的焊接电流。焊接盖面层时，为防止咬边以保证焊缝成形，使用的焊接电流应比填充层稍小些。

在实际生产中，一般可根据焊接电流的经验公式或表3-1估算焊接电流，然后在钢板上根据焊接不同位置进行试焊调整，直至确定合适的焊接电流。在试焊过程中，可根据下述几点来判断选择的电流是否合适：

（1）电流过大时，电弧吹力大，可看到较大颗粒的铁水向熔池外飞溅，焊接时爆裂声大；电流过小时，电弧吹力小，熔渣和铁水不易分清。

（2）电流过大时，熔深大、焊缝余高低、两侧易产生咬边；电流过小时，焊缝窄而高、熔深浅，且两侧与母材金属熔合不好；电流适中时，焊缝两侧与母材金属熔合得很好，呈圆滑过渡。

（3）电流过大时，当焊条熔化大半根时，其余部分均已发红；电流过小时，电弧燃烧不稳定，焊条容易粘在工件上。

表3-1　　　　　　　　各种焊条直径使用焊接电流参考值

焊接直径（mm）	1.6	2.0	2.5	3.2	4.0	5.0
焊接电流（A）	25 ~ 40	40 ~ 65	50 ~ 80	100 ~ 130	160 ~ 210	200 ~ 270

（四）电弧电压

焊条电弧焊时，应力求使用短弧焊接。合理的弧长应为焊条直径的0.5 ~ 1.0倍，相应的电弧电压约为16 ~ 25V。在立、仰焊时弧长应比平焊时更短，以利于熔滴过渡，防止熔化金属下淌。碱性焊条焊接时应比酸性焊条弧长更短，以利于电弧的稳定和防止气孔的产生。

（五）焊接速度

焊接速度直接影响焊接生产率，所以应该在保证焊缝质量的基础上，采用较大的焊条直径和焊接电流，同时根据具体情况适当加快焊接速度，以保证在获得焊缝的高低和宽窄一致的条件下，提高焊接生产率。

（六）焊接层数

在焊接中厚板时，应开坡口并采用多层多道焊。对于低碳钢和强度等级低的普低钢的多层多道焊时，每道焊缝厚度不宜过大，过大时对焊缝金属的塑性不利，因此对质量要求较高的焊缝或高合金钢，一般要求每层厚度不大于焊条直径。同样每层焊道厚度不宜过小，过小焊接层数增多不利于提高劳动生产率，根据实际经验，每层厚度约等于焊条直径的0.8 ~ 1.2倍时，生产率较高，并且比较容易保证质量和便于操作。

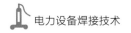

第二节 钨极氩弧焊

钨极氩弧焊属于非熔化极气体保护焊，是使用纯钨或活化钨作为电极的惰性气体保护焊。一般情况下，钨极氩弧焊采用氩气进行保护，故称为钨极氩弧焊。

一、钨极氩弧焊原理

钨极氩弧焊是在钨极与工件之间建立电弧，熔化母材和填充金属形成熔池，从而连接被焊金属的一种焊接方法。氩气通过焊枪喷嘴进入焊接区，使焊接电弧、熔池金属及热影响区与空气隔离，保护焊接区金属不被氧化，其工作原理示意如图3-4所示。

根据采用的电流种类，钨极氩弧焊可分为直流钨极氩弧焊、交流钨极氩弧焊和钨极脉冲氩弧焊等。根据操作方式钨极氩弧焊可分为手工钨极氩弧焊和自动钨极氩弧焊，在电力工程实际生产中，手工钨极氩弧焊应用最广泛。

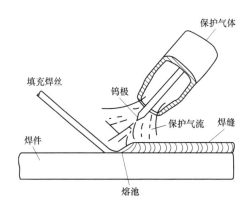

图3-4 钨极氩弧焊工作原理示意图

二、钨极氩弧焊特点及应用

1. 钨极氩弧焊的优点

氩气是惰性气体，不与金属发生化学反应，合金元素不会氧化烧损，且不溶于金属。因此保护效果好，焊接过程基本为金属熔化和结晶的简单过程，能获得高质量的焊缝。

采用氩气保护不产生熔渣，填充焊丝无电流通过焊接时不会产生飞溅，故焊缝成形美观。电弧稳定性好，即使在很小的电流（＜10A）下仍能稳定燃烧，且热源和填充焊丝可分别控制，热输入容易调节，所以特别适合薄件、超薄件（0.1mm）及全位置焊接（如管道对接）。

钨极氩弧焊几乎可焊接除熔点非常低的铅、锡以外的所有的金属和合金，特别适宜焊接化学性质活泼的金属和合金。常用于铝、镁、钛、铜及其合金和不锈钢、耐热钢及难熔活泼金属（如锆、钽、钼等）等材料的焊接。由于容易实现单面焊双面成形，可用于重要焊接结构的封底焊。

2. 钨极氩弧焊的缺点

由于使用钨作为电极，承载电流的能力较差，焊缝易受钨的污染。因而钨极氩弧焊焊接电流较小，电弧功率较低，焊缝熔深浅，熔敷速度小，且大多采用手工焊，故焊接效率低。使用氩气等惰性气体，焊接成本高，常用于质量要求较高的焊接。

3. 钨极氩弧焊的应用

钨极氩弧焊操作灵活方便，能较好地控制热输入，焊接成形好，在焊缝根部可灵活采用内、外填丝法（或自熔）实现全位置焊接。而且，钨极氩弧焊采用惰性气体保护，几乎适用于所有金属材料的焊接，尤其是用于输变电设备铝及铝合金等活泼金属材料，以及火电烟囱防腐钛合金钢板等难熔氧化物的焊接时，能够获得较高的焊接质量。在火电、风电、抽水蓄能电站的大直径厚壁管道、集箱、筒体等部件的底层封底焊接方面，火电机组锅炉受热面管排多数要求全氩弧焊接。

三、钨极氩弧焊设备

手工钨极氩弧焊设备包括焊接电源、焊枪、供气系统、冷却系统、控制系统等部分，自动钨极氩弧焊设备，除上述几部分外，还包括送丝装置及焊接小车行走机构等。

1. 焊接电源

一般焊条电弧焊的电源（如弧焊变压器、弧焊整流器等）都可用做手工钨极氩弧焊电源。焊机包括焊接电源及高频振荡器、脉冲稳弧器、消除直流分量装置等控制装置。若采用焊条电弧焊的电源，则应配用单独的控制箱。直流钨极氩弧焊的焊机较为简单，直流焊接电源附加高频振荡器即可。

2. 焊枪

钨极氩弧焊焊枪的作用是夹持电极、导电和输送氩气流，分为气冷式焊枪和水冷式焊枪。气冷式焊枪使用方便，但限于小电流（＜50A）焊接，使用如图3-5所示；水冷式焊枪适宜大电流和自动焊接使用，如图3-6所示。

图3-5　钨极氩弧焊气冷式焊枪　　　　图3-6　钨极氩弧焊水冷式焊枪

焊枪一般由枪体、喷嘴、电极夹持机构、电缆、氩气输入管、水管和开关及按钮组成，如图3-7所示。其中喷嘴是决定氩气保护性能优劣的重要部件，圆柱带球形喷嘴氩气流速均匀，容易保持层流，是生产中常用的一种形式；圆柱带锥形的喷嘴氩气流速变快，容易造成紊流，保护效果较差，但气体挺度较好，操作方便，便于观察熔池，也是常用的形式。

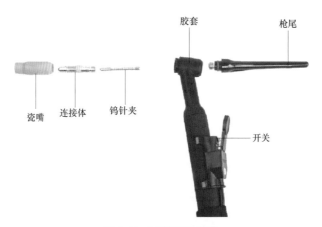

图3-7　氩弧焊枪部件

3.供气系统

钨极氩弧焊的供气系统由氩气瓶、减压器、流量计和电磁阀组成。减压器用来减压和调压，流量计用来调节和测量氩气流量的大小。目前通常将减压器与流量计制成一体，成为氩气流量调节器。电磁气阀是控制气体通断的装置。

4.冷却系统

当焊接电流在150A以上时，必须冷却焊枪和电极。采用通水冷却时，冷却水接通并有一定压力后，才能启动焊接设备，通常在钨极氩弧焊设备中用水压开关或手动来控制水流量。

5. 控制系统

钨极氩弧焊的控制系统是通过控制线路，对供电、供气、引弧与稳弧等各个阶段的动作程序实现控制的。

6. 引弧及稳弧装置

由于氩气的电离能较高，难以电离，引燃电弧困难，但又不宜使用提高空载电压的方法，所以钨极氩弧焊通常使用高频振荡器来引燃电弧。高频振荡器是钨极氩弧焊设备的专门引弧装置，是在钨极和工件之间加入约3000V高频电压，这种情况下，焊接电源空载电压只要65V左右即可达到钨极与工件非接触而引燃电弧的目的，避免焊缝金属产生夹钨缺陷。高频振荡般仅供焊接时初次引弧，不用于稳弧，引燃电弧后马上切断。

当使用交流电源时，由于电流每秒有100次经过零点，电弧不稳，故还需使用脉冲稳弧器，脉冲稳弧器是施加一个高压脉冲而迅速引弧，并保持电弧连续燃烧，从而起到稳定电弧的作用。

四、钨极氩弧焊的焊接工艺

钨极氩弧焊的焊接工艺主要包括焊前准备、电源种类和极性、钨极直径及端部形状、焊接电流、电弧电压、氩气流量、焊接速度和喷嘴直径等。

1. 焊前清理

钨极氩弧焊时，对材料表面质量要求较高，因此必须对被焊材料的坡口及其附近20mm范围内以及焊丝进行清理，去除金属表面的氧化膜和油污等杂质，以确保焊缝的质量。焊前清理的常用方法有机械清理法、化学清理法和化学-机械清理法。

2. 电源种类和极性

钨极氩弧焊可以使用直流电，也可以使用交流电。电流种类和极性可根据工件材质进行选择。各种材料的电源种类与极性的选用如表3-2所示。

表3-2　　　　　　　　　　　　电源种类与极性的选用

电源种类和极性	被焊金属材料
直流正接	低碳钢、低合金钢、不锈钢、耐热钢、铜、钛及其合金
直流反接	适用于各种金属的熔化极惰性气体保护焊，钨极氩弧焊很少采用
交流电源	铝、镁及其合金

钨极氩弧焊采用直流反接时（即钨极为正极、工件为负极），由于电弧阳极温度高于阴极温度，使接正极的钨棒容易过热而烧损，许用电流小，同时工件上产生的热量低，因而焊缝厚度较浅，焊接生产率低。但是直流反接有去除氧化膜的作用，对铝、镁及其合金的焊接有利。因为铝、镁及其合金焊接时，极易氧化，形成熔点很高的氧化膜（如 Al_2O_3 的熔点为 2050℃）覆盖在熔池表面、阻碍基本金属和填充金属的熔合、造成未熔合、夹渣、焊缝表面形成皱皮及内部气孔等缺陷。

采用直流反接时，电弧空间的正离子，由钨极的阳极区飞向工件的阴极区，撞击金属熔池表面，将致密难熔的氧化膜击碎，以达到清理氧化膜的目的，这种作用称为阴极破碎作用，也称阴极雾化。尽管直流反接能将被焊金属表面的氧化膜去除，但钨极的许用电流小，易烧损，电弧燃烧不稳定，铝、镁及其合金一般不采用此法而应尽可能使用交流电来焊接。

钨极氩弧焊采用直流正接时（即钨极为负极、工件为正极），由于电弧在工件阳极区产生的热量大于钨极阴极区，致使工件的焊缝厚度增加，焊接生产率高。且钨极不易过热与烧损，使钨极的许用电流增大，电子发射能力增强，电弧燃烧稳定性比直流反接时好。不能去除氧化膜，因此没有阴极破碎作用，故适合于焊接表面无致密氧化膜的金属材料。

由于交流电极性是不断变化的，这样在交流正极性的半周期中（钨极为负极），钨极可以得到冷却，以减小烧损。而在交流负极性的半周期中（工件为负极）有阴极破碎作用，可以清除熔池表面的氧化膜。交流钨极氩弧焊兼有直流钨极氩弧焊正、反接的优点，是焊接铝镁合金的最佳方法。

3. 钨极直径及端部形状

钨极直径主要根据工件厚度、焊接电流、电源极性来选择。若钨极直径选择不当，将造成电弧不稳、严重烧损钨极或焊缝夹钨等现象。

4. 焊接电流

焊接电流主要根据工件厚度、钨极直径和焊缝空间位置来选择，过大或过小的焊接电流都会使焊缝成形不良或产生焊接缺陷。各种直径的钨极许用电流范围如表3-3所示。

5. 电弧电压

电弧电压增加，焊缝厚度减小，熔宽显著增加。随着电弧电压的增加，气体保护效果变差，控制弧长在 1～5mm 为宜，视钨极直径和末端形状及填充焊丝直径灵活掌握。当电弧电压过高时，易产生未焊透、氧化和气孔等缺陷。因此，应尽量采用短弧焊，一般电弧电压为 10～24V。

表3-3　　　　　　　　　各种直径的钨极许用电流范围

电源极性	钨极直径（mm）				
	1.0	1.6	2.4（2.5）	3.2	4.0
	许用电流范围（A）				
直流正接	15～80	70～150	150～250	250～400	400～500
直流反接	—	10～20	15～30	25～40	40～55
交流电源	20～60	60～120	100～180	160～250	200～320

6. 焊接速度

在一定的钨极直径、焊接电流和氩气流量条件下，焊速过快时会使保护气流偏离钨极与熔池，影响气体保护效果，易产生未焊透等缺陷。焊速过慢时，焊缝易咬边和烧穿。因此，应选择合适的焊接速度，为保持一定的焊缝形状系数，焊接电流和焊接速度应同时提高或减小。

7. 氩气流量和喷嘴直径

钨极氩弧焊焊时，保护气体应达到足够的流量，以使其从焊枪喷嘴流出时形成层流，对焊接区形成良好的保护。但保护气流量不宜过大，否则会形成紊流，卷入周围空气而丧失保护效果，因此应按焊枪喷嘴内径和焊接电流的大小，将保护气体流量控制在合适的范围之内。

保护气体流量主要取决于焊枪喷嘴内径。喷嘴内径越大保护区范围就越大，所需保护气体的流量也越大。喷嘴内径通常按所选用的钨极直径来确定。

8. 钨极伸出长度

为了便于观察焊接电弧和焊接熔池以及防止电弧热烧坏喷嘴，钨极应伸出喷嘴一定长度。伸出长度过小时，不便于操作者观察熔化状况，对操作不利；伸出长度过大时，气体保护效果会受到一定的影响。通常情况下，对接焊时，钨极伸出长度为3～6mm，角焊时，钨极伸出长度为7～8mm。

9. 保护措施

由于钨极氩弧焊常用于化学性质活泼的金属和合金的焊接，因此应采取加强保护效果的措施。对于端接接头和角接接头，可采用加临时挡板的方法加强保护效果。焊枪后面附加拖罩的方法是在焊枪喷嘴后面安装附加拖罩。附加拖罩可使400℃以上的焊缝和热影响区仍处于保护之中，适合散热慢、高温停留时间长的高合金材料的焊接。焊缝背面通气保护的方法是在焊缝背面采用可通保护气的垫板、反面充气罩或在被焊

管子内部做成局部密闭气腔内充气保护，这样可同时对正面和反面进行保护，高合金钢压力管道采用此方法。

五、钨极脉冲氩弧焊

脉冲钨极氩弧焊是在普通钨极氩弧焊基础上发展起来的一种新的焊接工艺，它通过控制电弧能量周期性脉冲变化来控制焊接熔池过程。

（一）钨极脉冲氩弧焊原理

钨极脉冲氩弧焊原理是以一个较小基值电流来维持电弧的电离通道，在此基础上周期性增加一个同极性高峰脉冲主电流产生脉冲电弧，以熔化金属并控制熔滴过渡。焊接时，脉冲电流产生的大而明亮的脉冲电弧和基值电流产生的小而暗的基值电弧交替作用在工件上。当每一次脉冲电流通过时，工件上就形成一个点状熔池，待脉冲电流停歇后，由于热量减少点状熔池结晶形成一个焊点。这种由基值电流维持电弧燃烧，以便下一次脉冲电流来临时，脉冲电弧能可靠而稳定地复燃。下一个脉冲作用时，原焊点的一部分与工件新的接头处产生一个新的点状熔池，如此循环，最后形成一条呈鱼鳞纹形的由许多焊点连续搭接而成的链状焊缝，如图3-8所示。通过脉冲电流、基值电流和脉冲电流持续时间的调节与控制，可改变和控制热输入，从而控制焊缝质量及尺寸。

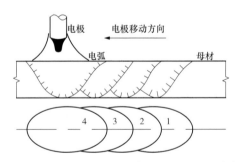

图3-8　脉冲焊缝成形示意图（1~4为焊点）

（二）钨极脉冲氩弧焊特点

电弧稳定、挺度好，当电流较小时，一般钨极氩弧焊易飘弧，而脉冲钨极氩弧焊的电弧挺度好，稳定性好，因此特别适于薄板焊接。

电弧线能量低，脉冲电弧对工件的加热集中，热效率高，因此焊透同样厚度的工件所需的电流比一般钨极氩弧焊低20%左右，从而减小线能量，有利于缩小热影响区及减小焊接变形。

易于控制焊缝成形，焊接熔池凝固速度快，高温停留时间短，所以既能保证一定熔深，又不易产生过热、流淌或烧穿现象，有利于实现不加衬垫的单面焊双面成形及全位置焊接。

焊缝质量好，脉冲钨极氩弧焊缝由焊点相互重叠而成，后续焊点的热循环对前一焊点具有热处理作用。同时，由于脉冲电流对点状熔池具有强烈的搅拌作用，且熔池的冷却速度快，高温停留时间短，因此焊缝金属组织细密，树枝状晶不明显。

（三）钨极脉冲氩弧焊的焊接工艺参数

钨极脉冲氩弧焊的工艺参数除普通钨极氩弧焊的参数外，还有脉冲电压、基值电流、脉冲电流时间、基值电流时间、脉冲频率等。

1. 脉冲电流和脉冲电流时间

脉冲电流和脉冲电流时间是影响焊缝成形尺寸的主要参数，当脉冲电流大、脉冲电流时间长时，焊缝的熔深及熔宽将会增大。其中脉冲电流为主要影响因素，脉冲电流的选择主要取决于工件的材料性质与厚度，当脉冲电流过大易产生咬边现象。

2. 基值电流和基值电流时间

基值电流一般可选择较小的数值，其作用只是维持电弧燃烧。但是，调整基值电流和基值电流时间可以改变对工件的热输入，从而用来调节对工件的预热和熔池的冷却速度。

3. 脉冲频率

脉冲频率也是保证焊接质量的重要参数。不同场合要求的脉冲频率范围不同。钨极脉冲氩弧焊使用的脉冲频率范围目前主要有两个区域：应用最广泛的区域是0.5～10Hz，称为低频钨极脉冲氩弧焊；另一个区域是20～30kHz，称为高频钨极脉冲氩弧焊。

（四）钨极氩弧焊的应用

在电力设备制造安装中，管壳式换热器、凝汽器、高低压加热器的集束管板结构具有焊接接头数量多、布置密集、管/板厚度相差大、材质不一致（通常管材为不锈钢或钛合金，板材为碳钢或低合金钢）、操作困难、焊接变形大等结构特点，手工焊接效率低，且难以保证焊接质量。

目前广泛采用管板全自动脉冲氩弧焊机取代人工焊接操作，全自动脉冲氩弧焊机焊接参数设定后焊接电流、焊接速度、送丝和保护气体自动控制，确保每一个焊接接头都在相同的工艺下进行，使得工件受热均匀，焊缝成形美观，热变形得到有效控制，焊接生产效率高，焊缝性能满足质量要求，是目前管板结构焊接的最佳选择。

第三节　熔化极气体保护焊

熔化极气体保护焊是使用可熔化的焊丝做电极，并由气体保护的电弧焊。熔化极气体保护焊按保护气体的成分可分为熔化极惰性气体保护焊、熔化极活性气体保护焊（含二氧化碳气体保护焊）。按所用的焊丝类型不同分实芯焊丝气体保护焊和药芯焊丝气体保护焊。按操作方式的不同可分为半自动气体保护焊和自动气体保护焊。

一、熔化极气体保护焊原理

熔化极气体保护焊是采用连续送进可熔化的焊丝与工件之间的电弧作为热源来熔化焊丝和工件，形成熔池和焊缝的焊接方法，为得到良好的焊缝并保证焊接过程的稳定性，利用外加气体作为电弧介质并保护熔滴、熔池和焊接区金属免受周围空气的有害作用。

二、熔化极气体保护焊的特点及应用

1. 熔化极气体保护焊的特点

熔化极气体保护焊与其他电弧焊方法相比具有以下特点：

（1）采用明弧焊接，一般不使用焊剂，故熔池可见度好，便于操作。此外在焊接时，保护气体是以一定压力向外喷出，因而可不受空间位置的限制，适用于各种位置的焊接，有利于实现焊接过程的机械化和自动化。焊接烟雾小，对操作环境的通风要求低。

（2）由于电弧在保护气流的压缩下热量集中，焊接熔池和热影响区很小。因此焊接变形小、焊接裂纹倾向不大，尤其适用于薄板焊接。可实现窄间隙焊接，节省填充金属和提高生产率。

（3）采用氩、氦等惰性气体保护，焊接化学性质较活泼的金属或合金时，可获得高质量的焊接接头。气体保护焊不宜在有风的地方施焊，在室外作业时须有专门的防风措施。此外，电弧光的辐射较强，焊接设备较复杂。

2. 熔化极气体保护焊的应用

熔化极气体保护焊可应用于各类金属材料和各类结构的焊接加工，在电力设备用碳素钢和低合金钢、不锈钢、耐热钢、铝及铝合金、铜及铜合金的焊接加工中应用广泛。可焊接的金属厚度范围广，最薄约1mm，厚度上限几乎没有限制。焊接位置的适应性也较强，平焊和横焊时效率较高。

熔化极惰性气体保护几乎可以焊接所有金属材料，主要用于焊接有色金属、不锈钢和合金钢或用于碳钢及低合金钢管道及接头封底焊道的焊接，能焊薄板、中板和厚板工件。二氧化碳气体保护焊广泛应用于焊接低碳钢、低合金钢，与药芯焊丝配合可以焊接耐热钢、不锈钢及堆焊等，在输变电的管母导线、气体绝缘金属封闭开关（gas insulated metal enclosed switch gear，GIS）壳体等铝及铝合金设备的焊接中应用广泛。

三、熔化极气体保护焊设备

熔化极气体保护焊设备包括焊接电源、焊枪、送丝系统、气路系统和控制系统五个部分。

1. 焊接电源

焊接电源的主要功能是向焊丝和母材间的电弧供给能量。此外，还应保证电弧稳定，得到良好的焊缝成形和在输入电压变化等外部干扰时输出仍保持稳定。

2. 焊枪

焊枪是焊工进行焊接操作的主要工具，焊接电流、保护气体、焊丝和控制线都要通过焊枪进出。焊枪有时还需要通水冷却，熔化极气体保护焊用焊枪的基本组成包括导电嘴、气体保护喷嘴、焊接软管、导丝管、气管、水管、焊接电缆和控制开关等。

熔化极气体保护焊用焊枪可用来进行手工操作（半自动焊）和自动焊接（安装在机械装置上），包括用于大电流、高生产率的重型焊枪和适用于小电流、全位置焊的轻型焊枪。

3. 送丝系统

送丝系统由送丝机（包括电动机、减速器、校直轮和焊枪）、送丝软管及焊丝盘等

组成。盘绕在焊丝盘上的焊丝经过校直轮校直后，再经过减速器输出轴上的送丝轮，最后经过送丝软管到焊枪（推丝式）。或者焊丝先经过送丝软管，然后再经过送丝轮送到焊枪（拉丝式）。

4. 气路系统

气体保护焊主要是依靠保护气体介质的屏蔽作用和冶金反应进行保护。这要求气路系统可以保证保护气体以一定的纯度、一定的流量和一定的配比从焊枪喷嘴平稳地流出。

5. 控制系统

控制系统由基本控制系统和程序控制系统组成。基本控制系统主要由焊接电源输出调节系统、送丝速度调节系统、小车或工作台行走速度调节系统（自动焊时）和气体流量调节系统组成，作用是在焊前或焊接过程中调节焊接电流、电压、送丝速度和气体流量的大小。焊接设备的程序控制系统的主要作用是制焊接设备的启动和停止，控制电磁气阀开通和关闭，实现提前送气和滞后停气，控制水压开关的开闭，确保焊枪在焊接时通水冷却，控制送丝和小车（或工作台）移动。

四、二氧化碳气体保护焊及其工艺

二氧化碳气体保护焊是利用 CO_2 作为保护气体的一种熔化极气体保护焊方法，简称 CO_2 焊。

CO_2 气体保护焊可以焊接低碳钢、屈服强度小于500MPa的低合金钢以及经过焊后热处理，抗拉强度小于1200MPa的低合金高强度钢的薄、中、厚板焊接；与药芯焊丝配合也可以焊接低合金高强度钢、耐热钢、耐候钢、不锈钢；还可以用于耐磨零部件的堆焊、铸钢件和铸铁件的补焊工艺。

（一）二氧化碳气体保护焊的特点

1. 二氧化碳气体保护焊的优点

焊接成本低，CO_2 气体来源广，价格低，而且消耗的焊接电能少，所以 CO_2 焊的成本低，仅为埋弧焊及焊条电弧焊的30%～50%。

生产效率高，CO_2 焊的焊接电流密度大，焊缝厚度大，焊丝的熔化率高，熔敷速度快。此外，CO_2 焊的焊丝是连续送进的，且焊后没有焊渣，特别是多层焊接时，节省了清渣时间。所以生产率比焊条电弧焊高1～4倍。

焊接质量高，CO_2 焊对铁锈的敏感性不大，因此焊缝中不易产生气孔。此外，焊缝含氢量低，抗裂性能好。焊接变形和焊接应力小，由于电弧热量集中，工件加热面积小，同时 CO_2 气流具有较强的冷却作用，因此，焊接应力和变形小，特别宜于薄板焊接。

操作性能好，CO_2 焊是明弧焊，可以看清电弧和熔池情况，便于掌握与调整，也有利于实现焊接过程的机械化和自动化。适用范围广，CO_2 焊可进行各种位置的焊接，不仅适用焊接薄板，还常用于中厚板的焊接，也适用于磨损零件的修补堆焊。

2. 二氧化碳气体保护焊的缺点

（1）使用大电流焊接时，焊缝表面成形较差、飞溅较多、焊接飞溅是主要缺点。

（2）不适用于容易氧化的有色金属材料的焊接。

（3）很难用交流电源焊接及在有风的地方施焊。

（4）弧光较强，特别是大电流焊接时，所产生的弧光强度和紫外线强度分别是焊条电弧焊的 2～3 倍和 20～40 倍，电弧辐射较强；而且操作环境中的 CO_2 的含量较大，对工人的健康不利，故 CO_2 焊时应特别重视对操作者的劳动保护。

CO_2 焊的优点显著，而其不足之处可随着对 CO_2 焊的设备、材料和工艺的不断改进，逐步得到完善与克服。因此，CO_2 焊是一种值得推广应用的高效焊接方法。

（二）二氧化碳气体保护焊的焊接工艺

CO_2 焊的主要焊接工艺有焊丝直径、焊接电流、电弧电压、焊接速度，焊丝伸出长度、CO_2 气体流量、电源极性、回路电感、装配间隙及坡口尺寸、喷嘴至工件的距离等。

1. 焊丝直径

焊丝直径应根据工件厚度、焊接空间位置及生产率的要求来选择。当焊接薄板或中厚板的立、横、仰焊时，多采用直径 1.6mm 以下的焊丝。在平焊位置焊接中厚板时，可以采用直径 1.2mm 以上的焊丝。

2. 焊接电流

焊接电流的大小应根据工件厚度、焊丝直径、焊接位置及熔滴过渡形式确定。焊接电流越大，焊缝厚度、焊缝宽度及余高都相应增加。通常直径 0.8～1.6mm 的焊丝，在短路过渡时，焊接电流在 50～230A 内选择。细滴过渡时，焊接电流在 150～500A 内选择。焊丝直径与焊接电流、焊接厚度的关系如表 3-4 所示。

表3-4　　　　　　　　　　焊丝直径与焊接电流、厚度的关系

焊丝直径（mm）	焊接电流（A）		工件厚度（mm）
	细滴过渡	短路过渡	
0.8	150～250	60～160	1～3
1.2	200～300	100～175	2～12
1.6	350～500	100～180	6～25中厚
2.4	500～700	150～200	中厚

3. 电弧电压

电弧电压必须与焊接电流配合恰当，否则会影响到焊缝成形及焊接过程的稳定性。电弧电压随着焊接电流的增加而增大。短路过渡焊接时，通常电弧电压为16～24V，细滴过渡焊接时，对于直径为1.2～3.0mm的焊丝，电弧电压可选择25～36V。

4. 焊接速度

在一定的焊丝直径、焊接电流和电弧电压条件下，随着焊速增加，焊缝宽度与焊缝厚度减小。焊速过快，不仅气体保护效果变差，可能出现气孔，而且还易产生咬边和未熔合等缺陷，但焊速过慢，则焊接生产率降低，焊接变形增大。一般CO_2半自动焊时的焊接速度在15～40m/h。

5. 焊丝伸出长度

焊丝伸出长度取决于焊丝直径，一般约为焊丝直径的8～10倍，且不超过15mm，细丝焊时以8～15mm为宜。伸出长度过大时，电阻热增加，焊丝会成段熔断，飞溅严重，气体保护效果差，焊接过程不稳定；伸出长度过小时，不但易造成飞溅物堵塞喷嘴，影响保护效果，也影响操作者视线。

6. CO_2气体流量

CO_2气体流量应根据焊接电流、焊接速度、焊丝伸出长度及喷嘴直径等选择。气体流量过小电弧不稳，保护气体的挺度不足，易产生气孔，焊缝表面易被氧化成深褐色。气体流量过大将出现气体紊流现象，不仅浪费气体，而且氧化性增强，Si、Mn元素的烧损略有增加，但焊缝中的含碳量基本不变，也会产生气孔，焊缝表面呈浅褐色，使焊缝质量下降。通常在细丝CO_2焊时，CO_2气体流量约为8～15L/min；粗丝CO_2焊时，CO_2气体流量约为15～25L/min。

7. 电源极性与回路电感

为减少飞溅，保证焊接电弧的稳定性，CO_2焊应选用直流反接。焊接回路的电感值应根据焊丝直径和电弧电压来选择。

8. 装配间隙及坡口尺寸

由于二氧化碳焊焊丝直径较细,电流密度大,电弧穿透力强,电弧热量集中,一般对于薄板工件不开坡口也可焊透,对于必须开坡口的工件,一般坡口角度可由焊条电弧焊的60°左右减为30°~40°,钝边可相应增大2~3mm,根部间隙可相应减少1~2mm。

9. 喷嘴至工件的距离

喷嘴与工件间的距离应根据焊接电流来选择。当焊接电流小于或等于200A时,喷嘴与工件距离保持在10~15mm。当焊接电流200~350A时,喷嘴与工件距离15~20mm。当焊接电流350~500A时,喷嘴与工件距离20~25mm为宜。

10. 焊枪倾角

焊枪倾角过大(如前倾角大于25°)时,将加大熔宽并减少熔深,会吸入空气,使焊缝中产生气孔,还会增加飞溅。当焊枪与工件成后倾角时(电弧指向已焊焊缝),焊缝窄,熔深较大,余高较高。通常焊工习惯用右手持枪,采用左向焊法,采用前倾角(工件的垂线与焊枪轴线的夹角)10°~15°,不仅能清楚地观察和控制熔池,而且还可得到较好的焊缝成形。

五、熔化极氩弧焊及其工艺

熔化极氩弧焊是用填充焊丝作电极的氩气保护焊。

(一)熔化极氩弧焊的特点

1. 熔化极氩弧焊的优点

采用惰性气体作为保护气体,保护气体不与金属起化学反应,合金元素不会氧化烧损,而且也不熔解于金属。因此保护效果好,飞溅极少,能获得较为纯净及高质量的焊缝。

几乎所有金属材料都可以进行焊接,特别适宜焊接化学性质活泼的金属和合金,由于近年来对于碳钢和低合金钢等黑色金属,更多采用熔化极活性混合气体保护焊。因此熔化极氩弧焊主要用于铝、镁、钛、铜及其合金和不锈钢及耐热钢等材料的焊接,有时还可用于焊接结构的封底焊。不仅能焊薄板也能焊厚板,特别适用于中等和大厚度工件的焊接。

用焊丝作为电极,克服了钨极氩弧焊钨极熔化和烧损的限制,焊接电流可提高,焊缝厚度大，焊丝熔敷速度快，一次焊接的焊缝厚度显著增加。如铝及铝合金，当焊接电流为450~470A时，焊缝的厚度可达15~20mm。且采用自动焊或半自动焊，具有较高的焊接生产率。

2. 熔化极氩弧焊的缺点

熔化极氩弧焊的主要缺点是无脱氧去氢作用，对焊丝和母材上的油锈敏感，易产生气孔等缺陷，所以对焊丝和母材表面清理要求严格。此外，由于采用氩气或氦气保护，焊接成本相对较高。

（二）熔化极氩弧焊的焊接工艺

熔化极氩弧焊主要工艺参数有焊丝直径、焊接电流、电弧电压、焊接速度、喷嘴直径、氩气流量计等。由于熔化极氩弧焊对熔池和电弧区的保护要求较高，而且电弧功率及熔池体积一般较钨极氩弧焊时大，所以氩气流量和喷嘴孔径相应增大，通常喷嘴孔径为20mm左右，氩气流量约为30~65L/min。熔化极半自动氩弧焊焊接工艺参数如表3-5所示。熔化极氩弧焊采用直流反接，因为直流反接易实现喷射过渡，飞溅少，并且可发挥阴极破碎作用。

表3-5　　　　　　　熔化极半自动氩弧焊焊接工艺参数

工件厚度（mm）	焊丝直径（mm）	喷嘴直径（mm）	焊接电流（A）	电弧电压（V）	氩气流量（L/min）
8~12	1.6~2.5	20	180~310	20~30	50~55
14~22	2.5~3.0	20	300~470	30~42	55~65

第四节　埋弧焊

埋弧焊是一种传统的高效焊接方法，为适应各类焊接结构的高速发展，开发出了多种效率更高的埋弧焊工艺方法，进一步扩大了应用范围。在现代工业进入信息化时代以来，各种先进的数字化和智能化控制技术极大地提升了埋弧焊设备的可靠性和自动化程度。

一、埋弧焊原理

埋弧焊焊丝送入颗粒状的焊剂下，与工件之间产生电弧，焊丝与工件熔化后形成熔池，金属冷却结晶为焊缝。部分焊剂熔化形成液态熔渣，在电弧区域形成一封闭空间。随着电弧沿着焊接方向移动，焊丝不断地送进并熔化，焊剂也不断地撒在电弧周围，使电弧埋在焊剂层下燃烧，由此实现自动的焊接过程。

二、埋弧焊的特点及应用

1. 埋弧焊的优点

（1）焊接生产率高，埋弧焊可采用较大的焊接电流，同时因电弧加热集中，熔深大，单丝埋弧焊可一次焊透20mm以下不开坡口的钢板。此外，埋弧焊的焊接速度也较焊条电弧焊快，单丝埋弧焊焊速可达30～50m/h，提高了焊接生产率。

（2）焊接质量好，因熔池有熔渣和焊剂的保护，使空气中的氮、氧难以侵入，提高了焊缝金属的强度和韧性。同时由于焊接速度快，热输入相对减少，故热影响区的宽度比焊条电弧焊小，有利于减少焊接变形及防止近焊缝区金属过热。此外，焊缝表面光洁、平整，成形美观。

（3）改善操作者的劳动条件，由于实现了焊接过程机械化，操作较简便，而且电弧在焊剂层下燃烧没有弧光的有害影响，同时烟尘少，因此焊工的劳动条件得到了改善。

（4）节约焊接材料及电能，由于熔深较大，埋弧焊时可不开或少开坡口，减少了焊缝中焊丝的填充量，也节省加工坡口而消耗掉的母材。同时焊接时飞溅极少，也没有焊条头的损失。埋弧焊的热量集中，而且利用率高，故在单位长度焊缝上，所消耗的电能也大为降低。

（5）焊接范围广，埋弧焊不仅能焊接碳钢、低合金钢、不锈钢，还可以焊接耐热钢及铜合金、镍基合金等有色金属。此外，还可以进行磨损、耐腐蚀材料的堆焊。

2. 埋弧焊的缺点

（1）埋弧焊采用颗粒状焊剂进行保护，一般只能用于平焊或倾斜度不大的位置及平角焊位置焊接，其他位置的焊接则需采用特殊装置来保证焊剂对焊缝区的覆盖和防止熔池金属的形状。

（2）焊接设备较复杂，维修保养工作量较大。焊接时不能直接观察电弧与坡口的相对位置，不能及时调整工艺参数，容易产生焊偏及未焊透，故需采用焊缝自动跟踪装置来保证焊炬对准焊缝。

（3）埋弧焊使用电流较大，电弧的电场强度较高。电流小于100A时，电弧稳定性较差，因此不适宜焊接厚度小于1mm的薄件。不适用于铝、钛等氧化性强的金属和合金的焊接。仅适用于直的长焊缝或环形焊缝焊接，对于一些形状不规则的焊缝无法焊接。

3. 埋弧焊的应用

埋弧焊可用于碳素结构钢、低合金结构钢、不锈钢、耐热钢以及某些有色金属，如镍基合金、铜合金等材料的焊接，以及在基体金属上堆焊耐腐蚀、耐磨等特殊性能的合金层，但不适用于铸铁、铝、镁、铅、锌等低熔点金属材料的焊接。埋弧焊不适用于薄板焊接，易发生烧穿，多用于厚板，且具有一定长度、焊缝规则的大型结构的半自动或自动焊接。目前埋弧焊在电力设备和特种设备工厂化制造领域中，广泛用于焊接中大型钢结构、锅筒（也称汽包）、集箱、厚壁大口径管道、压力容器、起重机械、核电设备等重要设备。

三、埋弧焊设备

（一）埋弧焊设备的种类及构成

按用途可分为专用焊机和通用焊机两种，通用焊机如小车式的埋弧焊机，专用焊机如埋弧角焊机、埋弧堆焊机等。弧焊按焊接过程机械化程度可分为半自动和自动焊两类。

按送丝方式可分为等速送丝式埋弧焊机和变速送丝式埋弧焊机两种，前者适用于细焊丝高电流密度条件的焊接，后者适用于粗焊丝低电流密度条件的焊接。

按焊丝的数目和形状可分为单丝埋弧焊机、多丝埋弧焊机及带状电极埋弧焊机，目前应用较广的是单丝埋弧焊机。常用的多丝埋弧焊机有双丝埋弧焊机和三丝埋弧焊机。带状电极埋弧焊机主要用作大面积堆焊工艺。

按焊机的结构形式可分为小车式、悬挂式、车床式、门架式、悬臂式等，尽管生产中使用的焊机类型很多，但根据其自动调节的原理都可归纳为电弧自身调节的等速送丝式埋弧焊机和电弧电压自动调节的变速送丝式埋弧焊机。

埋弧焊机是由焊接电源，机械系统（包括送丝机构、行走机构、导电嘴、焊丝盘、焊剂漏斗等），控制系统（控制箱、控制盘）等部分组成，如图3-9所示。

图3-9　埋弧焊设备

（二）焊接电源

埋弧焊电源有交流电源和直流电源。通常，直流电源适用于小电流、快速引弧、短焊缝、高速焊接及焊剂稳弧性较差和对参数稳定性要求较高场合；交流电源多用于大电流及直流磁偏吹严重的场合。一般埋弧焊电源的额定电流为500～2000A，具有缓降或陡降外特性，负载持续率100%。

（三）机械系统

送丝机构包括送丝电动机及动力系统、送丝滚轮和矫直滚轮等；其作用是可靠地送丝并具有较宽的调节范围。

行走机构包括行走电动机及动力系统、行走轮及离合器等。行走轮一般采用绝缘橡胶轮，以防焊接电流经车轮而短路。

导电嘴的作用是实现焊丝的接电，对其要求是导电率高、耐磨、与焊丝接触可靠等。

（四）控制系统

埋弧焊控制系统包括送丝控制、行走控制、引弧熄弧控制等，大型专用焊机还包括横臂升降、收缩、主轴旋转及焊剂回收等控制。一般埋弧焊机常设一控制箱来安装主要控制元件，但在采用晶闸管等电子控制电路的新型埋弧焊机中已没有单独控制箱，控制元件安装在控制盘和电源箱内。

（五）埋弧焊辅助设备

埋弧焊辅助设备主要有焊接操作机、焊接滚轮架、焊剂回收装置等。

1. 焊接操作机

焊接操作机是将焊机机头准确地送到并保持在待焊位置上，并以给定的速度均匀移动焊机。通过与埋弧焊机和焊接滚轮架等设备配合，可方便地完成内外环缝、内外纵缝的焊接，与焊接变位器配合，可以焊接球形容器焊缝等。焊接操作机有以下几种：

（1）立柱式焊接操作机。立柱式焊接操作机用以完成纵、环缝多工位的焊接。

（2）平台式焊接操作机。平台式焊接操作机适用于外纵缝、外环缝的焊接。

（3）龙门式焊接操作机。龙门式焊接操作机适用于大型圆筒构件的外纵缝或外环缝的焊接。

2. 焊接滚轮架

焊接滚轮架是靠滚轮与工件间的摩擦力带动工件旋转的一种装置，用于筒形工件和球形工件的纵缝与环缝的焊接。

四、埋弧焊的焊接工艺

埋弧焊的焊接工艺参数有焊接电流、电弧电压、焊接速度、焊丝直径、焊丝伸出长度、焊丝倾角、工件倾斜等。其中对焊缝成形和焊接质量影响较大的是焊接电流、电弧电压和焊接速度。

1. 焊接电流

焊接时若其他因素不变，焊接电流增加，则电弧吹力增强，焊缝厚度增大，同时，焊丝的熔化速度也相应加快，焊缝余高稍有增加。由于埋弧焊电弧的摆动小，焊缝宽度变化不大。电流过大时，容易产生咬边或成形不良，使热影响区增大，甚至造成烧穿；电流过小时，电弧稳定性差，焊缝厚度小，容易产生未焊透缺陷。

2. 电弧电压

随着电弧电压增加，焊缝宽度显著增大，而焊缝厚度和余高减小。这是因为电弧电压越高，电弧就越长，则电弧的摆动范围扩大，使工件被电弧加热面积增大，以致焊缝宽度增大。然而电弧长度增加以后，电弧热量损失加大，所以用来熔化母材和焊丝的热量减少，使焊缝厚度和余高减少。

3. 焊接速度

焊接速度对焊缝厚度和焊缝宽度有明显影响，当焊接速度增加时，焊缝厚度和焊缝宽度都大为下降。这是因为焊接速度增加时，焊缝中单位时间内输入的热量减少的缘故。焊速过大，则易形成未焊透、咬边、焊缝粗糙不平等缺陷；焊速过小，则会形成易裂的蘑菇形焊缝或产生烧穿、夹渣、焊缝不规则等缺陷。

4. 焊丝直径

当焊接电流不变时，随着焊丝直径的增大，电流密度减小，电弧吹力减弱，电弧的摆动作用加强，使焊缝宽度增加而焊缝厚度减小；焊丝直径减小时，电流密度增大，电弧吹力增大，使焊缝厚度增加。故用同样大小的电流焊接时，小直径焊丝可获得较大的焊缝厚度。

5. 焊丝伸出长度

当焊丝伸出长度增加时，则电阻热作用增大，使焊丝熔化速度增快，以致焊缝厚度稍有减少，余高略有增加；伸出长度太短，则易烧坏导电嘴。焊丝伸出长度，随焊丝直径的增大而增大，一般为15~40mn。

6. 焊丝倾角

埋弧焊的焊丝位置通常垂直于工件，但有时也采用焊丝倾斜方式。焊丝向焊接方向倾斜称为后倾，反焊接方向为前倾。焊丝后倾时，电弧吹力对熔池液态金属的作用加强，有利于电弧的深入，故焊缝厚度和余高增大，而焊缝宽度明显减小。焊丝前倾时，电弧对熔池前面的工件预热作用加强，使焊缝宽度增大，而焊缝有效厚度减小。

7. 装配间隙与坡口角度

当其他焊接工艺条件不变时，工件装配间隙与坡口角度增大时，焊缝厚度增加，而余高减少，但焊缝厚度加上余高的焊缝总厚度大致保持不变。因此，为了保证焊缝的质量，埋弧焊对工件装配间隙与坡口加工的工艺要求较严格。

第五节　气焊

利用可燃与助燃性气体混合后在燃烧过程中所释放出的热量作为热源，进行金属材料的焊接或切割，是金属材料热加工中常会用到的工艺方法。尽管现在电弧焊及其他先进焊接方法迅速发展和广泛应用，气焊的应用范围越来越小，但在铜、铝等有色金属及铸铁的焊接领域仍有其独特优势。

一、气焊原理

气焊是利用可燃气体与助燃气体混合燃烧产生的高温火焰热量作为热源，熔化两个工件连接处的金属和填充焊丝，使被熔化的金属形成熔池，冷却结晶后形成焊接接头。气焊热源是气体火焰，产生气体火焰需要可燃气体和助燃气体，可燃气体有乙炔、液化石油气、丙烷等，助燃气体是氧气。常用氧气与乙炔、氧气与液化石油气燃烧产生的气体火焰。气焊的工作原理如图3-10所示。

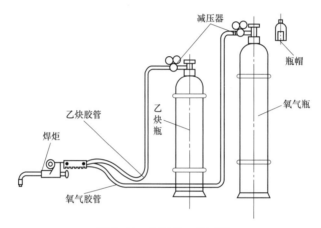

图3-10　气焊的工作原理

（一）产生气体火焰的气体

1. 氧气

在常温、常态下氧是气态，氧气的分子式为O_2。氧气本身不能燃烧，但能帮助其他可燃物质燃烧，具有强烈的助燃作用。氧气的纯度对气焊的质量、生产率和氧气本身的消耗量都有直接影响。气焊对氧气的要求是纯度越高越好。气焊用的工业用氧气一般分为两级：一级纯度氧气含量不低于99.2%，二级纯度氧气含量不低于98.5%。

2. 乙炔

乙炔是由电石（碳化钙）和水相互作用分解而得到的一种无色而带有特殊臭味的碳氢化合物，其分子式为C_2H_2。乙炔是可燃性气体，它与空气混合时所产生的火焰温度为2350℃，而与氧气混合燃烧时所产生的火焰温度为3000~3300℃，因此足以迅速熔化金属进行焊接。

3. 液化石油气

液化石油气的主要成分是丙烷（C_3H_8）、丁烷（C_4H_{10}）、丙烯（C_3H_6）等碳氢化合物，在常压下以气态存在，在0.8~1.5MPa压力下可变成液态，便于装入瓶中储存和运输，液化石油气由此而得名。

液化石油气与乙炔一样，与空气或氧气形成的混合气体具有爆炸性，但比乙炔安全得多。液化石油气的火焰温度比乙炔的火焰温度低，其在氧气中的燃烧温度为2800~2850℃；液化石油气在氧气中的燃烧速度低，约为乙炔的1/3，其完全燃烧所需氧气量比乙炔所需氧气量大。由于液化石油气价格低廉，比乙炔安全，质量比较好，目前国内外已把液化石油气作为一种新的可燃气体来逐渐代替乙炔，广泛应用于钢材低熔点的有色金属焊接中，如黄铜焊接、铝及铝合金焊接等。

（二）气体火焰的种类与性质

1. 氧–乙炔焰

氧–乙炔焰的外形、构造、火焰的化学性质和火焰温度的分布与氧气和乙炔的混合比大小有关。根据混合比的大小不同，可得到性质不同的三种火焰，即中性焰、碳化焰和氧化焰，氧–乙炔焰三种火焰的特点如表3–6所示。

表3–6　　　　　　　　　　　　氧–乙炔焰种类及特点

火焰种类	氧与乙炔混合比	火焰最高温度（℃）	火焰特点
中性焰	1.1~1.2	3050~3150	氧与乙炔充分燃烧，既无过剩氧，也无过剩的乙炔。焰心明亮，轮廓清楚，内焰具有一定的还原性
碳化焰	<1.1	2700~3000	乙炔过剩，火焰中有游离状态的碳和氢，具有较强的还原作用，也有一定的渗碳作用。碳化焰整个火焰比中性焰长
氧化焰	>1.2	3100~3300	火焰中有过量的氧，具有强烈的氧化性，整个火焰较短，内焰和外焰层次不清

2. 氧–液化石油气火焰

氧–液化石油气火焰的构造与氧–乙炔火焰基本一样，也分为氧化焰、碳化焰和中性焰三种。其焰心也有部分分解反应，不同的是焰心分解产物较少，内焰不像乙炔那样明亮，而有点发蓝，外焰则显得比氧–乙炔焰清晰而且较长。由于液化石油气的着火点较高，使得点火较乙炔困难，必须用明火才能点燃。氧–液化石油气的温度比乙炔焰略低，温度可达2800~2850℃。目前氧–液化石油气火焰主要用于气割，并部分取代氧–乙炔焰。

二、气焊的特点及应用

气焊的优点是设备简单，操作方便，成本低，适应性强，在无电力供应的地方可方便焊接；可以焊接薄板、小直径薄壁管；焊接铸铁、有色金属、低熔点金属及硬质合金时质量较好。

气焊的缺点是火焰温度低，加热分散，热影响区宽，工件变形大和过热严重，接头质量不易控制；生产率低，不易焊较厚的金属；难以实现自动化。

目前在电力生产中，气焊主要用于焊接薄板、小直径薄壁管、铸铁、有色金属、低熔点金属及硬质合金等。此外气焊火焰还可用于钎焊、喷焊和火焰矫正等。在电力工程中，气焊应用于低熔点薄板焊接，要求不高的低碳钢小口径薄壁管，以及铸铁补焊，铜、铝类仪表管子等有色金属及其合金的焊接，对汽轮机轴瓦钨金的焊接及修复有独特的优点。

三、气焊设备及工具

气焊设备主要有氧气瓶、乙炔瓶（液化石油气瓶等）、减压器、焊炬等，如图3-11所示。

图3-11　气焊设备

1. 氧气瓶

氧气瓶是储存和运输氧气的一种高压容器。氧气瓶外表涂淡（酞）蓝色，瓶体上用黑漆标注"氧"字样。常用气瓶的容积为40L，在15MPa压力下，可储存$6m^3$的氧气。

2. 乙炔瓶

乙炔瓶是一种储存和运输乙炔的容器。乙炔瓶外表涂白色，用红漆标注"乙炔"

字样。乙炔瓶的工作压力为1.5MPa，瓶体内装有丙酮多孔性填充物，能使乙炔安全地储存在乙炔瓶内。

3. 液化石油气瓶

液化石油气钢瓶是储存液化石油气的专用容器，是焊接钢瓶，其壳体采用气瓶专用钢焊接而成。气瓶最大工作压力1.6MPa，水压试验的压力为3MPa。工业用液化石油气瓶外表面涂棕色漆，并用白漆写有"工业用液化气"字样。

4. 减压器

减压器是将气瓶内的高压气体降为工作时的低压气体的调节装置，又称压力调节器。分为氧气减压器、乙炔减压器和液化石油气用减压器。

5. 焊炬

焊炬是气焊时用于控制气体混合比、流量及火焰并进行焊接的工具。其作用是将可燃气体和氧气按一定比例混合，并以一定速度喷出燃烧而生成具有一定能量、成分和形状稳定的火焰。

6. 输气胶管及其他辅助工具

氧气瓶和乙炔气瓶中的气体，须用橡胶管输送到焊炬。根据GB/T 2550—2016《气体焊接设备　焊接、切割和类似作业用橡胶软管》的规定，氧气管为蓝色、乙炔管为红色。氧气管与乙炔管强度不同，氧气管允许工作压力为1.5MPa，乙炔管为0.5MPa。

气焊的其他辅助工具有护目镜、点火枪及清理焊嘴的通针等。

四、气焊工艺

（一）基本操作要求

起焊时工件温度较低，为便于形成熔池，可对工件进行预热，焊嘴倾角应大一些，同时在起焊处应使火焰往复移动，保证在焊接处加热均匀。当起点处形成白亮而清晰的熔池时，即可填入焊丝，并向前移动焊炬进行正常焊接，按照焊炬和焊丝的移动方向，可分为左向焊法和右向焊法两种。

焊接过程中，焊嘴在沿焊缝纵向、横向运动时，还要上下运动，以调节熔池的温度。焊丝除前进、上下运动外，当使用熔剂时也要横向摆动，以搅拌熔池，使熔池中的氧化物和非金属夹杂物浮到熔池表面。气焊收尾时要遵循焊嘴倾角小、焊速提高、填丝快、熔池填满的要求。

（二）气焊工艺参数

气焊工艺参数包括焊丝、气焊熔剂、火焰的性质及能率、焊嘴尺寸及焊嘴的倾斜角度、焊接方向、焊接速度等，是保证焊接质量的主要技术依据。

1. 气焊丝

气焊用的焊丝在气焊中起填充金属的作用，与熔化的母材一起形成焊缝。焊丝的型号选择应根据工件材料的力学性能或化学成分，选择相应性能或成分的焊丝。焊丝直径主要根据工件的厚度来决定。开坡口工件的第一、二层焊缝焊接，应选用较细的焊丝，以后各层焊缝可采用较粗焊丝。焊丝直径还和焊接方向有关，一般右向焊时所选用的焊丝要比左向焊时粗些。

2. 气焊熔剂

气焊熔剂是气焊时的助熔剂，是与熔池内的金属氧化物或非金属夹杂物相互作用生成熔渣，覆盖在熔池表面，使熔池与空气隔绝，因而能有效防止熔池金属的继续氧化，改善焊缝质量。

3. 其他气焊工艺参数

焊嘴是混合气体的喷口，每把焊炬备有一套口径不同的焊嘴，焊接较厚的工件应用较大的焊嘴。

焊炬的倾斜角度主要取决于工件的厚度和母材的熔点及导热性。工件愈厚、导热性及熔点愈高，采用的焊炬倾斜角越大，这样可使火焰的热量集中；相反，则采用较小的倾斜角。

焊丝与工件表面的倾斜角一般为30°～40°，焊丝与焊炬中心线的角度为90°～100°。

一般情况下，厚度大、熔点高的工件，焊接速度要慢些，以免产生未熔合的缺陷；厚度小、熔点低的工件，焊接速度要快些，以免烧穿和使工件过热，降低产品质量。

第六节　钎焊

钎焊属于固相连接，随着科学的进步，钎焊技术在机械、电子、仪表及航空领域起着重要的作用。钎焊变形小，接头光滑美观，适合于焊接精密、复杂和由不同材料组成的构件，如蜂窝结构板、变压器线圈引线、储能电池组和设备线夹等。

一、钎焊原理

钎焊是采用比工件熔点低的金属材料作钎料，将工件和钎料加热到高于钎料熔点，低于工件熔点的温度，利用液态钎料润湿母材，填充接头间隙并与母材相互扩散实现连接的方法。较之熔焊，钎焊时母材不熔化，仅钎料熔化。较之压焊，钎焊时不对工件施加压力。

二、钎焊的分类、特点及应用

1. 钎焊的分类

（1）按钎料熔点不同，钎焊可分为软钎焊和硬钎焊。当所采用的钎料的熔点（或液相线）低于450℃时，称为软钎焊；高于450℃时，称为硬钎焊。

（2）按照热源种类和加热方式不同，钎焊可分为火焰钎焊、烙铁钎焊、炉中钎焊、感应钎焊、电阻钎焊、电弧钎焊、激光钎焊、气相钎焊、浸渍钎焊等，其中常用的是火焰钎焊和烙铁钎焊。常用钎焊方法的优缺点及适用范围如表3–7所示。

表3–7　　　　　　　　　常用钎焊方法的优缺点及适用范围

钎焊方法	优点	缺点	用途
烙铁钎焊	设备简单，灵活性好，适用微细件钎焊	需使用钎剂	只能用于软钎焊，且只能钎焊小件
火焰钎焊	设备简单，灵活性好	控制温度困难，操作技术要求较高	钎焊小件
感应钎焊	加热快，钎焊质量好	温度不能精确控制，工件形状受限制	批量钎焊小件
电阻钎焊	加热快，生产效率高，成本较低	控制温度困难，工件形状、尺寸受限制	钎焊小件
炉中钎焊	能精确控制温度，加热均匀，变形小，钎焊质量好	设备费用高，钎料和工件不易含较多易挥发元素	大、小件批量生产，多焊缝工件的钎焊

2. 钎焊特点

钎焊时加热温度低于工件金属的熔点，钎料熔化，工件不熔化，工件金属的组织和性能变化较少，钎焊接头的强度和耐热能力较基本金属低。钎焊后的工件应力与变形较少，可以焊接尺寸精度要求较高的工件。它还可以焊接其他方法无法焊接的结构形状复杂的工件。钎焊不仅可以焊接同种金属，也适宜焊接异种金属，甚至可以焊接金属与非金属。以搭接接头为主，使结构质量增加。

3. 钎焊的应用

在变电设备中，铜铝过渡线夹用于母线引出线与电气设备出线端子连接。在大型发电机制造过程中，钎焊法用于定子线棒端头加工封焊、转子线圈铜排的组焊、下线焊接和水轮发电机、汽轮发电机环形引线的加工过程。太阳能电池板需要使用镀锡焊带将一定数量的单元电池片进行串焊而形成。钎焊方法工艺简单、适合异种材料焊接，是变电站铜铝过渡线夹的主要连接方法之一。

三、钎料与钎剂

1. 钎料

钎焊时形成钎缝的填充金属，称为钎料。钎料应具有合适的熔化温度范围，至少应比母材的熔化温度低几十摄氏度。在钎焊温度下，钎料应具有良好的润湿性，以保证充分填满钎缝间隙。钎料与母材应有扩散作用，以使其形成牢固的结合。钎料应具有稳定和均匀的成分，尽量减少钎焊过程中合金元素的损失。钎料的经济性要好，尽量少含或不含稀有金属和贵重金属，还应保证钎焊的生产率要高。同时所获得的钎焊接头应符合产品的技术要求，满足力学、物理化学和使用性能方面的要求。

钎料型号由两部分组成，第一部分用大写英文字母表示钎料的类型，其中S表示软钎料，B表示硬钎料；第二部分由主要合金成分的化学元素符号组成。

相应钎料技术条件按GB/T 10046—2018《银钎料》、GB/T 10859—2008《镍基钎料》、GB/T 6418—2008《铜基钎料》、GB/T 13815—2008《铝基钎料》、GB/T 3131—2020《锡铅钎料》执行。

2. 钎剂

钎剂是钎焊时使用的溶剂，其作用是清除钎料和工件表面的氧化物，并保护工件和液态钎料在钎焊过程中免于氧化，改善液态对工件的润湿性。

钎剂含有基质、去膜剂、界面活性剂。基质是钎剂的主要成分，控制着钎剂的熔化温度。基质熔化后覆盖在焊点表面，起隔绝空气的作用，又可作为钎剂中其他功能组元的溶剂。钎剂的熔化温度一般应比钎料熔化温度低10~30℃。去膜剂的作用是通过物理化学的过程除去或破坏母材的表面膜，使得熔化的钎料能够润湿新鲜的母材表面。界面活性剂的作用是起到进一步降低熔化钎料与母材间的界面张力，使熔化钎料得以在母材表面铺展。

四、钎焊工艺

1. 钎焊接头形式

钎焊时钎缝的强度比母材低，若采用对接接头，则接头的强度比母材差，T形接头、角接接头情况相类似。钎焊大多采用增加搭接面积来提高承载能力的搭接接头或局部搭接化的对接接头，一般搭接长度为板（壁）厚的3~4倍，但不超过15mm。

2. 焊前准备

焊接前应使用机械方法或化学方法除去工件表面氧化膜。为防止液态钎料随意流动，常在工件非焊表面涂阻流剂。

3. 装配间隙及钎料放置

钎焊间隙应当适中，间隙过小，钎料流入困难，在钎缝内形成夹渣或未钎透，导致接头强度下降；间隙过大，毛细作用减弱，钎料不能填满间隙使钎缝强度降低。钎料可在钎焊过程中送给，也可在钎焊前预先放置。通常都是预先放置在接头上，使其熔化后在重力与毛细作用下易填满钎缝。当钎料在工件表面漫流不入钎缝时，有时需在母材上涂以阻流剂，以控制钎料的流向。

4. 钎焊工艺参数

钎焊工艺参数主要是钎焊温度、升温速度、钎焊完成后的保温时间、冷却速度等。钎焊温度一般高于钎料熔点25~60℃，随着温度升高，液体的表面张力降低，有助于提高钎料的润湿性。对于性质较脆、热导率较低和尺寸较厚的工件不宜升温太快。钎料与基本金属作用强的保温时间取短些，间隙大、工件尺寸大的保温时间则取长些。过长的保温时间将导致出现熔蚀缺陷。

5. 焊后清理

大多数钎剂残渣对钎焊接头起腐蚀作用，同时也妨碍对钎缝的检查，所以焊后必须及时清除。对于含松香不溶于水的钎剂，可用异丙醇、酒精、汽油、三氯乙烯等溶剂去清除。对于有机酸和盐类组成的溶于水的钎剂，可将工件放在热水中冲洗。对于硼砂、硼酸组成的硬钎剂，钎焊后呈玻璃状，一般用机械方法清除。生产中常将工件投入热水中，借助工件及钎缝与残渣的膨胀系数差去除残渣。另外，也可在70~90℃的2%~3%重铬酸钾溶液中浸洗较长时间以去除残渣。

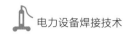

五、钎焊注意事项

钎焊过程中接触的化学溶液较多，应严格遵守使用和保管有关化学溶液的规定。要防止锌、镉等蒸气及氟化氢的毒害。凡使用含锌、镉等钎料及氟化物钎剂钎焊时，应在通风流畅的条件下进行，操作时要戴防护口罩。凡钎焊工作区域空间高度低于5m时或在妨碍对流通风的场合进行钎焊时，必须安装通风装置，以防有毒物质的积聚。

第七节　其他焊接方法

一、激光焊

激光焊接是利用高能量的激光脉冲对材料进行微小区域的局部加热，激光辐射的能量通过热传导向材料的内部扩散，将材料熔化后形成特定熔池。主要针对薄壁材料、精密零件的焊接，可实现点焊、对接焊、叠焊、密封焊等，深宽比高，焊缝宽度小，热影响区小、变形小，焊接速度快，焊缝平整、美观，焊后无须处理或只需简单处理，焊缝质量高，无气孔，可精确控制，聚焦光点小，定位精度高，易实现自动化。

1. 激光焊接机的种类

激光焊接机又称为激光焊机、能量负反馈激光焊接机、镭射焊机、激光冷焊机、激光氩焊机、激光焊接设备等。按其工作方式常可分为激光模具烧焊机（手动激光焊接设备）、自动激光焊接机、首饰激光焊接机、激光点焊机、光纤传输激光焊接机、手持式焊接机等，专用激光焊接设备有传感器焊机、矽钢片激光焊接设备、键盘激光焊接设备。

2. 激光焊主要特点

激光焊与电子束、等离子束和一般机械加工相比较，具有许多优点：激光束的激光焦点光斑小，功率密度高，能焊接部分高熔点、高强度的合金材料；激光焊接的自动化程度高，焊接工艺流程简单；非接触式的操作方法能达到洁净、环保的要求，没有工具损耗和工具调换等问题；激光焊接热影响区小，材料变形小，无须后续工序处理；可穿过玻璃焊接处于真空容器内的工件及处于复杂结构内部位置，激光束易于导向、聚焦，实现各方向变换。

激光焊机用来封焊传感器金属外壳是一种较先进的加工工艺，有以下特点：①深宽比高，焊缝深而窄，焊缝光亮美观；②热输入小，由于功率密度高，熔化过程极快，输入工件热量很低，焊接速度快，热变形小，热影响区小；③高致密性，焊缝生成过程中，不断搅拌熔池，气体逸出，导致生成无气孔熔透焊缝，焊后高的冷却速度又易使焊缝组织微细化，焊缝强度、韧性和综合性能高；④强固焊缝，高温热源和对非金属组分的充分吸收产生纯化作用，降低了杂质含量，改变夹杂尺寸和其在熔池中的分布，焊接过程中无须电极或填充焊丝，熔化区受污染小，使焊缝强度、韧性至少相当于甚至超过母体金属。

因为聚焦光斑很小，焊缝可以高精度定位，光束容易传输与控制，不需要经常更换焊炬、喷嘴，显著减少停机辅助时间，生产效率高，光无惯性，还可在高速下急停和重新启机。用自控光束移动技术可焊复杂构件，非接触、大气环境焊接过程，因为能量来自激光，工件无物理接触，因此没有力施加于工件。磁和空气对激光都无影响，由于平均热输入低，加工精度高，可减少再加工费用。激光焊接运转费用较低，从而可降低工件成本。容易实现自动化，对光束强度与精细定位能进行有效控制。此外，激光焊接生产效率高，加工质量稳定可靠，经济效益和社会效益好。

3. 应用范围

激光焊接技术已广泛应用在制造业、粉末冶金、电子工业等领域。电力工程可探索应用于各类电机转子、汽轮机大轴、叶片及受磨损冲刷的高温高压阀门密封面上进行表面熔敷所需性能的合金材料，以满足金属部件特殊部位对焊接强度以及耐高温、耐磨损性能和焊缝精度的要求。

二、微弧焊

1. 脉冲微弧焊

脉冲微弧焊是指将储存在电容器中的电能通过脉冲电弧形式瞬间释放于钨极与工件之间，使金属工件与焊丝熔合在一起，形成堆焊点及焊缝的焊接技术。脉冲微弧焊是一种精密的焊接修复技术，焊接过程中熔滴在瞬间形成并凝固，使得基体温度能保持在很低水平，热影响区非常小，并可精确控制电流及放电时间，可使用细小焊丝实现对更精密零部件的修复。

脉冲微弧焊可用于钢铁、铜、铝及相关合金部件的修复，在火电厂发电机和汽轮机转子轴颈表面沟槽、磨损等损伤修复，汽轮机高中压汽缸密封面损伤修复、微弧增材制造以及阀门密封面焊接修复中应用较为广泛。

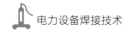

2. 等离子微弧焊

等离子焊接技术是基于等离子弧为热源的一种焊接方法，其电弧是在利用强制冷却的喷嘴对其进行的热压缩、钨极与喷嘴产生的机械压缩以及电流对电弧产生的磁压缩三者共同作用下的压缩电弧，温度较钨极氩弧焊自由电弧更集中，有与激光电子束相媲美的能量密度，是继激光、电子束后的第三大高能束。等离子微弧焊是指热输入控制在小范围的等离子热源，与大功率等离子热源相比，可更精确地控制焊接电流，如1～100A的等离子微弧，其电流调节幅度可精确到0.5A。因此可产生更小的稀释率和热影响区。

常用于风力发电机转子、抽水蓄能水轮机主轴及火电机组汽轮机精加工转子轴颈的堆焊修复、汽轮机低压末级马氏体型耐热钢叶片水蚀现场修复，能够获得高质量焊接接头。

三、闪光对焊

闪光对焊是将两个工件相对放置装配成对接接头，接通电源并使其待焊接面逐渐接近达到局部接触，利用电阻热加热这些触点（产生闪光），使端面的金属接触点加热熔化，直至端部在一定深度范围内达到预定温度时，施加顶锻力，依靠焊接区金属本身的高温塑性使两个工件结合。闪光对焊是利用电阻热以及电极间压力实现工件间冶金结合的一类焊接方法。电阻焊与电弧焊的不同点是施加压力但不使用填充金属或焊剂。电阻焊涉及的焊接参数有四个，分别是流经工件的电流大小、电极施加到工件上压力、工件导通电流的时间和与工件接触的电极端部的面积。

电阻焊的优点是焊接速度高、焊接质量好且焊缝质量的可重复性好，适合于大批量生产。主要有电阻点焊、电阻缝焊、电阻对焊、电阻凸焊、电阻钎焊等方法。

电阻对焊是将工件装配为对接接头，使工件接触面紧密接触，利用电阻热加热至塑性状态，然后施加顶锻压力完成焊接的方法。电阻对焊均为对接接头形式，按加压和通电方式可分为电阻对焊和闪光对焊。闪光对焊是将待工件置于夹具中，通电加热并移动活动夹头，使焊接缓慢靠拢接触，因端面个别点的接触而形成火花，加热到一定程度后，加速靠拢焊接，并施加顶锻力，从而依靠塑性变形形成牢固接头的方法。

闪光对焊接头加热区窄、受热均匀，接头质量较高，可用于钢及有色金属的面积型接头焊接，能够有效解决铜覆铝过渡线夹铝导线与一次设备铜接线端子之间的铜铝连接时熔点、热导率、抗拉强度等物理性能差异大的问题，在变电设备连接用铜覆铝过渡线夹的焊接中应用广泛。

四、铝热焊

铝热焊是伴随纯铜接地材料的应用而发展起来的一种焊接方法，是指利用金属氧化物和铝之间的氧化还原反应（化学反应）所产生的热量，并集中有效地传导至熔接部位进行熔融金属母材、填充接头而完成焊接的一种方法，焊接时可施加压力也可不施加压力。

铝热焊适用于铜和铜、铜和钢、钢和钢的连接，不需要外加能源或动力。变电站的接地网铜排导体纵横交错，目前普遍采用铝热焊方法进行连接。接地网铜排导体铝热焊的工艺简单来说就是通过铝与氧化铜的化学反应（放热反应）产生液态高铜液和氧化铝的残渣，并利用放热反应所产生的高温来实现高性能熔接的现代焊接工艺。

接地网铜排铝热焊的优点：接头具有冶金结合的整体熔合，接头熔点高（1083℃），耐蚀性良好；铜自身具有较高的电极电位，接头铜含量为90%左右，耐蚀性优良；焊接工艺、配套工具简单，可适合野外作业，可单人操作；接头质量稳定，通过固定规格模具、铝热剂进行焊接，接头质量重复性好，受人为技术因素干扰小。缺点：焊接接头中焊缝金属为较粗大的铸态组织，焊缝韧性、塑性较差。可通过对焊接接头区域进行焊后热处理，改善焊接接头性能。

五、爆炸焊

爆炸焊是以炸药作为能源，利用受控爆炸引起待焊金属表面之间的高速度碰撞作用，在撞击面上形成金属薄层塑性变形、适量熔化和原子间的相互扩散，实现连接的固相焊方法。爆炸焊是利用炸药爆炸产生的冲击力，造成工件的迅速碰撞而实现连接工件的一种压焊方法。焊缝是在两层或多层同种或异种金属材料之间，在较短时间内形成的。爆炸焊时不需填充金属，也不必加热。

爆炸焊的优点：既可在同种金属又可在异种金属之间形成一种高强度的冶金结合焊缝；可以进行双层、多层复合板的焊接，爆炸焊工艺比较简单；爆炸焊不需填充材料，结构设计采用复合板可以节约贵重的稀缺金属。缺点：被焊材料必须具有足够的韧性和抗冲击能力以承受爆炸力的剧烈碰撞；屈服强度大于690MPa的高强度合金难以进行爆炸复合；爆炸焊时，因为被焊金属间高速射流呈直线喷射，故一般只用于平面或柱面结构，如板与板、管与管等的焊接；爆炸焊时产生的噪声和气浪对周围环境有一定影响，故大多在野外露天作业，机械化程度低、劳动条件差。

电力行业中，火电机组烟囱内壁防腐钛合金钢板与基体钢板（碳素钢）之间的异种金属连接方式主要使用爆炸焊方法，基体钢板厚度不限，覆盖层钛合金钢板厚度可为 0.025～32mm。形成的面积形焊接接头强度高，结合紧密，能够满足烟囱防腐和排烟温度下强度和刚度的需求。

六、螺柱焊

螺柱焊是指将螺柱的一端与管件（或板件）表面接触，通电引弧并使接触面熔化，然后给螺柱施加一定压力从而完成焊接的方法。螺柱焊根据所用焊接电源和接头形成过程的差别，可分为电弧螺柱焊、电容储能螺柱焊及短周期螺柱焊。

螺柱焊的特点：螺柱焊工艺焊接时间短（通常小于1s），对母材热输入小，焊接热影响区小，工件变形小、生产率高，易于全位置焊接；对于淬硬倾向性较大的金属材料，容易在行和热影响区形成淬硬组织，接头塑性较差。

循环流化床燃煤发电机组中，锅炉水冷壁、屏式过热器、屏式再热器等受热面钢管外壁附着有耐磨浇注料。为确保浇注料附着牢固，在锅炉燃烧过程中不发生脱落，需在钢管表面大面积且密集焊接销钉，某型号锅炉再热器管屏浇注料及销钉分布如图3-12所示。而采用螺柱焊在钢管表面焊接销钉时，可实现快速、可靠连接，不仅效率高，而且可以通过专用设备对接头质量进行有效控制，能够得到全断面焊透的焊接接头。同时，由于其热输入量小，对高合金和高强度的锅炉受热面钢管表面质量影响较小，不易在其表面形成淬硬性裂纹。

图3-12　再热器管屏浇注料及销钉分布图

七、复合焊接技术

为适应工业制造发展的要求并实现高效率、高质量的焊接工艺，相继研究开发了多种复合焊接技术，弥补传统单一热源焊接各自的缺点。高能束复合焊接主要包括激光–等离子弧复合焊、等离子弧–钨极氩弧焊复合焊以及激光–钨极氩弧焊复合焊。

在激光热源的基础上引入等离子弧热源作为辅助热源，焊接速度较单激光焊的焊接速度至少提高约2倍，等离子弧热源的预热作用增强了激光束能量的吸收率。复合电弧的相互作用促进了熔滴的过渡速度，复合焊熔滴过渡速度以及熔滴动量大于单一热源，有利于获得较大的焊接熔深。

随着工业制造的发展需求，优质高效的新型复合焊接技术成为研究热点，高能束焊与传统电弧焊相互结合形成的复合焊接工艺充分集成各自的优点，能有效解决单一热源的诸多问题，实现现代制造业追逐的高效、高质量的焊接技术，具有潜在优势和发展前景。

第四章　火力发电设备金属材料焊接

火力发电在未来一段较长的时间内仍是我国电力供应的主要保障，主要包括燃煤发电、燃气发电、燃油发电、生物质发电、垃圾焚烧发电等火力发电机组。

火力发电机组的主要电力设备有锅炉（受热面、集箱、阀门等高温承压金属部件）、汽轮机（高温紧固螺栓、汽轮机转子、动叶等高温转动部件）以及压力容器、高温高压管道等高风险和高危害性设备。这些火电机组设备的材料主要为耐热合金钢、低合金高强度钢等黑色金属材料，有色金属材料使用较少，如发电机风扇叶一般为铸造铝合金。

金属材料的焊接是火力发电机组建设和运行过程中的重要环节，影响着机组的安全稳定运行。随着新型电力系统的构建，火力发电设备的金属材料不断更新和升级，对于焊接技术的要求越来越高，焊接技术也得到了不断的发展和提高。

第一节　火力发电设备金属材料

火电厂的锅炉和汽轮机等设备通常需要使用高温高压下耐蚀、耐磨损、耐蠕变的金属材料。常用的金属材料包括碳素钢、耐热钢、不锈钢、镍基合金等。在当前国家大力推进"碳达峰、碳中和"目标的大背景下，火力发电机组参与深度调峰，对金属材料的强度及高温性能提出了更高的要求。

1. 火力发电承压设备用金属材料的基本要求

（1）在使用条件下应具有足够的强度、韧性和延伸性及良好的抗疲劳性能和抗腐蚀性。

（2）应有良好的焊接性能和加工工艺性能。

（3）应有较低的缺口敏感性和良好的低倍组织。对承受高温高压的锅炉受压元件用的钢材，应有良好的中温性能。

（4）应具有良好的耐腐蚀性能或对介质无污染。

（5）受压元件用钢、压力容器用钢应符合有关国家标准、专业标准或部颁标准的规定。材料制造厂必须保证材料质量，并提供质量证明书。

（6）锅炉材料、用于制造第三类压力容器的材料入厂时，必须经复验合格方可使用。用于制造第一、二类压力容器的材料特定情况下也应该复验。

2. 火力发电汽轮机高温设备用金属材料的基本要求

（1）应具有良好的耐热性能，能够在高温高压环境下保持稳定性能。

（2）应具有良好的抗腐蚀性能，能够承受蒸汽、水等介质的腐蚀。

（3）应具有足够的强度和刚度，以确保设备的稳定性和可靠性。

（4）应具有良好的加工性能及焊接性，以便进行加工、制造或维修。

（5）应具有良好的抗疲劳性能，能够承受长期的循环应力。

3. 火力发电常用金属材料牌号、特性及主要应用范围

电力行业标准DL/T 868—2014《焊接工艺评定规程》中根据钢的化学成分、金相组织、力学性能和焊接性将常用钢材分为A、B、C三类，每类钢材按合金含量分为Ⅰ、Ⅱ、Ⅲ三个别组，同一个组别中不同牌号的材料焊接性相当。火力发电常用金属材料分类和分组见表4-1，如珠光体型热强钢中的12Cr1MoVG分类号为B-Ⅰ。

表4-1　　　　　　　　　　火力发电常用金属材料分类和分组

类别号	组别	组别号	钢号示例	相应标准号
A	碳素钢（含碳量≤0.35%）	Ⅰ	Q235、Q245R、Q275、20	GB/T 700、GB/T 711、GB/T 3274、NB/T 47008
	普通低合金钢（R_{el}≤400MPa）	Ⅱ	16Mn、Q345、Q345R、Q370R、Q390	GB/T 1591、GB/T 150.2、GB/T 713、GB/T 3274、NB/T 47008
	普通低合金钢（R_{el}>400MPa）	Ⅲ	Q420、Q460、12MnNiVR、20MnMoNb、07MnMoVR、18MnMoNbR、15NiCuMoNb5	GB/T 1591、GB/T 150.2、GB/T 19189、NB/T 47008
B	珠光体型热强钢	Ⅰ	12CrMoG、15CrMoG、15MoG、12Cr1MoVG、15CrMoR、14Cr1MoR、ZG15Cr1MoV、ZG20CrMoV	GB/T 713、GB/T 5310、NB/T 47008、JB/T 10087
	贝氏体型热强钢	Ⅱ	12Cr2MoG、12Cr2Mo1V、07Cr2MoW2VNbB、12Cr2Mo1R、12Cr2MoWVTiB、12Cr3MoVSiTiB	

类别组			钢号示例	相应标准号
类别号	组别	组别号		
B	马氏体型热强钢	Ⅲ	10Cr5Mo、10Cr9Mo1VNb、10Cr9MoW2VNbBN、11Cr9Mo1W1VNbBN、10Cr11MoW2VNbCu1BN	GB/T 713、GB/T 5310、NB/T 47008、JB/T 10087
C	马氏体型不锈（耐热）钢	Ⅰ	12Cr13、20Cr13	GB/T 150.2、GB/T 1220、GB/T 1221、GB 24511、GB/T 5310、GB/T 20878、NB/T 47010
	铁素体型不锈（耐热）钢	Ⅱ	10Cr17、06Cr13Al、S11306	
	奥氏体型不锈（耐热）钢	Ⅲ	07Cr19Ni10、12Cr18Ni9、07Cr19Ni11Ti、10Cr18Ni9NbCu3BN、07Cr25Ni21NbN、07Cr18Ni11Nb、08Cr18Ni11NbFG	

为提高热效率、减少煤耗和保护环境，锅炉和汽轮机的工作参数大幅度地提升，从亚临界参数提高到超临界参数，甚至超（超）临界参数。在耐热钢方面，新钢种的研发尤为突出，特别是火力发电机组锅炉受热面部件介质的温度已超过600℃。

我国火力发电机组锅炉采用的耐热钢主要以上述材料为主，火力发电常用金属材料牌号、特性及主要应用范围如表4-2所示。钢研总院牵头宝武特冶联合研发的新型马氏体耐热钢G115，是全球首发的世界上唯一可工程用于630～650℃温度范围的新材料。东方锅炉厂在大唐郓城两台630℃超（超）临界（1000MW）二次再热机组中将08Cr9W3Co3VNbCuBN（G115）钢试用于高温过热器出口集箱、高温再热器出口集箱以及主蒸汽和再热器热段管道等高温高压部件。

表4-2　火力发电常用金属材料牌号、特性及主要应用范围

钢号与技术条件	特性	主要应用范围	类似钢号	DL/T 868—2014 分类号
20G GB/T 5310—2017 NB/T 47019.3—2021	在450℃以下具有满意的强度和抗氧化性能，但在470~480℃高温下长期运行过程中，会发生珠光体球化和石墨化。冷热加工性能和焊接性能良好	壁温小于等于430℃的蒸汽管道、集箱； 壁温小于等于460℃的受热面管子及省煤器管等	SA210A-1、SA106B（ASME） STB410（JIS）、P235GH、PH26（ISO） TU48C、XC18（NF）	A-Ⅰ
20MnG、25MnG GB/T 5310—2017 NB/T 47019.3—2021	在室温与中温具有较高的强度，略高于20G，450℃以下的抗氧化性能与20G相当，450℃以上的持久强度低于15MoG/20MoG。工艺性能良好，但锰含量过高时，钢的韧性下降，焊接性能变差	壁温小于等于430℃的蒸汽管道、集箱； 壁温小于等于460℃的受热面管子及省煤器管等	SA210A-1、SA106B（ASME）SA210C、SA106C（ASME） STB410/STB510（JIS）P235GH/P265GH（EN）PH26/PH29（ISO）	A-Ⅰ
SA672B70CL32 SA672B70CL22 ASME SA672	材料为中温和高温压力容器用碳钢中厚板，抗拉强度为485MPa级。钢板经950℃正火，性能和质量应符合SA515技术规范。焊制钢管应符合SA672技术规范	超临界机组再热器冷段管道	—	A-Ⅰ
Q345R GB 713—2014	相当于原GB 713—1997中的16Mng和原GB 6654—1996中的16MnR。该钢具有良好的综合力学性能、工艺性能和焊接性能。缺口敏感性比碳钢大，疲劳强度较低。一般情况下，钢板以热轧、控轧或正火状态交货，正火温度900~920℃。经正火处理后可显著提高韧性，并降低韧脆转变温度	中、高压锅炉钢筒；超（超）临界机组的除氧器筒体、封头、氢储罐等	SB49（JIS） SA299（ASME） 17Mn4（DIN）	A-Ⅱ

续表

钢号与技术条件	特性	主要应用范围	类似钢号	DL/T 868—2014 分类号
15NiCuMoNb5 GB/T 5310—2017 NB/T 47019.3—2021	通常将15NiCuMoNb5称为WB36。该钢具有较高的室温、中温强度，用于锅炉给水管道可使管壁厚度减薄，从而有利于加工、制造、安装和运行。由于钢中含有Cu，因而提高了钢的抗腐蚀性能，但通常含Cu钢具有红脆性，为了避免在热成型过程中的脆性，将含Cu/Ni比控制在0.5左右。焊接性能良好	壁温小于等于450℃的集箱、锅筒，压力容器等；用于超临界锅炉汽水分离器	WB36 (V&M) T/P36、F36 (ASME) 15NiCuMoNb5-6-4 (EN) 15NiCuMoNb5 (VdTUV) 591 (BS)	A-Ⅲ
12CrMoG、15CrMoG GB/T 5310—2017 NB/T 47019.3—2021	正火+回火后的组织为铁素体+珠光体，有时有少量贝氏体。在520℃下具有足够的热强性和组织稳定性，综合性能良好，无热脆性倾向，无石墨化现象。在520℃以下，具有较高的持久强度和良好的抗氧化性能，但长期在500~550℃运行会发生珠光体球化，使强度下降	壁温小于等于520℃的蒸汽管道、集箱；壁温小于等于550℃的受热面管子；用于超（超）临界锅炉汽水分离器	T2/P2、T12/P12 (ASME) STBA20/STBA22 (JIS) 13CrMo4-5 (ISO) 13CrMo4-5、13CrMo5-5	B-Ⅰ
12CrMoVG GB/T 5310—2017 NB/T 47019.3—2021	钢中加入少量的钒，可降低铬，提高钢的组织稳定性和热强性。弥散分布的碳化物可以强化铁素体基体。正火+回火后的组织为铁素体+贝氏体，或铁素体+珠光体，或铁素体+贝氏体+珠光体；淬火+回火后的组织为贝氏体，或铁素体+贝氏体，或铁素体+贝氏体+珠光体，或铁素体+珠光体。在580℃时仍具有高的热强性和抗氧化性，并具有高的持久塑性。冷热加工性能和焊接性能较好，但对热处理规范敏感性大，常出现冲击吸收能量不均匀现象。在500C~700℃回火时有回火脆性现象；长期在高温下运行，会出现珠光体球化以及合金元素向碳化物转移，使热强性能下降	壁温小于等于560℃的蒸汽管道、集箱；壁温小于等于580℃的受热面管子	12X1MФ 13CrMoV42 (DIN)	B-Ⅰ

续表

钢号与技术条件	特性	主要应用范围	类似钢号	DL/T 868—2014 分类号
SA691 1-1/4 CrCL22	为高温高压用带纵向焊缝低合金焊接钢管。钢板经正火+回火，性能和质量应符合 SA387 技术规范。焊制钢管的工艺、性能和质量应符合 SA691 技术规范	超（超）临界机组冷再管道	—	B-Ⅱ
10Cr9Mo1VNbN GB/T 5310—2017 NB/T 47019.3—2021	马氏体型热强钢。T/P91 高的 Cr 量提高了钢的抗氧化、抗腐蚀性，少量的 N 与 V、Nb 元素的人保证了钢的基体强度，Cr、Mo、Mn 元素在钢中可形成氮化物或复合碳/化物 Nb（C、N）产生沉淀强化效应。低的含 C 量增强了钢的组织稳定性，Mo 可提高钢的再结晶温度，延缓高温钢的分解。具有良好的高温强度和抗氧化、抗蒸汽腐蚀性能。焊接时应采用低的线能量，严格执行焊接工艺	炉内壁温小于等于610℃，炉外壁温小于等于630℃的过热器管、再热器管；壁温小于等于610℃的蒸汽管道、集箱 用于超（超）临界锅炉汽水分离器	T91/P91、F91（ASME）X10CrMoVNb9-1（EN）X10CrMoVNb9-1（ISO）STBA26（JIS）	B-Ⅲ
10Cr9MoW2VNbBN GB/T 5310—2017 NB/T 47019.3—2021	马氏体型热强钢，是在 T/P91 钢的基础上，添加 2%W、降低 Mo 含量，W、Mo 同时添加可有效提高钢的持久强度，微量的 B 可增加钢的晶界强度。该钢具有良好的高温强度和抗氧化、抗蒸汽腐蚀性能。C 量的降低可提高钢的组织稳定性和焊接性能。与 T/P91 一样，焊接时应采用低的线能量，严格执行焊接工艺焊后需尽快热处理	炉内壁温小于等于620℃，炉外壁温小于等于650℃的过热器管、再热器管；壁温小于等于630℃的蒸汽管道、集箱	T/P92、F92（ASME）NF616（日本新日铁公司）STPA29（JIS）X10CrWMoVNb9-2（EN）	B-Ⅲ
F92 ASME SA182	化学成分、拉伸性能与10Cr9MoW2VNbBN（T/P92）相同，属马氏体型热强钢，差异在于该钢是锻件。T/P92 管材在 T/P91 钢的基础上，添加 2%W、降低 Mo 含量，W、Mo 同时添加可有效提高钢的持久强度，微量的 B 可增加钢的晶界强度。该钢具有良好的高温强度。C 含量的降低可提高高温组织稳定性、抗蒸汽腐蚀性能。与 T/P91 一样，焊接时应采用低的线能量，严格执行焊接工艺，焊后须尽快热处理	用于超（超）临界机组汽轮机主汽暖管阀门、高温、高压截止阀	—	B-Ⅲ

续表

钢号与技术条件	特性	主要应用范围	类似钢号	DL/T 868—2014 分类号
1Cr13 GB 8732—2004 12Cr13 GB/T 1221—2007	属马氏体型耐热钢。碳含量较低、淬透性好，有较高的耐蚀性、热强性、韧性和冷变形性能。能在湿蒸汽及一些酸碱溶液中长期运行。该钢的减振性是已知钢中最好的。应严格控制该钢的热加工始锻温度和终锻温度，否则钢易过热而导致晶粒粗大，并析出大量的δ铁素体，使钢的韧性降低。避免在370~560℃回火，高温回火在保证良好的耐蚀性的同时，可获得优良的综合力学性能。焊接性能尚可。	用于工作温度低于450℃的汽轮机变速级叶片及其他几L级级动、静叶片	SUS410（JIS） 410（AISI, ASTM） 410S 21（BS） X10Cr13（DIN）	C–Ⅰ
07Cr19Ni10 GB/T 5310—2017 NB/T 47019.3—2021	18Cr-8Ni型奥氏体耐热钢。600℃以上的持久强度高于TP321H低于TP347H，抗蒸汽氧化及高温烟气腐蚀性能与TP321H、TP347H相当，冷变形能力、焊接性能良好，但对晶间腐蚀比较敏感。晶粒度不大于3级。	烟气侧壁温小于等于670℃的过热器和再热器管	TP304H（ASME） X6CrNi18-10（EN） SUS304H TB（JIS） X7CrNi18-9（ISO）	C–Ⅲ
07Cr18Ni11Nb GB/T 5310—2017 NB/T 47019.3—2021	用铌稳定的18Cr-8Ni型奥氏体耐热钢。持久强度高于TP304H与TP321H，抗蒸汽氧化及高温烟气腐蚀性能与TP304H、TP321H相当，冷变形能力、焊接性能良好。晶粒度不大于3级。晶粒化性能优异，适宜于超临界环境下工作于抗氧化性能优异，适宜于超临界环境下工作	烟气侧壁温小于等于670℃的过热器和再热器管	TP347H（ASME） X7CrNiNb18-10（EN） SUS347H TB（JIS） X7CrNiNb18-10（ISO）	C–Ⅲ
08Cr18Ni11NbFG GB/T 5310—2017 NB/T 47019.3—2021	相对于07Cr18Ni11Nb，碳含量下限由0.04%提高到0.06%，其余元素成分完全相同。主要在钢管制作中采用了细化晶粒工艺，钢的晶粒度7~10级，增强了钢的蒸汽氧化抗力，但不如内壁喷丸的TP347H	烟气侧壁温小于等于700℃的过热器和再热器管	TP347HFG（ASME）	C–Ⅲ

续表

钢号与技术条件	特性	主要应用范围	类似钢号	DL/T 868—2014 分类号
0Cr17Ni12Mo2 GB/T 13296—2013	含2%～3%钼的奥氏体热强钢。600℃以上的持久强度低于TP347H，高于TP304H、TP321H。由于含Mo，提高了钢的抗点腐蚀能力。晶粒度不大于3级	烟气侧壁温小于等于670℃的过热器和再热器管	TP316H（ASME）SUS316HTB（JIS）	C–Ⅲ
10Cr18Ni9NbCu3BN GB/T 5310—2017 NB/T 47019.3—2021	奥氏体耐热钢。在TP304H的基础上略微增加C量，降了Mn、Si量，添加约3%Cu，0.45%Nb和一定量的N。适量的Cu使铜产生微细弥散富铜的金属间化合物ε相沉淀于奥氏体内，以提高钢的强度、抗腐蚀性和抗蒸汽氧化性能，Nb、N形成的氮化物产生沉淀强化以提高钢的强度，塑性和韧性，降低Si、C含量有利于防止σ相的析出，持久强度远高于TP347H、TP304H、TP321H，细的晶粒（7级～10级）有利于提高钢的沉蒸汽氧化能力，抗蒸汽氧化性能优于TP321H和TP347H，抗腐蚀性能优于TP304H，略低于TP347H。焊接热裂纹敏感性低于TP347H	烟气侧壁温小于等于705℃的过热器和再热器管	S30432（ASME SA213）Super304H（日本住友公司）SUS304JIHTB（JIS）	C–Ⅲ
07Cr25Ni21NbN GB/T 5310—2017 NB/T 47019.3—2021	25Cr–20Ni型奥氏体耐热钢，钢中铬含量为25%时氮可达到最大溶解度，所以，该钢的N含量明显提高于S30432增加N含量有利于增加NbCrN以提高钢的高温强度，同时可稳定奥氏体相。钢的持久强度高于TP347H、TP304H，具有优异的抗蒸汽氧化与抗烟气腐蚀能力	烟气侧壁温小于等于730℃的过热器和再热器管	TP310HCBN（ASME）HR3C（日本住友公司）SUS310JITB（JIS）DMV310N（DMV公司）	C–Ⅲ

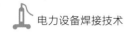

第二节　碳素钢的焊接

火力发电设备常用的碳素钢牌号有 20G、Q235B、Q245R、25Mn、SA210C 等，一般以热轧或正火状态供货，正常的金相组织为铁素体＋珠光体，常用于锅炉水冷壁、省煤器、循环水管道和压力容器以及钢结构等。含碳量增加，钢的强度将增大，但塑性和韧性降低，焊接性能变差，淬硬倾向变大，因此火力发电设备常用来制造焊接结构的碳素钢，含碳量一般不超过 0.35%。

一、碳素钢的焊接性

由于含碳量低，除冶炼时脱氧加入的 Si、Mn 外，不含其他合金元素，所以碳素钢的焊接性较好，通常情况下不会因焊接产生严重硬化组织或淬火组织；具有一定的强度、塑性及韧性，可满足中高压承压设备的使用要求。具体表现如下：

（1）低碳钢一般塑性较好，没有脆性倾向，对焊接加热及冷却不敏感，不易产生冷裂纹。

（2）一般焊前不需预热，但对大厚度结构或在低温环境施焊的工件，应适当预热。

（3）平炉镇静钢杂质少，偏析小，不易形成低熔点共晶，对热裂纹不敏感。

（4）如果工艺选择不当，可能会使热影响区晶粒长大，出现魏氏组织，温度越高，热影响区在高温停留时间越长，晶粒长大越严重，钢的冲击韧性、断面收缩率下降越多。

（5）可采用交、直流电源，全位置焊接，工艺简单。

二、碳素钢的焊接工艺

1. 焊接方法

碳素钢几乎适应所有焊接方法，并都能获得良好的焊接接头。对于火力发电设备的碳素钢，多采用手工电弧焊、氩弧焊和埋弧焊等焊接方法施焊。

2. 焊接材料

一般情况下可选用酸性焊接材料，焊接时一般不需要预热，也不需要进行焊后热处理，即可获得优质接头。特种设备范围内的零部件，如大厚度工件焊接、大刚度构件、在低温条件下施焊，由于焊接接头冷却速度较快，为防止出现焊接裂纹，应考虑选用碱性焊接材料，同时应进行焊前预热、层间温度控制、后热和焊后热处理。

3. 预热和层间温度

根据 DL/T 869—2021《火力发电厂焊接技术规程》中的要求，对于含碳量小于等于0.35%的碳素钢，厚度大于26mm的管材或厚度大于34mm的板材焊接时则要求预热100～150℃。焊接时层间温度应控制在100～400℃。此外，低温下焊接，特别是焊接厚度大、刚性大的结构时，由于环境温度低、焊接接头焊后冷却速度大，裂纹倾向相应增大，需要提高预热温度。碳素钢的允许焊接操作的最低环境温度一般是−10℃，若环境温度低于−10℃时，需在上述温度基础上提高30～50℃。

4. 焊后热处理

当工件较厚，刚性较大，同时又对接头的质量要求较高时，焊后往往要求进行回火处理，以消除焊接应力，改善焊接接头的组织与性能。不同厚度的碳素钢焊后热处理的参数如表4–3所示。

表4–3　　　　　　不同厚度的碳素钢焊后热处理的温度与恒温时间

工件厚度（mm）	≤ 12.5	12.5～25	25～37.5	37.5～50	50～75	75～100	100～125
焊后热处理温度（℃）	不需要热处理			580～620			
恒温时间（h）	不需要热处理		1.5	2	2.25	2.5	2.75

三、电力工程焊接实例：SA210C 钢的焊接

SA210C 是 ASME 标准中的钢号，是锅炉和过热器用碳素钢小径管。其使用部位和使用温度与20G 基本相同，主要用于工作温度低于500℃的水冷壁、省煤器、低温过热器等部件。SA210C 钢的化学成分及力学性能如表4–4和表4–5所示。

表4–4　　　　　　SA210C 钢的化学成分（质量分数）

元素	C（%）	Si（%）	Mn（%）	P（%）	S（%）
ASME SA210M《锅炉和过热器用无缝中碳钢管子》	≤ 0.35	≥ 0.10	0.29～1.06	≤ 0.035	≤ 0.035

表4–5　　　　　　SA210C 钢的力学性能

力学性能指标	抗拉强度（MPa）	屈服强度（MPa）	伸长率（%）
ASME SA210M《锅炉和过热器用无缝中碳钢管子》	≥ 485	≥ 275	≥ 30

（一）SA210C小径管的焊接实例

某燃煤锅炉，其省煤器钢管直径为$\phi 51 \times 9mm$，材质为SA210C，接头形式为对接接头。

1. 焊接方法

采用钨极氩弧焊封底＋手工电弧焊填充和盖面的工艺。

2. 焊接材料

焊丝牌号TIG–J50，直径2.5mm；钨极型号Wce，直径2.5mm，伸出长度8～10mm；保护气体为氩气，气体流量9～10L/min；焊条型号及牌号E5015–J507，直径3.2mm。

3. 坡口

为保证焊接接头有优良的焊接性能，应选择V形坡口，如图4-1所示。焊接前必须将工件坡口内外10～20mm范围内的锈、水、油污、油漆等打磨清理干净。

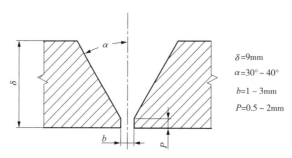

图4-1 SA210C小径管焊接坡口示意图

4. 焊接工艺参数

焊接工艺参数如表4-6所示。

表4-6　　　　　　　　　　　　焊接工艺参数

| 焊层 | 焊接方法 | 焊条（焊丝） | | 焊接电流 | | 电压（V） | 焊接速度（cm/min） |
		型号/牌号	直径（mm）	极性	电流（A）		
1	GTAW	TIG–J50	2.5	正接	91～103	8.5～10.5	3.33
2～3	SMAW	J507	3.2	反接	102～110	18～23	7.18
4	SMAW	J507	3.2	反接	95～106	18～21	5.52

5. 施焊技术措施

焊条应烘干并350℃恒温1h，焊条角度变化要快，根部透度要均匀，仰焊位置采用内填丝。收弧时将熔池填满，避免产生弧坑裂纹。注意：管内不得有穿堂风，根部突出应小于或等于2mm。对口时应配合管工防止出现错口及折口超标的现象。电焊盖面收尾尽量避免点焊收尾。

（二）SA210C大径管的焊接实例

某600MW亚临界机组汽水管道直径为$\phi 457 \times 65$mm，材质为SA210C，接头形式为对接接头。

1. 焊接方法

采用钨极氩弧焊封底＋手工电弧焊填充和盖面、单面焊双面成形工艺，其焊接操作如图4-2所示。

图4-2　汽水管道焊接实操

2. 焊接材料

焊丝牌号TIG-J50，直径2.5mm；钨极型号Wce，直径2.5mm，伸出长度8～10mm；保护气体为氩气，气体流量9～10L/min；焊条型号牌号E5015-J507，直径3.2、4.0mm。

3. 坡口

选择U形坡口，如图4-3所示。焊接前必须将工件坡口内外20～30mm范围内的锈、水、油污、油漆等打磨清理干净。

4. 预热及层间温度

预热加热方式为自控远红外辐射电加热，预热温度100～200℃。层间温度应控制在200～300℃，采用石棉布或硅酸铝保温。

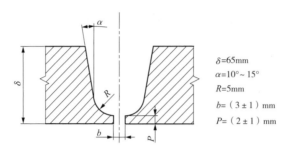

图4-3 SA210C大径管焊接坡口示意

5. 焊接工艺参数

焊接工艺参数如表4-7所示。

表4-7   焊接工艺参数

| 焊层 | 焊接方法 | 焊条（焊丝） | | 焊接电流 | | 电压（V） | 焊接速度（cm/min） |
		牌号	直径（mm）	极性	电流（A）		
1	GTAW	TIG–J50	2.5	正接	112 ~ 115	12 ~ 13	2.5 ~ 3.1
2 ~ 4	SMAW	J507	3.2	反接	129 ~ 130	27.5 ~ 29	5.0 ~ 5.5
5 ~ 13	SMAW	J507	4.0	反接	160 ~ 163	25.5 ~ 26	5.8 ~ 6.3
14	SMAW	J507	4.0	反接	137 ~ 160	24.5 ~ 25	6.1 ~ 7.2

6. 焊后热处理工艺

加热方式为电加热，加热宽度500mm，保温层宽度800mm，保温层厚度50mm，升温速度96℃/h，降温速度96℃/h，恒温温度630℃，恒温时间2.5h。焊接热处理循环曲线如图4-4所示。

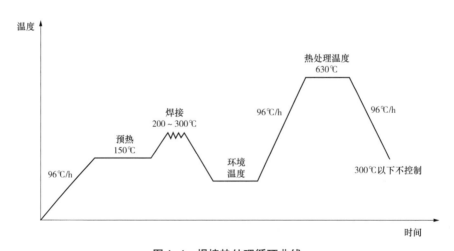

图4-4 焊接热处理循环曲线

7. 焊接技术措施

点固焊时，点固点数不得少于4点，点焊点均分布焊缝上。坡口要清洁，采用保温焊和连续焊。焊接过程中采用短弧焊接，焊条角度变化要快。采用单层多道焊，单层焊厚度为焊条直径加2mm。摆动宽度小于等于5倍焊条直径。收弧时将熔池填满，避免产生弧坑裂纹。

第三节　普通低合金钢的焊接

普通低合金钢指非调质低合金结构钢（包括热轧、正火及控轧钢），这类钢具有良好的力学性能。火力发电设备常用普通低合金钢主要包括两类：①抗拉强度小于等于400MPa，如16Mn、Q355、Q355R、Q370R、Q390，主要用于钢结构、火电厂锅筒、低、中压容器等部件。②抗拉强度大于400MPa，如Q420、Q460、12MnNiVR、20MnMoNb、07MnMoVR、18MnMoNbR、15NiCuMoNb5（WB36）等，主要用于大板梁、工作温度较低的集箱、锅筒和压力容器等部件。

一、普通低合金钢的焊接性

以热轧和正火状态使用的低合金钢由于其碳含量及合金元素含量均较低，其焊接性总体较好，但由于这类钢中含有一定量的合金元素及微合金化元素，焊接过程中如果工艺不当，也存在着焊接热影响区脆化、热应变脆化及产生焊接裂纹（氢致裂纹、热裂纹、再热裂纹、层状撕裂）的危险。

1. 焊接热影响区脆化和软化

普通低合金钢焊接时，热影响区中被加热到1100℃以上的粗晶区及加热温度为700~800℃的不完全相变区是焊接接头的两个薄弱区，冲击韧性也较低，即所谓脆化区。热影响区粗晶脆化主要与焊接热输入有关。焊接热输入较大时，粗晶区将因晶粒严重长大或出现魏氏组织等而降低韧性；焊接热输入较小时，会由于粗晶区组织中马氏体的比例增多而降低韧性。

碳的质量分数和所含合金元素量越高，其淬硬倾向就越大。所以低合金结构钢强度等级高时，碳的质量分数或合金元素多，淬硬倾向就大。

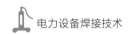

焊后冷却速度越大，淬硬倾向也越大。对于某些低合金钢，如果焊接冷却速度控制不当，焊接热影响区局部区域将产生淬硬或脆性组织，导致抗裂性或韧性降低。工件冷却速度取决于工件的厚度、尺寸大小、接头形式、焊接方法、焊接参数和预热温度等。

2. 氢致裂纹敏感性

焊接氢致裂纹（也称冷裂纹或延迟裂纹）是低合金钢焊接时较容易产生，且危害较为严重的工艺缺陷，是焊接结构失效破坏的主要原因。主要发生在焊接热影响区，有时也出现在焊缝金属。根据钢种的类型、焊接区氢含量及应力水平的不同，氢致裂纹可能在焊后200℃以下立即产生，或在焊后一段时间内产生。随着钢碳当量及板厚的增加，冷裂倾向随之增大，需要采取控制焊接热输入、降低扩散氢含量、预热和及时焊后热处理等措施，以防止焊接冷裂纹的产生。

3. 热裂纹敏感性

普通低合金钢一般碳含量较低，而Mn含量较高，因此这类钢的Mn/S比能达到要求，具有较好的抗热裂性能。热轧及正火钢中C、S、P等元素含量偏高或严重偏析也会在焊缝中出现热裂纹，如厚壁压力容器焊接生产中，在多层多道埋弧焊焊缝的根部焊道或靠近坡口边缘的高稀释率焊道中易出现焊缝金属热裂纹。采用Mn、Si含量较高的焊接材料，减小焊接热输入，减小母材在焊缝中的熔合比，增大焊缝形状系数（即焊缝宽度与厚度之比），有利于防止焊缝金属热裂纹的产生。

4. 再热裂纹敏感性

低合金钢焊接接头中的再热裂纹亦称消除应力裂纹，出现在焊后消除应力热处理过程中。再热裂纹属于沿晶裂纹，一般都出现在热影响区的粗晶区，有时也在焊缝金属中出现。其产生与杂质元素P、Sn等在初生奥氏体晶界的偏聚导致的晶界脆化有关，也与V、Nb等元素的化合物强化晶内有关。Mn-Mo-Nb和Mn-Mo-V系低合金钢对再热裂纹的产生有一定的敏感性，这些钢在焊后热处理时应注意防止产生再热裂纹。

二、普通低合金钢的焊接工艺

（一）焊接方法

普通低合金钢可采用焊条电弧焊、熔化极气体保护焊、埋弧焊、钨极氩弧焊、气电立焊、电渣焊等熔焊及压焊方法焊接，其中焊条电弧焊、埋弧焊、氩弧焊是常用的焊接方法。发电机组使用的压力容器一般具有容积大、罐体直径大等特点，罐体的纵环焊缝多采用埋弧自动焊，焊接效率高，且焊接缺欠少，某300MW火力发电机组低压加热器（规格为ID2800×18mm、材质为20R）采用埋弧自动焊成型，如图4-5所示。当采用高热输入的焊接工艺方法，如电渣焊、气电立焊及多丝埋弧焊焊接方法时，使用前应对焊缝金属和热影响区的韧性作评定，以保证焊接接头的韧性能够满足使用要求。

图4-5　低压加热器埋弧自动焊成型

（二）焊接材料

普通低合金钢焊接材料的选择首先应保证焊缝金属的强度、塑性、韧性达到产品的技术要求，同时还应该考虑抗裂性及焊接生产效率等。由于低合金钢氢致裂纹敏感性较强，因此选择焊接材料时应优先采用低氢焊条和碱度适中的埋弧焊焊剂。对于厚板、拘束度大或冷裂倾向大的焊接结构，以及重要的产品，应选用低氢或高韧性的焊接材料。各种低合金钢焊接材料选用如表4-8所示。

表4-8　　　　　　　　　低合金钢焊条、焊丝及焊剂的选用

钢材牌号	焊条型号	埋弧焊焊丝牌号	埋弧焊焊剂牌号	CO_2（MAG）焊丝型号
Q345 16Mn	E5003、E5001 E5016、E5015	H08A、H08MnA、H10Mn2、 H10MnSi	HJ431、HJ350	ER49-1 ER50-6
Q390 15MnV	E5016、E5015 E5516-G、E5515-G	H08MnA、H10MnSi、 H10Mn2、H08Mn2Si、 H08MnMoA	HJ431、HJ350、 HJ250	ER49-1 ER50-6
Q420 15MnVN	E5516-G、E5515-G E6016-D1、 E6015-D1	H08MnMoA、H08Mn2MoA	HJ431、J350	ER50-6

钢材牌号	焊条型号	埋弧焊焊丝牌号	埋弧焊焊剂牌号	CO$_2$（MAG）焊丝型号
Q460 18MnMoNb	E5515-G、E5516-G E6015-G、E6016-G	H08Mn2MoA、 H08MnMoVA	HJ350、HJ250、 SJ101	—
Q500	E6015-G、E7015-G	H08Mn2MoA、 H08MnMoVA、 H08Mn2NiMoA	HJ350、HJ250、 SJ101	—
Q550	E6015-C、E7015-C	—	—	—
Q620	E7015-C、E7515-C	—	—	—
0690	E7515-G、E8015-C	—	—	—

（三）预热及层间温度

预热温度取决于钢材的化学成分、工件结构形状、拘束度、环境温度和焊后热处理工艺等。随着钢材碳当量、板厚、结构拘束度增大和环境温度下降，焊前预热温度也需相应提高。多层焊时应掌握好层间温度，本质上也是一种预热，一般层间温度应等于或略大于预热温度。表4-9列出了常用低合金钢的预热及焊后热处理参数。

表4-9   常用低合金钢的预热及层间温度

钢种	管材		板材		层（道）间温度（℃）
	厚度（mm）	预热温度（℃）	厚度（mm）	预热温度（℃）	
C-Mn（Q345、Q345R）	≥15	150~200	≥30	100~150	100~400
Mn-V（Q390、Q370R）			≥28		
1.5Mn-0.5Mo-V（14MnMoV）	≥15	150~200	≥15	150~200	150~400
15NiCuMoNb5（WB36）、18MnMoNbR、13MnNiMoR	≥20	150~200	≥20	150~200	150~300

（四）焊接后热及焊后热处理

1. 焊接后热及消氢处理

焊后及时后热及消氢处理是防止焊接冷裂纹的有效措施之一，对于厚度超过100mm的厚壁压力容器及其他重要的产品构件，焊接过程中应至少进行2~3次中间消氢处理，以防止因厚板多道多层焊氢的积而导致的氢致裂纹去氢的效果取决于后热的温度和时间。

2. 焊后热处理

除电渣焊使工件严重过热而需要进行正火处理外，在其他焊接条件下，均须根据使用要求来确定是否需采取焊后热处理。一般情况下热轧钢和正火钢焊后不需热处理。但是，对要求抗应力腐蚀的焊接结构、低温下使用的焊接结构及厚壁高压容器等，焊后都需要进行消除应力的高温回火。

焊后热处理应注意的问题：不要超过母材的回火温度，以免影响母材的性能；对于有回火脆性的材料，应避开出现脆性的温度区间，以免脆化；对于含一定量铜、钼、钒、钛的低合金钢消除应力退火时，应注意防止产生再热裂纹。

常用低合金钢的焊后热处理温度与恒温时间如表4-10所示。

表4-10　　　　　　　常用低合金钢的焊后热处理温度与恒温时间

钢种	温度（℃）	工件厚度（mm）						
		≤12.5	12.5~25	25~37.5	37.5~50	50~75	75~100	100~125
		恒温时间（h）						
C-Mn（Q345、Q345R）	580~620	不必热处理		1.5	2	2.25	2.5	2.75
15NiCuMoNb5（WB36）	580~600	1	2	2.5	3	4	5	—

三、电力工程焊接实例：WB36钢的焊接

WB36钢是一种Ni-Mo-Cu型的低合金钢，通过铜的沉淀强化可提高材料的强度和抗腐蚀性能。同时添加一定量的Ni消除由于Cu的存在而带来的高温红脆的趋势。加入一定量弥散分布的N可进一步细化晶粒，提高材料的综合性能。一般在正火+回火状态下使用，组织为回火贝氏体+铁素体。

WB36对应国内钢号为15NiCuMoNb5。在新建的亚临界、超临界、超（超）临界火力发电机组中应用广泛，取代SA106B、ST45.8、20G等碳钢材料，制造高压给水管道、集箱等，可使壁厚减小近50%，已成为国内300MW及以上容量机组高压给水管道用钢的首选材料。某机组高压给水管道规格为$\phi 335 \times 28$mm，材质为WB36，接头形式为对接接头。WB36钢的化学成分如表4-11所示。

表4-11　　　　　　　　　　WB36的化学成分（质量分数）

化学元素	C（%）	Mn（%）	Si（%）	Cr（%）	Mo（%）	Ni（%）	Nb（%）	Cu（%）	S（%）	P（%）
GB/T 5310—2017《高压锅炉用无缝钢管》	≤0.17	0.80~1.20	0.25~0.50	≤0.30	0.25~0.50	1.00~1.30	0.015~0.045	0.50~0.80	≤0.010	≤0.025

1. 焊接方法

采用钨极氩弧焊封底+手工电弧焊填充和盖面的工艺。

2. 焊接材料

焊丝型号ER80S-G（Union Ⅰ Mo），直径2.4mm；钨极型号Wce，直径2.5mm，伸出长度7~8mm；保护气体为氩气，气体流量10~12L/min；焊条型号E9018-G（SHSchwarz3K Ni），直径3.2mm、4.0mm。

3. 坡口

采用双V形坡口，如图4-6所示。利用角向磨光机打磨坡口侧内外壁20~30mm，将油、垢、锈、漆等清理干净直至发出金属光泽；坡口处母材无裂纹、重皮、坡口损伤及毛刺等缺陷；每只焊口施焊前必须认真进行检查（检查范围为坡口及其边缘20~30mm）。

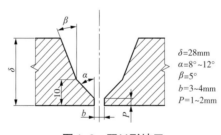

图4-6　双V形坡口

4. 预热及层间温度

预热加热方式为自控远红外辐射电加热，预热温度150℃。层间温度应控制在200~300℃。

5. 焊接工艺参数

焊接工艺参数如表4-12所示。

焊层	焊接方法	焊条/焊丝		焊接电流		电压（V）	焊接速度（cm/min）
		型号/牌号	直径（mm）	极性	电流（A）		
1	GTAW	ER80S-G（Union I Mo）	2.4	正接	144	12	4.89
2	SMAW	E9018-G（SHSchwarz3K Ni）	3.2	反接	127	24	30.8
3	SMAW	E9018-G（SHSchwarz3K Ni）	3.2	反接	127	24	27.3
4~7	SMAW	E9018-G（SHSchwarz3K Ni）	4.0	反接	144	24	34.6
8、9	SMAW	E9018-G（SHSchwarz3K Ni）	4.0	反接	140~147	24	34

表4-12　　　　　　　　　　　　焊接工艺参数

6. 焊后热处理工艺

加热方式为电加热，加热宽度800mm，保温层宽度1000mm，保温层厚度50mm，升温速度150℃/h，降温速度150℃/h，恒温温度（610±10）℃，恒温时间2h。焊接热处理循环曲线如图4-7所示。

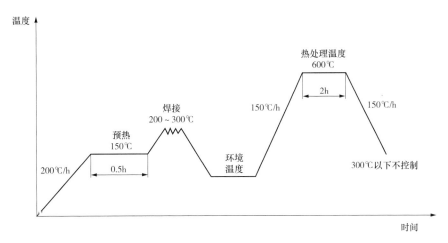

图4-7　焊接热处理循环曲线

7. 施焊技术措施

（1）施焊中要做好挡风、防雨雪、防潮等工作。

（2）点固焊时，点固点数不得小于3点，点焊点均匀分布于焊缝。

（3）保证层间温度不超过300℃，超过300℃应停止焊接。

（4）采用"锯齿型"运条方式，单层厚度为焊条直径加2mm，摆动宽度不超过焊条直径的4倍。为防止根层击穿或产生内凹，次层可采用断弧焊。焊条运动到坡口两侧时应适当停留，防止未熔合产生。焊接过程中采用短弧焊接。

（5）采取多层多道焊接，水平固定位置焊盖面层，每层至少焊5道焊缝，中间应有

一道"退火焊道",以利于改善焊缝金属组织和性能。两人对焊时,焊接电流、焊接速度应保持一致。

(6)加强焊接自检,氩弧焊封底焊缝发现缺陷必须打磨处理重新焊接,多层多道焊接头应错开,严禁同时在一处收弧。每层/道焊接完成后应检查确认无裂纹等缺陷后,方可继续进行焊接。焊接过程中认为有疑问的部位出现缺陷点均应进行打磨,将焊接缺陷遗留在焊缝中。

(7)严格控制热处理温度及恒温时间,WB36钢的后热处理恒温温度一般为590~610℃,恒温时间为2h,在恒温过程中的最大温差不得超过15℃,热处理时严格按照焊接工艺实施。

(8)焊接及热处理完成48h后进行无损检测。图4-8所示为高压给水管道焊接接头热处理完毕并进行了机械打磨,焊缝每侧打磨宽度为250mm。

图4-8　高压给水管道

第四节　低合金耐热钢的焊接

低合金耐热钢是为了适应能源、电力等产业的需要而发展起来的特殊专业用钢。这类钢以Cr-Mo以及Cr-Mo基多元合金钢为主,有时还加入少量合金元素V、W、Nb、B等,合金元素总量一般小于10%。低合金耐热钢具有良好的抗氧化性和高温持久强度,工作温度可高达600℃。火力发电机组的锅炉、汽轮机及管道等重要零部件大多采用这类钢来制造。

低合金耐热钢通常以退火状态，或正火＋回火状态供货。合金总质量分数在2.5%以下的低合金耐热钢在供货状态下具有珠光体＋铁素体组织，故也称珠光体热强钢。合金总质量分数为3%～5%的低合金耐热钢，在供货状态下具有贝氏体＋铁素体组织，亦称其为贝氏体热强钢。

珠光体热强钢在500～600℃有良好的热强性，钢中的Cr、Mo含量是决定钢的抗氧化能力和热强性的主要因素。Cr对氧的亲和力较大，在高温时首先在金属表面形成氧化铬，防止金属继续氧化。钢中的C易与Cr形成化合物，降低固溶体中的Cr的浓度，降低钢的抗氧化性能，因而耐热钢的碳含量应在0.25%以下。V、W、Nb、Ti等合金元素与碳形成稳定的碳化物，可提高珠光体钢的热强性能。火力发电设备常用的珠光体热强钢有15CrMoG、12Cr1MoVG、ZG15Cr1MolV、ZG20CrMoV等。

贝氏体热强钢组织中除了共析铁素体外，是以贝氏体为主的耐热钢。通常最终热处理状态为正火＋回火，当壁厚较大时也可采用淬火＋回火处理，根据化学成分和热处理工艺的不同，组织可为完全贝氏体，也可为铁素体＋贝氏体。贝氏体钢热强钢具有良好的冷热加工性能和焊接性能。火力发电设备常用的贝氏体热强钢牌号有12Cr2MoWVTiB、12Cr2MoG、T23、P22/F22、10CrMo910等。

一、低合金耐热钢的焊接性

低合金耐热钢的焊接按其合金含量具有不同程度的淬硬倾向，在各种熔焊热循环决定的冷却速度下，焊缝金属和热影响区内可能形成对冷裂敏感的显微组织。耐热钢中大多数含有Cr、Mo、V、Nb和Ti等强碳化物形成元素，从而使接头的过热区具有不同程度的再热裂纹敏感性。某些耐热钢焊接接头，当有害的残余元素总含量超过容许极限时还会出现回火脆性或长时脆变。

1. 淬硬性

钢的淬硬性取决于碳含量、合金成分及其含量。低合金耐热钢中的主要合金元素Cr和Mo等能显著提高钢的淬硬性。淬硬性大的低合金耐热钢焊接中可能出现冷裂纹，裂纹倾向一般随着钢材中Cr、Mo含量的提高而增大。当焊缝中扩散氢含量过高、焊接热输入较小时，由于淬硬组织和扩散氢的作用，常在低合金耐热钢焊接热影响区的粗晶区中出现冷裂纹，通常为穿晶裂纹，特别是在热影响区为淬硬的马氏体组织时更为明显。有时热影响区淬硬性较低，有珠光体＋马氏体混合组织时，裂纹也可能沿晶界发展。

2. 再热裂纹倾向

低合金耐热钢焊接接头的再热裂纹（亦称消除应力裂纹）倾向主要取决于钢中碳化物形成元素的特性及其含量以及后热处理温度参数。珠光体型耐热钢属于再热裂纹敏感的钢种，这与钢中所含合金元素 Cr、Mo、V 有关。其敏感温度区间为 500～700℃，在焊后热处理或长期高温工作中，在热影响区熔合线附近的粗晶区内有时会发生这种裂纹。

为防止再热裂纹的形成，须严格控制母材和焊材中导致再热裂纹的合金成分，应在保证钢材热强性的前提下，将 V、Ti、Nb 等合金元素的含量控制在最低的容许范围内。选用高温塑性优于母材的焊接填充材料。适当提高预热温度和层间温度。采用低热输入焊接方法和工艺，以缩小焊接接头过热区的宽度，限制晶粒长大。选择合理的热处理工艺参数，尽量缩短在敏感温度区间的保温时间。合理设计接头的形式，降低接头的拘束度。

3. 回火脆性

某些 Cr-Mo 耐热钢及其焊接接头回火时，在 370～570℃ 温度区间缓冷（或长期运行），比快冷时的韧性低（发生脆变），这种现象称为回火脆性。产生回火脆性的主要原因是在回火脆性温度范围内长期加热后，P、Sb、Sn、As 等杂质元素在奥氏体晶界偏析而引起的晶界脆化。对于基体金属来说，严格控制有害杂质元素的含量，获得低回火脆性的焊缝金属须严格控制 P 和 Si 的含量，同时降低 Mn 的含量是防止回火脆性的有效措施。

二、低合金热强钢的焊接工艺

（一）焊接方法

焊条电弧焊、埋弧焊、钨极氩弧焊、熔化极气体保护焊等方法适用于耐热钢的焊接。但是常用的焊接方法以焊条电弧焊、钨极氩弧焊为主，窄间隙焊也正在扩大应用。

埋弧焊由于熔敷效率高，焊缝质量好，在电站锅炉受压部件、压力容器、管道、大型铸件以及汽轮机转子的焊接中都得到了广泛应用。

焊条电弧焊由于具有机动、灵活、能作全位置焊的特点，在低合金耐热钢结构的焊接中应用也较为广泛。各种低合金耐热钢焊条已纳入国家标准。

钨极氩弧焊常用于低合金耐热钢管道的封底层焊道或小直径薄壁管的焊接。优点是可采用抗回火脆性能力较强的低硅焊丝，提高焊缝金属的纯度，这对于要求高韧性的耐热钢焊接结构具有重要的意义。但钨极氩弧焊缺点是焊接效率低，故往往采用钨极氩弧焊封底，填充层采用其他高效率的焊接方法，以提高生产率。

（二）焊前准备

低合金耐热钢有较强冷裂纹倾向，应将氢严格控制在最低程度。焊前对焊接材料应按有关规定烘干，焊丝表面不准有油脂和锈存在，焊接坡口两侧50mm范围内清除油、水、锈等污物，对焊缝质量要求较高的工件，焊前应用丙酮擦净坡口表面。

（三）焊接材料

为提高焊缝金属的抗裂性，通常焊接材料中的碳含量应低于母材的碳含量。焊后须经退火、正火或热成形等热处理或热加工，应选择合金成分或强度级别较高的焊接材料。对于一些特殊用途的、为了提高焊接接头的抗热裂纹和抗冷裂纹的能力以及韧性，应选用低氢型焊接材料。常用低合金耐热钢焊接材料的选用如表4-13所示。

表4-13   常用珠光体热强钢焊接材料的选用

钢号	焊条电弧焊		埋弧焊		气体保护焊	
	焊条牌号	焊条型号	焊丝牌号	焊剂牌号	焊丝牌号	焊丝型号
15Mo	R102	E5003-A1	H08MnMoA	HJ350	H08MnSiMo	ER55-D2
12CrMo	R207	E5515-B1	H10MnCrA	HJ350	H08CrMnSiMo	ER55-B2
15CrMo	R307	E5515-B2	H08CrMoA	HJ350	H08CrMnSiMo	ER55-B2
12Cr1MoVG	R317	E5515-B2-V	H08CrMoVA	HJ350	H08CrMnSiMoV	ER55-D2 MnV
12Cr2Mo	R407	E6015-B3	H08Cr2Mo	HJ350	H08Cr3MoMnSi	ER62-B3
12Cr2MoWVTiB	R347	E5515-B3-VWB	—	—	H08Cr2MoWVNbB	ER62-G

（四）焊前预热和焊后热处理

1. 焊前预热

耐热钢一般在预热状态下焊接，焊后大多要进行高温回火处理。耐热钢定位焊和正式施焊前都需预热，应尽量减小接头的拘束度，若工件刚性大，宜整体预热。焊接过程中保持工件的温度不低于预热温度（包括多层焊的层间温度），焊接中断冷却后，重新施焊仍须预热，焊接完毕应将工件保持在预热温度以上数小时，然后再缓慢冷却。常用低合金耐热钢的预热层间温度如表4-14所示。

表4-14　　　　　　　常用低合金耐热钢的预热和层间温度

钢种	管材		板材		层（道）间温度（℃）
	厚度（mm）	预热温度（℃）	厚度（mm）	预热温度（℃）	
0.5Cr-0.5Mo（12CrMoG） 1Cr-0.5Mo（15CrMoG、ZG20CrMo）	≥15	150～200	≥15	150～200	150～400
1Cr-0.5Mo-V（12Cr1MoVG） 1.5Cr-1Mo-V（ZG15CrlMolV） 2Cr-0.5Mo-W-V（12Cr2MowVTiB） 1.75Cr-0.5Mo-V、2.25Cr-1Mo（12Cr2MoG） 3Cr-1Mo-V-Ti（12Cr3MoVSiTiB）	≥6	200～300	≥8	200～300	200～300
07Cr2MoW2VNbB（T/P23）	任意厚度	150～200	任意厚度	150～200	150～300
9Cr-1Mo（T/P9）、12Cr-1Mo-V	任意厚度	300～350	任意厚度	300～350	300～350

2. 焊后热处理

低合金耐热钢焊后热处理主要是高温回火，即将工件加热至650～770℃（低于Ac_1），保温一定时间，然后在静止的空气中冷却。常用低合金耐热钢焊后热处理工艺参数如表4-15所示。

表4-15　　　　　　　常用低合金耐热钢的预热和焊后热处理工艺参数

钢种	温度（℃）	工件厚度（mm）							
		≤12.5	12.5～25	25～37.5	37.5～50	50～75	75～100	100～125	>125
		恒温时间（h）							
0.5Cr-0.5Mo（12CrMoG）	650～700	0.5	1	1.5	2	2.25	2.5	2.75	—
1Cr-0.5Mo（15CrMoG、ZG20CrMo）	670～700	0.5	1	1.5	2	2.25	2.5	2.75	*
07Cr2MoW2VNbB（T/P23）	720～740	0.5	1	1.5	2	3	4	5	—
1Cr-0.5Mo-V（12Cr1MoVG、ZG20CrMoV） 1.5Cr-1Mo-V（ZG15CrlMolV） 1.75Cr-0.5Mo-V、2.25Cr-1Mo（12Cr2MoG）	720～750	0.5	1	1.5	2	3	4	5	*
2Cr-0.5Mo-WV（12Cr2MoWVTiB）、3Cr-1Mo-V-Ti（12Cr3MoVSiTiB）	720～770	0.75	1.25	2.5	4	—	—	—	—

* 以5h为起点，再按超过125mm的部分，每25mm增加15min。

（五）焊接技术措施

（1）手工电弧焊时尽量用短弧操作，注意层间清理和检查，因为耐热钢焊条产生的熔融金属黏度大，易产生气孔和夹渣缺陷。如发现缺陷则应及时铲除重焊，以减少缺陷引起开裂的可能性。

（2）强制对口会增加焊接接头的拘束度，焊口组对时应尽量使焊接操作处于管件的自由状态，不得强制对口。避免焊缝受外加应力的影响，同时注意管内不能有穿堂风，以免根部焊道金属淬硬。

（3）整个焊口全部焊完后，立即用石棉布包扎，或采取其他保温措施。焊后缓冷过程中，既可减小淬硬倾向，又起消氢作用。

（4）对于进行热处理的焊口，热处理时应注意工件的自重影响。为了减少工件自重在热处理过程中对焊缝的附加应力，不得拆卸施焊时的夹具和吊链。

三、电力工程焊接实例：12Cr1MoVG钢的焊接

12Cr1MoVG钢是使用最广泛的低合金珠光体热强钢之一，具有较高的热强性和抗氧化性，主要用于制造厚壁温度小于580℃的高压锅炉过热管、集箱和主蒸汽管道等。这种钢的焊接性良好，采用焊条电弧焊、埋弧自动焊和气体保护焊等工艺施焊均可取得良好的焊接质量。

某蒸发量为1025t/h的燃煤锅炉，其过热器连接管道直径为 $\phi 219 \times 16$ mm，材质为12Cr1MoVG，接头形式为对接接头。

1. 焊接方法

采用钨极氩弧焊封底+手工电弧焊填充和盖面、单面焊双面成形工艺。过热器连接管道层间焊道采用手工电弧焊填充，其成形情况如图4-9所示。

2. 焊接材料

焊丝牌号TIG-R31，直径2.5mm；钨极型号Wce，直径2.4mm，伸出长度8~10mm；保护气体为氩气，气体流量9~10L/min；焊条型号/牌号E5515-B2-V或E5503-B2-V/R317，直径3.2mm。

3. 坡口

采用V形坡口，坡口形式及参数如图4-10所示。

图4-9 过热器连接管道层间焊道

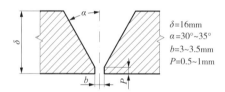

$\delta=16mm$
$\alpha=30°\sim35°$
$b=3\sim3.5mm$
$P=0.5\sim1mm$

图4-10 坡口形式及参数

4. 工件表面处理

焊前应将管段坡口工件上的油污、铁锈和水分等杂质清除干净，直至露出金属光泽。

5. 焊前预热及层间温度

预热加热方式为自控远红外辐射电加热，预热温度200～250℃，层间温度低于300℃，保持方式为电弧自保持或伴热。

6. 焊接工艺参数

焊接工艺参数如表4-16所示。

表4-16　　　　　　　　　　　　　焊接工艺参数

焊层	焊接方法	焊条（焊丝）		焊接电流		电压（V）	焊接速度（cm/min）
		型号/牌号	直径（mm）	极性	电流（A）		
1	GTAW	TIG-R31	2.5	正接	125～135	11～12	5.0～6.5
2	SMAW	R317	3.2	反接	115	22～23	18.0
3～4	SMAW	R317	3.2	反接	125～130	25～26	20.0～22.0
5	SMAW	R317	3.2	反接	120	25～26	20.0～21.0

7. 焊后热处理

DL/T 869—2021《火力发电厂焊接技术规程》要求材质为12Cr1MoVG、厚度大于8mm或者直径大于108mm的焊接接头焊后需要进行热处理。一般情况下，E5515–B2–V或E5503–B2–V焊条电弧焊后需经720～750℃的回火处理。气焊接头焊后应作1000～1020℃的正火，然后再进行720～750℃的回火处理。具体工艺参数如下：加热方式为电加热，加热宽度70mm，保温层宽度125mm，保温层厚度50mm，升温速度300℃/h，降温速度300℃/h，恒温温度（760±10）℃，恒温时间1h。焊接热处理循环曲线如图4-11所示。

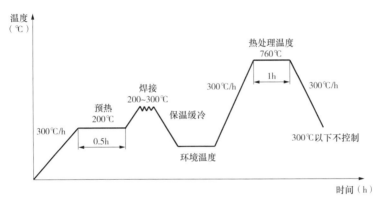

图4-11 焊接热处理循环曲线

第五节 马氏体热强钢的焊接

马氏体热强钢属于中合金耐热钢，一般在淬火+高温回火状态下使用，其组织为回火马氏体。在火力发电厂中的应用比较普遍，一般多用于主蒸汽、高压旁路、再热蒸汽热段、导汽管等高温蒸汽管道和锅炉本体过热器、再热器、连通管等部件。电站常用马氏体热强钢牌号有10Cr9Mo1VNb、10Cr9MoW2VNbBN、11Cr9Mo1W1VNbBN、10Cr11MoW2VNbCu1BN、SA335–T/P91、SA335–T/P92等。

一、马氏体热强钢的焊接性

马氏体热强钢焊接主要存在的问题有：焊接冷裂纹、焊缝韧性低、热影响区软化和Ⅳ型裂纹等。

1. 焊接冷裂纹

马氏体热强钢中C、S、P等有害元素含量低，且具有晶粒细、韧性高的特点，其焊接冷裂纹倾向虽较传统耐热钢小，但仍具有一定的冷裂纹倾向。试验研究发现，采取严格控制预热温度和层/道间温度、选用低氢型专用焊材、焊后及时进行热处理等工艺措施可避免焊接冷裂纹的产生。

2. 焊缝金属韧性低

焊缝金属为高温熔融状态下快速冷却下来的组织，Nb、V等微合金元素仍固溶在金属中，不仅难以细化晶粒、韧化焊缝，反而通过固溶强化降低了焊缝韧性。为了获得良好的综合性能，须将淬火后的Cr-Mo钢在低于相变点温度进行回火使之韧化，回火过程是碳的扩散及碳化物析出、集聚的过程，淬火+回火的调质处理比退火状态的强度和韧性要高。

3. 热影响区软化及Ⅳ型裂纹

新型铁素体耐热钢经热处理后，在HAZ区（热影响区）外侧的硬度会下降，在对焊接接头进行高温持久强度试验时，断裂往往发生在这个部位，此部位称为软化带。Ⅳ型裂纹指T/P91等耐热钢在高温长期运行中，在焊接软化区产生的裂纹。

为了防止产生Ⅳ型裂纹，焊接时在保证熔化良好、不产生焊接冷裂纹的基础上，应尽量不采用过高的预热及道间温度，不采用过大的焊接热输入，采取多层多道焊，焊层厚度为2~3mm，确保上层焊道对下层焊道的回火作用，尽量使热影响区软化带变得窄一些，软化带宽度越窄，其拘束强化作用越强，软化带的影响越小。

二、马氏体热强钢的焊接工艺

1. 焊接方法

由于马氏体热强钢的冷裂倾向大，对氢致延迟裂纹非常敏感，在选择焊接方法时，应优先采用低氢的焊接方法，如钨极氩弧焊和熔化极气体保护焊等。在厚壁工件中，可选择焊条电弧焊和埋弧焊，但必须采用低氢碱性药皮焊条和焊剂，同时还应保持较慢的冷却速度。

2. 焊接材料

为了确保焊接接头长期安全运行，防止焊缝中出现金属夹杂，焊接材料的选择非常重要。国内发电机组安装、检修工程焊接一般焊条采用药皮或焊剂过渡合金元素的方式，而欧美国家焊条采用焊芯过渡合金元素的方法。

（1）采用超低氢碱性焊条和焊剂，选择焊条和焊剂含氢量比较低的焊材，一般可以达到超低氢级，即 $[H]_{Hg} \leqslant 5mL/100g$，有特殊要求的焊材可以达到超超低氢级，即 $[H]_{Hg} \leqslant 3mL/100g$。

（2）对焊接接头的冲击韧性要求，美国 ASME 标准中一般不要求耐热钢焊缝的冲击韧性，如果有特殊要求，则要求 $A_{kv} > 27J$。欧洲 EN 标准要求20℃时，$A_{kv} > 41J$。

（3）选择有害元素较低的焊接材料，焊接材料中的矿物材料和铁合金要严格控制，包括熔敷金属中的 S、P、As、Sb、Zn 等微量有害元素。

（4）有效控制 Mn、Ni 元素含量小于1.5%，Mn+Ni < 1.5%时可有效降低焊材的回火脆化和蠕变脆化倾向，使焊接接头的冲击韧性得到提高。因此要严格控制焊接材料中的锰、镍元素含量。

3. 预热及层间温度

马氏体热强钢含碳量较低，焊接裂纹敏感性较小，焊接预热温度可以降低一些。焊接试验证明，可以在马氏体组织区间焊接而不产生焊接冷裂纹，也可以利用焊接过程的自回火效应提高焊缝冲击韧性，这意味着焊接预热温度和层间温度可以降低，一般推荐焊接预热层间温度为180~250℃。

焊条电弧焊时，层/道间温度不宜超过250℃。工厂化配置管道，工件热处理工艺为炉内正火+回火的，层间温度不受限，否则，层间温度不宜超过300℃。

4. 焊后热处理

为降低马氏体热强钢焊缝金属和热影响区的硬度、改善韧性或提高强度，同时消除焊接残余应力，焊后应进行热处理。马氏体热强钢一般是在调质状态下焊接，所以焊后只需回火处理，回火温度不得高于母材调质的回火温度。焊后不立即进行回火处理，而是焊后缓冷到100~150℃，保温0.5~2h，随后立即回火。这是因为在焊接过程中奥氏体可能尚未完全转变，如果焊后立即回火，会沿奥氏体晶界沉淀碳化物，并发生奥氏体向珠光体转变，这样的组织很脆。但又不能等到完全冷却到室温后再进行回火，因为可能产生延迟裂纹。此外，还应执行下列规定：

（1）采用柔性陶瓷电加热器对小直径管排进行焊后热处理时，除每炉安装一支控温热电偶外，对每组加热装置还应至少安装1支热电偶，用于监测温度。

（2）对直径大于或等于273mm的水平管道加热时，应采用分区控温的方法进行加热，加热装置与热电偶的布置要求应符合 DL/T 819—2019《火力发电厂焊接热处理技术规程》的规定。

（3）采用炉内热处理时，恒温时间以4min/mm（壁厚）计算。

（4）管径不小于76mm采用SMAW填充盖面的焊接接头，焊后热处理的恒温时间不应小于2h。

采用柔性陶瓷电加热时，推荐的焊后热处理工艺如表4-17所示。推荐焊后热处理温度为（760±10）℃，保温时间为4~6h。应特别仔细测量和控制焊后热处理温度。对于薄壁工件，可以选用比较短的保温时间；对于厚壁工件，为了获得较好的蠕变断裂强度和冲击韧性，建议采用焊后热处理的温度为760℃，保温时间为5~6h。对于氩弧焊工件，可以采用比较低的热处理温度，或者采用比较短的热处理时间。热处理的升温速度一般为80~120℃/h，冷却速度一般为100~120℃/h。

表4-17　　　　常用马氏体热强钢焊前预热温度和焊后热处理温度

钢种	温度（℃）	工件厚度（mm）							
		≤12.5	12.5~25	25~37.5	37.5~50	50~75	75~100	100~125	>125
		恒温时间（h）							
9Cr-1Mo（T/P91）	750~770	1	2	3	4	5	—	—	—
12Cr-1Mo（X20）	750~770	1	2	3	4	5	—	—	—
10Cr9Mo1VNbN	740~760	1	2	3	4~5	5~6	6~7	8	10
10Cr9MoW2VNbBN	740~760	1.5	2		5~6	6~7	8~9	10	12
11Cr9Mo1W1VNbBN	740~760	1.5	2	4	5~6	6~7	8~9	10	12
10Cr11MoW2VNbCu1BN	740~760	2		4	5~6	6~7	8~9	10	12

注　管座或返修工件，其恒温时间按工件的名义厚度替代工件厚度来确定，但不少于0.5h，计算方法见DL/T 819—2019《火力发电厂焊接热处理技术规程》。

三、T92/P92钢的焊接要点

T/P92钢是一种新型马氏体耐热钢，其具有良好的高温强度和抗高温氧化性，在超（超）临界机组的主蒸汽管道和热段已经得到广泛应用。T/P92钢是在T/P91钢基础上添加W元素、适当减少Mo元素含量开发出来的，用于蒸汽温度在580~620℃的超（超）临界机组的厚壁部件材料。

T/P92钢的持久强度较高，但作为厚壁部件的主蒸汽管道，焊接工作量大，焊接接头是影响机组运行安全的薄弱环节。由于T/P92钢合金元素含量高，焊接上有较大的技术难度，容易出现接头冲击韧性低和长期运行中的Ⅳ型开裂早期失效，如果焊接质量得不到保证，T/P92钢的优势将无从体现，并对机组运行安全造成威胁。

1. 焊前坡口准备及点固焊

（1）坡口制备。采用钨极氩弧焊封底、焊条电弧焊填充和盖面的焊接工艺时，可根据管壁厚度的不同选择接头坡口形式和尺寸，T92小径管焊接坡口采用 V 形坡口，如图 4-12 所示。P92 大直径管焊接的坡口形状和尺寸采用双 V 或 U 形坡口如图 4-13 所示。

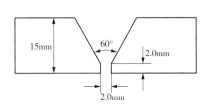

图 4-12　小管径 V 形坡口

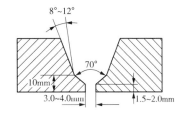

图 4-13　大管径双 V 及 U 形坡口

（2）焊前用角向磨光机打磨坡口表面及两侧 15 ~ 20mm 范围的钢管表面，清除油污、锈蚀等，达到可见到金属光泽。

（3）装配时，将管道垫置牢固，不得在管道上焊接临时支撑物。

（4）管道对接的错口不得超过 1.0mm，对口间隙为 3.0 ~ 4.0mm，钝边小于 2.0mm。

（5）对口点固焊。由于 T92/P92 钢材质特殊，装配定位有两种方法，一种方法是在坡口内侧用定位块（Q235 钢）定位，大管径厚壁可采用此方法。定位焊接示意图如图 4-14 所示；另一方法是用专用夹具，如图 4-15 所示，利用对称分布的四个螺栓调整和固定，以保证定位焊和正式焊的工艺相同。在点固焊过程中，应注意不得在管子表面引弧，不得在管道上焊接临时支撑物或试验电流。管道对口错口不得超过 1.0mm，小径管道装配间隙为 1.5 ~ 2.5mm，大径管道为 3 ~ 4mm。间隙过大，则填充量大而耗料多，若过小则不易熔透。

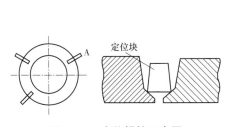

图 4-14　定位焊接示意图

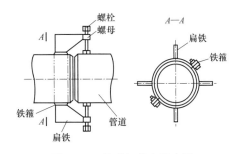

图 4-15　管道组装专用夹具

（6）用火焰或电阻加热将点固区预热到250~300℃，选用正常焊接时用的焊材及工艺施焊，焊接电流应比正常焊接的电流大10~15A。

（7）点固焊及正常焊接过程中，不得在管子表面引弧或调试电流。

2. 充氩保护

为防止T92/P92钢焊缝根部氧化，应在管子内侧充氩气保护背面金属，防止其过度氧化。不仅钨极氩弧焊封底需要氩弧保护，焊条电弧焊填充第一层焊缝时，也需要充氩保护。充氩可利用水溶纸堵塞管口内侧两端，焊口外壁以耐高温胶带粘牢固，做成密封气室，如图4-16所示，充氩保护范围以坡口轴中心为基础，每侧各250~300mm。大管流量为20~30L/min，小管流量一般为10~15L/min，保证充氩量的充足和纯度。

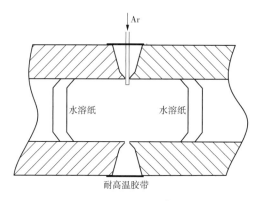

图4-16　充氩示意图

3. 焊接材料选用要点

T92/P92钢选择焊材成分的原则在于保证焊缝金属时效前和时效后的韧性。此外，由于T92/P92钢的合金含量比T91/P91钢更高，确保熔敷金属和近焊缝区不出现δ-铁素体是必须要考虑的。限制熔敷金属成分中Si、Mo、V的含量，有利于限制时效倾向和防止熔敷金属中出现δ-铁素体。为了保证焊缝金属的高温性能，焊缝中的W含量应保持在1.8%左右，Mo含量限制在0.5%左右，Si含量不低于0.2%。为了使熔敷金属获得较好的韧性，Ni含量可提高到0.7%，Nb含量限制在小于0.045%。提高Ni含量时，遵循Ni+Mn≤1.5%的原则，这样不会明显降低熔敷金属的Ac_1温度。加入适量的B，因为B有强化晶界的作用，对改善韧性起到一些有利的作用。

4. 焊条电弧焊焊接要点

采用直径4mm的专用焊条，焊前预热250℃，焊接电流120~140A，电弧电压20~24V，焊接中保持层间温度270℃。焊后对焊接工件进行760℃×2h的焊后热处理。

多层多道焊时，焊层的厚度一般约等于焊条直径，焊道宽度一般为焊条直径的3倍，最大不宜超过4倍。

5. 钨极氩弧焊焊接要点

为保证焊缝性能，几乎所有T92/P92钢焊接接头都采用内加丝钨极氩弧焊封底+焊条电弧焊盖面的工艺。钨极氩弧焊封底焊时要选用相似的合金系（专用焊丝），保持工艺参数稳定，钨极氩弧焊封底焊可以获得强度、塑性都达到母材的水平，并获得较高的焊缝韧性。

P92钢由于合金含量高，熔池流动性差，为防止P92钢焊缝根部氧化，钨极氩弧焊封底和焊条电弧焊焊接第一层焊缝时，应在管道内侧充氩气，保护背面金属，防止其过度氧化。充氩保护范围以坡口轴中心为基准，每侧各250～300mm处粘贴两层可溶纸，用耐高温胶带粘牢固，做成密封气室，也可用能够重复使用的、可在管道内移动的堵板围成密封气室。

大口径钢管可采用钨极氩弧焊封底两层或以上，既可防止封底焊缝被第一层焊条电弧焊填充焊时熔穿，又可降低根部焊缝氧化程度。若钨极氩弧焊封底焊只是焊一层，则封底焊层的熔敷厚度应大于3.0mm。可以采用增加焊接速度代替降低焊接电流的办法来保证较低的热输入，也就是采用较小的焊道厚度。

四、电力工程焊接实例：T92/P92钢的焊接

某660MW高效超（超）临界机组，其主蒸汽管道支管直径为$\phi 330 \times 40$mm，材质为P92，接头形式为对接接头。

1. 焊接方法

采用钨极氩弧焊封底+手工电弧焊填充和盖面、单面焊双面成形工艺。图4-17所示为某机组主蒸汽管道进行手工电弧焊填充操作，图中为双人对称操作，以提供焊接效率，同时有利于减小焊接变形。

2. 焊接材料

焊丝型号和牌号ER90S-G（92）/Thermanit MTS616，直径2.4mm；钨极型号Wce，直径2.5mm，伸出长度7～8mm；保护气体为氩气，气体流量9～10L/min；焊条型号和牌号E9015-G（92）/Thermanit MTS616，直径3.2mm。

3. 坡口

采用双V形坡口，坡口形式及参数如图4-18所示。

图4-17 某机组主蒸汽管道进行手工电弧焊填充操作

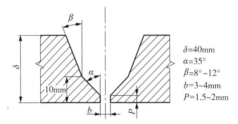

$\delta=40mm$
$\alpha=35°$
$\beta=8°\sim12°$
$b=3\sim4mm$
$P=1.5\sim2mm$

图4-18 坡口形式及参数

4. 工件表面处理

焊前应将管段坡口内外20~30mm范围内的油污、铁锈和水分等杂质清除干净，直至露出金属光泽。

5. 焊前预热及层间温度

预热温度为150~250℃，层间温度200~300℃，控制在235℃为宜。

6. 焊接工艺参数

焊接工艺参数如表4-18所示。

表4-18 焊接工艺参数

焊层	焊接方法	焊条（焊丝）		焊接电流		电压（V）	焊接速度（cm/min）
		型号/牌号	直径（mm）	极性	电流（A）		
1	GTAW	MTS616	2.4	正接	92~110	9.2~10	6.5~8.0
2	GTAW	MTS616	2.4	正接	104~112	9.6~10	7.2~8.5
3	SMAW	MTS616	3.2	反接	108~116	22~24	19.1~20.6
4	SMAW	MTS616	3.2	反接	108~118	22~26	16.6~19.4
5	SMAW	MTS616	3.2	反接	108~116	22~24	16.6~19.6
6~8	SMAW	MTS616	3.2	反接	106~110	22~24	11.5~16.1

| 焊层 | 焊接方法 | 焊条（焊丝） | | 焊接电流 | | 电压（V） | 焊接速度（cm/min） |
		型号/牌号	直径（mm）	极性	电流（A）		
9	SMAW	MTS616	3.2	反接	102~110	22~24	11.2~19.0
10	SMAW	MTS616	3.2	反接	106~114	22~26	11.3~20.3
11~13	SMAW	MTS616	3.2	反接	112~116	22~25	12.8~17.6
14	SMAW	MTS616	3.2	反接	110~116	22~26	13.2~29.8
15	SMAW	MTS616	3.2	反接	112~116	22~26	10.8~28.2

7. 焊后热处理

加热方式为电加热，加热宽度800mm，保温层宽度1000mm，保温层厚度50mm，升温速度100℃/h，降温速度100℃/h，恒温温度（750±10）℃，恒温时间4h。焊接热处理循环曲线如图4-19所示。

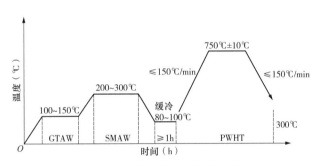

图4-19　焊接热处理循环曲线

第六节　马氏体不锈（耐热）钢的焊接

耐热钢和不锈耐热钢在使用范围上互有交叉，一些不锈钢兼具耐热钢特性，既可用作为不锈钢耐蚀钢，也可作为耐热钢使用。

马氏体不锈（耐热）钢属于高合金钢，一般在淬火+高温回火状态下使用，其组织为回火马氏体。如12Cr12、12Cr13、20Cr13、68Cr17、14Cr11MoV、ZG06Cr13Ni4Mo、2Cr12NiMoWV（C422）等。常用于汽轮机叶片、电站锅炉主蒸汽管道和高温紧固件螺栓等。其特点是高温加热后空冷具有很大的淬硬倾向，一般经调质处理后才能充分发挥这类钢的性能特点。

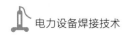
一、马氏体不锈（耐热）钢的焊接性

马氏体不锈（耐热）钢的焊接性比低合金耐热钢差，主要问题是焊接冷裂倾向很大，焊接热影响区存在软化带，具有回火脆性的问题。

马氏体不锈（耐热）钢焊后在空气冷却过程中具有很大的淬硬倾向，导热性差，焊后残余应力较大，若有氢作用很容易产生冷裂纹。对含有 Mo、W、V 等元素的 Cr12 型耐热钢还有较大的晶粒粗化倾向，焊后接头产生粗大马氏体组织，使接头塑性下降。

在调质状态下焊接时，将在热影响的上 Ac_1 温度附近出现软化带，使接头高温强度下降。焊前原始组织的硬度越高，软化程度越严重，焊后若在较高温度下回火，则软化程度更加严重，使接头持久强度降低而发生过早断裂。

马氏体不锈（耐热）钢，如 12Cr13 钢在 550℃附近有回火脆性，因此，在焊接和热处理过程中都需注意。若钢中含有 Mo、W 合金元素，可以降低回火脆性。

二、马氏体不锈（耐热）钢的焊接工艺

1. 焊接方法

由于马氏体不锈（耐热）钢的冷裂倾向大，对氢致延迟裂纹非常敏感，在选择焊接方法时，应优先采用低氢的焊接方法，如钨极氩弧焊和熔化极气体保护焊等。在厚壁工件中，可选择焊条电弧焊和埋弧焊，但必须采用低氢碱性药皮焊条和焊剂。同时还应保持较慢的冷却速度。

2. 焊接材料

马氏体不锈（耐热）钢焊接材料的选择有两种方案。一种是选用与母材合金成分基本相同的焊接材料，但必须严格控制 C、S、P 和 Si 的含量。其中 C 会增大钢的淬硬性，S、P 会增大热裂和冷裂敏感性，Si 在 Cr13 型钢中会促成粗大的铁素体组织。

另一方案是采用高铬镍奥氏体焊材，即异种焊材。高铬镍奥氏体焊材可以有效防止中合金钢焊接接头热影响区裂纹，且焊接工艺简单，焊前不需要预热，焊后可不作热处理。常用马氏体不锈（耐热）钢焊接材料选用示例如表4-19所示。

3. 焊前准备

焊接坡口应采用机械加工，坡口面上的热切割硬化层应清除干净，必要时应作表面硬度测定加以鉴别。接头坡口形式和尺寸的选用原则是尽量减少焊缝的横截面积。在保证焊缝根部全焊透的前提下应尽量减小坡口角度。

表4-19   常用马氏体不锈（耐热）钢焊接材料选用示例

牌号	焊条电弧焊		气体保护焊		埋弧焊	
	焊条型号	焊条牌号	气体	焊丝	焊丝	焊剂
12Cr12Mo、12Cr13	E410-16、E410-15	G202 G207	Ar	H1Cr13 S410NiMo	H1Cr13 H0Cr21Ni10H1 Cr24Ni13H1Cr 26Ni21	SJ601 HJ151
	E410-15	G217				
	E309-16、E410-15	A302、G307				
	E310-16、E410-15	A402、A407				
20Cr13	E410-15	G207	Ar	H1Cr13 H0Cr14	—	—
	E308-15	A107			—	—
	E316-15	A207			—	—

4. 预热和焊后热处理

预热是不可缺少的重要工序，马氏体不锈（耐热）钢冷裂倾向大，焊前预热和保持层间温度是防止其产生裂纹的有效措施。预热温度应根据钢的碳含量、接头厚度和拘束度，以及焊接方法来确定。通常是在保证不裂的情况下尽可能降低预热温度。

焊接热输入对接头的性能仍产生一定的影响。如采用太高的热输入焊接马氏体不锈（耐热）钢，则将严重降低接头的高温持久强度。因此，焊接马氏体不锈（耐热）钢时，应选择低的热输入，控制焊道厚度，层间温度不宜高于250℃。

为了降低马氏体不锈（耐热）钢焊缝金属和热影响区的硬度、改善韧性或提高强度，同时消除焊接残余应力，焊后应进行热处理。马氏体不锈（耐热）钢一般是在调质状态下焊接，所以焊后只需回火处理，回火温度不得高于母材调质的回火温度。如果使用奥氏体钢焊接材料时，预热温度可降低150～200℃或不预热，焊后也可不热处理。常用马氏体不锈（耐热）钢焊前预热温度和焊后热处理温度如表4-20所示。

表4-20   常用马氏体不锈（耐热）钢焊前预热温度和焊后热处理温度

牌号	预热温度（℃）		焊后热处理温度（℃）
	焊条电弧焊	钨极氩弧焊	
12Cr12Mo、12Cr13	250～350	150～250	680～730C 回火
20Cr13	300～400	200～300	680～730C 回火
14Cr11MoV	250～400	200～250	716～760C 回火
15Cr12MoWV、22Cr12NiWMoV	350～400	200～250	730～780C 回火

JB/T 11018—2010《超临界及超超临界机组汽轮机用Cr10型不锈钢铸件　技术条件》规定了超临界和超（超）临界机组中，汽轮机部分缸体、阀体、阀盖、弯管等铸钢件用马

氏体不锈钢部件的制造、检验和验收条件，如ZG10Cr9Mo1VNbN、ZG11Cr10Mo1NiWVNbN、ZG13Cr11MoVNbN、ZG12Cr10Mo1W1NbN-1、ZG12Cr10Mo1W1NbN-3等材质。要求补焊应在性能热处理后，最终热处理之前进行，补焊应使用与铸件材料相同或相近Cr含量（质量分数）应为9%~14%的焊接材料进行。最终热处理后原则上不应再进行补焊，如果有少量缺陷必须补焊，则焊后应进行局部消除应力热处理并作记录。

第七节　铁素体不锈（耐热）钢的焊接

铁素体不锈（耐热）钢属于高合金钢，具有良好的耐蚀性和耐热性。铁素体不锈（耐热）钢的焊接大部分是W（Cr）＞17%的高铬钢及部分Cr13系列型钢，如06Cr13Al、022Cr12Ni、10Cr15、10Cr17等。常用于高温下要求抗氧化或耐气体介质腐蚀的场合。

一、铁素体不锈（耐热）钢的焊接性

这类钢焊接时不发生α→γ相变，无硬化倾向，但在熔合线附近的晶粒会急剧长大使焊接接头脆化。铬含量越高，在高温停留时间越长，则脆化越严重，且不能通过热处理使其晶粒细化，在焊接刚性结构时容易引起裂纹。在焊接缓冷时，这类钢易出现475℃脆性和σ相析出脆化而使焊接接头韧性恶化。焊接过程中热影响区仅有少量或甚至没有奥氏体相变，铁素体不锈钢焊缝存在低温韧性差和焊后接头脆化的缺点。

改善铁素体不锈（耐热）钢的焊接性的方法是提高钢的纯度，并加入Nb和Ti元素来控制间隙元素（C、N）的有害作用。这种钢焊后即使不热处理仍可获得塑性和韧性良好的焊接接头。

二、铁素体不锈（耐热）钢的焊接工艺

1. 焊接方法

铁素体耐热钢对过热十分敏感，因此宜采用焊条电弧焊和钨极氩弧焊等焊接热输入较低的焊接方法，也可用熔化极惰性气体保护焊和埋弧焊。

2. 焊接材料

铁素体不锈（耐热）钢的焊接焊接可以采用化学成分与母材的相近的同质焊接材料，也可采用奥氏体钢型异质焊接材料，对于要求耐高温腐蚀和抗氧化的焊接接头，应优先选用化学成分与母材的相近焊接材料。铁素体不锈（耐热）钢的焊接焊接材料选用示例如表4-21所示。

表4-21　　　　　铁素体不锈（耐热）钢的焊接材料选用示例

牌号	焊条电弧焊		气体保护焊		埋弧焊	
	焊条型号	焊条牌号	气体	焊丝型号/牌号	焊丝	焊剂
06Cr11Ti、06Cr13Al	E410-16	G202		E410NiMo、ER430	—	—
	E410-15	G207				
10Cr17、Cr17Ti	E430-16	G302		H1Cr17、ER630	H1Cr17、HOCr21Ni10、H1Cr24Ni13	SJ601、SJ608、HJ172、HJ151
	E430-15	G307				
Cr17Mo2Ti	E430-15	G307	Ar	H0Cr19Ni11Mo3	—	—
	E309-16	A302				
	E316-15	A207				
	E310-16/15	A402/A407				
Cr25Ti	E309Mo-16	A317				
Cr28	E310-16	A402		H1Cr25Ni20、ER26-1		
	E310-15	A407		—		

3. 预热和焊后热处理

铁素体不锈（耐热）钢的焊接焊接时，靠近焊缝区的晶粒急剧长大而脆化，而且高铬铁素体室温的韧性就很低，很容易在接头上产生裂纹。因此，在采用同质焊接材料焊接刚性较大的工件时，应进行预热，但预热温度不宜过高，取既能防止过热脆化，又能防止裂纹的最佳预热温度。一般选150～230℃较合适。母材铬含量越高、板越厚或拘束应力越大，预热温度需适当提高。

铁素体不锈（耐热）钢的焊接多用于要求耐蚀性的焊接结构，为了使其接头组织均匀，提高塑、韧性和耐蚀性，焊后一般需热处理。热处理应在750～850℃进行，热处理中应快速通过370～540℃区间，以防止475℃脆化。对于σ相脆化倾向大的钢种，应避免在550～820℃长期加热。用奥氏体焊接材料焊接时，可不预热和热处理。

4. 焊接工艺要点

铁素体不锈（耐热）钢的焊接焊接的突出问题是接头脆化，应采用尽可能低的热输入焊接，缩短焊缝及热影响区在高温停留时间、减小过热，防止产生脆化和裂纹，提高耐蚀性能。

（1）必须用较低的预热温度。

（2）多层焊时要控制好层间温度，待前道焊缝冷却到预热温度后再焊下一道焊缝。

（3）焊条电弧焊时，应用小直径焊条，直线运条并短弧焊接，焊接电流宜小，焊接速度应快些。

（4）焊后焊接接头一旦出现了脆化，采取短时加热到600℃后空冷，可以消除475℃脆性；加热到930~950℃后急冷，可以消除 σ 相脆性。

（5）铁素体不锈（耐热）钢的焊接室温韧性较低，焊接接头经受不起严重撞击，因此必须注意吊运和储存。

第八节　奥氏体不锈（耐热）钢的焊接

奥氏体不锈（耐热）钢是在奥氏体不锈钢的基础上加入 W、Mo、V、Ti、Nb、Al 等元素以强化奥氏体，形成稳定碳化合物和金属间化合物，提高钢的高温强度。不仅有高的抗氧化性（700~900℃），且在600℃还有足够的强度。这类钢一般在600~700℃时使用。

电站常用的奥氏体不锈（耐热钢）通常包括18Cr-8Ni系列和25Cr-20Ni系列。18Cr-8Ni系列奥氏体耐热钢常用牌号有07Cr19Ni10、07Cr19Ni11Ti、07Cr18Ni11Nb、08Cr18Ni11NbFG、10Cr18Ni9NbCu3BN，对应的 ASME 标准相近的牌号分别为：TP304H、TP321H、TP347H、TP347HFG、S30432（Super304H）。25Cr-20Ni系列奥氏体耐热钢常用牌号有07Cr25Ni21NbN、TP310HCbN、HR3C等。

超（超）临界锅炉也在试验使用奥氏体耐热钢型号为 S31042、S31035 和 C-HRA-5的奥氏体不锈钢材料。S31042是在传统奥氏体耐热钢 ATP310 基础上通过添加 Nb、N 元素研制出的一种耐热钢，已经广泛应用于国内外600~620℃机组中。S31035是欧洲700℃超（超）临界锅炉计划研发的新型奥氏体耐热钢，C-HRA-5是太原钢铁（集团）有限公司近年与钢铁研究总院有限公司合作开发的一种针对630℃以上超（超）临界机组的新型奥氏体耐热钢材料。

一、奥氏体不锈（耐热）钢的焊接性

奥氏体耐热钢属于奥氏体不锈钢系列。因此，奥氏体型不锈钢焊接时可能出现热裂纹问题，接头各种形式的腐蚀问题，以及475℃脆性和 σ 相析出脆化问题，在奥氏体型耐热钢焊接时，也同样可能出现。由于奥氏体型耐热钢长期工作于高温，对焊接接头具有更高的抗氧化性和热强性的要求。因此，必须注意严格控制焊缝金属中铁素体含量的问题，它关系到焊接接头的抗热裂性、σ 相脆化和热强性问题。

二、奥氏体不锈（耐热）钢的焊接工艺

1. 焊接方法

奥氏体不锈（耐热）钢的热导率低而线胀系数大，在自由状态下焊后易产生焊接变形，为此应选用焊接能量集中的焊接方法，快速进行焊接，氩弧焊应是首选的焊接方法。

2. 焊接材料

奥氏体型耐热钢具有较好的焊接性，常用的焊接方法都适用于奥氏体型耐热钢的焊接，但在焊接材料选用、焊接参数选择，以及焊后处理等方面，必须注意这类钢的基本特点，如低的热导率、高的电阻率和线胀系数，钢中含有大量易氧化的合金元素，对过热敏感等。奥氏体型耐热钢焊接材料的选择原则是，合金成分大致与母材相匹配，保证焊缝金属具有与母材基本相同的热强性。表4-22列出了奥氏体型耐热钢焊接材料选用示例。

表4-22　　　　　　　　奥氏体耐热钢焊接材料选用示例

牌号	焊条电弧焊		埋弧焊		气体保护焊	
	焊条牌号	焊条型号	焊剂	焊丝牌号	气体（体积分数）	焊丝
06Cr19Ni10 12Cr18Ni9	A101	E308-16	SJ601 SJ605 SJ608 HJ260	H0Cr19Ni9 H0Cr21Ni10	GTAW：Ar 或Ar+He MIG： Ar+O$_2$% 或 Ar+CO$_2$5%	S308
	A102	E308-17				S321 S347
06Cr18Ni11Ti 06Cr18Ni11Nb	A132	E347-16		HOCr21Ni1OTi		
	A137	E347-15				
06Cr17Ni12Mo2 06Cr18Ni13Si4	A201	E316-16		H0Cr19Ni11Mo3		S316
	A202	E318-16				
	A232	E318-15				

牌号	焊条电弧焊		埋弧焊		气体保护焊	
	焊条牌号	焊条型号	焊剂	焊丝牌号	气体（体积分数）	焊丝
06Cr19Ni13Si4	A242	E317-16	SJ601 SJ605 SJ608 HJ260	H0Cr25Ni13Mo3	GTAW：Ar 或 Ar+He MIG： Ar+O₂% 或 Ar+CO₂5%	S317
06Cr23Ni13	A302 A307	E309-16 E309-15		H1Cr25Ni13		S 309
06Cr25Ni20 16Cr25Ni20Si2	A402 A407	E310-16 E310-15		H1Cr25Ni20		S310
1Cr15Ni36W3Ti	A607	—				
22Cr20Mn9Ni2Si2N 26Cr18Mn11Si2N	A402 A407	E16-25MoN-16		—		H1Cr25Ni20
	A707 A717	E16-25MoN-15 E310-16				

3. 焊后热处理

奥氏体型耐热钢焊前不需预热，焊后视需要可进行强制冷却，以减少在高温的停留时间。对已经产生475℃脆性和σ相脆化的焊接接头，可用热处理方法清除。短时间加热到600℃以上空冷可消除475℃脆性；加热到930~980℃急冷可消除σ相脆化。如果为了提高结构尺寸稳定性，降低残余应力峰值，可进行低温（<500℃）的热处理。

4. 焊接工艺要点

（1）奥氏体型耐热钢电阻率较大，焊条电弧焊时为避免焊条在焊接过程中发红、药皮开裂脱落，奥氏体型耐热钢焊条的长度要比结构钢焊条短。奥氏体型耐热钢热导率低，在同样大小焊接电流条件下，可获得比普通低合金钢更大的熔深，同时也易使焊接接头过热。为了防止过热，焊接电流要选得小些。一般比焊接低碳钢低20%左右。

（2）氩弧焊时无论是熔化极焊还是非熔化极焊都具有很好的保护效果，焊接时，焊缝背面需要充氩保护，以保证背面成形良好和防止氧化。

（3）奥氏体型耐热钢对过热敏感，应尽量用小的焊接热输入焊接，还应避免同一部位多次重复加热或高温停留时间长。多层焊时，每层焊缝的接头处应错开。每层施焊方向尽可能与前一层相反，并待前层焊缝冷至40~50℃后再焊下一层。避免层间温度过高，必要时可以用喷水或压缩空气吹的办法强制快冷。

（4）为了获得优质焊接接头，除正确选择焊接材料和焊接参数外，还必须焊前对焊接材料表面和焊接区进行清理，不得在表面上有任何油脂、污渍、油漆标记和其他杂质，这些有机物在电弧高温下分解成气体而引起焊缝金属的气孔和增碳。

（5）薄板结构宜用夹具在夹紧状态下焊接，厚板焊接采用尽可能小的焊缝截面的坡口形式，如夹角小于60°的V形坡口或U形坡口等。

三、电力工程焊接实例：Super304H钢的焊接

Super304H钢是在传统的TP304H中加3%Cu和0.5%Nb，获得较高的持久强度，650℃许用应力值比TP304H钢高40%以上。该钢种运已广泛应用于蒸汽温度小于或等于600/610℃、蒸汽压力小于或等于25MPa的过热器和再热器管，是超（超）临界机组中受热面高温段的首选材料。通过弥散强化作用获得了极高的许用应力。但是合金元素的增加使得液体金属黏度变大，流动性变差，并且加大了焊接熔池成形和焊道温度控制难度，造成焊缝温度分布不均，容易出现焊缝烧、未熔合、裂纹等缺陷。

某660MW高效超（超）临界机组，其锅炉型号为HG-2050/29.3-HM15。该锅炉为一次中间再热、超超临界压力变压运行、单炉膛、一次再热、平衡通风、紧身封闭布置、固态排渣、全钢构架、全悬吊结构、切圆燃烧方式Ⅱ型炉。锅炉高温再热器管道规格为$\phi 60 \times 4mm$，材质为Super304H，接头形式为对接接头。

1. 焊接方法

焊接方法为手工钨极氩弧焊，直流正接。

2. 焊接材料

焊丝型号/牌号为ERNiCr3/INCONEL82，直径为2.4mm。

3. 坡口

坡口的形式为单V形，坡口角度为60°~70°，钝边为0.5~1mm，间隙为2~3mm。坡口形式及参数如图4-20所示。

（1）焊接时为保证坡口两侧熔合良好，坡口角度应比一般铁素体钢大。间隙过小容易造成未焊透，间隙过大，填充金属量大，焊接速度相对减慢，热输入量增加，会造成合金元素烧损。

（2）坡口清理。管口在组对前应将母材内外壁每侧10~15mm范围内的水、漆、锈等清理干净，直到发出金属光泽。焊工在焊接前要对焊口进行检查。

（3）点固焊时，每段长度为10mm，采用背面充氩保护工艺，以避免焊缝根部氧化。

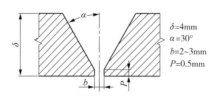

图4-20　坡口形式及参数

4. 充氩保护

为防止高温区合金元素的氧化，在整个焊接过程中要进行背面充氩保护。对口前在焊口两侧管子内塞入可溶纸或其他可溶性材料，其程度达到紧密，塞入深度为150～200mm。插入氩气（胶管接上扁管），其厚度为2～3mm，并采用高温铝箔纸或高温胶带纸粘牢形成封闭气室。保护气体流量控制在9～10L/min。

由于氩气密度较大，所以应从焊口下部平焊位置开始焊接。薄壁小径管可采取快速焊接法，因热量不易散失，焊口温度容易升高，继而产生热岛效应，应尽可能减少焊接接头在危险温度范围内的停留时间。此时氩气从上部流出，焊道温度达到100℃以上应停止焊接，待焊口温度下降至室温后再进行焊接。

5. 层间温度

Super304H钢在焊接过程中有热裂倾向，应严格控制层间温度、焊接电流和焊道厚度。根部焊缝不宜过厚或过薄。焊缝过薄容易烧穿，过厚热输入量增加，层间温度和工作质量都难以保证，焊缝易被氧化。根层厚度应控制在2～3mm，盖面层控制在1.5～2.5mm，层间温度应控制在100℃以下。

6. 焊接工艺参数

焊接电流是影响焊接质量的关键因素之一。电流过小，缺少足够的焊接线能量，不能使母材充分熔化，不易焊透。电流过大，焊接热输入量过大，焊缝容易被氧化。焊接电压要适中，电压过小对电弧吹力较小，同样影响母材的熔化，而且电压对电弧有约束力，会使电弧穿透力增强。焊接工艺参数如表4-23所示。

表4-23　　　　　　　　　　　　　焊接工艺参数

| 焊层 | 焊接方法 | 焊条（焊丝） | | 焊接电流 | | 电压（V） | 焊接速度（cm/min） |
		型号/牌号	直径（mm）	极性	电流（A）		
1	GTAW	ERNiCr3/INCONEL82	2.4	正接	60～64	8.5～9.7	2.5～3.0
2	GTAW	ERNiCr3/INCONEL82	2.4	正接	72～73	8.6～10.3	3.0～3.5

7. 焊接工艺措施

焊接此类奥氏体型不锈钢时，不锈钢热导率小，热量易聚集、焊接区域过热，形成焊接缺陷。因此在焊接过程中应控制焊接参数，减少热输入量，控制焊层厚度，防止出现晶粒粗大的现象，减小焊接应力。亦可采用脉冲氩弧焊，以减小焊接线能量的输入，试验证明采用脉冲方法效果较好。

四、电力工程焊接实例：HR3C 钢的焊接

HR3C 钢属于 25Cr-20Ni-Ni-N 钢，添加 Nb 形成析出强化，获得极高的持久强度。虽然该钢种 650℃的许用应力值略低于 Super304H 钢，但由于 Cr 含量高，其耐烟气高温腐蚀和耐汽侧氧化的性能极佳，所以优先选用 HR3C 钢做过热器和再热器的高温部件，应用于蒸汽温度为 600℃、蒸汽压力小于或等于 24.5MPa 的过热器和再热器管。尽管 HR3C 钢不是细晶钢，但其含 Cr 量已提高到 25%，所以 HR3C 钢的抗高温腐蚀性能和抗高温蒸汽氧化的性能均高于 Super304H 钢。

某 1000MW 超（超）临界机组，其锅炉型号为 SG-3182/29.3-M7013，锅炉高温过热器出口段钢管规格为 $\phi 51 \times 7.5$mm，材质为 HR3C，接头形式为对接接头。

1. 焊接方法

焊接方法为手工钨极氩弧焊，直流正接。

2. 焊接材料

焊丝牌号为 INCONEL82，也可选择 T-HR3C 焊丝，焊丝直径为 2.4mm。

3. 坡口

（1）坡口的形式为单 V 形，坡口角度为 60°~70°，钝边为 1~2mm，对口间隙为 2~3mm。坡口制备形式如图 4-21 所示。

图 4-21 坡口形式及参数

（2）管口在组对前应将母材内外壁每侧0~15mm范围内的油、水、漆锈等清理干净，直至发出金属光泽。焊工在焊接前要对焊口进行检查。

4. 充氩保护

充氩保护范围以坡口中心为准，对口前在每侧各100mm内贴可溶纸，塞紧保温棉条或用耐高温胶带粘牢固，做成密封气室，在接头处留下一个小孔以便排空气，待密封气室内的空气排净后方可施焊。充氩时，把充氩软管的端部从焊缝坡口处塞入管道内进行充氩，焊缝坡口除排气孔外都用耐高温胶带或岩棉封严。初始氩气流量可为10~15L/min，在弧焊施焊开始后，流量应保持在5~10L/min。在氩弧焊封底过程中，应经常检查气室中氩气的充满程度，随时调节充氩流量。氩弧焊施焊临近结束时，即弧焊封口时，应减小氩气流量，具体流量在实际施工中进行调节。

5. 焊接工艺参数

焊接工艺参数如表4-24所示。

表4-24　　　　　　　　　　焊接工艺参数

焊层	焊接方法	焊条（焊丝）		焊接电流		电压（V）	焊接速度（cm/min）
		型号/牌号	直径（mm）	极性	电流（A）		
1	GTAW	INCONEL82	2.4	正接	76~79	8.2~10.2	2.5~3.5
2	GTAW	INCONEL82	2.4	正接	86~90	8.9~10.5	3.0~4.0
3	GTAW	INCONEL82	2.4	正接	86~90	8.9~10.2	3.0~4.0
4	GTAW	INCONEL82	2.4	正接	100~105	10.5~11	3.5~4.5

6. 焊接工艺措施

HR3C钢焊接时应防止产生接热裂纹，避免接头发生应力腐蚀开裂和焊缝金属 σ 相脆化。因此，宜选用焊接热量低的氩弧焊，并采用控制层间温度在低范围内等工艺措施。

采用多层多道焊，单层焊缝金属厚度不超过焊丝直径，红外测温仪控制层间温度在60℃以内。管内持续通氩气（纯度大于或等于99.99%）保护，以避免根部焊缝氧化和过烧，并起到冷却作用。合理设置定位焊缝间隙，防止产生变形或弯折。焊前不预热，煤后免作固溶处理。

HR3C钢与Super304H钢焊接性能相同，但HR3C钢工件输入热量对焊接接头的冲击韧性有较大的影响，工件输入热量越大，焊接接头的冲击韧性越低。可采用小电流快速焊接适当降低焊接热输入量，防止焊接电流过低产生未熔合缺陷。焊接线能量可控制为1.5~2.5kJ/cm。严禁同时在一处收弧，以免局部温度过高影响施焊质量。

第九节　异种钢的焊接

为提高能源利用效率并降低制造成本，电站装备中常常在不同部位分别使用低合金钢、耐热钢、奥氏体不锈钢等材料，并采用焊接方式来连接不同种类的材料。由于受焊接温度梯度的影响，接头各区域焊缝、热影响区和母材，尤其是相邻区域的交界处微观组织结构和力学性能均存在较大差异。材料组织和力学性能的不均匀以及复杂的残余应力状态使异种钢焊接接头成为电站装备中的薄弱环节，影响电站设备的安全稳定运行。

一、异种钢焊接接头的分类

DL/T 752—2010《火力发电厂异种钢焊接技术规程》中根据电站用钢类别（分类方法见本章第一节）将电站异种钢焊接接头分为三大类，即：

（1）不同类别（A、B、C）钢种的焊接。

（2）同类别中不同组别（Ⅰ、Ⅱ、Ⅲ）钢种的焊接。

（3）同种钢材选择异质填充金属的焊接。

通常电厂锅炉管道采用的耐热钢可以按照金相组织分为铁素体钢和奥氏体钢两大类，其中铁素体钢包括珠光体热强钢、贝氏体热强钢和马氏体热强钢。常见的异种钢接头有奥氏体钢与铁素体钢接头和铁素体钢与铁素体钢接头。奥氏体钢与铁素体钢接头有TP304H（TP347H）/12Cr1MoVG、TP304H（TP347H）/T91（T92）、S30432/T91（T92）、HR3C/T91（T92）等，铁素体与铁素体的异种钢接头有12Cr1MoVG/T91（T92）、T91（T92）/钢102等。

二、异种钢的焊接性

异种钢焊接存在金相组织、化学成分、物理性能差异，焊缝的稀释、熔合区形成过渡层和扩散层、焊接接头应力状态不同等因素，都会对焊接性能产生直接影响。如果金相组织、化学成分基本相同的珠光体类型的钢种采用异种钢焊接，则不会影响焊接性能；但是对金相组织、化学成分差异很大的珠光体钢与奥氏体钢采用异种钢焊接，如选择焊接工艺不当，施焊起来就很困难。因为两种钢材存在两种不同的金相组织，存在结晶化学性能（晶格类型、晶格参数等）和物理性能（熔点、线膨胀系数、热传

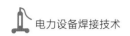

导系数等）差异，从而导致金相组织发生变化生成新的金相组织，影响焊接热循环过程和结晶反映，使焊接接头性能变坏，产生熔合区与焊接热影响区力学性能及塑性下降，以及增大焊接残余应力和产生裂纹等焊接缺陷。

三、异种钢的焊接工艺

异种钢焊缝与母材的化学成分、金相组织、物理性能及力学性能都有很大差异，焊接时必须采取特殊焊接工艺措施才能获得满意的焊接质量。在考虑异种钢焊接工艺时必须依据特定因素条件来确定焊接方法，选择焊接材料和焊接工艺参数。

1. 焊接方法的选择

大部分的焊接方法都适用于异种钢焊接，但有些特殊钢种需要认真考虑工艺参数及措施。根据异种钢焊接的特点，制定焊接方法时既要满足异种钢焊接性能要求，还应考虑使母材金属溶化量降低到最低限度，防止在焊缝过渡区出现脆性的火组织和裂纹缺陷。在检修、安装施工现场焊接采用手工电弧焊，该焊接方法具有方便、工艺灵活、熔合比较小等优点，且焊条种类很多，便于选择，适应性强，可根据不同的异种钢组合确定适用的煤接材料。

2. 焊接材料的选择

选择异种钢焊接材料的基本原则可归纳如下：

（1）异种钢焊接接头的焊接材料的选用宜采用低匹配原则，即不同强度钢材之间焊接，其焊接材料选适于低强度侧钢材的。

（2）A类异种钢焊接接头，选用焊接材料应保证熔敷金属的抗拉强度不低于强度较低一侧母材标准规定的下限值。

（3）B类及B类与A类组成的异种钢焊接接头，宜选用合金成分与较低一侧钢材相匹配或介于两侧钢材之间的焊接材料。

（4）C-Ⅰ、C-Ⅱ及其与A、B类组成的异种钢焊接接头可以选用合金含量较低侧钢材匹配的焊接材料，也可选用奥氏体型或镍基焊接材料。

（5）与C-Ⅲ组成的异种钢焊接接头，选用焊接材料应保证焊缝金属的抗裂性能和力学性能。焊接材料的选用应符合下列规定：当设计温度不超过425℃时，可采用Cr、Ni含量较奥氏体型母材高的奥氏体型焊接材料；当设计温度高于425℃时，应采用镍基焊接材料。两侧为同种钢材，应选用同质焊接材料。在实际条件无法实施选用同质焊接材料时，可选用优于钢材性能的异质焊接材料。

3. 坡口角度

异种钢焊接时确定坡口角度的主要依据除母材厚度外，还有熔合比。一般坡口角度越大，熔合比越小，表4-25列出了焊条电弧焊和堆焊时熔合比与坡口角度、焊道层数之间的关系。异种钢多层焊时，确定坡口角度要考虑多种因素的综合影响，但原则上是希望熔合比越小越好，以尽量减小焊缝金属的化学成分和性能的波动。

表4-25 　　　　　　　　　　　焊条电弧焊和堆焊时熔合比的近似值

焊层	坡口角度焊条电弧焊的熔合比			堆焊熔合比
	15°	60°	90°	
1	48% ~ 50%	43% ~ 45%	40% ~ 43%	30% ~ 35%
2	40% ~ 43%	35% ~ 40%	25% ~ 30%	15% ~ 20%
3	36% ~ 39%	25% ~ 30%	15% ~ 20%	8% ~ 12%
4	35% ~ 37%	20% ~ 25%	12% ~ 15%	4% ~ 6%
5	33% ~ 36%	17% ~ 22%	8% ~ 12%	2% ~ 3%
6	32% ~ 36%	15% ~ 20%	6% ~ 10%	< 2%
7 ~ 10	30% ~ 35%	—	—	—

4. 预热和层间温度

异种钢焊接时，预热的目的主要还是降低焊接接头的淬火裂纹倾向。异种钢焊接时恰当选择预热温度和预热规范是十分重要的。金相组织相同，而母材的化学成分不同的异种钢焊接时，应按焊接性能较差的一侧钢种来选择合适的预热温度焊接金相组织不同的异种钢时，重点考虑焊接性能和填充化学成分来确定合适的预热温度。具体可分为以下两种情况：

（1）一侧为奥氏体型钢时，可以只对非奥氏体型钢单侧进行预热，应选择较低的预热温度。焊接时层间温度不宜超过150℃。

（2）两侧均为非奥氏体型钢时，应按母材预热温度高的选择，焊接时层间温度应不低于预热温度的下限。

5. 焊后热处理

对焊接结构进行焊后热处理的目的是改善接头的组织和性能，消除部分焊接残余应力，并促使焊缝金属中的氢逸出。不过，对异种钢焊接接头进行焊后热处理的问题比较复杂，特别当异种钢的焊后热处理特性本身就有较大差异时，更要格外慎重。当一侧为奥氏体型钢时，如需焊后热处理，应避开脆化温度敏感区，防止晶间腐蚀和 σ

相脆化。当两侧均为非奥氏体型钢时，其焊后热处理温度应按加热温度要求较低侧的加热温度的上限来确定。如果涉及马氏体耐热钢的异种钢焊接，还必须严格控制焊接工艺参数和线能量，焊后不能立即进行焊后热处理，必须冷却到100℃左右，保温1~2h，待完成马氏体组织转变之后，才能进行后热和焊后热处理。

此外，异种钢焊接接头还应满足以下技术条件：

（1）当工件中有强烈淬火倾向的珠光体材料时，焊后应立即进行回火处理。

（2）为防止工件变形，焊前须预热，预热温度不得高于350℃，焊后应立即进行回火处理。回火温度依据工件厚度确定，且不能小于450℃。

（3）升温速度取决于钢材化学成分、工件类型和厚度。

（4）在回火保温过程中对管道厚度及管径较大焊缝温差可控制在±20℃范围内。

（5）为消除焊接工件的热应力和变形，冷却速度要小于200℃/h或小于$200 \times 25\delta$（℃/h）[δ为管壁厚度（mm）]。对有再热裂纹倾向的钢种进行回火处理时，其回火温度应避开再热裂纹敏感温度范围。

（6）对焊后热处理时应保证焊缝两边有均匀的加热宽度S，对焊缝回火$S > 1.25\sqrt{R\delta}$ [R为平均直径（mm），δ为管壁厚度（mm）]并要采取保温措施，尽可能降低残余应力。

6. 焊接工艺参数

焊接工艺参数对熔合比有直接影响。焊接热输入越大，母材熔入焊缝越多，即稀释率越大。焊接热输入又取决于焊接电流、电弧电压和焊接速度等焊接工艺参数。当然，焊接方法不同，熔合比的大小及其变化范围也是不同的。

四、电力工程焊接实例：12Cr1MoVG/T91钢的焊接

12Cr1MoVG钢与T91钢在化学成分、金相组织和力学性能方面差异性很大，在焊接时还有很多特殊困难。为保证焊接质量，必须注意以下几方面问题：

（1）焊缝金属的稀释。在焊接熔敷金属上，可以认为焊缝金属大体上是搅拌均匀的，选择焊接材料时可按熔合比进行估算。由于12Cr1MoVG钢母材的稀释作用，如果选择焊接材料不当，容易在T91钢单相侧产生热裂纹，焊缝金属受到母材金属的稀释作用，会在过渡区产生脆性的马氏体组织并在12Cr1MoVG钢一侧的熔合区附近形成低塑性狭窄区域，使硬度大幅度增高。采用高温回火处理可能会使硬度有所降低，但焊接接头在高温长期下工作后，脆性带还会发展，硬度还会上升。在熔池边缘部位搅拌作

用不足，母材稀释作用比焊缝中心突出，铬、镍含量低于焊缝中的平均值，容易形成硬质过渡层。提高镍含量可防止熔合区内的碳迁移。采用含镍量不同的焊接材料是改善异种钢熔合区质量的主要手段。

（2）碳迁移形成扩散层。在焊接、热处理或长时间处于高温下施焊，使得12Cr1MoVG钢与T91钢界面附近发生反应扩散使碳迁移，结果在12Cr1MoVG钢一侧形成脱碳层，T91钢形成增碳层。由于两侧性能相差悬殊，焊接接头受力时可能引起应力集中，降低焊接接头的高温持久强度和塑性。

（3）焊接接头残余应力。除焊接时局部加热而引起焊接应力外，由于12Cr1MoVG钢与T91钢线膨胀系数不同，导热性差，焊后冷却时还存在收缩性差异，从而导致异种钢界面产生另一性质的焊接残余应力。异种钢之间这部分残余应力通过热处理办法是不可能消除的。如果这种焊接接头长时间在高温交变条件下工作，必然产生交变应力，从而有可能发生疲劳爆口。因此，应尽量选用与12Cr1MoVG钢线膨胀系数相近且塑性好的材料作为焊缝金属，使残余应力集中于T91钢一侧，使塑性变形力增强。这样才能够承受较大的应力变形的焊接材料。

某330MW亚临界燃煤机组，其锅炉为DG1025/18.2–Ⅱ6型的亚临界参数、一次中间再热、四角切圆燃烧方式、自然循环汽包锅炉。其高温再热器的入口和出口段钢管材质分别为12Cr1MoVG、T91，规格分别为$\phi 60 \times 4.0mm$、$\phi 60 \times 6.0mm$。

1. 焊接方法

12Cr1MoVG钢与T91钢焊接时，过热区晶粒增大会引起催化现象，且Cr含量越高，施焊金属填充高温停留时间越长，接头脆性倾向就越严重。焊后的焊接接头室温脆性很低容易产生裂纹，由于钢的物理性能、化学成分（尤其Cr含量）存在差异，会影响焊接接头的力学性能、使用性能和抗拉能力。12Cr1MoVG钢与T91钢焊接应选用熔合比小、稀释率低的焊接方法，小径管采用钨极氩弧焊方法较为适宜。图4-22所示为焊接操作人员采用钨极氩弧焊进行12Cr1MoVG/T91小径管异种钢焊接接头焊接。

2. 焊接材料选择

选择焊接材料时，应尽量避免焊缝金属产生对裂纹敏感的显微组织、脆性层和低强度区，且在高温度下工作不会变脆。应选用焊缝塑性较好、脆性扩散层较小的焊接材料，但必须考虑接头的使用要求、稀释作用、碳迁移、残余应力及抗裂性。推荐选用ER90SB9型焊丝，牌号为Thermanit MTS3，直径为2.4mm。

3. 预热和层间温度

珠光体钢与马氏体钢焊接时，需要焊前预热和焊后热处理，预热温度按淬硬性较

图4-22　12Cr1MoVG/T91小径管异种钢的钨极氩弧焊

大的钢种一侧选取，一般控制在150～350℃。多层多道焊时层间温度与预热温度温差保持±10℃为宜。

4. 坡口

坡口的形式为单V形，坡口角度60°～70°，钝边0.5～1mm，间隙1～3mm。坡口形式及参数如图4-23所示。

（1）为了减小熔合比，可以在珠光体与马氏体钢焊接时将坡口角度开得略大一些。

（2）管口在组对前应将母材内外壁每侧10～15mm范围内的水、漆、锈等清理干净，直到露出金属光泽。焊工在焊接前要对焊口进行检查。

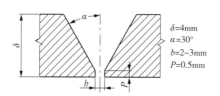

$\delta=4mm$
$\alpha=30°$
$b=2\sim3mm$
$P=0.5mm$

图4-23　坡口形式及参数

5. 焊接工艺参数

焊接工艺参数如表4-26所示。

表4-26　　　　　　　　　　焊接工艺参数

焊层	焊接方法	焊条（焊丝）		焊接电流		电压（V）	焊接速度（cm/min）
		型号/牌号	直径（mm）	极性	电流（A）		
1	GTAW	MTS3	2.4	正接	80～90	12	3.4～4.6
2	GTAW	MTS3	2.4	正接	90～91	12	4.9～5.9

6. 焊接工艺措施

焊后热处理可有效降低残余应力，改善接头性能，防止产生冷裂纹。但预热温度过高，在异种接头的马氏体钢一侧容易引起晶界碳化物沉淀，形成铁素体，使韧性降低，通过高温回火无法改善，必须有效控制好预热温度和层间温度。为了减小熔合比，焊条或焊丝直径要小一些，电弧电压要高一些，采用小电流、快速焊接法。若要防止焊后产生冷裂纹需要预热，则预热温度应比珠光体钢同种材料焊接时略低一些。

五、电力工程焊接实例：T92/HR3C 钢的焊接

某 1000MW 超（超）临界机组，其锅炉型号为 SG-3182/29.3-M7013，锅炉高温过热器入口、出口段钢管材质分别为 T92、HR3C，规格分别为 $\phi 51 \times 10mm$、$\phi 51 \times 7.5mm$，接头形式为对接接头。

1. 焊接方法

焊接方法采用钨极氩弧焊直流正接。

2. 焊接材料

焊接材料推荐选择 ERNiCr3/INCONEL82 焊丝，直径为 2.4mm。

3. 预热和层间温度

预热温度 150℃。层间温度 150℃，当层间温度高于 150℃时，应停止焊接，待温度降至 150℃以下时，方可继续施焊。

4. 坡口

坡口的形式为单 V 形，坡口角度 60°～70°，钝边 1～2mm，间隙 2.5mm。坡口形式及参数如图 4-24 所示。管口在组对前应将母材内外壁每侧 15～20mm 范围内的水、漆、锈等清理干净，直到发出金属光泽。焊工在焊接前要对焊口进行检查。

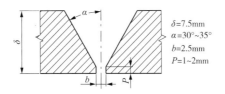

图 4-24 坡口形式及参数

5. 焊接工艺参数

焊接工艺参数如表 4-27 所示。

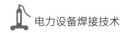

表4-27 焊接工艺参数

| 焊层 | 焊接方法 | 焊条/焊丝 | | 焊接电流 | | 电压（V） | 焊接速度（cm/min） |
		型号/牌号	直径（mm）	极性	电流（A）		
1	GTAW	ERNiCr3/INCONEL82	2.4	正接	76 ~ 78	9.9 ~ 10.9	3.0 ~ 4.0
2	GTAW	ERNiCr3/INCONEL82	2.4	正接	91 ~ 93	9.9 ~ 11.4	3.5 ~ 4.5
3	GTAW	ERNiCr3/INCONEL82	2.4	正接	91 ~ 93	9.9 ~ 11.4	3.5 ~ 4.5
4	GTAW	ERNiCr3/INCONEL82	2.4	正接	101 ~ 103	10.6 ~ 11.4	3.5 ~ 4.5

6. 焊后热处理

热处理类别为高温回火，焊后热处理温度760℃，保温时间1h。

第五章 输变电及新能源设备常用金属材料焊接

变电和输电环节的主要电力设备有变压器、断路器等电气类设备金属部件，输电用角钢塔、变电站构架、支柱绝缘子等结构支撑类设备，输电线路架空导地线、各类金具等连接类设备。角钢塔、螺栓、接地扁钢、变电站构架等部件一般为碳素钢、结构钢类黑色金属材料。导线、铝管母线、镀银触头、接地铜网等为铝、铜、银等有色金属材料制品。在输变电设备成型制造、安装及检修过程中，变压器箱体、GIS筒体、输变电钢管塔和构架，以及电力金具、铜和铝导体等电力设备的主要连接方式除了螺栓连接副外，主要是焊接为主，包括熔化焊和钎焊。

新能源发电方式有太阳能发电（光伏/光热）、风力发电、水力发电（抽水蓄能）等。风力发电机组的主要电力设备有风电机组塔架及附件，机舱和风轮，风力发电场架空输电线路铁塔等。风电机组塔架、机舱和风轮、高强度螺栓一般为碳素结构钢、低合金高强度钢等黑色金属材料。光热发电机组的主要电力设备有高温管道、高温集箱以及汽轮机、压力容器等，其设备使用的材料及焊接工艺类同于火力发电机组。抽水蓄能发电机组的主要电力设备有大轴、转轮、泄水锥、蜗壳等水轮机部件，大轴、机架、推力轴承、风扇叶片等发电机部件，水轮机及阀门紧固螺栓等，引水管道、技术供水管道和各种金属结构闸门。材料主要为碳素钢、低合金高强度钢、奥氏体不锈钢等黑色金属材料。

第一节 输变电及新能源设备常用金属材料

输变电设备金属材料部件主要包括变电站和输电线路的金属部件以及导线和铁塔等，涉及碳钢、合金钢、不锈钢、铜及铜合金、铝及铝合金等多个金属材料种类。其中碳钢、合金钢、不锈钢等钢铁类材料主要用于结构支撑和运动传递类部件。输变电设备常用钢铁类材料及应用情况如表5-1所示。

表5-1　　　　　　　　　　输变电设备常用钢铁类材料及应用情况

名称		定义及说明	输变电设备中应用	牌号举例	相应标准
铸铁		含碳量在2.11%以上的铸造铁碳合金	壳体、基座、护套等附件	QT45-5、KTZ450-06	GB/T 1348—2019《球墨铸铁件》、GB/T 9440—2010《可锻铸铁件》
铸钢		含碳量小于2%的铸造碳钢或铸造合金钢	承受大负荷的零件、壳体等	ZG15Cr2MoV	GB/T 40802—2021《通用铸造碳钢和低合金钢铸件》
碳素钢	普通碳素结构钢	—	输电线路铁塔、构架	Q235B	GB/T 699—2015《优质碳素结构钢》
	优质碳素钢	控制S、P杂质含量	机械传动部件、金具、钢芯铝绞线的线芯、地线、紧固件、弹簧等	20（低碳钢）45（中碳钢）65（高碳钢）	
	非合金工具钢	含碳量一般在0.65%~1.35%	机械传动部件（高硬度和耐磨性）	T8、T10	
合金钢	低合金高强度钢	加入一定量的Mn提高强度和Nb、V、N微量元素	输电线路铁塔、变电站构支架等	Q355D、Q420E、Q460C	GB/T 1591—2018《低合金高强度结构钢》、GB/T 3077—2015《合金结构钢》、GB/T 1222—2016《弹簧钢》
	合金结构钢	加入Cr、Mo、V、Ni、Si等合金元素	高强度的机械传动部件、电力金具等	42CrMo、38CrMoAl	
	弹簧钢	加入Si、Mn、Cr等合金元素的中、高碳钢	合闸弹簧、储能弹簧、固定弹簧等	60Si2MnA	
不锈钢	铁素体不锈钢	含Cr量为15%~30%，无Ni	用于受力不大的耐酸结构及作抗氧化钢	Cr17	GB/T 1220—2007《不锈钢棒》、GB/T 20878—2007《不锈钢和耐热钢牌号及化学成分》
	马氏体不锈钢	含Cr量为12%~18%、含碳量相对较高，热处理强化得到马氏体	用于要求高强度和耐蚀性的零部件，如隔离开关的轴销、连杆等	2Cr13、1Cr17Ni2	
	奥氏体不锈钢	钢中含Cr约18%，含Ni8%~10%，室温下为单相奥氏体。含碳量一般较低	电气设备中的深冲成型零件和要求耐腐蚀的设备零部件、储罐和储酸容器等	06Cr19Ni10、316、321	

铝及铝合金、铜及铜合金主要承担导电通流作用，变形铝还应用于电力金具、支座和壳体类承受机械力的结构中，银、锌、锡等涂镀层用材料起增强防护功能，输变电设备常用导体类金属材料及应用情况如表5-2所示。

表5-2 输变电设备常用导体类金属材料及应用情况

名称		定义或说明	输变电设备中的应用	牌号举例	相应标准
铜及铜合金	紫铜（纯铜）	铜的质量分数不小于99.95%	导体	T1、T2、T3	GB/T 5585.1—2018《电工用铜、铝及其合金母线　第1部分：铜和铜合金母线》、GB/T 3956—2008《电缆的导体》、GB/T 5231—2022《加工铜及铜合金牌号和化学成分》
	黄铜	以锌为主要合金元素的铜合金	线夹等电网设备部件	H96、HPb59-1	
	青铜	在铜基中增加锡、铝、硅、铍、锰等合金元素形成的铜合金	衬套、轴套、抗磁元件	QSn4-3、QAl9-2	
	钨铜	钨和铜组成的合金	高压断路器弧触头	—	
铝及铝合金	防锈铝	主要合金元素为镁（4.0%~4.9%）	GIS设备外壳	5083	GB/T 3190—2020《变形铝及铝合金状态化学成分》、GB/T 3880《一般工业用铝及铝合金板、带材》（所有部分）、GB/T 1173—2013《铸造铝合金》
	锻铝	Al-Mg-Si系合金	各种线夹、接线端子板、引流板等	6063	
	铸铝	铸造成型的铝合金	线路金具、设备线夹	ZL 102	
	变形铝	通过轧制、冲压、弯曲、挤压等工艺使其组织、形状发生变化的铝及铝合金	铝绞线、GIS设备外壳、金具	—	

一、输变电主设备金属材料

（一）变压器用金属材料

变压器是利用电磁感应的原理来改变交流电压的装置，在电气设备和无线电路中，起升降电压、匹配阻抗或安全隔离等作用。变压器的主要金属部件包括铁芯、绕组、引线、套管、分接开关和保护装置以及油箱、储油柜、散热器等绝缘和冷却装置。

1.铁芯材料

铁芯是变压器中主要的磁路部分，通常由含硅量较高、表面涂有绝缘漆、优质低耗、晶粒取向的热轧或冷轧硅钢片叠装而成。铁芯材料性能参照GB/T 2521—2016《全工艺冷轧电工钢》系列标准、GB/T 32288—2020《电力变压器用电工钢铁心》和GB/T 37593—2019《特高压变压器用冷轧取向电工钢带》等标准要求。

硅钢片是一种含碳量极低的硅铁软磁合金，加入硅可提高电阻率和最大导磁率，降低矫顽力、铁芯损耗和磁时效。硅钢材料按硅含量高低可分为低硅钢和高硅钢。高硅钢具有磁性好的特质，但室温脆性大、加工性能差，主要用于制造变压器铁芯，俗称变压器硅钢。取向硅钢的磁性有强烈的方向性，在轧制方向上铁损值最低、磁导率最高和在一定的磁化场下有高的磁感值，由于热轧硅钢片容易形成不同取向的晶粒组织，国内已禁止使用热轧硅钢片，目前使用较多的是冷轧取向硅钢片，国内生产硅钢片的厂家有宝武集团和鞍钢等。配电变压器铁芯为硅钢片时，铁芯材料应选用优质高磁密取向冷轧硅钢片，铁芯为非晶合金时，铁芯材料选用具有软磁特性的非晶合金带材。

2. 绕组材料

全部绕组材料均使用铜导线，优先选用无氧半硬铜材料制造的铜线，并符合GB/T 11018—2008《丝包铜绕组线》系列标准和GB/T 6109—2008《漆包圆绕组线》系列标准的规定，部分绕组线有直焊性要求，该类铜纯度要求较高，需要达到99.90%的纯度。GB/T 5231—2022《加工铜及铜合金牌号和化学成分》规定：工业纯铜有T1、T1.5、T2、T3四种，具体铜加银含量如表5-3所示。

表5-3 工业纯铜的铜含量（质量分数）

型号	牌号	Cu+Ag（%）
T10900	T1	99.95%
T10950	T1.5	99.95%
T11050	T2	99.90%
T11090	T3	99.70%

对于绕组及其他铜合金导线，基本要达到T2纯铜的纯度要求。对于电网设备用工业纯铜，电阻率是重要的指标参数，如GB/T 3956—2008《电缆的导体》中规定了电缆成品类导体在20℃条件下的电阻值，GB/T 5585.1—2018《电工用铜、铝及其合金母线 第1部分：铜和铜合金母线》规定了软、硬导电用铜及铜合金母线的线膨胀系数、电阻温度系数等性能符合表5-4的要求。

表5-4 导电用铜及铜合金母线的电阻率

性能参数	类型	
	TMR、THMR型	TMY、THMY型
材料密度（g/cm^3）	8.89	8.89
线膨胀系数（℃$^{-1}$）	1.7×10^{-5}	1.7×10^{-5}

续表

性能参数	类型	
	TMR、THMR型	TMY、THMY型
电阻温度系数（℃$^{-1}$）	0.00393	0.00381
20℃直流电阻率ρ（Ωmm^2/m）	≤ 0.017241	≤ 0.017777
导电率σ（%IACS）	≥ 100	≥ 97

3. 引线和套管材料

引线一般使用铜合金材料，材料应符合GB/T 5584.2—2020《电工用铜、铝及其合金扁线 第2部分：铜及其合金扁线》的要求。低压引线一般都是大截面积的铜排，有时还使用铜管，引线的连接一般采用磷铜焊接、银焊接或锡焊工艺。

套管的接线端子，可以使用铝合金、铜或铜合金制造，形状复杂接线端子一般铸造成型，也可采用锻压工艺或利用型材进行加工，须保证良好的电接触和设计的通流能力。GB/T 5273—2016《高压电器端子尺寸标准化》中规定了接线端子的结构尺寸。

套管中心导电管常用材料为铜或铝合金，由于中心导电管工作时承受较大的拉伸应力，因此选用的材料应具有良好的力学性能，如110kV变压器套管中心导电管常采用2A12、6063铝合金，220kV及以上变压器套管中心导电管常采用T2铜。

4. 主设备其他部件材料

油箱、储油柜、散热器壳体一般使用碳钢或者不锈钢。如果是碳钢材质，一般是Q235、Q355材质，如果是其他低磁钢板，可以是20Mn23Al，即Mn含量为0.20%，Al含量为0.23%的合金钢。波纹储油柜的不锈钢芯体一般为无磁的奥氏体型不锈钢，重腐蚀环境散热片表面常采用锌铝合金镀层进行防腐。

变压器端子箱材质宜为304不锈钢，厚度不低于2mm。

变压器螺栓紧固件优先使用无磁不锈钢材质。

（二）断路器金属材料

断路器的主要金属部件包括灭弧室触头、操动机构、支座等，其中触头包括主触头和弧触头。

1. 触头材料

触头材料的基本要求是具有良好的导电性和导热性，抗熔焊性好，良好的耐磨损性能，良好的机械性能、焊接性能和化学稳定性，低的气体含量。

断路器中常用的触头材料，主触头的材质应为牌号不低于T2的纯铜，表面镀银。弧触头的材质，一般使用钨铜合金。钨铜合金是钨和铜组成的合金，含铜量一般为10%～50%，用粉末冶金的方法制成，具有优异的导电导热性、较好的高温强度和一定的塑性。

2. 操动机构

操动机构包括分合闸弹簧、拐臂、拉杆、传动轴、齿轮、机构箱体等。

分合闸弹簧一般使用GB/T 1222—2016《弹簧钢》规定的弹簧钢，具有高的疲劳极限、较好的冲击韧性及一定的塑性，并且具备良好的工艺性能，加工性能较好，表面进行磷化电泳工艺防腐处理。

弹簧钢按照生产方法分为热轧钢和冷拉钢。热轧钢一般截面积尺寸较大，制造弹簧时采用加热成型，经淬火加中温回火处理。冷拉钢截面积较小，制造弹簧时采用冷拉成型，成型后一般只需进行低温回火处理，工艺较简单。碳素弹簧钢淬透性差、屈服强度较低，通常只用于制作截面积尺寸较小、工作温度不高（120℃以下）的弹簧。锰钢淬透性稍好，其使用范围与碳钢相似。为了提高钢的淬透性，通常在钢中加入锰、硅、铬、钼、钨、钒和微量的硼元素，形成合金弹簧钢。

拐臂、拉杆、传动轴、凸轮材料等传动部件，受工作条件的限制，常用的材质有镀锌钢、不锈钢或铝合金。如户外使用的传动拉杆多为镀锌钢、拐臂和传动轴多为不锈钢，齿轮一般为中碳钢或低合金钢。

3. 端子箱和支座材料

户外机构箱体的材质应选用具有良好的防腐性能的奥氏体不锈钢，推荐使用厚度不低于2mm的304奥氏体不锈钢。支座材质一般为热镀锌钢或不锈钢。

（三）隔离开关金属材料

隔离开关的主要金属部件包括导电部件、传动结构、操动机构和支座等。

1. 导电部件材料

导电部件包括触头、导电杆、接线座。触头的材质为牌号不低于T2的纯铜，导电杆一般为6系铝合金，使用较多的是6005铝合金。触头、导电杆等接触部位为了增强导电能力，常采用表面镀银工艺。

2. 操动机构材料

操动机构包括弹簧、拐臂、连杆、轴、齿等部件。弹簧一般使用GB/T 1222—2016《弹簧钢》规定的合金弹簧钢。特殊情况下可以使用其他钢材，具体的材料性能指标应满足GB/T 1222—2016《弹簧钢》标准要求。拐臂、连杆等部件应具有良好的防腐性能，一般可以选用Q235材质的钢材，同时在表面进行热浸镀锌。对于防腐等级较高的设备部件，应选用不锈钢材质，锻造加工。

3.法兰支座材料

隔离开关支柱绝缘子的法兰支座和架空电力线路盘式绝缘子的铁帽一般使用球墨铸铁或可锻铸铁材质，材料性能符合GB/T 1348—2019《球墨铸铁件》和GB/T 9440—2010《可锻铸铁件》的规定。

（四）金属封闭组合电气设备金属材料

金属封闭组合电气设备包括常规的气体绝缘金属封闭开关设备（GIS）和复合GIS设备（hybrid gas insulated switchgear，HGIS）以及气体绝缘金属封闭输电线路（gas insulated transmission line，GIL）。主要金属部件包括筒体、母线、套管、传动机构、支座及接地装置。

（1）筒体包括筒体、波纹管及法兰，筒体材质一般选用铝镁合金，常见的有5A05-H112、5083-H112、5052等5系铝合金材料，设备制造须满足DL/T 2242—2021《气体绝缘金属封闭设备铝合金外壳材料及焊接通用技术条件》的要求，DL/T 2242—2021规定了气体绝缘金属封闭设备铝合金外壳材料、焊接、检验与试验的技术要求，适用于铝及铝合金采用非熔化极惰性气体保护焊、熔化极惰性气体保护焊、变极性等离子弧焊、搅拌摩擦焊等焊接方法制造的气体绝缘金属封闭式电气设备用外壳及零部件。波纹管应为Mn含量不大于2%的奥氏体型不锈钢。

（2）母线导电杆材质一般为铝合金，接头部位表面镀银。

（3）套管接线端子一般铸造成型，使用铝合金、铜或者铜合金材质。

（4）连杆、传动轴、万向节等一般使用不锈钢材质，轴销部件需要使用奥氏体不锈钢材质。

（5）支座材质一般为热浸镀锌钢或不锈钢，其支撑钢结构件的最小厚度不应小于8mm。

（6）接地连线（跨接排）材质为电解铜，纯度不低于T2。

（五）开关柜金属材料

开关柜的主要金属部件指外壳、母线、触头等，其中，母线包括主母线、分支母线和接地母线，触头包括梅花触头和紧固弹簧。

（1）开关柜的外壳一般可以使用冷轧钢板、不锈钢板、镀锌钢板（不导磁）、铝合金板等，外壳厚度不应小于5mm，且应有可靠措施防止外壳涡流发热。其中穿屏隔板应采用非导磁材料或采取可靠措施避免形成闭合磁路。

（2）母线包含铝母线、铜排、铝排等导流部件，一般使用铜、铝及铜铝合金，铜包铝等材质。

（3）梅花触头和静触头材质应为牌号不低于T2的纯铜，且接触部位镀银。紧固弹簧应为无磁不锈钢，按照GB/T 24588—2019《不锈弹簧钢丝》的规定，使用的材料为06Cr19Ni9、12Cr18Mn9Ni5N等材质的不锈钢。

（六）其他电气设备金属材料

电抗器在电流过大时进行限流作用，与电容器串联或并联用来限制电网中的高次谐波。内部由绝缘材料包裹电解铜制成的线圈，线圈由低磁性材料如20Mn23Al材料制作而成，放置在由普通的碳钢制作油箱壳内，为了防止磁通量在油箱壳发热，壳体内部增加一圈高导磁材料制作的铁心硅钢片，磁通量在硅钢片内形成闭环，防止产生发热效应，因此电抗器用金属材料与变压器设备类似。

变电站使用的避雷器，一般是氧化锌电阻避雷器，利用氧化锌良好的非线性伏安特性，当过电压作用时，电阻急剧下降，泄放过电压的能量。避雷器金属部件一般为铸铝或镀锌钢，钢材镀锌按照GB/T 13912—2020《金属覆盖层　钢铁制件热浸镀锌层　技术要求及试验方法》的要求实施。

二、输变电装置性金属材料

在电网建设工程施工中，还有一类不属于设备但使用较多的装置性材料，指构成工程主体的原材料、辅助材料、构配件、零件、半成品等工艺性材料。除主要的导体类设备外，还有部分设备一般不通过电流，对其导电能力没有任何要求，但是需要具备一定的机械强度以及防腐等功能，起到结构支撑作用的设备，装置性材料类设备主要有如下几类。

1.杆塔及构架

变电站使用量较大的是各类构支架、输变电钢管杆等，这些钢管、构架一般使用的是普通碳钢，表面热浸镀锌进行防腐。制造用钢材规格和质量等级应按设计要求选用，其各项质量指标应符合GB/T 699—2015《优质碳素结构钢》、GB/T 700—2006《碳素结构钢》、GB/T 706—2016《热轧型钢》、GB/T 1591—2018《低合金高强度结构钢》、GB/T 3274—2017《碳素结构钢和低合金结构钢热轧钢板和钢带》、GB/T 5313—2023《厚度方向性能钢板》的规定。

变电站构架、设备支架、避雷针等的设计应符合 DL/T 5457—2012《变电站建筑结构设计技术规程》的规定，焊接结构所有连接应采用封闭焊缝，需要进行疲劳验算的对接焊缝均应焊透，其受拉强度应大于被焊接的母材强度，受压应不低于二级，强度充分利用的其他焊缝，也应不低于二级。大于6mm的钢板对接焊缝必须开坡口，保证根部焊透。单角钢对接的焊接接头可采用等强度外包角钢拼接或搭接。钢管可采用焊接钢管或无缝钢管，钢材一般采用Q235、Q355，需要时也可采用Q390、Q420，焊接钢管环焊缝应符合二级焊缝质量等级。

输变电钢管杆、钢管塔及钢管构支架制造过程中的材料、加工、检验等制造质量应符合 DL/T 646—2021《输变电钢管结构制造技术条件》的规定。适用于采用多边形钢管、圆形钢管，且采用热浸镀锌或热喷锌涂层防腐处理的输变电钢管结构。具有连接作用的零件应有材质代号，并以钢字模压印作标志，Q235的钢材材质不作标识，Q355钢材材质代号采用H进行标识，Q420采用P进行标识，Q460采用T进行标识。

带颈法兰采用全平面接触形式，按连接形式分为对焊和平焊两种。钢管焊缝质量等级应符合设计文件要求，其中插接杆外套管插接部位纵向焊缝设计长度加200mm范围焊缝、环向对接焊缝、连接挂线板的对接和主要T形接头焊缝属于一级焊缝，钢管塔横担与主管连接的连接板沿主管长度方向焊缝、钢板的对接焊缝属二级焊缝。焊缝质量检验项目和质量等级须满足相关标准的要求。

线路上使用的各类角钢塔、钢管塔，使用的角钢、钢管等与变电站使用的构架类似，主要包括Q235、Q355、Q420和Q460等材质的钢材。按照使用环境的不同，选用不同强度等级和质量等级的钢材。制造质量同时应符合GB/T 2694—2018《输电线路铁塔制造技术条件》的规定，该标准规定了铁塔加工过程中焊接具体要求以及焊缝内外部质量验收等级要求。

焊接结构用耐候结构钢在现代大型露天钢结构中，为延长其在大气中的使用寿命，广泛采用了耐候结构钢。GB/T 4171—2008《耐候结构钢》，对这类钢的技术要求作出了规定。在耐候结构钢中，为提高钢材耐大气腐蚀性能，总是要加入少量的合金元素，因此耐候结构钢基本上都是低合金钢。但某些耐候钢的强度级别与普通碳素钢相当，故将其列为耐候碳素结构钢。

2. 支柱绝缘子

支柱绝缘子在电网设备中使用较多，一般由绝缘体、金属附件及胶合剂三部分组成，绝缘体主要起绝缘、支撑、保护作用。金属附件一般使用铸铁低碳钢、铝及合金制作而成，起机械固定、连接、导体（如套管内导体）作用，胶合剂的作用是将绝缘体和金属附件胶合起来。

3. 导线及电缆

电网设备上使用的导线、地线、母线等需要承担导电功能，一般选用导电能力较强，同时具备一定机械强度的材料，在这种情况下，铝合金、锌铝合金、铝包钢绞线（一般用于重腐蚀环境中）是比较好的选择。在铝合金绞线外层，为了防腐，有时也会镀一层锌，利用锌元素牺牲阳极氧化，保护内层的铝线不被腐蚀。

4. 母线

母线包括铝母线、铜排、铝排等导流部件，铜铝及其合金母线应符合GB/T 5585—2018《电工用铜、铝及其合金母线》系列标准的要求。所有的铜和铜合金母线，铜加银元素含量均不得低于99.90%，即要求达到T2的成分要求。对于铝及铝合金的母线，化学成分中铝的含量应不小于99.50%，相当于GB/T 1196—2017《重熔用铝锭》中牌号为Al99.50的铝锭成分。

纯铝及铝合金、纯铜及铜合金母线的钨极惰性气体保护焊和熔化极惰性气体保护焊可按照DL/T 754—2013《母线焊接技术规程》规定的要求进行焊接，母线焊接接头所处的部位离绝缘子、母线夹板的边缘不应小于100mm，同相母线不同片上的对接焊缝，位置应错开，距离不应小于50mm。单面焊接时应在根部放置垫板或垫圈，不可拆除的垫板或垫圈宜采用同质材料。

GB 50586—2010《铝母线焊接工程施工及验收规范》适用于铝电解系列铝母线焊接工程的施工及验收，气体保护焊用的焊丝质量，应符合GB/T 3195—2016《铝及铝合金拉制圆线材》含铝纯度与硬性铝母线铸铝成分相同的规定，且宜高一个级别，并应采用退火状态供货的盘状焊丝，焊丝直径应按焊接接头厚度和焊接设备性能综合确定。某220kV变电站工程中铝管母焊接接头试样如图5-1所示。

5. 金具

金具是电力系统中连接和组合各类装置，以传递机械、电气负荷及起某种防护作用的金属附件。调整板、联板、牵引板、支撑架等材质一般使用Q355材质的钢材，强度低时也使用Q235材质。耳轴挂板等要求圆钢部分一般使用35号圆钢，有时球头挂环等也会使用40Cr圆钢，碗头挂板等一般使用铸钢材质。使用量较大的闭口销，按照规

图5-1 变电站铝管母焊接接头试样

定需要使用GB/T 1220—2007《不锈钢棒》规定的奥氏体不锈钢。使用铝棒的部件，一般使用1050A工业纯铝材质较多，如接续管和耐张线夹的铝棒，以及均压环、屏蔽环等部件。线夹基本上都是以钢、铝及铝合金等材质制造而成的。

悬垂线夹的材质及规格应按照DL/T 756—2009《悬垂线夹》的规定，使用可锻铸铁应符合GB/T 9440—2010《可锻铸铁件》的规定，抗拉强度不低于330MPa，伸长率不应低于8%；球墨铸铁应符合GB/T 1348—2019《球墨铸铁件》的规定，抗拉强度不应低于450MPa，伸长率不应低于10%。钢材应符合GB/T 700—2006《碳素结构钢》的规定，抗拉强度不应低于375MPa，铸造铝合金应符合GB/T 1173—2013《铸造铝合金》的规定，热挤压铝型材应符合GB/T 3190—2020《变形铝及铝合金化学成分》的规定。

耐张线夹按照其结构和型式分为压缩型、螺栓型、楔形和预绞式耐张线夹。压缩型耐张线夹一般由铝及铝合金管与钢锚组成，钢锚用来接续和锚固导线的钢芯，铝及铝合金管用来接续导线的铝及铝合金导线部分，经压力使铝及铝合金管及钢锚产生塑性变形，使线夹与导线结合为整体。必要时，在铝及铝合金管内可增加铝及铝合金套管以满足电气性能。

使导线与分支线相连接，传递电气负荷用的T型线夹和用于母线引下线与电气设备出线端子连接的设备线夹，由紧固绞线部分和与电气设备连接部分组成，前者为压盖和线槽结构或管形结构，后者为端子板结构。材质使用与耐张线夹类似，因涡流发热的原因，多用铜铝类材质。现在常用电气设备的出线端子有铜质和铝质两类，而引出线多为铝绞线或钢芯铝绞线，故设备线夹又分为铜设备线夹和铜铝过渡设备线夹两个系列，铜与铝的连接可采用摩擦焊、闪光焊、钎焊和爆炸焊等焊接方式或铜铝过渡复合片。某电力安装工程送检的闪光焊和钎焊铜铝过渡线夹试样如图5-2和图5-3所示。

图5-2　闪光焊铜铝过渡线夹试样

图5-3　钎焊铜铝过渡线夹试样

6. 接地材料

接地装置包含接地体和接地线，埋入土壤或混凝土中直接与大地接触起散流作用的金属导体称为接地体，中性或者酸性土壤地区接地金属宜采用热浸镀锌钢。强碱性或钢制材料严重腐蚀土壤地区，宜采用铜质、铜覆钢或其他等效防腐性能材料制作的接地网。为保证良好的电流导通能力，接地体之间一般采用焊接连接方式。

接地体包括水平接地体和垂直接地极部分，GB 50303—2015《建筑电气工程施工质量验收规范》对电压等级为35kV及以下建筑电气安装工程的接地体焊接施工质量进行了规定。接地装置的焊接采用搭接结构，扁钢与扁钢搭接不应小于扁钢宽度的2倍，且应至少三面施焊。圆钢与圆钢、圆钢与扁钢搭接不应小于圆钢直径的6倍，且应双面施焊。扁钢与钢管，扁钢与角钢焊接，应紧贴角钢外侧两面，或紧贴3/4钢管表面，上下两侧施焊。

复合接地体的设计、生产和检验须满足GB/T 21698—2022《复合接地体》中有关降阻型复合接地体（离子接地体和接地模块）和防腐型复合接地体（包覆类和涂层类）的要求。输电线路杆塔接地用的石墨基柔性接地体须符合DL/T 2095—2020《输电线路杆塔石墨基柔性接地体技术条件》的要求。配电网和独立避雷针等防雷接地和参照使用。发电、输变电和配电等电力工程接地用铜覆钢的技术要求和检验须符合DL/T 1312—2013《电力工程接地用铜覆钢技术条件》的规定。

三、水电站设备用金属材料

水力发电是成熟的发电方式之一，并在电力系统发展过程中不断创新发展，在单机规模、技术装备和控制技术等方面取得了长足进步。水力发电作为稳定可靠的优质调节电源，通常包括常规水电站和抽水蓄能电站，它们在整个电力系统运行过程中，除了作为重要的电力电量供应者之外，还承担着调峰、调频、调相、黑启动和事故备用等重要角色。

水电站金属材料主要用于基础建设、金属结构、压力管道和水轮机四种设备。其中引水压力钢管（包括厂坝内的引水压力管道，以及肋板、岔管，蜗壳等辅助设备）承受巨大的水压头，属于压力容器结构，对材料、设计方法和焊接工艺等有不同于一般的特殊要求。

随着大型水电站与抽水蓄能电站的快速发展，装机容量不断增加，发电机组设计水头不断提高，对水电站的高强度钢板的强度、韧性、可焊性等方面均提出了更高的要求，高强度钢板逐步成为目前大型水电站和抽水蓄能电站的首选钢板。水电站、抽水蓄能电站压力钢管用钢一般为500、600、800MPa级别。500MPa级低合金钢板一般采用国内牌号的Q590S、16MnR和国外的ASTM A537CL这两种钢。600MPa级钢板有HT60和HT60CF两大类。如型号为Q690S、12MnNVR（GB/T 19189）钢是典型的HT60钢，B610CF钢和国产的Q620CF、Q690CF、07MnMoVR钢、WDB620钢为典型的HT60CF钢。常用的800MPa级高强钢板典型牌号有国外的SHY685NS、SUMMITEN780、HITEN780M、ASTM A517/A517F，国内的WSD690E/WSD780E、SG780CFE、ADB790E、B780CF等。

四、风力发电设备用金属材料

随着国家能源结构调整，清洁能源的持续开发和推广，风力发电在减轻环境污染、优化能源结构等方面具有突出优势。风能发电仅次于水力发电，占到全球可再生资源发电量的16%，已成为最具有发展前景的新能源产业。

风电发电设备中，钢铁材料的用量是非常大的，除电气系统与叶片外，其余部件几乎全部由热轧钢板、球墨铸铁及锻钢制作而成。风电设备大多安装在戈壁荒漠，直接暴露在大自然的风吹、日晒、雨淋中，工作环境恶劣，具体表现在不同部位、昼夜冬夏温差大，载荷复杂多变，大气腐蚀严重，维护不便等多个方面。其设备不仅要承受风电机组机叶轮捕捉到变化多端的风力，还要承受设备不同部位温度变化造成的热应力和设备本身的重量及风力直接作用在设备上所产生的载荷。因此对其各个部分的制造材料性能都提出了很高的要求。

风电机组塔架就是风力发电的塔杆，是风力发电机组的主要承载部件，一般为采用钢板卷制、焊接等形式组成的柱体或者锥体结构，内部附有机械内件和电器内件等辅助设备。其主要功能是支承风力发电机的机械部件，发电系统（重力负载），承受风轮的作用力和风作用在塔架上的力，要求具有足够的疲劳强度，能够承受风轮引起的振动载荷，包括起动和停机的周期性影响、突风变化、塔影效应等。风电机组塔架焊接质量的好坏直接决定塔筒的使用寿命及安全风险。

用于制造风电机组塔筒的材料必须有良好的机械性能，还要能够承受低温冲击、耐疲劳等，风电机组塔筒主要材质一般为GB/T 1591—2018《低合金高强度结构钢》中的Q355C、Q355E、Q355D和GB/T 28410—2012《风力发电塔用结构钢板》中的Q275FTC、Q420FTC的厚板材，其中"FT"意思是"风塔"汉语拼音的首字母。还有部分Q355D与Q355C，部分按照欧洲标准进行制造的企业也使用欧标EN10025中的S355系列（通常用S355J0、S355J2、S355K2牌号）中厚板产品。法兰材质一般为Q355D或Q355E的环形铸件或锻件，塔筒对钢材质量的特殊要求主要与地域环境有关。

第二节　电力钢结构用钢焊接

钢结构是指由型钢和钢板材料组成的钢梁、钢柱、钢桁架等。电力钢结构包括输变电工程的钢结构、水电站水工金属结构、火力发电站钢结构、风力发电站塔筒、光伏发电场的钢结构等。各构件或部件之间通常采用焊缝、螺栓或铆钉连接，钢结构容易锈蚀，一般钢结构要除锈、镀锌或涂料。钢结构用材料通常以板、带、型、管等钢材形式供应。

一、钢结构焊接要求

1. 设计要求

钢结构焊接节点的设计应考虑便于焊工操作以得到致密的优质焊缝，尽量减少构件变形、降低焊接收缩应力的数值及其分布不均匀性，尤其是要避免局部应力集中。钢结构焊接连接构造设计，应符合下列要求：尽量减少焊缝的数量和尺寸；焊缝的布置宜对称于构件截面的中和轴；节点区留有足够空间，便于焊接操作和焊后检测；采用刚度较小的节点形式，宜避免焊缝密集和双向、三向相交，如"十"字交叉焊缝；焊缝位置避开应力集中区；根据不同焊接工艺方法合理选用坡口形状和尺寸。

2. 焊缝分类

根据结构的重要性、荷载特性、焊缝形式、工作环境以及应力状态等情况，钢结构焊缝分为不同的三个焊缝质量等级，分别为一类焊缝、二类焊缝、三类焊缝。

（1）承受动荷载且需要进行疲劳验算的构件中，凡要求与母材等强连接的焊缝应予焊透，作用力垂直于焊缝长度方向的横向对接焊缝或T形对接与角接组合焊缝，受拉时应为一类，受压时应为二类，作用力平行于焊缝长度方向的纵向对接焊缝应为二类。

（2）不需要疲劳计算的构件中，凡要求与母材等强的对接焊缝宜予焊透，其质量等级当受拉时应不低于二类，受压时宜为二类。

（3）部分焊透的对接焊缝、不要求焊透的T形接头采用的角焊缝或部分焊透的对接与角接组合焊缝，以及搭接连接采用的角焊缝，直接承受动荷载且需要验算疲劳的结构焊缝的外观质量等级应符合二级。对其他结构焊缝的外观质量等级可为三类。

（4）除了一类、二类焊缝以外的其他焊缝为三类。

二、钢结构工程焊接难度

GB 50661—2011《钢结构焊接规范》按照焊接材料、板厚、碳当量受力状态将钢结构工程焊接难度分为A、B、C、D四个难度等级，其难度等级划分如表5-5所示。

表5-5 钢结构工程焊接难度等级划分

焊接难度影响因素	板厚（mm）	钢材分类	受力状态	CE（IIW）（%）
焊接难度等级A 易	$t \leq 30$	I	一般静载拉、压	≤ 0.38
B 一般	$30 < t \leq 60$	II	静载且板厚方向受拉或间接动载	$0.38 < CE（IIW）\leq 0.45$
C 较难	$60 < t \leq 100$	III	直接动载、抗震设防烈度大于等于8度	$0.45 < CE（IIW）\leq 0.50$
D 难	$t > 100$	IV		$CE（IIW）> 0.50$

三、电力钢结构用钢的分类

钢材材质应符合设计选用标准的规定。进口钢材应符合合同规定的技术条件。钢材应附有生产厂家出具的产品质量证明书或检验报告，其化学成分、力学性能和其他质量要求应符合国家现行标准的规定。首次采用的钢材在使用前应收集焊接性资料和焊接、焊接热处理及其他热加工方法的指导性工艺资料。按照DL/T 868—2014《焊接工艺评定规定》的规定，常用结构钢的分类分组情况如表5-6所示。

表5-6 结构钢钢分类分组表

钢种	类别号	组别号	钢号示例	相应标准
低碳钢	I	I-1	Q235、Q245R、Q255、Q275、Q275FT	GB/T 700—2006《碳素结构钢》、GB/T 711—2017《优质碳素结构钢热轧钢板和钢带》、GB/T 3274—2017《碳素结构钢和低合金钢热轧钢板和钢带》
低合金高强度钢	II	II-1	Q355、Q345R、L360、16MnDR、15MnNiDR、Q345FT	GB/T 1591—2008《船用低压外螺纹青铜截止阀》、GB/T 150—2011《压力容器》系列标准、GB/T 713—2014《锅炉和压力容器用钢板》、GB/T 3274—2017《碳素结构钢和低合金钢热轧钢板和钢带》、GB/T 3531—2014《低温压力容器用钢板》、GB/T 4171—2008《耐候结构钢》
		II-2	Q370R、Q390、15MnNiNbDR、Q355NH	
		II-3	Q420、Q420FT	GB/T 1591—2008《船用低压外螺纹青铜截止阀》、GB/T 150—2011《压力容器》系列标准、GB/T 16270—2009《高强度结构用调质钢板》
		II-4	Q460、HQ60、Q460FT、18MnMoNbR	
		II-5	07MnNiCrMoVDR、07MnCrMoVR、12MnNiVR、CF62、Q550、Q550FT、S550Q	GB/T 1591—2008《船用低压外螺纹青铜截止阀》、GB/T 150—2011《压力容器》系列标准、GB/T 16270—2009《高强度结构用调质钢板》、GB/T 19189—2011《压力容器用调质高强度钢板》
		II-6	Q620、HQ70、HQ70R、14MnMoVN	
		II-7	Q690、HQ80C、Q690FT、DB685R、CF80、14MnMoNbB、14CrMnMoVB、12Ni3CrMoV、10Ni5CrMoV	

续表

钢种	类别号	组别号	钢号示例	相应标准
低合金高强度钢	Ⅱ	Ⅱ-8	Q960	GB/T 16270—2009《高强度结构用调质钢板》
不锈钢	Ⅲ	Ⅲ-1	06Cr13、06Cr13Al、12Cr13、20Cr13、04Cr13Ni5Mo	GB/T 150—2011《压力容器》系列标准、GB/T 1220—2007《不锈钢棒》、GB/T 3280—2015《不锈钢冷轧钢板和钢带》、GB/T 4237—2015《不锈钢热轧钢板和钢带》、GB/T 24511—2017《承压设备用不锈钢和耐热钢钢板和钢带》
		Ⅲ-2	06Cr19Ni10、022Cr19Ni10、022Cr17Ni12Mo2、06Cr17Ni12Mo2Ti、022Cr22Ni5Mo3N	
		Ⅲ-3	10Cr17、10Cr17Mo	
不锈钢复合钢板	Ⅳ	Ⅳ-1	06Cr13Al+Q235（Q235R）、06Cr13Al+Q355（Q345R）	GB/T 150—2011《压力容器》系列标准、GB/T 4237—2015《不锈钢热轧钢板和钢带》、GB/T 8165—2008《不锈钢复合钢板和钢带》
		Ⅳ-2	06Cr19Ni10+Q235（Q235R）、06Cr19Ni10+Q355（Q345R）、022Cr19Ni10+Q235（Q235R）、022Cr19Ni10+Q355（Q345R）	
		Ⅳ-3	022Cr17Ni12Mo2+Q355（Q345R）、06Cr17Ni12Mo2Ti+Q355（Q345R）、022Cr22Ni5Mo3N+Q355（Q345R）、022Cr22Ni5Mo3N+Q390（Q370R）	

四、电力钢结构用钢的焊接工艺

（一）焊接工艺要点

电力钢结构钢对焊接方法的选择无特殊要求，采用的焊接方法包括焊条电弧焊、埋弧自动焊、非熔化极气体保护焊、熔化极（药芯/实芯焊丝）气体保护焊等。可根据焊接产品的结构、板厚、批量及使用性能要求和生产条件等情况进行选择。其中焊条电弧焊、埋弧自动焊、二氧化碳气体保护焊、混合气体保护焊是电力钢结构钢常用的焊接方法。

1. 坡口制备及组对要求

钢板拼接时两平行焊缝之间的距离应不小于500mm，钢板卷管相邻筒节组对时，纵缝之间的距离应不小于300mm，任何两平行焊缝之间的距离应大于3倍的板厚，且不小于100mm。搭接接头的搭接长度应不小于5倍的较薄板厚度，且不小于25mm。

工件在组对前应将坡口表面及附近母材（内外壁或正反面）的油、漆、垢和锈等清理干净，对接焊缝清理坡口双侧各10～15mm，角焊缝清理焊脚尺寸（K+15）mm，埋弧焊坡口清理在前述的基础上再增加5mm。组对错口值不应超过标准要求，不等厚工件组对时，应按标准进行削薄处理。

2. 焊接材料

电力钢结构用钢选择焊接材料时须考虑的问题：一是不能有裂纹等焊接缺陷；二是能满足使用性能要求，不应低于母材相应性能要求；三是对不锈钢结构应首先考虑熔敷金属的化学成分。也就是要保证焊缝金属的强度、塑性和韧性等力学性能与母材相匹配。部分电力钢结构用钢焊接材料的选用如表5-7所示。

表5-7 常用钢结构焊接材料推荐表

钢号示例		电弧焊焊条型号	埋弧焊焊丝及焊剂型号	CO$_2$气体保护焊焊丝		自保护焊丝型号	氩弧焊焊丝牌号
				实芯型号	药芯型号		
低碳钢	Q235、Q245R、Q255、Q275、Q275FT	E4303、E4316、E4315	F4A2-H8MnA				
低合金高强钢	Q355、Q345R、L360、16MnDR、Q355NH、15MnNiDR	E5015、E5016-G、E5516、E5515-G、	F4A2-H08A、F4A4-H08MnA、F5A2-H08MnA	ER50-2、ER50-6、ER50-G、ER55-G、	E431T-G、E501T-1、E500T-5、E501T-1L、E551T-Ni1	E501T-8、E500T-7、E501T8-K6、E501T8-Ni1	H08A、H08MnA、H10MnSi
	Q370R、Q390、15MnNiNbDR、Q420、Q420FT	E5015、E5015-G、E5016、E5516-G、E5515-G、E5510-G	F5A4-H10Mn2、F5A2-H10MnSi、CHW-S9、H08MnMoA				
	CF62、WDL610D、07MnCrMoVR、Q460、Q500、18MnMoNbR	E6015-G、E6016-G	—	—	E551T1-Ni1、E601T1-K1、E601T1-Ni2	E501T8-Ni1、E501T8-Ni2	—

续表

钢号示例		电弧焊焊条型号	埋弧焊焊丝及焊剂型号	CO_2气体保护焊焊丝		自保护焊丝型号	氩弧焊焊丝牌号
				实芯型号	药芯型号		
低合金高强钢	Q620、HQ70、Q690、14MnMoVN、HQ80C、14CrMnMoVB、10Ni5CrMoV	E6015-G、E7015-G、E7515-G、E8015-G	F62P4-H08Mn2MoA、F69P2-EA3-A3、CHW-S10/H10Mn2NiMoA	H08Mn2MoVA	H08MnMoA H08Mn2MoA	—	—
	HQ100、HQ130、30CrMo、35CrMo	E8015-G、9015-G、E10015-G、E8518-G		—			
不锈钢	06Cr13、06Cr13Al、04Cr13Ni5Mo	E410-16、410-15、E306-15、E316-15	—	—	H12Cr13	—	—
	06Cr19Ni10、022Cr19Ni10、022Cr17Ni12Mo2、06Cr17Ni12Mo2Ti、022Cr22Ni5Mo3N	E308-16/15、E347-16/15、E308L-16、E316-15、309-15、E309Mo-16	—	E308LT1-1、E309LT1-1、E309LMoT1-1、E316LT1-1、E347LT1-1	H0Cr21Ni10、H1Cr24Ni13、H0Cr19Ni12Mo2、H00Cr19Ni12Mo2、H0Cr20Ni10Nb	—	—
	12Cr13、20Cr13、10Cr17、10Cr17Mo	E430-15、E308-15、316-15	—	—			

不锈钢复合板焊接材料分别按照基层和复合层各自的化学成分、力学性能和耐腐蚀性能选用相应的焊接材料，过渡焊缝焊接材料宜选择Cr、Ni含量高的双相不锈钢焊材。

3. 焊接热输入

从对焊接接头性能的影响程度看，焊接热输入可分为两类：一类是低热输入焊接法如手工焊条电弧焊、二氧化碳气体保护焊、熔化极气体保护焊、非熔化极钨极气体保护焊等；另一类是高热输入焊接法，它是在常规的焊接坡口内以相当高的熔敷率施焊，如单丝

或多丝埋弧焊、电渣焊、高速二氧化碳气体保护焊，以及双丝高效熔化极气体保护焊等。

在第一类焊接方法中，控制焊接热输入基本上避免了高热输入焊接法造成的接头区晶粒粗大、韧性下降等不良后果，保证了焊接接头良好的组织性能，但焊接效率的大幅度提高也受到限制。为解决这一矛盾，发展了高速二氧化碳气体保护焊和窄间隙焊接技术、双丝高效熔化极气体保护焊等焊接技术为高效率的焊接生产提供技术保证。

焊接屈服强度440MPa以上的低合金钢或重要结构，严禁在非焊接部位引弧。多层焊的第一道焊缝（封底层）需采用小直径的焊条或焊丝，控制热输入进行焊接，减小熔合比。预热温度控制恰当时，既能避免产生裂纹又能防止晶粒的过热。

焊接热输入取决于接头区是否出现冷裂纹和造成热影响区脆化。CE（IIW）<0.40%的低合金高强度钢如Q295、Q355等，可适当放宽焊接热输入。0.40%<CE（IIW）<0.60%的低合金高强度钢焊接时，淬硬倾向加大，小热输入时冷裂倾向会增大，过热区的脆化也变得严重，此时下热输入偏大一些较好。但加大热输入、降低冷却速度的同时，会加剧接头区过热，增大热输入对冷却速度的降低效果有限，却对过热的影响较明显，因此，采用大热输入的效果不如采用小热输入加预热更有效。

（二）焊接工艺参数

1. 焊条电弧焊

适用于各种不规则形状、各种焊接位置的电力钢结构用钢的焊接。根据工件厚度、坡口形式、焊接接头位置等选择焊接参数。在保证焊接质量的前提下，应尽可能采用大直径焊条和适当大的焊接电流，以提高生产率。多层焊的第一层以及非平焊位置焊接时，焊条直径应小一些。电力钢结构用低合金高强度钢焊条电弧焊的工艺参数如表5-8所示。

表5-8　　　　　　　　　　低合金高强度钢焊条电弧焊的工艺参数

坡口形式	工件厚度（mm）	第1层焊缝		其他各层焊缝		封底焊缝	
		焊条直径（mm）	焊接电流（A）	焊条直径（mm）	焊接电流（A）	焊条直径（mm）	焊接电流（A）
V形	2.5～3.5	3.2	90～120	—	—	3.2	90～120
		4	160～200	—	—	4	160～200
	5～6	4	160～210	—	—	3.2	100～130
						4	180～210
	≥6	4	160～210	4	160～210	4	180～210
X形	≥12	4	160～210	4	160～210	—	—

2. 二氧化碳气体保护焊

低合金高强度钢常用的半自动或自动焊方法是二氧化碳气体保护焊，采用实心焊丝或药芯焊丝。二氧化碳气体保护焊具有操作方便、生产率高、焊接热输入小、热影响区窄等优点，适于低合金高强度钢不同位置的焊接。低合金高强度钢二氧化碳气体保护焊的工艺参数如表5-9所示。

表5-9　　　　　低合金高强度钢二氧化碳气体保护焊的工艺参数

焊接	焊丝直径（mm）	保护气体	气体流量（L/min）	预热或层间温度（℃）	焊接参数		
					焊接电流（A）	焊接电压（V）	焊接速度（cm/min）
单道焊	1.2	CO_2	8～15	约100	100～150	21～24	12～18
多道焊			8～15	≤100	160～240	22～26	14～22
单道焊	1.6	CO_2	10～18	约100	300～360	33～35	20～26
多道焊			10～18	≤100	280～340	30～32	18～24

3. 埋弧自动焊

埋弧焊由于具有熔敷率高、熔深大以及宜机械化操作的优点，适于大型焊接结构的制造，广泛用于电力钢结构长直焊接接头的结构制造，多用于平焊和平角焊位置。Q355钢对接接头和角接接头埋弧焊的工艺参数如表5-10所示。

表5-10　　　　　Q355钢对接和角接埋弧焊的工艺参数

接头形式	工件厚度（mm）	焊缝次序（层数）	焊丝直径（mm）	焊接电流（A）	焊接电压（V）	焊接速度（m/h）	焊丝+焊剂
对接不开坡口（双面焊）	8	正反	4.0	550～580 600～650	34～36	34.5	H08A+HJ431
	10～12	正反	4.0	620～680 680～700	36～38	32	H08A+HJ431
对接V形坡口（双面焊）60°～70°	14～16	正反	4.0	600～640 620～680	34～36	29.5	H08A+HJ431
	18～20	正反	4.0	680～700 700～720	36～38	27.5	H08MnA+HJ431
	22～25	正反	4.0	700～720 720～740	36～38	21.5	H08MnA+HJ431
T形不开坡口（双面焊）	16～18	（2）	4.0	600～650 680～720	32～34 36～38	34～38 24～29	H08A+HJ431
	20～25	（2）	4.0	600～700 720～760	32～34 36～38	30～36 21～26	H08A+HJ431

4. 氩弧焊

钨极氩弧焊常用于重要低合金高强度钢多层焊缝的封底焊，以保证焊缝根部的焊接质量（焊缝根部是较容易产生裂纹的部位）。设备端子箱和控制柜等奥氏体不锈钢壳体以及不锈钢复合板的焊接一般采用氩弧焊。低合金高强度钢手工钨极氩弧焊工艺参数如表5-11所示。

表5-11　　　　　　　低合金高强度钢手工钨极氩弧焊工艺参数

工件厚度（mm）	钨棒直径（mm）	焊丝直径（mm）	焊接电流（A）	焊接电压（V）	气体流量（L/min）
1.0~1.5	1.5	1.6	35~80	11~15	3~5
2.0	2.0	2.0	75~120	11~15	5~6
3.0	2.0~2.5	2.0	110~160	11~15	6~7

熔化极气体保护焊（MIG/MAG）多采用直径2mm以下的焊丝，电流密度大，熔敷效率高，便于采用窄坡口或窄间隙焊接技术。窄间隙焊具有生产率高、焊接热输入小、热影响区窄等优点，更适于焊接低合金高强度钢。MIG/MAG焊的工艺适应性强，焊接参数调节范围广，提高了焊接生产效率和焊材的利用率，易于实现自动化焊接。熔化极自动氩弧焊的工艺参数如表5-12所示。

表5-12　　　　　　　低合金高强度钢熔化极自动氩弧焊的工艺参数

对接形式	工件厚度（mm）	焊丝直径（mm）	焊接电流（A）	焊接电压（V）	焊接速度（cm/s）	焊接层数	氩气流量（L/min）
I形坡口	2.5	1.6~2.0	190~270	20~30	0.56~1.11	1	6~8
	3.0	1.6~2.0	220~320	20~30	0.56~1.11	1	6~8
	4.0	2.0~2.5	240~330	20~30	0.56~1.11	1	7~9
V形坡口	6.0	2.0~2.5	300~390	20~30	0.42~0.83	1~2	9~12
	8.0	2.0~3.0	350~430	20~30	0.42~0.83	2	11~15
	10	2.0~3.0	360~460	20~30	0.42~0.83	2	12~17

单丝高效熔化极活性气体保护电弧焊的熔敷速度须大于8.0kg/h，为达到这样的熔敷速度，对直径为1.2mm的焊丝，送丝速度必须大于15m/min，相应的焊接电流将达到350A以上。采用80%Ar+20%二氧化碳的混合气体保护，由于混合气体中氩气占的比例较大，故常称为富氩混合气体保护焊。焊丝伸出长度从惯用的15~19mm增加到25~35mm。

另外，双丝高效和高速脉冲熔化极活性气体保护电弧焊在电力设备制造中得到了大量的应用。

五、电力工程焊接实例

（一）风电机组塔筒结构件用Q355E钢板焊接工艺

某2MW风力发电机组塔筒基础筒节和法兰连接环焊缝，筒节由材质为Q355E钢板卷制而成，规格为$\phi 4200 \times 35mm$，法兰材质为Q355E-Z35的环形锻件，外/内侧直径为4200/3800mm，高度为110mm，颈部高45mm。塔筒和法兰材质的化学成分如表5-13所示。图5-4为风电机组塔筒卷制焊接图。

表5-13   筒节和法兰化学成分（质量分数）

化学元素	C（%）	Si（%）	Mn（%）	P（%）	S（%）	Nb（%）	V（%）
GB/T 1591—2018《低合金高强度结构钢》	≤0.18	≤0.50	0.90~1.65	≤0.025	≤0.020	0.005~0.05	0.01~0.12
化学元素	Ti（%）	Cr（%）	Ni（%）	Cu（%）	Mo（%）	N（%）	Fe（%）
GB/T 1591—2018《低合金高强度结构钢》	0.006~0.05	≤0.30	≤0.50	≤0.40	≤0.10	≤0.015	余量

图5-4　风电机组塔筒卷制焊接图

1. 焊接方法

风电机组塔筒结构件低合金高强度结构钢母材Q355E焊接，属于正火、正火轧制或热机械轧制（TMCP）状态交货的钢材，质量等级E需要−40℃冲击试验合格。设备制造厂家有选择埋弧焊加气保焊封底工艺。由于二氧化碳气体保护焊电弧穿透能力强、生产效率高，焊接成本相对较低，可采用二氧化碳气体保护焊，根据母材材质选择ER50-G（CHW-50C8）焊丝作为填充金属进行焊接。

2. 焊接工艺流程

（1）焊接坡口的制备。焊接坡口的制备试样尺寸，坡口为V形对接，角度60°考虑填充量和生产效率的因素，较厚的板材可以设计为U形或双V形坡口，坡口形式及参数如图5-5所示。根据材质和规格须焊前预热100℃，环境温度较低时，要适当提高预热温度。

（2）焊接材料选择。采用型号ER50-G（CHW-50C8）焊丝，性能符合GB/T 8110—2020《熔化极气体保护电弧焊用非合金钢及细晶粒钢实心焊丝》的规定。CHW-50C8是500MPa级镀铜气体保护用焊丝，严格限制S、P含量，适量增加了Cr、Ni等合金元素，从而大幅提高了焊缝金属的冲击韧性，同时Mo、V合金可以保证焊缝金属的强度，通过控制C、Si及Mn的含量，获得优良的焊接接头综合力学性能。

（3）焊接工艺参数。采用二氧化碳气体保护焊（GMAW）方法在立向上（3G）的焊接位置，焊道层次如图5-6所示。碳弧气刨清根保证根部焊透，气体流量15～20L/min，焊丝伸长18～25mm。熔滴过渡形式为滴状过渡，摆动电弧改善侧壁熔合问题，同时承托整体熔池不致下淌，引导熔融金属填充间隙。为了避免焊缝组织粗大，必须采用低的热输入工艺焊接，如窄焊道、薄焊层、多层多道焊。其他焊接参数如表5-14风电机组塔筒构件用Q355E钢板焊接工艺参数所示。

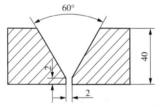

图5-5　焊接坡口

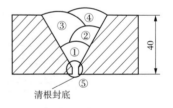

图5-6　焊道分布

表5-14　　　　　　　　　风电机组塔筒构件用Q355E钢板焊接工艺参数

焊道	焊丝直径（mm）	电源极性	焊接电流（A）	焊接电压（V）	焊接速度（cm/min）	最大热输入（kJ/cm）	层间温度（℃）
1	1.2	直流反接	175～182	25～27	6～8	49	190
2	1.2	直流反接	163～172	22～24	8～10	31	193
3	1.2	直流反接	172～182	24～27	6～8	49	183
4	1.2	直流反接	171～180	25～28	6～8	50	197
5	1.2	直流反接	165～175	21～24	8～10	32	186

（4）无损检测及焊后热处理。试板焊后按NB/T 47013—2015《承压设备无损检测》系列标准的要求进行超声波和磁粉检测，超声波检测Ⅰ级合格（检验技术等级B级）。探伤合格后对试板进行（610±10）℃×2h焊后热处理，以消除内应力并改善接头组织，提高焊接接头的冲击韧性，是否需要进行焊后热处理，应根据设计文件或设计规范要求进行，同时要与焊接工艺评定相一致。

3. 焊接注意事项

（1）风电机组钢塔筒设计、制造和安装应符合NB/T 10216—2019《风电机组钢塔筒设计制造安装规范》的规定，异种钢结构焊接时，焊接材料应按强度低的钢材选用或按图纸规定，焊接工艺应按强度高的钢材选用，定位焊缝不得保留在一类焊缝内。

（2）焊接材料的选择要达到与母材等强度匹配的要求，但焊后热处理时间不宜超过6h，防止晶粒粗大、碳化物聚集或脱碳层增加，造成力学性能劣化。通过严格控制熔敷金属中的S、P含量，并适当添加能够提高韧性的Ni元素，可使焊缝金属具有优良的低温性能。

（3）通过制定合理的焊接参数，包括调节焊接线能量输入、控制层间温度在100~200℃、焊前预热及焊后热处理等措施，能够获得具有优良综合力学性能的焊接接头。

（二）特高压输电铁塔用新型Q460钢的焊接工艺

特高压输电线路向高电压、大容量、多回路发展，线路铁塔承受的载荷越来越大，钢材使用的强度等级也越来越高。高强钢Q420、Q460被广泛应用于特高压工程中的高强钢钢管塔，线路用Q460高强钢的焊接加工可按照T/CEC 353—2020《输电铁塔高强钢加工技术规程》的要求进行，该标准规定了输电铁塔及变电构支架用最小上屈服强度在400~500MPa范围内的低合金钢制零件与构件的制作，适用于输电线路角钢塔、钢管塔、钢管杆、变电构支架等高强钢零件与构件在制造过程中的冷加工、热加工及焊接工作。

1. 焊接方法

设备制造厂家一般采用埋弧焊或者二氧化碳气体保护焊技术，是大口径钢管纵环焊缝和钢管与法兰连接焊缝的主要焊接方法。气体保护焊焊接电流密度大、焊丝融化率高、熔池可见度好，没有熔渣且电弧热量集中、受热面积小、焊接速度快、焊接变形较小，焊接低合金高强度钢时产生冷裂纹倾向小。可选择ER55-D2实心焊丝作为填充金属进行焊接，生产现场或焊接修复采用手工电弧焊，可选用型号为E6015或者E5515-G的碱性焊条。

2. 焊接工艺流程

（1）焊接坡口的制备。焊接试件选用Q460材质，板厚为22mm。单面焊双面成形，采用V形坡口，坡口角度为50°~60°，钝边3mm，间隙3mm。坡口附近200mm范围内清除油渍和铁锈等影响焊接质量的杂质。

（2）焊接材料选择。Q460钢材是在控制碳含量的情况下，加入了少量的Cr、Ni、V、Ti等合金元素进行强化，焊接材料选用ER55-D2实心焊丝，直径1.2mm。焊接过程中保持低氢条件，如使用焊条E6015、E5515-G，使用前按要求严格烘干。气体保护焊时，如CO_2气体含有水分过多，应进行干燥处理。混合气体保护焊克服了氩弧焊和二氧化碳气体保护焊的一些缺点，Q460钢焊接常采用80%Ar+20%CO_2作保护气体。

（3）焊接工艺参数。根部焊接电流90~110A，焊接电压19~22V，焊接速度95~140mm/min；填充焊接电流100~200A，焊接电压19~22V，焊接速度98~180mm/min；盖面焊接电流150~200A，焊接电压19~22V，焊接速度152~180mm/min。线能量18~24kJ/cm，层间温度150~200℃。

（4）预热及消除应力热处理。焊前进行适当的预热，有利于改善热影响区内的组织和性能，降低焊缝及热影响区冷却速度，减少残余应力。薄壁件当环境温度高于10℃以上可不进行预热处理，否则需要预热到100~150℃，定位焊应采取和正常焊接一样的预热措施。焊后缓冷处理，防止产生裂纹，层间温度不低于100℃左右，焊后一般根据焊接试件厚度进行550~600℃的消除应力回火热处理。

第三节　低合金调质钢的焊接

高强钢可应用在大型、高水头水电站的引水压力钢管、钢岔管、水轮机埋件设备等抗拉强度大于600MPa的高强度钢通常都采用调质处理，通过组织强韧化获得很高的综合力学性能。这类低合金钢抗拉强度一般为600~1300MPa，属于热处理强化钢。如长江三峡水电站引水管由600MPa高强度钢制成，直径12.8m，壁厚26~60mm，共72个管节拼焊连接，单节质量为20~50t。这类钢既具有较高的强度，又有良好的塑性和韧性。

由于抽水蓄能电站具有比常规水电站更高的内水压力，而且其频繁的工况转换会带来频繁的水锤作用。为了减小压力钢管、蜗壳和岔管的壁厚，降低施工和焊接难度，往往采用800MPa级高强度钢板。800MPa级调质钢板要求具有高塑韧性、抗层状撕裂、低焊接裂纹敏感性等特性，同时对焊接性、与焊接材料的易匹配性也提出了要求。

一、低合金调质钢的焊接性

水电用低合金高强度调质钢含碳量较低（一般碳的质量分数不超过0.22%），通过调质处理可充分发挥合金元素的作用，因此只要添加少量的合金元素就能通过淬火和回火来获得回火马氏体或贝氏体，提高了强度，保证了韧性。所以，为达到同一水平的强度，调质钢所需的合金元素含量要比正火钢低。因此，调质钢的韧性和焊接性通常都比同一强度等级的正火钢好，且调质钢可以直接在调质状态下进行焊接，焊后不需进行调质处理。热影响区的淬硬倾向小，冷裂敏感性低。

1. 高强钢焊缝的强韧性匹配

低合金钢强度等级越高，焊接接头产生脆性断裂的危险性越大。因为焊缝金属的强度越高，韧性越低，甚至低于母材的韧性水平。要保持焊缝金属与母材的强韧性匹配，有时是很困难的。随着高强钢焊接结构的迅速发展，焊缝强韧性与母材的匹配问题，显得越来越突出。

对于抗拉强度大于800MPa的高强钢，除考虑强度外，还须考虑焊接区韧性和裂纹敏感性。就焊缝金属而言，强度越高，韧性水平越低。如果要求焊缝金属与母材等强，焊缝的韧性储备不够；若为超强的情况，韧性储备更低。例如，工程中一些高强钢焊接结构脆性破坏时，强度及伸长率都是合格的，主要是由于韧性不足而引起脆断。此时，少许牺牲焊缝强度而使韧性储备提高，对接头综合性能有利。特别是承受动载荷、疲劳载荷和低温工作条件的高强钢焊接接头，除强度性能外，还要求有较高的韧性。故保证焊缝金属具有足够的韧性显得尤为重要。焊缝金属的韧性应理解为焊后状态，各种焊后热处理状态和接头经长时间运行后均应具有与母材相当的韧性水平。

2. 焊接冷裂纹

水电用低合金调质钢主要是作为高强度的焊接结构用钢，因此碳含量限制得较低（一般不超过0.18%），在合金成分设计上考虑了焊接性的要求，焊接性能远优于中碳调质钢。由于这类钢焊接热影响区形成的是低碳马氏体，马氏体开始转变温度M_s较高，所形成的马氏体具有"自回火"特性，使得焊接冷裂纹倾向比中碳调质钢小。

低碳调质钢的合金化原则是在低碳基础上通过加入多种提高淬透性的合金元素，来保证获得强度高、韧性好的"自回火"低碳马氏体和部分下贝氏体的混合组织。这类钢由于淬硬性大，在焊接热影响区粗晶区有韧性下降和产生冷裂纹的倾向。但热影响区淬硬组织为Ms点较高的低碳马氏体，具有一定韧性，裂纹敏感性小。

此外，限制焊缝含氢量在超低氢水平对于防止低碳调质钢焊接冷裂纹十分重要。钢材强度级别越高，冷裂倾向越大，对低氢焊接条件的要求越严格。

3. 焊接热裂纹和再热裂纹

水电用低碳调质钢C含量较低、Mn含量较高，而且对S、P含量的控制也较严格，因此热裂纹倾向较小。但对高Ni低Mn类型的钢种有一定的热裂纹敏感性，主要产生于热影响区过热区（称为液化裂纹）。液化裂纹的产生也和Mn/S比有关。碳含量越高，要求的Mn/S比也越高。当碳含量不超过0.2%，Mn/S比大于30时，液化裂纹敏感性较小；Mn/S比超过50后，液化裂纹的敏感性很低。此外，Ni对液化裂纹的产生起着明显的有害作用。

4. 热影响区性能变化

低碳调质钢热影响区是组织性能不均匀的部位，突出的特点是同时存在脆化（即韧性下降）和软化现象。即使低碳调质钢母材本身具有较高的韧性，结构运行中微裂纹也易在热影响区脆化部位产生和发展，存在接头区域出现脆性断裂的可能性。受焊接热循环影响，低碳调质钢热影响区可能存在强化效果的损失现象（称为软化或失强），焊前母材强化程度越大，焊后热影响区的软化程度越明显。

二、低合金调质钢的焊接工艺

1. 焊接方法和焊接材料的选择

低合金调质钢焊接要解决的问题：一是防止裂纹；二是在满足高强度要求的同时提高焊缝金属及热影响区的韧性。低碳调质钢常用的焊接方法有焊条电弧焊、CO_2焊和$Ar+CO_2$混合气体保护焊等。

焊态下使用的低合金调质钢，首先应考虑焊缝金属的力学性能与母材接近。母材强度级别较高或焊接一些大厚度、大拘束度的构件时，为防止出现焊接冷裂纹，可采用"低强匹配"原则，即选用焊缝强度性能稍低于母材强度的焊材。经验证明，如果焊缝强度超过母材过多，接头冷弯时，塑性变形不均匀，冷弯角小，甚至出现横向裂纹。按"等强匹配"原则选择焊材时，应考虑板厚、接头形式、坡口形状及焊接热输入等因素的影响，这些因素对焊缝稀释率（即对焊缝成分和组织）有影响，最终影响焊缝金属的力学性能。

2. 焊接工艺参数及影响因素

低碳调质钢的特点是碳含量低，基体组织是强度和韧性都较高的低碳马氏体＋下贝氏体，这对焊接有利。但是，调质状态下的钢材，只要加热温度超过它的回火温度，性能就会发生变化。焊接时由于热的作用使热影响区强度和韧性的下降几乎是不可避免的。因此，低碳调质钢焊接时要注意两个基本问题。

（1）马氏体转变时的冷却速度不能太快，使马氏体有"自回火"作用，以防止冷裂纹的产生。

（2）在800～500℃之间的冷却速度大于产生脆性混合组织的临界速度。这两个问题是制定低碳调质钢焊接参数的主要依据。此外，在选择焊接材料和确定焊接参数时，应考虑焊缝及热影响区组织状态对焊接接头强韧性的影响。

不预热条件下焊接低碳调质钢，焊接工艺对热影响区组织性能影响很大，控制焊接热输入是保证焊接质量的关键，应给予足够的重视。热输入增大使热影响区晶粒粗化，同时也促使形成上贝氏体，甚至形成M-A组元（奥氏体区一部分转变为马氏体，另一部分保持为残余奥氏体），使韧性降低。当热输入过小时，热影响区的淬硬性明显增强，也使韧性下降。

三、电力工程焊接实例：B780CF 钢的焊接

B780CF钢是一种低合金高强度调质钢，广泛应用于大型、巨型水电站以及高水头抽水蓄能电站水轮机埋件、高压钢管、钢岔管等部件，具有冷裂纹敏感性低、强度等级高、综合力学性能好等特点。此外，B780CF钢具有优良的焊接性，CE（IIW）＜0.51%，有一定的淬硬倾向，焊接及施工过程中必须给予充分的重视，严格按照工艺要求施工。

内蒙古某抽水蓄能电站，装机容量为1200MW。水道系统由引水系统及尾水系统两部分组成。引水系统采用"一管两机"的布置方式，尾水系统采用"一机一洞"的布置方式，直进直出厂房。水道系统由上水库进（出）水口、引水隧洞、引水调压井、压力管道、尾水隧洞和下水库进（出）水口组成，沿1号机长约2293.00m。

压力管道采用一管两机的布置方式，由压力主管、岔管和高压支管组成，采用钢板衬砌。压力主管共两条，平行布置，立面上采用地下埋藏式斜井布置。1号压力主管长1092.14m，上斜井与水平面夹角为55°，下斜井与水平面夹角为60°；2号压力主管长1109.10m，上斜井与水平面夹角为60°，下斜井与水平面夹角为55°，均设有中平段，中平段中心高程为1550.00m。

压力钢岔管使用钢材为800MPa级低合金高强度钢材B780CF制作，岔管管体厚度

为46mm，大口管直径为2800mm，小口管直径为2100mm，月牙形肋板厚度为100mm。2号岔管管体厚度为38mm，大口管直径为2100mm，小口管直径为1400mm，月牙形肋板厚度为80mm。布置形式如图5-7所示。

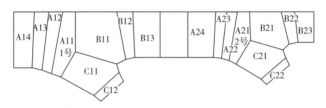

图5-7　钢岔管结构布置图

（一）焊接方法

纵焊缝采用埋弧自动焊或手工电弧焊进行焊接；环焊缝采用手工电弧焊进行焊接；月牙肋的对接缝焊接采用埋弧自动焊进行焊接。

（二）焊接材料

对于焊接材料的选择，长期以来高强钢焊接多采用"等强匹配"的原则选择。但是对于 $R_m > 790$MPa 的 B780CF 钢板来说，除了考虑强度外，还必须考虑焊接接头韧性和裂纹敏感性。采用"低强匹配"的原则选择的焊材可以减少焊接裂纹的经验在业界备受关注。有时"低强匹配"的焊接接头并不比"等强匹配"的焊接接头逊色。就焊缝金属来说，强度越高，韧性水平就越低，甚至低于母材。对于 B780CF 钢板如果要求焊缝金属强度与母材等强，其韧性就不够；如果焊缝金属强度高于母材，则韧性更低，甚至低于岔管设计安全系数。所以，适当降低焊缝强度而使韧性提高，可能对焊接接头性能更为有利。在焊接工艺试验过程中，选择焊接材料和制定工艺参数时应该考虑组织状态对焊缝金属强度和韧性的影响，并做一些"低强匹配"方面的焊接试验研究，以优化月牙肋与支管管壁组合焊缝除外的其他焊缝的焊接工艺。

结合 B780CF 钢板的各种性能和各种焊接试验和焊接工艺评定，月牙肋与支管管壁对接缝、组合缝焊接时，焊条电弧焊采用四川大西洋产的 CHE807RH（ϕ3.2、ϕ4.0）焊条，混合气体保护焊采用昆山宝钢产的 BHG-4M（ϕ1.2）焊丝。

（三）坡口

各管节及瓦片对接焊缝坡口形式为不对称 X 形坡口，具体尺寸如图5-8所示。施焊前必须将坡口内及两侧 10～20mm 范围内的浮锈及熔渣打磨干净，并进行烘干处理。

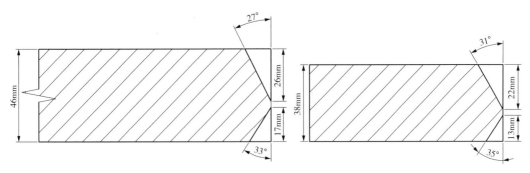

图5-8　管道坡口示意图

（四）焊前预热及层间温度

岔管定位焊、正式焊接及背缝清根前必须先进行预热，钢板厚度小于50mm时预热温度为100℃，钢板厚度大于或等于50mm时为120～150℃。预热采用履带式加热片均匀加热，预热宽度为焊缝中心两侧各3倍板厚，且不小于100mm。测温时使用表面测温仪，距焊缝中心各50mm处对称测量，做好测量记录。

层间温度应控制在不低于100℃，且不高于200℃，以免速度过快，热量集中，增大收缩应力。

（五）岔管整体拼装焊接顺序

如图5-8所示，先焊接A11、A12、A13、A14主锥对接焊缝，再焊接B11、B12、B13支锥的对接焊缝，然后焊接C11、C12支锥的对接焊缝。接下来根据吊车起重情况，将岔管整体组装，焊接应力最容易集中的月牙肋与管壁的组合焊缝，最后焊接A11、B11、C11的对接焊缝。

（六）焊接工艺参数

（1）B780CF手工电弧焊工艺参数如表5-15所示。

表5-15　　　　　　　　　　B780CF手工电弧焊工艺参数

焊层	焊接方法	焊条（焊丝）		焊接电流		电压（V）	焊接速度（cm/min）
		型号/牌号	直径（mm）	极性	电流（A）		
1	SMAW	CHE807RH	4.0	反接	110～130	20～24	8～9
2	SMAW	CHE807RH	4.0	反接	160～170	22～24	10～12
3	SMAW	CHE807RH	4.0	反接	160～170	22～24	10～12

表5-15中的焊接电流为平焊和横焊时的参考电流，立焊、仰焊时电流值降低10～20A，并应严格控制线能量。

（2）B780CF埋弧自动焊工艺参数如表5-16所示。

表5-16　　　　　　　　　B780CF埋弧自动焊工艺参数

焊层	焊接方法	焊条（焊丝）		焊接电流		电压（V）	焊接速度（cm/min）
		型号/牌号	直径（mm）	极性	电流（A）		
1	SAW	BHG-4M	1.2	反接	550～600	20～32	45～50
2	SAW	BHG-4M	1.2	反接	550～600	20～32	45～50
3	SAW	BHG-4M	1.2	反接	550～600	20～32	45～50

焊接线能量控制在10.8～30kJ/cm，最佳控制在17～22kJ/cm。

（七）焊后消氢处理

焊接完成后必须立即用加热片覆盖保温，保温温度为250～300℃，保温时间为2h，以利于氢的充分逸出。

（八）施焊技术措施

1.纵焊缝焊接

（1）对口质量检查。煤前必须检查对口情况，如间隙较大，应先补焊后修磨平整。

（2）纵缝采用埋弧自动焊或手工电弧焊进行焊接，但是必须严格控制线能量在10.8～30kJ/cm，此参数对焊接接头焊缝金属、热影响区的冲击韧性影响不大，焊接热影响区AKV-40℃保持在80J以上较高的水平上，最佳控制在17～22kJ/cm，采用小规范，多层焊，以免速度过快，热量集中，增大收缩应力。

（3）埋弧焊纵缝焊接时必须在焊缝两端设置引弧板和熄弧板，保证引弧和熄弧在焊缝外完成，手工焊引弧在坡口内完成，不允许在母材上引弧。

（4）内侧纵缝焊接完成后，背缝使用碳弧气刨进行清根，并用磨光机磨去渗碳层方可进行背缝焊接，防止渗碳对母材化学成分和力学性能的直接影响。

（5）多层焊时层间接头必须相互错开，防止应力集中以及不均匀受热变形。

（6）焊完每个焊道后须用风铲锤击消除应力，以减少应力集中及收缩变形。但坡口边母材、封底焊及盖面焊不准锤击。锤击时应小心进行，防止损伤母材。

（7）采用小范围，多层焊，不宜摆动，层间温度控制在不低于100℃，且不高于

200℃，以免速度过快，热量集中，增大收缩应力。

（8）原则上每条焊缝一旦开焊必须整条焊完方可停止，焊接完成后使用碳弧气刨清除引弧板和熄弧板，并用磨光机打磨出原坡口形状。

2. 环焊缝焊接

（1）环缝焊接采用分段退焊方式，分段长度300mm，间距300mm，具体施工顺序如图5-9所示。

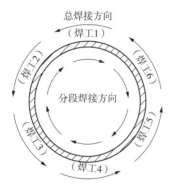

图5-9　环缝焊接施工顺序示意图

（2）焊接时由偶数名焊工在环缝对称位置以相同的焊接参数进行焊接，焊接时先焊环缝内侧，内侧焊接完成后，背缝使用碳弧气刨清根，并用砂轮机磨去渗碳层然后开始背缝的焊接。

3. 月牙肋焊接

（1）月牙肋对接缝装配时预留反变形量，保证焊接完成后肋板的平面度，焊缝余高和板面平齐。

（2）月牙肋与管壁组合焊缝焊接，先焊接外侧组合焊缝，待焊接到2/3要求尺寸时停止外侧焊接，焊接内侧组合焊缝，内侧组合焊缝焊接完成后再进行外侧组合焊缝焊接盖面。

第四节　铝及铝合金焊接

铝合金电缆和铜铝复合材料在电力工程应用中的安全性能和电气性能不断提升，以及电力领域推动的"以铝节铜"进一步促进了铝在电力行业的应用。电力工业的高

速发展提升了国内高导电率和高中强度铝及铝合金产能的扩张，铝及铝合金材质将是未来输变电工程中应用的主要金属材料。

一、铝合金的焊接工艺

铝及铝合金的焊接方法很多，各种方法有不同的应用范围，须根据材料的牌号、厚度、生产条件、产品结构及接头质量要求等因素综合选择。随着铝合金的应用与开发，铝和铝合金的焊接技术也在不断的成熟，传统电弧焊接质量有了较大的改善，并出现了一些比较先进的焊接方法。

目前常用焊接方法有气焊、钨极氩弧焊、熔化极氩弧焊、等离子弧焊、超声波点焊以及真空电子束焊和爆炸焊等特殊焊接方法。电力设备制造和安装中常用钨极氩弧焊和熔化极氩弧焊，现场施工中钨极氩弧焊质量好，熔化极氩弧焊效率高。

（一）焊接工艺要点

1. 焊接材料

铝及铝合金焊丝分为同质焊丝和异质焊丝两大类，为得到性能良好的焊接接头，应根据焊接零部件使用要求，选择适合于母材的焊丝作为填充材料，为改善焊接接头软化的问题，可采用提高焊接材料强度等级的方法。

选择焊丝除了考虑熔敷金属成分要求外，还要考虑抗裂性、力学性能和耐蚀性等。选择熔化温度低于母材的填充金属，可减小热影响区液化裂纹倾向。非热处理强化铝合金的焊接接头强度，按1000、4000、5000系焊丝的次序增大。镁含量大于3%的5000系焊丝，应避免在使用温度65℃以上的结构中采用，在上述温度和腐蚀环境中会发生应力腐蚀裂纹。

2. 保护气体

铝及铝合金焊接用保护气体主要有氩气（Ar）和氦气（He）。氩气的技术要求为Ar_2体积分数大于99.9%、O_2体积分数小于0.005%，H_2体积分数小于0.005%，N_2体积分数小于0.015%，水分含量小于0.02mg/L。氧气和氮气增多，均会恶化阴极雾化作用。O_2%超过0.1%会使焊缝表面无光泽或发黑，O_2% > 0.3%使钨极烧损加剧。氦气热传导性比氩气高，冷却效果好，在相同的电流下，氦弧的电弧电压比氩弧高，使电弧有较大的功率，产生能量更均匀分布的电弧等离子体，电弧能量密度大，弧柱细而集中。

钨极氩弧焊用于大厚板焊接时，交流加高频焊接宜选用纯氦气，直流正极性焊接时宜选用Ar+He或纯氮。氩气中加入适当的氦气或者氮气可增加阳极区的电流密度，增加焊缝熔深并细化晶粒，考虑经济成本的原因，可综合加入二元或者是三元的混合保护气体。

熔化极氩弧焊（MIG）用于板厚小于25mm焊接时，宜采用纯氮气；当板厚为25～50mm时，可采用氦气体积分数为10%～35%的Ar+He混合气体；当板厚为50～75mm时，采用氦气体积分数为35%～50%的Ar+He混合气体；当板厚大于75mm时，推荐用氦气体积分数为50%～75%的Ar+He混合气体。

3. 焊前清理和化学清洗工艺

化学清理效率高，质量稳定，适用于清理焊丝以及尺寸不大、批量生产的工件，小型工件可采用整体浸洗法。清洗过的工件应立即进行装配并进行焊接，焊前存放时间不要太久。工件和焊丝清洗后如不及时装配，工件表面会重新氧化，特别是潮湿环境或被酸碱污染的环境中，裸露铝表面氧化速度很快。去除铝表面氧化膜的化学处理方法如表5-17所示。

表5-17   去除铝表面氧化膜的化学处理方法

溶液	组成（体积分数）	温度（℃）	容器材料	工序	目的
硝酸	50%水+50%硝酸	18～24	不锈钢	浸15min，在冷水中漂洗，然后在热水中漂洗，干燥	去除薄的氧化膜，供熔焊用
氢氧化钠+硝酸	5%氢氧化钠+95%水	70	低碳钢	浸10～60s，在冷水中漂洗	去除厚氧化膜，适用于所有焊接方式和钎焊方法
	浓硝酸	18～24	不锈钢	浸30s，在冷水中漂洗，然后在热水中漂洗，干燥	

大型工件受酸洗槽尺寸限制，不易实现整体清理，可在坡口两侧各30mm的表面区域用火焰加热至100℃左右，然后涂擦工业级氢氧化钠溶液，并加以擦洗，时间略长于浸洗时间。除去焊接区的氧化膜后，用清水冲洗干净，可用工业级氢氟酸和硝酸中和，再用清水冲洗，烘干处理。一般采用流动自来水清洗表面的化学反应残留物，当铝合金零件焊接质量要求较高时，可采用蒸馏水。

机械清理时可先用丙酮、无水乙醇、汽油、煤油等有机溶剂擦洗去除工件表面油污，然后根据零件形状采用切削方法清除，如使用风动或电动铣刀，也可使用刮刀、锉刀等。较薄的氧化膜可采用不锈钢钢丝刷清理，不宜采用砂纸或高速砂轮打磨。焊丝清洗后可在150～200℃烘箱内烘干0.5h，然后存放在100℃烘箱内随用随取。

4. 焊前预热

预热可加大热影响区的宽度，降低铝合金焊接接头的力学性能。由于铝合金的热导率高,当环境温度较低或材料厚度较大时,为保证焊接质量,一般需要对焊接区域进行适当的预热,尤其是厚度超过5~10mm的厚壁铝件焊前进行预热,可防止焊接变形和未焊透,减少气孔等缺陷。通常预热到90℃即可保证在始焊处有足够的熔深,预热温度很少超过150℃,镁含量4.0%~5.5%的铝镁合金的预热温度不应超过90℃,否则会降低其抗应力腐蚀开裂的性能。

(二)钨极氩弧焊

钨极氩弧焊热量集中,电弧燃烧稳定,焊缝金属致密,接头的强度和塑性高,容易实现全位置焊接,可获得满意的焊接接头,制造业中被广泛应用于铝、镁等活泼金属的焊接。采用交流钨极氩弧焊,利用"阴极破碎作用"可焊接板厚在1~20mm的重要铝合金结构。为了明显提高焊接效率,改善焊接质量,出现了双枪钨极氩弧焊、钨极氩弧焊和熔化极氩弧焊的复合焊和超声波辅助钨极氩弧焊等焊接工艺。

钨极伸出长度为3~5mm,喷嘴与工件夹角约为75°~85°。铝及铝合金钨极氩弧焊工艺规范如表5-18所示,适用于纯铝、铝镁等合金的焊接,焊接铝锰合金时,其电流值可降低约20~40A。

表5-18 铝及铝合金钨极氩弧焊工艺规范

工件厚度（mm）	坡口形式和尺寸			焊丝直径（mm）	钨极直径（mm）	喷嘴直径（mm）	焊接电流（A）	氩气流量（L/min）	焊接层数（正/反）
	形式	间隙（mm）	钝边（mm）						
1	I	0.5~2	—	1.5~2	1.5	5~7	40~60	5~8	1
1.5	I	0.5~2	—	2	1.5	5~7	50~80	6~10	1
2	I	0.5~2	—	2~3	2	6~7	90~120	8~12	1
3	I	0.5~2	—	3	3	7~12	120~150	8~12	1
4	I	0.5~2	—	3~4	3	7~12	150~180	10~15	1/1
5	V	1~3	2	4	3~4	12~14	180~220	10~15	1~2/1
6	V	1~3	2	4	4	12~14	220~280	12~16	2/1

(三)熔化极氩弧焊

熔化极氩弧焊电弧功率大、电流密度大、电弧穿透力强、生产效率比手工钨极氩弧焊高3~4倍。板厚在50mm以下的中等厚和大厚度纯铝及铝合金板材的焊接,已经广泛采用自动或半自动熔化极氩弧焊。半自动焊操作灵活,可适用于点固焊道、断续的短小焊缝及结构形状不规则的工件。

保护气体一般为惰性气体，主要为氩气和氦气，一般采用二氧化碳或其他保护气体。焊丝应伸出焊枪嘴端13～15mm，焊丝行走角应为5°～15°，枪嘴端面距工作表面应为12～22mm，根据焊缝外观形状的要求，选定无摆动或月牙形焊接手法。通常采用直流反接法进行焊接，铝及铝合金熔化极自动氩弧焊的工艺规范如表5-19所示。

表5-19　　　　　　　铝及铝合金熔化极自动氩弧焊工艺规范

板材牌号	焊丝牌号	板材厚度（mm）	坡口形式	坡口尺寸			焊丝直径（mm）	喷嘴直径（mm）	氩气流量（L/min）	焊接电流（A）	电弧电压（mm）	焊接速度（m/h）
				钝边（mm）	坡口角度（°）	间隙（mm）						
1060 1050A	1060	6	—	—	—	0～0.5	2.5	22	30～35	230～260	26～27	25
		8	V	4	100	0～0.5	2.5	22	30～35	300～320	26～27	24～28
		10	V	6	100	0～1	3.0	28	30～35	310～330	27～28	18
5A02 5A03	5A03 5A05	12	V	8	120	0～1	3.0	22	30～35	320～350	28～30	24
		18	V	14	120	0～1	4.0	28	50～60	450～40	29～30	18

熔化极氩弧焊焊接铝及铝合金时熔滴过渡形式可采用短路过渡、大熔滴过渡和喷射过渡。短路过渡常用于细丝，因送丝困难，一般很少采用短路过渡形式。电流较小时为大滴过渡，电流与熔滴过渡相对来说都不稳定，铝合金焊接工艺中应用较多的过渡形式为喷射过渡，即焊接电流大于临界电流，喷射过渡又分为射流过渡和射滴过渡，直流脉冲射流过渡是一个脉冲过渡一个熔滴。大电流射流过渡熔化极氩弧焊主要用于焊接较厚铝板。

（四）高能束焊接工艺

对于厚壁的铝合金结构，采用传统的钨极氩弧焊和熔化极氩弧焊工艺，因焊接热输入量较小，穿透能力弱，故采用多层多道焊工艺，多次受热的情况下，铝合金表面形成的高熔点氧化物和焊缝中的夹渣缺陷会增加焊接接头的热开裂倾向，同时多次受热也导致焊接接头软化。对于厚板铝合金，可以采用高能量密度的高能束焊接技术进行焊接。

1. 电子束焊技术

电子束焊是将游离的电子聚合为电子束，并加载到高速运动状态与试件产生碰撞，动能转化为热能作为焊接热源进行焊接的技术。电子束焊穿透力较强、焊接热变形小，熔深大。适用于焊接几乎所有的金属材料，尤其适合铝材焊接。电子束焊接一般是在真空环境中进行焊接，这样可以有效避免铝合金焊接过程中由于空气中的水分而引起的气孔等缺陷。但电子束焊造价昂贵，操作复杂，对工件装配精度有极高的要求，容易受到其他磁场干扰，对环境要求较高。

2. 变极性等离子弧焊

变极性等离子弧焊技术用于工程始于20世纪70年代，适用于铝、镁合金的焊接。它利用正负半波的幅值和时间均可调的不对称交流方波焊接电源，解决了铝合金焊接所需的氧化膜清理和钨极烧损问题。焊接工艺和设备经过不断的改造和升级，经历了直流反接等离子弧焊、正弦波交流等离子弧焊、方波交流等离子弧焊和变极性等离子弧焊几个阶段。

国内对变极性等离子弧焊技术的研究和应用较晚，哈尔滨工业大学、北京工业大学和北京航空材料与工艺研究所等科研院所对铝合金变极性等离子弧焊热源特性、焊接机理、焊缝成形、数值模拟以及焊接工艺和焊接设备方面进行研究和开发，并在航空航天和民用制造领域得到了广泛的应用。现阶段仍有一些技术难点需要突破，如仅应用于立焊成形焊接位置，高强铝合金流动性差，等离子弧焊的热源和熔融金属的受力很难匹配，需要进一步的研究来获得合理的焊接工艺。

3. 激光焊接技术

激光焊接是通过高能量的激光束熔化材料完成焊接。铝合金的热导率高，对光的反射率较大，随着大功率、高性能激光器的不断发展，铝合金的激光焊技术也获得了很大的进步，激光焊接技术已经成为铝合金高速、高精度的焊接方法。

激光焊接虽然有较高的能量密度和较大的熔深，但焊接热输入总量较低，变形较小，在铝合金的焊接连接中具有一定的优势。加工用激光器种类有 CO_2 激光、YAG 激光、光纤激光。对于铝合金焊接而言，从光束波长、质量以及铝合金的吸收率方面来看，光纤激光焊要优于 CO_2 激光焊，光纤激光束易于实现厚板铝合金的深熔焊，更适合于高速焊接。

二、电力工程焊接实例

（一）铝管母线的焊接

某 500kV 变电站采用硬管母线，铝合金管规格为 D200/184mm，材质是 6063 热处理强化铝合金。铝合金管的化学成分符合表5-20的要求。管母线的连接设计为焊接结构，外管为焊接管，壁厚8mm，内衬管为支撑管，同时起垫板的作用。

表5-20 管母线铝合金化学成分（质量分数）

化学元素	Si（%）	Mg（%）	Fe（%）	Cu（%）	Cr（%）	Zn（%）	Ti（%）	Mn（%）	Al（%）
GB/T 1196—2017《重熔用铝锭》	0.2~0.6	0.45~0.9	0.35	0.1	0.1	0.1	0.1	0.1	余量

其焊接工艺如下：

（1）机械清理焊缝，开V形坡口，坡口角度为55°~70°，钝边厚度为3mm，装配间隙4mm，坡口形式按照GB/T 985.3—2008《铝及铝合金气体保护焊的推荐坡口》的规定设计。衬垫装配及坡口示意如图5-10所示，采用有机溶剂去除油污，清水冲洗后烘干，打磨掉坡口部位、焊缝两侧10~20mm范围和焊缝根部正对位置内衬管外壁氧化膜，清理至露出金属光泽为止。焊缝根部有垫板焊接，背部可不用充氩保护，可用氧乙炔预热150℃。

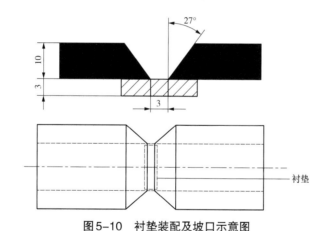

图5-10 衬垫装配及坡口示意图

（2）热处理强化铝合金6063管形母线属于Al-Mg-Si系铝合金，焊丝选择直径2.5mm，Si含量4.5%~6.0%的铝合金焊丝，型号为SAl 4043（ER4043）。选择该成分焊丝目的是提高焊缝金属的抗热裂纹性能，可使焊缝金属产生足够数量的铝硅低熔点共晶，当焊缝金属冷却时，这些低熔点共晶会重新分布，并在熔池结晶过程中起到"治愈"作用，从而降低了裂纹的形成倾向。

（3）采用半自动熔化极氩弧焊机水平固定全位置焊接，选择NBA1-500型半自动氩弧焊机，焊接工艺参数如表5-21所示，也可以参照GB/T 22086—2008《铝及铝合金弧焊推荐工艺》规定的内容进行。

表5-21   管母线焊接工艺参数

层数	焊接电流（A）	焊接电压（V）	送丝速度（m/min）	氩气流量（L/min）
封底焊	260～280	26～27	4～5.5	20～25
盖面焊	260～300	26～27	4.5～6	20～25
塞孔焊	260～300	26～27	4.5～6	20～25

（4）焊接操作过程中，采用相同的焊接工艺及规范先焊接定位焊点，焊点间隔120°，后进行其余位置的焊接。定位焊的位置如图5-11（a）所示，先焊接顶部水平位置平焊焊缝1，后定位焊两侧立焊焊缝2、3，定位焊的焊缝长度约10～15mm，焊缝高度为管壁厚的1/2，满足后续焊接操作不致变形开裂要求。图5-11（b）所示为其余焊缝的焊接方法，施焊位置在225°～315°时，焊炬倾角α=0°～10°，其余位置的焊炬倾角为β=0°～15°。

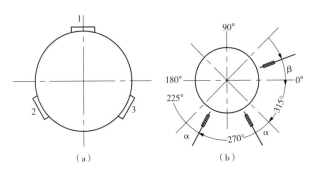

图5-11 定位焊位置及顺序和焊炬倾角示意图

（5）焊丝伸出导电嘴长度为5～10mm，每层焊接顺序采用分段退焊，封底层和盖面层的起弧和收弧点要错开布置，焊接起始点从正下方开始，沿顺时针或逆时针方向焊到正上方。在起弧和收弧时，可进行锯齿形摆动，待弧坑填满后再继续下一步的操作，熔化封底焊时，先不加焊丝，焊炬应在坡口两侧稍加停留，充分熔化熔池，待垫板表面和坡口完全融化后，摆动焊枪添加熔滴，以便焊缝能够焊透。

（6）焊接时要控制好温度，当环境温度低于5℃时，应将铝合金管的温度预热至100～150℃，以避免产生气孔缺陷。层间温度控制在200℃内，焊接速度不宜太慢，根据焊接电流和焊丝直径调整送丝速度。在焊接第二层焊缝之前，要用铜丝轮或不锈钢丝刷去焊缝表面的氧化物。

另外，在焊接工程量较小的时候，可以采用交直流钨极氩弧焊机进行焊接，如选择钨极氩弧焊机WSE-315。由于铝管母主要是承载导流的作用，焊接材料的选择主要考虑焊接性和电气特性，而不是机械特性，化学成分和力学性能相近即可，焊丝型号和母材可以不一致。

（二）气体绝缘金属封闭开关壳体的焊接

气体绝缘金属封闭开关的各电气单元外壳均为圆筒形或鼓形节段结构，筒节两端和三通位置焊接有法兰，通过法兰将各电器单元装配形成完整的GIS设备。某1000kV变电站GIS筒节由焊接方法成型，并采用法兰进行组装，如图5-12所示。除筒节和法兰需要焊接外，超（特）高压GIS设备由于结构直径较大，部分设备直径超过800mm，大直径、薄壁件的筒节多为板材卷制或浇注挤压而成，然后焊接加工成型。GIS筒体与下部的支座之间也常采用焊接方式连接。部分GIS中的主母线、主母线与分支母线之间或者电压互感器导体上也设计有焊接接头。

图5-12　某1000kV变电站GIS筒节由焊接方法成型

1. GIS设备焊接基本要求

气体绝缘金属封闭开关设备可依据GB/T 28819—2012《充气高压开关设备用铝合金外壳》的规定进行设计、材料选择、焊接、检验、验收和焊接修补。对于纵向焊缝，不允许使用永久垫板。筒节中的圆周接头，可用临时、永久或可消耗的垫板来焊接。

焊接方法常使用熔化极气体保护焊和钨极惰性气体保护焊，也可使用其他专业工艺，如埋弧焊、电子束或激光束以及变极性等离子电弧焊。埋弧焊可采用更大的焊接电流，且在不开坡口的情况下一次焊接成型。变极性等离子弧焊能量集中、电弧挺度大、焊后变形小、一次穿透深度大，焊接电流小，不会出现焊缝组织过烧，焊缝宽度小，成形质量好。

焊丝选择应使焊接接头的抗拉强度不低于母材标准下限值或规定值，耐蚀性能和塑性不低于母材或与母材相当，能满足外壳的要求，而且具有良好的焊接工艺性能。在铝外壳要求耐蚀性的情况下，当母材为同牌号纯铝时，焊丝纯度不得低于母材，当母材为同牌号耐腐蚀铝合金时，焊丝所含Mg、Mn等耐腐蚀合金元素的含量单位不得低于母材。

2. 氩弧焊电极的选择

国内在应用钨极氩弧焊焊接铝合金时多采用铈钨作电极，其发射X射线剂量较小，抗氧化性较钍钨有明显改善，易于引弧，化学稳定性好，且允许的电流密度大，烧损率低，损耗小。交流钨极氩弧焊焊接时，钨极端部应呈半球形，先将钨极端部磨成圆锥形，然后垂直夹持钨极，用大于使用电流20A的电流进行焊接几秒钟即可获得。直流正接钨极氩弧焊焊接时，钨极端部应磨成60°~120°的圆锥，以便在焊接过程中获得较大的熔深。

3. 母材和焊丝

GIS筒体材质一般采用5052、5083或6系铝合金板材，法兰采用铸铝或变形铝。部分GIS筒体铝合金板材的化学成分如表5-22所示。焊丝一般选择型号/牌号为ER5356/SAl5356的铝镁焊丝。

表5-22　　　　　　　部分GIS筒体铝合金化学成分（质量分数）

化学元素	Si（%）	Fe（%）	Cu（%）	Mn（%）	Cr（%）	Mg（%）	Zn（%）	Al（%）
GB/T 1196—2017《重熔用铝锭》5083	0.25	0.40	0.1	0.1	0.15~0.35	2.2~2.8	0.1	余量
GB/T 1196—2017《重熔用铝锭》5052	0.40	0.40	0.1	0.4~1.0	0.05~0.25	4.0~4.9	0.25	余量

焊前一般用不锈钢丝刷或刮刀清理对母材焊道及其周围30~50mm范围内的油污和氧化膜进行清理，露出原始金属光泽。焊丝进行清理的方法可采用化学清洗法，利用汽油、丙酮、四氯化碳、磷酸三钠除去表面油渍，用体积分数6%~10%氢氧化钠在40~60/℃温度下碱洗5~8min，用流动清水冲洗后，再用30%硝酸溶液中和光化。精密零部件也可采用超声波清洗设备去除表面残渣和油污。工件和焊丝在清洗后到焊接前的存放时间应大于8h，否则需要重新清洗。用砂轮或砂布

打磨后必须再用不锈钢丝刷或化学法进行清理，防止沙砂粒混入焊缝导致出现夹渣缺陷。

4. 坡口形式和焊接变形预处理

筒体焊接件的接头形式和组对间隙参考尺寸如表5-23所示，根据焊接方法、板厚和坡口形式确定具体间隙尺寸。为增加焊缝强度和确保焊缝熔合及根部焊透，坡口角度只能加大而不能减小。

在焊接筒体对接纵焊缝时，可适当增大预留的坡口对接间隙，以便纵缝有较适宜的横向收缩余地，防止筒体焊后在焊缝侧因收缩而引起的波浪变形现象。组对法兰时须留好反变形余量，防止焊成品在装配时法兰结合面错口影响密封，对于确实无法消除的变形必须在组对时焊接拉撑件，或者通过焊前或焊后热处理、控制焊接过程中的热输入量等措施消除应力。

表5-23 铝合金焊接头形式及坡口尺寸

工件厚度（mm）	接头形式	焊接间隙 b（mm）	钝边厚度 c（mm）	坡口角度 α 或坡面角 β
$t \leqslant 4$	I形焊缝	$b \leqslant 2$	—	—
$2 \leqslant t \leqslant 4$	带衬垫I形焊缝	$b \leqslant 1.5$	—	—
$3 \leqslant t \leqslant 5$	V形焊缝	$b \leqslant 3$	$c \leqslant 2$	$\alpha \geqslant 50°$
	带衬垫V形焊缝	$b \leqslant 4$	—	$60° \leqslant \alpha \leqslant 90°$

5. GIS焊接工艺参数

采用交流氩弧焊机，工件开V形坡口，对接接头形式，单面焊双面成形，焊接坡口错边量不超过母材厚度的0.15倍，保证筒体和法兰之间的平行度、垂直度及各尺寸公差符合要求。GIS筒体交流钨极氩弧焊参数如表5-24所示。定位焊先从定位间隙最大处开始焊接，然后对称焊接其他部位，定位焊的位置通常双面焊在正面坡口的背面，单面焊在坡口内，定位焊必须焊透，无气孔、裂纹、未熔合等缺陷。电弧在引弧点须稍作停留，待母材熔化并形成熔池后再填丝操作，保证根部焊透和消除引弧点可能存在的微裂纹缺陷。

焊接时焊枪须后倾，并与已焊焊缝夹角呈70°~85°状态，焊丝与未焊焊缝呈10°~15°状态，钨极伸出长度为5~6mm，喷嘴距离工件8~12mm。正常焊接填丝时可适当增大焊接热输入，焊接过程中应保持稳定的短弧，以便获得较大的熔深和防止咬边。熄弧时不要留弧坑，防止发生弧坑裂纹，通常采用衰减熄弧法和堆高熄弧法，且在熄弧后应继续对焊缝送气5~15s。

表 5-24　　　　　　　　GIS 筒体交流钨极氩弧焊参数

板厚（mm）	焊丝直径（mm）	预热温度（℃）	焊接电流（A）	氩气流量（L/min）	喷嘴孔径（mm）	焊接层数
6	4	—	240～280	16～20	14～16	1/1～2
8	4～5	100	260～320	16～20	14～16	2/1
10	4～5	100～150	280～340	16～20	14～16	3～4/1～2
12	4～5	150～200	300～360	18～22	16～20	3～4/1～2

对接焊缝须高于母材且与母材圆滑过渡，送丝时防止焊丝与钨极接触，以免焊丝污染钨极，填丝位置一般在熔池前缘。送丝回撤时不要使焊丝热端退出气体保护区，以免焊丝热端氧化，不加垫板焊接的时候，焊缝背部需要充氩保护。直流手工氩弧焊的具体参数如表 5-25 所示。

表 5-25　　　　　　　　GIS 筒体直流钨极氩弧焊焊参数

板厚（mm）	电极直径（mm）	钨极伸出长度（mm）	喷嘴孔径（mm）	气体流量（L/min）	直流电流（A）	
					正接（电极－）	反接（电极＋）
6～10	4	4～5	13～15	15～19	350～480	35～50
8～12	5	5～6	15～20	19～22	500～600	50～70

半自动熔化极氩弧焊可选用大的电流密度和高焊接速度，生产效率比手工氩弧焊高，适用于铝合金的全位置焊接，GIS 筒体可采用熔化极半自动熔化极氩弧焊方法，尤其是工厂化制作。GIS 筒体半自动熔化极氩弧焊参数如表 5-26 所示。为减少由于焊接引弧和收弧造成的焊接裂纹，一般在焊缝的起始段和末端焊接引弧板和收弧板。为使焊缝美观，焊接最后可以使用自动钨极氩弧焊不填丝重熔外侧焊缝，使焊缝成形均匀、美观。

表 5-26　　　　　　　　GIS 筒体半自动熔化极氩弧焊参数

板厚（mm）	焊接电流（A）	焊接电压（V）	送丝速度（m/min）	氩气流量（L/min）
6～10	240～270	24～27	7.0～8.0	20～25
8～12	250～310	25～27	3.0～4.0	20～28

（三）GIS 膨胀节波纹管的焊接

GIS 筒体整个管系因热胀冷缩产生应力，使筒体发生轴向位移，可能破坏筒体法兰面的密封，所以长管系GIS设备上需要安装波纹管膨胀节。膨胀节的材料选用、焊接和检验须符合GB/T 30092《高压组合电器用金属波纹管补偿器》的规定。膨胀节的内径规格和GIS筒体是一致的，一般在300~850mm范围内。分波纹管与法兰焊接和波纹管与接管、接管与法兰焊接两种焊接用膨胀节，和法兰对接焊缝开单边坡口，由于波纹管壁厚较小，一般是一次焊接成型。

焊接膨胀节用波纹管和法兰材料选用符合GB/T 3280—2015《不锈钢冷轧钢板和钢带》或GB/T 4237—2015《不锈钢热轧钢板和钢带》规定的022Cr19Ni10或06Cr19Ni0类无磁奥氏体不锈钢要求。

焊接材料选用YB/T 5092—2016《焊接用不锈钢丝》规定的H07Cr21Ni10或H022Cr21Ni10焊丝，H07Cr21Ni10焊丝焊接性能较好，电弧燃烧稳定，焊接接头成形美观，焊接工艺性可满足GIS膨胀节焊接要求，H07Cr21Ni10焊丝化学成分如表5-27所示。H022Cr21Ni10和H07Cr21Ni10相比，碳含量更低，钼含量小于0.75%。焊丝直径1.2mm。

表5-27　　　　　H07Cr21Ni10焊丝化学成分（质量分数）

元素	C（%）	Si（%）	Mn（%）	P（%）	S（%）	Cr（%）	Ni（%）	Mo（%）	Cu（%）
YB/T 5092—2016《焊接用不锈钢丝》	0.04~0.08	≤0.35	1~2.5	≤0.03	≤0.03	19.5~22	9~11	≤0.50	≤0.75

焊接设备选用具有陡降外特性的交直流专用弧焊电机，包括弧焊电源、控制系统、焊枪、供气系统和冷却系统，自动焊还有焊枪移动装置和送丝机构。根据波纹管厚度，调整峰值电流，保证波纹管侧能够全部焊透，采用小的热输入、增加脉冲、摆动焊接。波纹管侧停留时间短，如果波纹管侧容易焊穿，可以适当减小停留时间，一般为0.2s或0.3s，法兰侧停留时间长一些，充分熔融坡口面，法兰盘应两面焊接。具体试验工艺参数如表5-28所示。

表5-28　　　　　膨胀节波纹管焊接工艺

波纹管厚度（mm）	基值电流（A）	峰值电流（A）	填丝速度（mm/min）	焊接速度（mm/min）	摆动幅度（mm）	摆动速度（mm/min）
2	80	100~130	600	100~150	5	1000~1500

第五节　铜及铜合金焊接

一、铜及铜合金的焊接工艺

铜及铜合金用钎焊、压焊和熔化焊工艺技术均可实现可靠连接，在电力工程领域铜及铜合金的焊条电弧焊、氩弧焊、放热焊、钎焊等焊接工艺方法得到普遍应用。铜及铜合金焊接中应用较多的是熔化焊，选择熔化焊的重要依据是材料的材质、厚度、生产条件、空间位置和焊接质量要求，焊接时应选用大功率、高能束的熔焊方法。铜及铜合金常见熔焊方法如表5-29所示。

铜及铜合金的弧焊和气焊的焊接工艺评定可按照GB/T 39312—2020《铜及铜合金的焊接工艺评定试验》的规定进行，该标准规定了铜及铜合金采用钨极惰性气体保护电弧焊、熔化极惰性气体保护电弧焊、等离子弧焊和气焊的焊接工艺评定试验试件、试验和检验和认可范围。

钨极惰性气体保护焊工艺方法广泛应用于铜及铜合金的焊接，焊缝成形好，热裂影响小，操作简单。可焊接纯铜、硅青铜、磷青铜、黄铜、白铜等铜合金，厚度大于4mm的纯铜应预热400～600℃，铜合金焊接预热200～300℃，焊丝与母材化学成分相似，保护氩气纯度大于或等于99.98%。

熔化极气体保护焊方法焊接铜及铜合金的施工越来越多，尤其是厚度大于或等于3mm的铝青铜、硅青铜和白铜。厚度3～14mm或大于14mm的铜及铜合金普遍选用熔化极氩弧焊，因为熔敷效率高、可实现高效、低成本的经济效益要求。待熔池温度接近600℃时，可加填充焊丝实施焊接。

表5-29　　　　　　　　　铜及铜合金常见熔焊方法

焊接方法	材料						简要说明
	紫铜	黄铜	锡青铜	铝青铜	硅青铜	白铜	
钨极气体保护焊	好	较好	较好	较好	较好	好	用于薄板（3～12mm），紫铜、黄铜、锡青铜、白铜采用直流正接，铝青铜、青铜用交流，硅青铜用交流或直流
熔化极气体保护焊	好	较好	较好	好	好	好	板厚大于3mm可用，板厚大于15mm优点更显著，电源极性为直流反接

焊接方法	材料						简要说明
	紫铜	黄铜	锡青铜	铝青铜	硅青铜	白铜	
等离子弧焊	较好	较好	较好	较好	较好	好	板厚3～6mm可不开坡口，一次焊成，较适合3～15mm中厚板焊接
焊条电弧焊	差	差	尚可	较好	尚可	好	采用直流反接，操作技术要求高，适合的板厚为2～10mm
埋弧焊	较好	尚可	较好	较好	较好	—	采用直流反接，适用于6～30mm中厚板，适宜于批量焊接
气焊	尚可	较好	尚可	差	差	—	易变形，成形不好，用于厚度小于3mm的不重要结构，对焊接人员要求高
放热焊	尚可	较好	较好	差	差	—	焊接过程不需要外部电源和热源，金属使用率高

（一）紫铜的焊接

紫铜的焊接性较差，焊接紫铜的方法有气焊、手工电弧焊和手工氩弧焊、放热焊、钎焊等方法，大型结构也可采用自动焊。

1. 紫铜的气焊

早期紫铜的焊接，气焊用得比较多，用来焊接薄壁件、形状复杂、焊接质量要求不高的工件。气焊可采用两种焊丝，一种是含有磷、硅、锡、银或锰等微量元素的脱氧焊丝，如SCu1897、SCu1898（CuSn1）；另一种是一般的紫铜丝或母材的切条，采用气剂301用做助熔剂。紫铜气焊时应采用中性焰，氧化焰会使熔池氧化形成脆性的氧化亚铜和合金元素烧损，碳化焰会产生CO和O$_2$，使焊缝产生气孔、组织疏松缺陷。

2. 紫铜的手工电弧焊

手工电弧焊时采用无氧铜焊条，型号为ECu1893，焊芯为紫铜（如T1、T2、T3），电源应采用直流反接，可采用紫铜或石墨垫板，焊接前焊条要烘干。焊接时应当用短弧，焊条作往复的直线运动，延长熔池存续时间，不宜作横向摆动。长焊缝应采用逐步退焊法，焊接速度尽量快些，可以改善焊缝的成形。焊接中断后，应在熔池前重新引弧，过渡回到中断处继续焊接。焊接应在通风良好的场所进行，防止铜中毒现象。焊后应用平头锤敲击焊缝，消除应力和改善焊缝质量。

3. 紫铜的手工氩弧焊

紫铜手工氩弧焊采用和气焊一样的铜焊丝，也可采用合适直径的紫铜丝，或者是硅青铜焊丝和锡磷青铜焊丝。通常采用直流正接。焊前清理干净工件焊接边缘和焊丝表面的氧化膜、油渍等杂质，避免产生气孔、夹渣等缺陷，清理的方法有机械清理法和化学清理法。为了消除气孔，保证焊缝根部可靠的熔合和焊透，须提高焊接速度，减少氩气消耗量，并预热工件。当不允许预热或要求获得较大的熔深时，可采用 Ar（30%）+He（70%）混合气体作为保护气体。

对接接头板厚小于 3mm 时，可不开坡口，板厚为 3～10mm 时，开 V 形坡口，坡口角度为 60°～70°，板厚大于 10mm 时，开 X 形或双 V 形坡口，坡口角度为 60°～70°，为避免未焊透，一般不留钝边。根据板厚和坡口尺寸，对接接头的坡口间隙在 0.5～1.5mm 范围内选取。中等厚度以上的紫铜板焊接，须选用功率较大的直流电源。

（二）黄铜的焊接

黄铜焊接的方法有气焊、手工电弧焊和氩弧焊。

1. 黄铜的气焊

由于气焊火焰的温度低，焊接时黄铜中锌的蒸发比电弧焊少，所以气焊是黄铜常用的焊接方法。黄铜气焊采用的焊丝有 S Cu4700（CuZn40Sn）、S Cu4701（CuZn40SnSiMn）、S Cu6810（CuZn40Fe1Sn1）等，这些焊丝中含有硅、锡、铁等元素，能够防止和减少熔池中锌的蒸发和烧损，有利于保证焊缝的性能和防止产生气孔。气焊黄铜常用的熔剂有固体粉末和气体熔剂两类，气体熔剂由硼酸甲酯及甲醇组成，助熔剂如气剂 301。

2. 黄铜的手工电弧焊

手工电弧焊接黄铜可采用 E Cu6100 系列焊条，焊条按规定要烘干，采用直流电源正接法，焊条接负极。坡口准备和紫铜焊接相似，坡口角度一般不小于 60°～70°。为改善焊缝成形，工件要预热 150～250℃。操作时应当用短弧焊接，不作横向和前后摆动，只作直线移动，焊速要快。与海水、氨气等腐蚀介质接触的黄铜工件，焊后必须进行退火处理，以消除焊接应力。

3. 黄铜的氩弧焊

黄铜的氩弧焊可以采用和气焊一样的标准黄铜焊丝，也可以采用与母材相同成分的黄铜丝作填充材料，用气剂 301 等作熔剂。既可以用直流正接，也可以用交流焊接，交流焊接锌的蒸发比直流正接时轻。通常焊前不用预热，只有板厚相差比较大时才预热，焊接速度应尽可能快。必须使焊丝在弧柱周围熔化，防止焊丝和钨极接触，否则钨极容易氧化和烧损，并造成锌的强烈蒸发。工件在焊后应加热 300～400℃进行退火处理，消除焊接应力，防止出现焊接裂纹。

（三）铜及铜合金的放热焊接技术

放热焊是伴随着轨道焊接和纯铜接地材料的野外焊接而发展起来的一种焊接方法，最早出现在19世纪的德国，由于还原剂为铝，所以也称为铝热焊。放热焊是指利用金属氧化物和铝之间的氧化还原反应所产生的热量，进行熔融金属母材、填充接头而完成焊接的一种方法。

放热焊的特点为有接头处整体熔合，连接点为分子结合，没有接头坡口面，没有机械应力，金属使用率高。焊接工艺、配套工具简单，可适合野外作业，不需要外加电源、热源等辅助措施，可单人操作。通过固定规格模具设计合适的焊接接头，接头质量稳定、重复性好。

接地体放热焊利用引燃药剂、氧化铜、氧化亚铜和铝钒粉的金属粉末焊剂、添加剂，利用铜基燃化学反应，放出热量，产生3000℃左右的高温液态单质铜和氧化铝的浮渣，使接地体材料完成熔接，其化学反应方程式为$3CuO+2Al \rightarrow 3Cu+Al_2O_3+$热量、$6Cu_2O+2Al \rightarrow 6Cu+Al_2O_3+$热量，接头部位承受大电流的能力与导体相同，甚至超越导体，焊接品质和传统的热熔焊相差不多。

接地体放热焊接所用的模具为石墨制作，放热焊接模具如图5-13所示。放热焊接模具具有耐高温并能控制熔化焊剂的流向和速度最终形成焊接接头的作用，模具形式有对接、T接、十字接等，规格根据接地体的规格和形状决定。模具在正常使用情况下，要求寿命在50次以上。

图5-13　放热焊接模具

焊剂利用各种尺寸的塑料罐或铝箔袋中包装，包括起燃药和焊剂，依据用途不同焊剂中通常还含有反应中的其他原料如萤石粉、硅钙粉、锡粉、铜粉（或丝）、氧化钙等。焊剂中原料的粒径、成分因素对接头性能有影响。一般模具和焊剂配套使用，一般焊剂包装中包括钢垫片。焊剂不会爆炸、不易点燃，储存时应与火源、热源隔离。

电力工程接地装置放热焊接中使用的焊剂须满足 DL/T 1315—2013《电力工程接地装置用放热焊剂技术条件》的要求。放热焊剂与引燃剂中不得含有磷、硫等易燃物质。连接段为铜制材料时，放热焊接应采用铜焊剂。钢与钢连接时，放热焊宜采用铁焊剂，连接段为铜覆钢材料时，放热焊可采用铜焊剂，钢制导体和铜覆钢导体采用铜焊剂时，焊后须采取防腐措施。

（四）铜及铜合金的其他焊接技术

长期以来，铜及铜合金的焊接主要是应用钎焊、气焊、手工电弧焊、惰性气体保护氩弧焊、埋弧焊、扩散焊等方法。近年来，随着焊接技术的发展，采用电子束、激光、等离子弧等高能量热源进行焊接，在行业内取得了很好的效果。

铜包钢双金属复合导线是将高导电的铜芯连续包覆于高强度钢丝表面，利用两种不同金属的差异性，制造出比单金属线材性能更优异的线材。包覆焊接法生产铜包钢坯线的工艺过程是先用铜带围成圆管包覆钢线，然后采用钨极氩弧焊将铜管焊接，经过轧拉工艺，形成紧密的物理或冶金结合。

输变电接地装置中广泛应用的铜包钢扁钢和棒材的焊接工艺主要以放热焊为主，利用放热焊形成的铜质焊接接头来保证接地体之间的导流、连接和防腐性能。

工程上为了改善基体的导电性或耐蚀性，较多的应用在基体上堆焊一层铜或铜合金材料，如纯铜、铝青铜、黄铜、白铜类 B10 和 B30 镍钴铜合金等。一般采用钨极氩弧焊焊、带极埋弧焊，因等离子弧堆焊稀释率最小可达2%，成为应用和研究的新方向。为了减少铁基和铜合金液相分离、基体物质混入堆焊层，使堆焊层硬化，焊接时多采用纯镍或镍基合金作过渡层，然后再焊工作层。

铜及铜合金的钎焊连接技术也是一种主要的导体连接方法。包括利用锡铅钎料的软钎焊工艺和利用铜基钎料和银钎料的硬钎焊工艺。应用最广的锡铅钎料，其工作温度不超过100℃。当工作温度超过200℃时，宜采用铅基钎料。铜及铜合金硬钎焊通常采用铜锌、铜磷和银钎料。锌含量大的黄铜宜用银钎料和铜磷钎料，钎焊硅青铜、磷青铜和铜镍合金时，不宜快速加热。

二、铜及铜合金电力工程焊接实例

（一）接地网放热焊接

某110kV GIS变电站，按照系统最大运行方式，确定流过接地线的短路电流稳定值 I_g 为20kA，根据标准计算选用铜材的最小接地面积为150.58mm²，选用钢材的接地最小面积为451.75mm²。接地支线按照70%设计。通过以上计算结合腐蚀余量，对于接地主线采用40mm×2mm规格的铜排材料，支线采用25mm×5mm规格的铜排材料。铜覆钢可采用规格40mm×10mm、25mm×15mm或圆线。焊接接头有对接、T接、十字接头三种类型。按照CECS 427—2016《接地装置放热焊接技术规程》的规定实施焊接。

1. 焊前准备

根据接地体导体的规格型号和连接形式选择合适的模具，须符合CECS 427—2016《接地装置放热焊接技术规程》中放热焊接触点的截面积不应小于母材截面积2倍的要求，导流孔具有足够的内腔容积，保证接头凝固成型过程中的补缩和熔渣上浮，使焊缝最终成型。

焊剂的选择需满足DL/T 1315—2013《电力工程接地装置用放热焊剂技术条件》的要求，主要成分 $CuO/Cu_2O/Cu$ 混合物的含量不低于70%，铝粉含量不大于25%，型号为EWM-C90、EWM-C150、EWM-C200，根据厂家要求、磨具型腔和焊接试验确定使用量。

放热焊辅助工具包括专用点火枪、去氧化层钢丝刷、模具清洁刷、紧固工具及隔热手套等。

2. 焊接工艺流程

将模具和被焊接导体清理干净，磨具需用专用清洁刷，防止损坏型腔内壁，用钢丝刷去除导体氧化层。然后将导体放入模具内，磨具吸水性强，首次使用喷枪加热以去除水分。

调整被焊接导体间距离，保持2～4mm间隙，接头位于磨具型腔中心位置，扣紧夹具以固定模具，磨具和导体间无缝隙，放入钢垫片至反应腔底部盖住导流孔，确保密封良好，不会漏掉焊剂。

缓慢倒入定量的焊剂，调整焊剂上表面的平整度，按照焊剂的使用说明书要求在上面撒上引燃剂，引燃剂数量应确保引燃磨具内的焊剂，可在模具点火口内侧撒上小部分引燃剂。

合上模具盖，确保顶盖完全封闭，反应时不出现飞溅。用专用点火枪点燃引燃剂，

人员不得正面面对点火源。开始放热焊反应，反应过程中要保证模具相对固定，不出现明显的铜液泄漏。

待金属凝固模具冷却后，由专人佩戴隔热手套将模具打开，注意防止导体和模具烫伤。清除模具内的熔渣，清除接头上的夹渣，打磨掉焊接接头上多余的最后凝固疏松部分。根据设计要求，必要时对焊接接头部分进行防腐处理。

3. 焊接检验

焊接接头的检验以目视检查为主，应没有大面积的凹凸面或缺损，表面没有明显的疏松组织或粘连。必要的时候进行破坏性试验，检查接头内部的熔合状况。

焊接接头表面应平滑，被连接的导体必须完全包在接头里，接头部位的金属应完全熔化，没有太多的夹渣，如果夹渣占表面积20%以上，或清除夹渣后导体有外露，该接头不合格。

焊接接头应没有太多的气孔，突出的表面有可能出现少量的针孔，如果针孔的深度伸展至导体，或出现贯穿性的针孔，则该接头不合格。

4. 操作注意事项

施工中应将模具置于干燥、不会被碰撞的地方。应经常检查模具型腔情况，型腔内不应有缺口损坏，反应腔和导流孔内不应有影响熔融液自由流动的缺陷。应经常对模具进行清理，可用毛巾、报纸或软毛刷清理，但绝不能用钢丝刷，否则会损坏模具。

隔离垫片上不应有缺口，与模具反应腔底部必须严密结合。被焊接导体与模具严密接触，不应有大的空隙，防止高温反应液体逸出，影响焊接质量。保持被焊接导体和模具干燥，空气湿度较大或下雨时不能施工。

高温反应时，禁止施工人员肢体在模具附近活动，避免发生烫伤事故。焊接工作区附近不得有易燃易爆物品，配置必要的消防灭火装置。

（二）铜铝过渡线夹钎焊

铜铝过渡线夹焊接面为面接触，钎焊工艺已较广泛地应用，多用于不规则形状或大截面铜铝过渡接头，存在铜铝黏合力小、易剥离、焊后的钎缝清洗和钎缝腐蚀问题，其生产效率也低。

铜铝过渡线夹铜基体材料为T2纯铜，铜含量大于或等于99.9%。铝基体材料一般为铸造铝合金，应满足GB/T 1173—2013《铸造铝合金》中4.1的成分要求。

1. 焊前准备

选取片状钎料、箔状钎料或膏状纤料。推荐选用液相线温度在500℃以下的锌基和锡基钎料。

钎剂应与钎料熔化温度相匹配,焊接过程中能有效去膜,促进钎料润湿。钎剂膏状可直接用,粉状需分散在无水乙醇中调制成膏状使用。与钎料所匹配的钎剂成分,锌铝钎料选择$CsF-AlF_3$、铝硅钎料配合使用$KF-AlF_3$,锡基钎料选择氟硼酸盐+三乙醇胺。也可使用$ZnCl_2$、NH_4Cl、$SnCl_2$无机钎剂。无机钎剂去除氧化膜的能力强,缺点是残留钎剂有腐蚀性,必须严格清理。

检查铝基体、铜板外观,将有裂纹、显著凹凸不平的基体挑出,弯曲或不平的可加工校直使其符合焊接工艺要求。铜表面预处理可用5%~15%的稀硫酸去除氧化膜,烘干备用。铝基体先放入浓度为10%,温度为20~40℃的氢氧化钠溶液中处理2~4min,热水清洗后放入浓度为10%~15%的稀硝酸水溶液酸洗,最后吹风机吹干备用。片状或箔状钎料应裁剪成与焊面形状相近或略大的片状,表面用砂纸打磨干净,酒精擦拭晾干备用。钎焊电流10~15A,钎焊时间5~35s。一般根据试件接头的形式和规格通过焊接试验获得最佳焊接电流和时间。

2. 焊接工艺流程

检验铜、铝基体的焊接面是否能紧密配合。按照图纸、工艺或有关技术标准要求进行装配,铝基体在钎焊受热时会软化,工件在焊接过程中要进行支撑。严格控制铝基体、钎料、钎剂和铜板的安放次序和相互位置,接头的间隙范围控制在0.1~0.3mm,其最佳间隙数值应由试验评定来确定。用毛刷将膏状钎剂涂在铝基体上依次放置钎料和铜板,并在钎料和铜板之间再涂一层钎剂。

钎焊温度应比钎料熔化温度高30~50℃。钎焊加热速度应结合铜铝过渡线夹的形状、尺寸和所用钎料特性等因素加以综合考虑,在缓慢均匀加热前提下尽量缩短加热时间,最佳加热时间应经试验评定后确定。感应加热钎焊铜铝过渡线夹时,当钎料熔化处于半凝固状态时,用陶瓷棒将铜板沿某一方向推出1/3左右,然后推回,移动2~3次,以排除接头处的熔渣和气体。

焊后将铜铝过渡线夹放入沸水或流动的清水中清洗30~40min,去除表面的钎剂残渣。对钎缝表面进行修磨,去除多余钎料和表面氧化皮。

3. 焊接注意事项

工件表面保持清洁干净,焊接过程中铜板与铝基体可通过相互搓动排除接头间的气体,装配间隙要合适,按评定参数均匀加热到足够高温度,加入合适量钎料,控制好加热温度和加热时间。

铜铝过渡线夹的焊接质量要求须符合 GBT 2314—2008《电力金具通用技术条件》

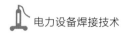

的要求，钎焊工艺制造的铜铝过渡金具及冷轧的铜铝过渡复合片铜与铝表面的复合面积应不小于总接触面的75%。采用闪光焊或摩擦焊接工艺制造的铜铝过渡金具，在铜铝焊接处应能承受180°弯曲而不出现焊缝断裂情况。

（三）铜铝过渡线夹闪光焊

闪光焊虽然存在闪光烧损、设备体积较大、只能预制焊接和耗电量较大等不足，但生产效率高、导电性好和焊缝强度大等优点。闪光焊也是目前国内铜铝板件焊接一种主要的加工方法。铜铝闪光焊接的工艺参数复杂，各工艺参数相互影响、相互制约，故焊接质量难以控制。

1. 焊前准备

某铜铝过渡线夹设计材料要求铜导体材料不低于T2牌号，铝导体材料不低于1050A牌号。铜铝被焊接导体与焊接用电极接触面上不允许有氧化层和不良导体层。清除焊接端面两侧20mm范围内的油污等杂质。当铜导体硬度值大于50HB，铝导体硬度大于30HB，工件需要进行退火处理。

铝材厚度最大值与铜材厚度最小值之差为0.3～0.4mm。铝件相对于铜件的厚度增大，造成顶锻留量的过剩，反之则造成顶锻留量的不足。焊接接触面不平直或斜口过大，焊缝两端面加热不均匀和终端段加热温度不够，使焊缝质量下降。

工件制样时厚度不宜大于12mm，厚度过大时，焊缝端面中心部分的脆性合金不易被挤出，大截面焊接件设计，应考虑在宽度方向增加尺寸。考虑闪光烧损量和顶锻留量，铜导体焊接件下料尺寸在焊缝长度方向上增加5～6mm，铜导体焊接件增加17～18mm。

2. 焊接工艺流程

铜铝闪光焊过程具有激烈的烧化、高速的顶锻和严格的控制时间特点。铜铝烧化量是焊接时铜铝要达到焊接所需温度的最小闪光烧损量。烧化过程中，当铝件焊接接触面已达到焊接所需的温度时，铜件仍需继续闪光加热。通过铝件的过量烧化、铜件的少量烧化使铜侧焊接截面达到焊接所需的温度，铝的烧化量是铜的4.2倍左右。铜件烧化量为2.5～3mm，铝件烧化量为10.5～11.5mm。

最终成型产品和原始下料尺寸长度方向上发生的变化量称为顶锻留量。顶锻留量过小，焊缝的外观质量好，焊缝区塑性变形不充分，焊缝中铜铝脆性合金多、黏合率下降。顶锻留量过大，焊缝区塑性范围及变形量增大，铜件与铝件的厚度方向可能错位，铜件端部嵌入铝件内，形成"铝包铜"。规定铜的顶锻留量为2～2.5mm，铝的顶锻留量为5.5～6.0mm。

确定铜铝烧化量、顶锻留量后，用焊接卡板的伸出长度来调整焊接时铜铝伸出电极长度。卡板的伸出长度等于铜铝烧化总量、顶锻留量和铝件电极宽度之和。烧化时间在焊接电流足够大的情况下，选择为5.3～5.6s，根据焊接导体的规格不同进行试验调整。工件加热到熔焊温度后，按照工装设计的顶锻速度和顶锻时间施加压力顶锻成型。

3. 焊接注意事项

焊接电流过小，焊接热量降低，工件的烧化速度减慢，烧化过程不激烈。接口处的液体金属就不能迅速喷出，爆炸闪光不能形成足够高的气压，对工件接口处的保护作用减弱。

在焊接过程中应密切注意观察电源电压的波动，当低于参数要求时应立即停止施焊。可以通过提高焊接电流的级数来补偿电源电压不足而引起的焊接电流差异。

顶锻压力的大小影响焊缝的内在质量和外观质量，应根据焊接截面积来初步计算，对中小截面的亦可凭经验，根据焊缝区的变形情况来判定。对于相同焊接截面积的工件，其长宽之比越小，越不利于焊接截面中心处的液态合金的挤出，所需的顶锻压力应适当增大。

（四）低磁钢与纯铜的焊接

20Mn23AlV高锰低磁钢作为一种钢铁功能材料，具有极低的磁导率和良好的力学性能及机械加工性能，相对磁导率小于1.01，可以替代低磁奥氏体不锈钢及有色合金广泛应用于变压器、磁选机及电动机等电气设备中不导磁部件的制造。

铁与铜合金的物理性能和力学性能差别极大，尤其是影响焊接性能的熔点、热导率、线膨胀系数等因素。铁与铜液态时可无限互溶，固态时有限互溶，不形成金属间化合物。铜与钢的焊接主要问题是铜侧难熔合，焊缝易产生热裂纹。

某大型变压器油箱采用20Mn23AlV低磁钢材料，制造过程中设计有低磁钢板与铜合金板的对接接头和搭接接头焊接工艺。T2-Y紫铜用在大型变压器的低压侧，运用熔化极气体保护焊与外层变压器壳体连接在一起，利用紫铜的小磁化系数及高导热，将磁场因涡流效应产生的局部过热迅速导出，以减少杂散损耗。变压器内部的箱式储油柜选用低磁钢20Mn23AlV与T2-Y紫铜进行连接，利用两种材料的高耐腐蚀性，保证变压器箱式储油柜的服役寿命。焊接材料采用直径为1.2mm的铝青铜焊丝，型号为SCu 6100。低磁钢板的化学成分如表5-30所示。

表5-30 低磁钢20Mn23AlV化学成分（质量分数）

化学成分	C（%）	Si（%）	Mn（%）	P（%）	S（%）	Al（%）	V（%）	Fe（%）
GBT 3077—2015《合金结构钢》	0.14～0.20	≤0.50	21.5～25	≤0.03	≤0.03	1.5～2.5	0.04～0.10	余量

1. 焊前准备

将待焊表面用砂纸打磨，去除试件表面的氧化膜和吸附层，铜合金板用95%磷酸和5%硝酸溶液浸泡10min后用清水冲洗干净，20Mn23AlV用丙酮去油，热风吹干备用。对接接头开V形70°不对称坡口，低磁钢板侧30°，铜合金板侧40°，坡口不留钝边。搭接接头不少于三边角焊缝，厚度大于4mm的板材开单V形40°坡口。搭接宽度超过40mm的，按照设计文件要求，在铜板侧辅助塞孔焊来保证接头的结合强度。铜板厚度大于4mm的板材，可根据工件规格设计阶梯塞孔。

2. 焊接工艺流程

采用钨极或熔化极气体保护焊，直流反接。焊接设备为WSEM-500交直流氩弧焊机，低磁钢与铜合金焊接工艺参数如表5-31所示。纯氩气保护，氩气纯度大于99.99%。引弧应在低磁钢侧进行，适当控制参数和焊枪角度，减小焊缝中钢水的比例。为解决铜侧难熔合的问题，焊接前要适当的预热，预热温度为400～450℃。采用大的焊接参数将焊接电弧偏向铜侧。

表5-31 低磁钢与铜合金焊接工艺参数

焊接方法	钢+铜厚度（mm）	填充焊丝	焊接电压（V）	焊接电流（A）	氩气流量（L/min）
MIG	8+6	S Cu6100	23～25	220～250	15～20
MIG	10+6	S Cu6100	25～27	250～270	15～20
MIG	10+8	S Cu6100	26～30	260～300	15～20
MIG	12+10	S Cu6100	28～35	280～350	15～20
GTAW	多层多道	S Cu6100	30～32	250～270	15

3. 焊接注意事项

钢与铜焊接时易产生热裂纹，低熔共晶物氧化亚铜、晶界偏析以及铜与钢的线膨胀系数相差较大是铜与钢焊接热裂纹产生的主要原因。选择填充材料时应优选铜焊丝或者Cu-Ni焊丝，也可以选择焊Al的青铜焊丝，焊接时尽量减少母材不锈钢一侧的熔化量。

　　铜与钢异种金属焊接无论从焊接性、冶金反应过程以及焊接操作难度上均比同种金属的焊接复杂。熔点相差过大的异种金属在焊接时，熔点高的液态金属会优先凝固，而熔点低的液态金属铜在毛细管效应的作用下容易渗入过热区的晶界，从而在钢侧热影响区形成渗透裂纹降低焊接接头的服役寿命。不锈钢组织状态对渗透裂纹有很大的影响，液态铜浸润奥氏体，不浸润铁素体。

　　铜因为其高热导率，导致在焊接过程中随着板厚增加，热量急剧流失难以达到母材熔化温度。采用如钨极气体保护焊、焊条电弧焊、氧乙炔火焰钎焊等低能量密度热源进行焊接时，需要对铜母材进行高温预热处理，才能保证以小焊接线能量熔化母材。

　　异种金属的导热性相差过大，以小线能量焊接难以熔化热导率高的材料，导致异种金属难以达到冶金结合，使得焊接接头性能降低。当选用大规范焊接参数焊接铜−钢异种材料时，容易使热影响区晶粒粗化严重，焊缝区域的铜容易氧化形成氧化亚铜等低熔点共晶，导致接头性能恶化。

第六章　焊接应力与变形

焊接应力与变形是焊接结构生产中不可避免的问题，可造成结构变形及尺寸超差，降低结构的服役性能等问题。大量焊接结构失效事故的分析表明，许多焊接结构失效事故是由焊接应力与变形引起的，焊接接头部位往往是结构破坏的起点。

第一节　焊接应力与变形的基本概念

一、焊接结构定义及应用特点

（一）焊接结构定义及应用

焊接结构是由金属材料轧制的板材或型材作为基本元件，采用焊接加工方法，按照一定结构组合并能承受载荷的金属结构。

焊接结构在火力发电、风力发电、水力发电及输变电方面有着广泛的应用，常被应用于火力发电机组的锅炉钢结构、支吊架、锅筒、汽水分离器、集箱、管道、受热面等设备，风力发电机组的塔筒、机架等设备中，水力发电机组的涡轮机、管道及支吊架等设备，以及输变电的变压器壳体、GIS壳体、钢管杆、支撑钢结构、铝管母等设备中。

（二）焊接结构的特点

1. 焊接接头的优点

接头承载的多向性，特别是根部焊透的熔化焊对接接头，能很好地承受各个方向的载荷。

结构的多样性，适应不同几何形状、结构尺寸、材料类型的连接要求，焊接接头所占空间小。

连接的可靠性，现代焊接和检验技术可以保证获得高品质、高可靠性的焊接接头，是各种金属结构理想的甚至不可替代的连接方法，特别是大型结构。

加工的经济性，材料的利用率高，成品率高。可实现自动化，制造成本相对较低。

2. 焊接接头存在的问题

焊接接头存在几何不连续性，由于焊缝余高的存在，焊接接头位于几何形状和尺寸发生变化的部位，同时焊接接头中可能存在着各种焊接缺陷，这就使焊接接头成为一个几何不连续体。工作时它传递着复杂的应力，引起应力集中，导致裂纹源的萌生。

焊接接头在成分、组织、性能上都是一个不均匀体。接头的不均匀性表现为两个方面，一个是材质方面的影响因素，另一个是力学方面的影响因素。

材质方面的影响因素主要有焊接材料引起的焊缝金属化学成分的变化，焊接热循环引起的热影响区的组织变化，焊接过程中的热塑性变形循环所产生的材质变化，焊后热处理引起的组织变化以及矫正变形引起的加工硬化等。

力学方面的影响因素有焊接缺陷和外部形状的不连续性。焊接缺陷包括裂纹、未熔合、未焊透、夹渣、气孔和咬边等，常常是接头的裂纹源，外部形状的不连续性包括焊缝的余高和错边等。

在焊接过程中，不均匀温度场能够产生较大的焊接变形和较大的残余应力，使接头区域过早地达到屈服极限，同时也会影响结构的刚度、尺寸稳定性及结构的其他使用性能。

二、焊接应力与变形的概念

焊接一般是局部加热过程，且热源高度集中并随焊接过程而移动，所以温度分布不均匀并随着焊接过程而变化。在焊接热循环中，焊缝金属和接近焊缝的母材区域产生复杂应变和应力，出现塑性积累。焊接完成后，在工件中保留残余应力，而且也会产生收缩和扭曲的变形。所以焊接应力和焊接变形紧密相关，它们相伴产生，共同存在于焊接构件中。

随焊接过程而发生变化的内应力和变形称为焊接瞬态应力与焊接瞬态变形。焊接后，一般是冷却到室温时，残留在焊接构件中的内应力和变形称为焊接残余应力与焊接残余变形。焊接瞬态应力和焊接残余应力统称为焊接应力，焊接瞬态变形和焊接残余变形统称为焊接变形。本章节如无特别说明，焊接应力与变形主要指焊接残余应力与残余变形。

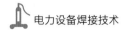

三、焊接应力与变形的分类

1. 焊接应力分类

焊接应力分类方法如表6-1所示。

表6-1 焊接应力的分类

分类方法	焊接应力类别	定义及说明
焊接应力生成机理	拘束应力	焊接接头在拘束（如强力对口、集箱短管焊接）条件下，焊接变形受到限制而产生的应力
	热应力	由于焊接加热不均匀，工件各部位的热膨胀不一样所产生的应力
	相变应力	由于焊接热循环的作用，局部金属发生相变，体积发生变化而产生的应力
焊接应力发展阶段	瞬态应力	焊接过程中不同时刻的内应力
	残余应力	焊接后残留在构件中的内应力
焊接应力分布区域	宏观应力（第I类内应力）	在较大的材料区域内（很多个晶粒范围）基本上是均匀的内应力，能用连续介质力学描述
	微观应力（第II类内应力）	在材料的较小范围（一个晶粒或晶粒内的区域）内基本上是均匀的内应力，存在于晶粒之间
	超微观应力（第III类内应力）	在极小的材料区域（几个原子间距）也是不均匀的内应力，存在于晶粒内部
	单向应力	应力主要在工件的一个方向上发生，焊接应力接近单方向
	双向应力	应力存在于工件中一个平面的不同方向上
	三向应力	焊接应力在工件中沿空间三个方向上发生，如厚大工件的对接焊缝及三个方向焊缝的交叉处
焊缝位置（直角坐标系）	纵向应力 σ_X	平行于焊缝方向的焊接应力；由于焊缝冷却纵向收缩引起，但在某些情况下有相反的相变应力叠加
	横向应力 σ_Y	垂直于焊缝方向的焊接应力；产生的直接原因是焊缝冷却的横向收缩，此外还有焊缝的纵向收缩、表面和内部不同的冷却过程以及可能叠加的相变应力
	厚度方向应力 σ_Z	工件板厚方向的焊接应力，一般板厚小于20mm时 σ_Z 很小，只有在大厚度的焊接结构中，σ_Z 才有较高的数值
焊缝位置（圆柱坐标系）	径向应力	半径方向的焊接应力
	切向应力	圆周方向的焊接应力
	轴向应力	垂直于圆周平面的焊接应力

注 在本章中，如无特别说明，焊接应力指宏观焊接应力。

2. 焊接变形分类

焊接变形分类方法如表6-2所示。

表6-2　　　　　　　　　　　　　　　　焊接变形的分类

分类方法	焊接变形类别	释义
焊接过程瞬态热变形	面内位移	焊接过程中由于热胀冷缩而产生的局部位移
	面外变形	由于热应力导致的失稳位移
	相变组织变形	焊接局部加热和冷却的过程导致金属发生相变，从而引起体积的变化而产生的变形
焊后残余变形	焊缝纵向收缩	工件在平行于焊缝中心线方向的收缩变形
	焊缝横向收缩	工件在垂直于焊缝中心线方向的收缩变形
	挠曲变形	在焊接过程中，由于热膨胀或收缩引起工件的局部在焊板平面内转动，坡口间隙张开或闭合的变形
	角变形	构件的平面围绕焊缝产生角位移
	错边变形	指由焊接所导致的构件在长度方向或厚度方向上出现错位
	螺旋形变形	焊后在结构上产生的扭曲，常发生在框架、杆件或梁柱等刚性较大的构件上，因焊缝在长度方向角变形的变化引起工件失稳性
	波浪变形	薄板焊接时由于不均匀的加热和冷却，产生的压应力使构件失稳产生的波浪状的变形。这种变形的翘曲量一般均较大，而且同一构件的失稳变形形态可以有两种以上的稳定形式
变形约束	自由变形	尺寸和形状没有收到外界的任何阻碍而自由地变形
	外观变形	金属物体在温度变化过程中收到阻碍，使得不能完全自由地变形，只能部分地表现出来
	内部变形	金属物体在温度变化过程中收到阻碍，使得不能完全自由地变形，只能部分地表现出来，而没有表现出来的部分

四、应力集中

1. 应力集中的定义

为了表示焊接接头工作应力分布的不均匀程度，这里引入应力集中的概念。

所谓应力集中，是指接头局部区域的最大应力值σ_{MAX}较平均应力值σ_{av}高的现象。而应力集中的大小，常以应力集中系数K_t表示，如式（6-1）所示

$$K_t=\sigma_{MAX}/\sigma_{av} \tag{6-1}$$

2. 焊接接头应力集中产生的原因

焊缝中有工艺缺陷焊缝中经常产生的缺陷，如气孔、夹杂、裂纹和未焊透等，都

会在其周围引起应力集中，其中尤以裂纹和未焊透引起的应力集中最严重。

焊缝外形不合理如对接焊缝的余高过大、角焊缝为凸形等，在焊趾处都会形成较大的应力集中。

焊接接头设计不合理如接头截面的突变、加盖板的对接接头等，均会造成严重的应力集中。焊缝布置不合理，如只有单侧焊缝的T形接头，也会引起应力集中。在其他条件一定时，凹形角焊缝要比凸形角焊缝应力集中小得多。

第二节　焊接应力与变形的形成及测量

一、焊接应力与变形的形成

焊接应力与变形是由许多因素共同作用造成的，其中最主要的因素有工件上温度分布不均匀、熔敷金属的收缩、焊接接头金属组织转变及工件的刚性约束等。

1. 工件上温度场分布不均匀

高度集中的焊接热源引起焊接局部不均匀加热，工件局部被加热到熔化温度，使焊接区域熔化形成熔池，熔池与母材之间具有很大的温度梯度。按热胀冷缩的原理，工件的高温区域伸长量大而受阻，形成压应力；温度较低的区域伸长量小的部分因抵抗高温区的伸长，形成拉应力。熔池相邻的高温区域的热膨胀受到周围温度较低的非熔化区域的约束，产生不均匀的压缩塑性变形。

2. 熔敷金属的收缩

焊缝金属在凝固过程中，已经发生压缩塑性变形的熔化区域金属凝固收缩时，由于受到周围条件的制约，不能自由收缩，产生拉伸应力，母材邻近焊缝区承受了压缩应力。熔敷金属体积收缩在工件内引起变形与应力，其变形和应力的大小取决于熔敷金属的收缩量，而熔敷金属的收缩量又取决于熔化金属的数量。焊缝及邻近焊缝区在高温时几乎丧失了屈服强度，在拉伸应力和压缩应力的作用下，产生塑性变形及不协调应变，冷却后工件内便形成了残余应力和残余变形。如V形坡口的角变形，就是由于焊缝上部的熔敷金属的熔敷量多，收缩量大，而焊缝下部的截面积小，熔敷金属的数量小，收缩量亦小，上下收缩不一致而造成的。

3. 金属组织的转变

在焊接热循环的作用下，金属内部里微组织发生转变，各种组织的密度不同，便伴随体积的变化，出现了称之为组织应力的内应力，如易淬火钢在焊接热循环的作用下由质量体积为 $0.1275m^3/T$ 的高温奥氏体组织冷却后转变为质量体积为 $0.1310m^3/T$ 的马氏体组织，体积变化近10%。

4. 工件的刚性拘束

如果工件自身的刚性很大或在约束的条件下施焊，约束条件限制了工件在热循环作用下的自由伸缩，控制了焊接变形，工件中却形成了较大的内应力。

焊接残余应力是在焊接构件中形成的自身平衡的内应力场。焊接应力与变形还与焊接方法及焊接工艺参数有关，如气焊时热源不集中，工件上的热影响区面积较采用电弧焊大，所以产生的焊接应力与变形亦大。电弧焊时电流大或焊接速度慢导致热影响区增大，产生的焊接应力与变形亦增大。

二、焊接残余应力与变形的测量

焊接过程产生的焊接变形会对其尺寸精度、外部形状、装配精度、结构特性和使用性能造成显著影响，因而在焊中和焊后对变形进行测量对于了解材料的变形机理，改善焊接工艺，减少焊后应力和变形，提高工件的承载能力有着重要的理论意义和工程价值。

1. 焊接残余应力的测量

根据测试方法对被测试件是否造成破坏，可将残余应力测试方法分为有损测试法（机械法或应力释放法）和无损测试法（物理检测法）。焊接残余应力测量常用方法及特点如表6-3所示。

表6-3　　　　　　　　　　焊接残余应力测量方法的分类及特点

测量方法	分类依据	测量特点
盲孔法 钻孔法	有损伤的应力释放测量方法	只在被测部位钻一个 $\phi 2$ 左右的盲孔，孔周边缘容易引起塑性变形，从而影响测试结果；数据稳定，破坏性小，简便易行，多用于厚板表面应力的测量，应用广泛
压痕法	有损伤的应力释放测量方法	原理与小孔法相近，破坏性很小，但测量精度低，数据不稳定
X射线 衍射法	无损伤的物理测量方法	设备较贵，操作较复杂，结果受材料结构、晶粒大小以及结构表面状态的影响较大，只适用于表面应力的测量，可用于工程测量

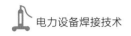

续表

测量方法	分类依据	测量特点
电磁法	无损伤的物理测量方法	只适用于铁磁性材料的表面测量，操作简便，但数据分散性较大
超声波法	无损伤的物理测量方法	操作简便，可用于三维的应力测定，但目前尚处于实验室研究阶段

2. 焊接残余变形的测量

焊接残余变形的测量常采用长度和角度测量技术，传统的测量方法包括静态测距法、光干涉法、应变计法、位移传感器加热电偶法和数值模拟法。静态测距法是通过测量固定点之间距离的变化来获取关键点的变形数据，也可以用激光束得到更准确的数据。光干涉法是通过干涉条纹数量的变化获取变形数据，工件变形前后，在一定的距离范围内，干涉条纹的数量也相应改变。应变计法和位移传感器加热电偶法是利用应变计和位移传感器测量不同温度下的变形数据，通过数值计算的方法得到焊接变形。近年来非接触光学测量方法在工程实践中越来越受到关注。光学方法具有在现场测量、不干扰测量对象、测点多、三维精度高、响应速度快、量程弹性大、测量结果丰富等优点，包括三维激光扫描、三维视频测量、数字散斑相关等方法。

3. 焊接残余应力与变形的数值分析

由于焊接工艺涉及电弧物理、传热、力学等复杂过程，简单数学模型无法与实际相一致，即便是普通的焊接结构也无法用试验获得完整的焊接应力、变形大小及位置数据，使得依靠试验测量系统了解焊接应力和变形的演变、分布具有很大的局限性。一是测量方法的局限性，对于复杂焊接结构由于复杂的焊接工艺而造成的复杂变形，尤其是对残余应力的分布难以全面了解；二是因为对残余应力和变形的测量一般是依据相对静态的测量数据，然后再通过相关焊后调控措施对焊接应力与变形进行调整。

这两方面的局限性使得借助于数值计算和有限元方法对预测和计算复杂焊接结构内部焊接残余应力的演变、分布和焊接变形行为显得尤为重要。研究焊接过程中瞬时应力、应变的演变过程，同时还可以分析焊接工艺条件等因素对接头残余应力和变形的影响，了解焊接变形机理，掌握焊接变形规律，依据模拟结果优化焊接顺序、完善焊接措施，制定科学的焊接工艺，从而改善焊接部件的制造质量，提高产品的服役性能。

对于焊接应力与变形的模拟计算，目前得到广泛应用的软件有两类：一类是通用结构有限元软件，如MARC、ABAQUS、ANSYS等，主要考虑焊接的热物理过程和约束条件来进行热–结构耦合分析，得到变形和残余应力计算结果；另一类是焊接专用有限元软件，如SYSWELD，该软件更有针对性，并且有针对焊接工艺的界面和模型，比较方便地定义焊接路径、热源模型，结果精度更高，近些年来在焊接仿真领域已经得到较广泛的应用。

例如，某风场风电机组处于静止或运行状态，且风场风速较高的工况下，风电机组机舱部分除承受自身重力作用，还受水平风力的作用，对风电机组立支撑结构采用ANSYS进行有限元分析。风电机组应力分布情况如图6-1所示，由图可知，最大应力处于机舱底部筋板部位。考虑到该部位应力分布较大，对该区域进行检查，发现风电机组齿轮箱立支撑钢管与风电机组底盘连接角焊缝开裂，如图6-2所示。

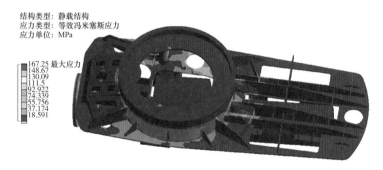

图6-1　风电机组应力分布情况

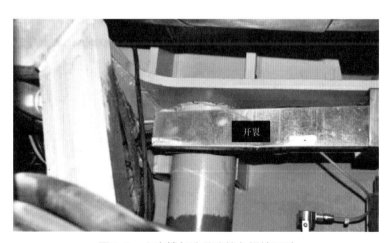

图6-2　立支撑与法兰连接角焊缝开裂

第三节 焊接应力与变形的调整与控制

焊接残余应力与变形会严重影响焊接结构的工艺性能和结构性能。焊接残余应力会导致焊接接头中产生冷、热裂纹等缺陷，在一定条件会对结构的断裂性能、疲劳强度和腐蚀抗力产生十分不利的影响，而且机加工过程中释放的残余应力会导致工件产生不允许的变形。焊接残余变形在制造过程中影响形状与尺寸公差，焊接接头的安装偏差和坡口间隙的增加又使制造过程更加困难。实际生产中需要采取相应的设计措施和工艺措施有效地控制及调整焊接变形与焊接残余应力。

一、焊接接头残余应力与变形对焊接结构的影响

（一）焊接残余应力的影响

1. 构件静承载能力的影响

当静载拉伸载荷作用于存在残余应力的工件上，则在外载与内应力方向一致的区域中进行应力叠加，使应力值不断升高。当叠加应力值达到屈服值时，根据材料拉伸特性曲线，其应力出现平台不再升高，但其变形量将继续增加，直至整个焊接截面应力均匀化后才出现应力值升高直至断裂。因此，存在残余应力的工件并不会由于外载增加而使局部区域提前破断。

对于脆性的或经热处理硬化的材料以及在三向应力作用下的材料，其应力均匀化的条件消失，则在工件的局部应力峰值区，将不会出现应力均匀化现象，该区应力将继续升高直至破断。因此焊接残余应力将对脆性材料或其他硬化材料有严重的影响。

在实际结构上可能有由于工艺或设计原因造成的严重应力集中，有可能同时存在着较高的拉伸内应力。许多低碳钢和低合金结构钢焊接结构的低应力脆断事故以及大量试验研究说明，在工作温度低于脆性临界温度（在此温度下光滑试件仍具有良好延性）条件下，拉伸内应力和严重应力集中的共同作用，将降低结构的静载强度，使之在远低于屈服点的外载应力作用下发生脆性断裂。

2. 结构脆性断裂的影响

脆性破断常发生在较低温度、加载速度极高及在三向应力作用的情况下，焊接应力与变形的共同点是促使材料趋向脆化。在材料脆化的情况下，外加应力与内应力共

同叠加作用不会产生均匀化的变化，因此，存在残余应力的工件中，局部区域会助长裂纹的产生和扩展。

在实际构件中，若高强度结构钢的韧性较低，焊接接头处的缺陷（裂纹、未焊透）会导致结构的低应力脆性断裂，断裂评定必须考虑拉伸残余应力与工作应力共同作用的影响，应引入应力强度修正系数。若裂尖处于焊接残余拉应力范围内，则缺陷尖端的应力强度增大，裂纹趋于扩展，直至裂纹尖端超出残余拉应力范围。焊接残余应力只分布于局部区域，对断裂的影响也局限于这一范围。

对于由高强结构钢或超高强钢材制成的焊接结构，一般都进行焊后热处理，这种热处理除调质作用外，还可以把焊接接头中的峰值拉伸残余应力降低到 0.3 ~ 0.5 倍材料屈服强度的水平，但不能完全消除。通常由相应的技术标准给出对热处理的技术要求。

3. 疲劳强度的影响

焊接拉伸残余应力阻碍裂纹的闭合，它在疲劳载荷中提高了应力平均值和应力循环特征，从而加剧应力循环损伤。当焊缝区的拉应力使应力循环的平均值升高时，疲劳强度会降低。焊接接头是应力集中区，残余拉应力对疲劳强度的不利影响也会更明显。在工作应力作用下和疲劳载荷的应力循环中，残余应力的峰值有可能降低，循环次数越多，降低的幅度也越大。

提高焊接结构的疲劳强度除了降低残余拉应力，还应减少焊接接头的应力集中，避免结构的几何不完整性和力学不连续性，如去除焊缝的余高和咬边、平滑表面等。在重要结构的疲劳设计和评定中，对于有高拉伸残余应力存在的区域，除了实际工作应力比值，还应考虑有效应力比值。

焊接构件中的压缩残余应力可以降低应力比值并使裂纹闭合，从而延缓或中止疲劳裂纹的扩展。所以可以采取一定的工艺措施，利用压缩残余应力改善焊接结构的抗疲劳性能，如点状加热、局部锤击、超载处理以及采用相变温度低的焊接材料等。

4. 结构刚度的影响

当外载产生的应力与结构中某区域的内应力叠加之和达到屈服极限时，这一区域的材料就会产生局部塑性变形，丧失承受外载的能力，造成结构的有效截面积减小，结构的刚度也随之降低。

焊接结构中焊缝及其附近区域的纵向拉伸残余应力一般都可达到或接近屈服极限，如果外载产生的拉应力与残余应力相叠加超过屈服极限，则其变形就要比没有内应力或者内应力较低时大，并会发生局部屈服。当卸载时，其回弹量小于加载时的变形量，构件不能回复到原始尺寸。整个加载过程只在弹性范围内进行，卸载后不会产生新的

残余变形。

当结构承受压缩外载时，由于焊接内应力中的压应力一般都低于屈服极限，只要它与外载应力之和小于屈服极限，结构就在弹性范围内工作，不会出现有效截面积减小的现象。

结构受弯曲时，内应力对刚度的影响与焊缝的位置有关，焊缝所在部位的弯曲应力越大，其影响就越大。

结构上有纵向和横向焊缝时（如工字梁上的肋板焊缝），或经过火焰矫正，都可能在相当大的截面上产生拉应力，虽然在构件长度上的分布范围不大，但是它们对刚度仍有较大的影响。特别是采用大量火焰矫正后的焊接梁，在加载时刚度和卸载时的回弹量可能有很明显的下降，对于尺寸精确度和稳定性要求较高的结构是不容忽视的。

5. 受压构件稳定性的影响

当外载引起的压应力与焊接残余应力叠加之和达到材料的屈服极限焊接应力与变形时，这部分截面就丧失进一步承受外载的能力，减小了受压构件（特别是杆件或薄壳构件）的有效截面积，并改变了有效截面积的分布，影响到构件的稳定性。所以压缩残余应力会降低结构的压屈强度，特别是对于薄壳、杆件组成的焊接构件，在压应力的作用下，这些构件容易发生失稳翘曲变形。内应力对构件稳定性的影响，与其分布有关。

6. 应力腐蚀的影响

在应力和腐蚀的共同作用下会形成应力腐蚀，促使裂纹的形成、发展直至快速扩展造成断裂。一些焊接构件工作在有腐蚀介质的环境中，除外载的工作应力外，焊接残余应力本身也引起应力腐蚀开裂。这是在拉应力与化学反应的共同作用下发生的，残余应力与工作应力叠加后的拉应力值越高，应力腐蚀开裂所需的时间就越短。选择对特定的环境和工作介质有良好抗腐蚀性的材料，以及对焊接构件进行消应力处理，都可以提高构件的抗应力腐蚀能力。

7. 构件精度和尺寸稳定性的影响

为保证构件的设计技术条件和装配精度，某些焊接构件在焊后要进行机械加工。一部分材料从工件上被切除时，此处的内应力也随之释放，使构件中原有的残余应力场失去平衡而重新分布，引起构件变形。这类变形往往在机械加工完成后松开夹具后才充分显示出来，影响构件精度。

此外，焊接构件中的残余应力随时间的延长会缓慢变化而重新分布，发生应力松弛，同时工件尺寸也产生相应的变化，影响到构件的精度和尺寸稳定性。不同的材料会引起不一样的残余应力松弛，对结构的精度和尺寸稳定性影响也不一样。

组织稳定的低碳钢和奥氏体钢在室温下的应力松弛微弱，因此内应力随时间的变化较小，工件尺寸比较稳定。例如，原始残余应力峰值为240MPa的低碳钢（Q235），在室温中存放两个月后，残余应力下降2.5%。环境温度升高会成倍加速应力松弛的过程，例如上述低碳钢在100℃的环境中存放，残余应力降低的百分比会是20℃时的5倍。

焊后产生不稳定组织的材料，例如，某些高温合金结构钢和高强铝合金，由于不稳定组织随时间而转变，内应力变化也较大，工件尺寸稳定性较差。

（二）焊接残余变形的影响

焊接变形的不利影响是显而易见的，它会使结构的承载能力降低，降低疲劳强度，影响结构的尺寸精度和外形。在构件制造过程中，焊接变形会导致工件加工时超过规定的公差，甚至引起正常工艺流程的中断。对焊接变形的矫正不仅要消耗数倍于焊接本身的时间和成本，而且矫正过程本身又会产生新的缺陷和不稳定因素焊接应力与变形。

二、焊接残余应力与变形的调整控制措施

（一）设计措施

（1）合理的选择焊缝的尺寸和形式。坡口尺寸对焊材消耗量、焊接工作量和焊接变形量有直接的影响。焊缝尺寸大，不仅焊材消耗量和焊接工作量大，而且焊接变形也大。所以在设计焊缝尺寸时应该在保证承载能力的前提下，按照构件的板厚来选取工艺上尽可能小的焊缝尺寸。对于拘束度较大的丁字形或十字形接头，选择合适的坡口角比不开坡口不仅可以减少焊缝金属，而且有利于减小角变形，如图6-3所示。

不同的坡口形式所需的焊缝金属量及对焊接变形的影响相差很大，应该选用焊缝金属少的坡口形式，以有利于减小焊接变形。同厚度平板对接时，单面V形坡口的角变形大于双面V形坡口。T形接头立板底端开半边U形坡口比V形坡口角变形小。

（2）尽可能减少不必要的焊缝。当焊缝较多时，可以适当采用型材、冲压件或者铸焊联合结构代替全焊接结构，以减少焊缝数量，提高构件的刚性和稳定性。适当增加壁板厚度，以减少肋板数量或者采用压型结构代替肋板结构，对防止薄板焊接结构的变形有利。

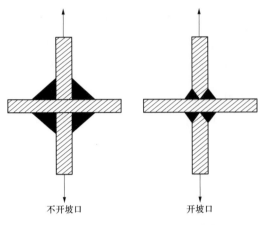

图6-3 相同承载能力的十字接头

（3）合理的安排焊缝的位置。尽量把焊缝安排在对称于截面中性轴的两侧，或者在结构截面靠近中性轴上，使得中性轴两侧的变形大小相等方向相反，起到相互抵消作用，以减少弯曲变形。

（4）预变形法也是焊前设计时需要考虑采用的重要措施之一。按照预先估计好的结构的变形大小和方向，在装配时对构件施加一个大小相等、方向相反的变形与焊接变形相抵消，使构件焊后保持设计要求。可靠的预变形量控制办法是控制焊接工艺参数，在自由状态下试焊，测出残余变形量，以此变形量作为反变形量的依据，结合工件的反弹量作适当调整，使工件反弹后的形状和尺寸能够满足工件技术要求。

（5）刚性固定法是经常采用的一种方法。这种方法是在没有反变形的情况下，通过将构件加以固定来限制焊接变形。这种方法只能在一定程度上减小挠曲变形，但可以防止角变形和波浪变形。

（二）工艺措施

1. 焊接方法和工艺参数选择

热输入较低的焊接方法，可以有效地防止焊接变形。用CO_2气体保护弧焊焊接中厚钢板的变形比用气焊和焊条电弧焊小得多，更薄的板可以采用脉冲钨极氩弧焊、激光焊等方法焊接。电子束焊的焊缝很窄，变形极小，可以用来焊接精度要求高的工件。

焊接热输入是影响变形量的关键因素，焊接方法确定后，可通过调节工艺参数来控制热输入。在保证熔透和焊缝无缺陷的前提下，应尽量采用小的焊接热输入。根据工件结构特点，可灵活地运用热输入对变形影响的规律控制变形。如具有对称截面形状和焊缝布置对称的工件，焊接每一条焊缝时焊接热输入应一致。如果焊缝分布不对称，远离中性轴的焊缝采用分层焊接，每层用小热输入，把对构件变形的影响降到最低。

如果在焊接时没有条件采用小的热输入，可采用直接水冷或者铜冷却块来限制和缩小温度场的分布，达到减小焊接变形的目的。焊接淬硬性较高的材料应慎用。

2. 装配和焊接顺序

（1）化整为零，集零为整。大型而复杂的焊接结构，只要条件允许，可分成若干个结构简单的部件，单独进行装配焊接，然后再总装成整体。这种"化整为零，集零为整"的装配焊接方案的优点是可减小部件的尺寸和刚性，可使不对称或收缩力较大的焊缝能自由收缩，并且利用反变形法、刚性固定法克服变形的可能性增加；需交叉对称施焊的工件的翻身与变位也变得容易；而且可把影响结构变形最大的焊缝分散到部件中焊接，减小不利影响。

（2）对称施焊与交替施焊。对称结构上的对称焊缝，可由多名焊工对称地使用相同的工艺参数同时施焊，使正反两面变形相互抵消。若条件不允许，用同样的工艺参数施焊时，先焊侧的变形总比后焊侧大一些。因此可把先焊侧改为多层多道焊，降低每层（道）焊接热输入，再利用交替施焊顺序，让每侧的变形获得抵消。当焊缝在结构上分布不对称时，如果焊缝位于工件中性轴两侧，可通过调节焊接热输入和交替施焊的顺序控制变形。如果焊缝位于中性轴一侧，施焊顺序不再起作用，可从减少焊接热输入或其他工艺措施去解决。

例如，由平板和立板构成对称的工字梁，不能采取先焊成T字梁再焊成工字梁的装焊顺序，而应先组装成工字梁并点固后，再按一定顺序焊接四条角焊缝，如图6-4所示。

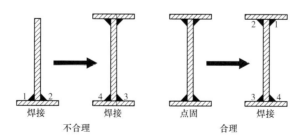

图6-4　工字梁的装配与焊接顺序

3. 温度场调控方法

该方法是通过加热或者冷却不同的部位，以调整焊接温度场来控制焊缝和近焊缝区塑性应变的发展，减小塑性变形的大小和范围，达到控制焊接变形和调整焊接应力

的目的。

（1）随焊温差拉伸法是采用在焊缝两侧近焊缝区用加热带加热，而使由于焊接热过程造成的焊缝和近焊缝区不均匀的温度场均匀化，从而起到抑制纵向收缩变形，降低残余应力的效果。

（2）随焊激冷法又称为逆焊接加热处理，是利用与焊接加热过程相反的方法，采用冷却介质使焊接区获得与相邻区域（母材）更低的负温差，在冷却过程中，焊接区由于受到周围金属的拉伸而产生伸长塑性变形，从而抵消焊接过程中形成的压缩塑性变形，达到消除残余应力的目的。随焊激冷方法可以减小纵向收缩变形，但会增大横向收缩变形，因而不能用于封闭焊缝。这种方法的另一个好处是可以避免焊接热裂纹，这是因为冷源所处位置的金属会产生横向收缩，对焊接熔池后方处于脆性温度区间内的金属有横向挤压作用，因此可以避免产生热裂纹。

4. 逆变形调控法

通过在焊接过程中引入一些特殊的机械手段，使不均匀的焊接温度场造成的焊缝及近焊缝区不均匀的变形均匀化，从而达到调控焊接变形和残余应力的目的。

（1）预拉伸法是通过在近焊缝区施加拉伸载荷，使得焊缝和近焊缝区由于受热不均造成的不均匀变形均匀化，从而达到调控焊接变形和残余应力的作用。

（2）随焊碾压法是将碾压方法与焊接过程同时进行，采用该方法的主要目的是减小焊接变形和降低残余应力，可以用平面轮或凸面轮直接碾压焊缝金属或近焊缝区。由于随焊碾压时，焊缝金属的温度相对于完全冷态时要稍高一些，因此碾压力也可以适当降低一些。

（3）随焊锤击法是将锤击方法在焊接进行的过程中使用。由于电弧刚刚加热过的焊缝金属的温度较高，只需很小的力就可以使其产生较大的塑性延展变形，从而抵消焊缝及其附近区域的收缩变形，达到控制焊接变形和降低焊接残余应力的目的。当锤击点处于焊缝的脆性温度区两侧时，则可以起到避免焊接热裂纹的作用。随焊锤击技术不仅可以减小变形，降低残余应力，防止焊接热裂纹，而且可以使焊缝的力学性能得到改善。

（4）随焊冲击碾压法是将随焊锤击的锤头换成可以转动的小尺寸碾压轮，碾压轮在冲击载荷作用的间隙内向前滚动，它保持了随焊锤击的优点，并克服了焊缝表面质量不佳的问题。随焊冲击碾压在减小焊接变形、控制焊接残余应力、防止焊接热裂纹和提高焊缝力学性能方面均取得了与随焊锤击同样优异的效果，处理后焊缝的表面光滑平整。

（三）矫正措施

构件焊接完成之后，如果出现较大的焊接变形和残余应力，则需要进行变形校正和应力消除处理。可采用的方法主要分为机械方法和加热方法两类。

1. 机械方法

焊接变形产生的主要原因是焊缝及近焊缝区金属的收缩受到拘束产生残余应力。采用一定的措施使收缩的焊缝金属获得延展，则可达到校正变形、调节残余应力分布的目的。利用外力使构件产生与焊接变形方向相反的塑性变形，使两者相互抵消，这是减小和消除焊接应力与变形的基本思路之一。常用的机械方法有以下几类。

（1）对于薄板结构，可以采用锤击的方法来延展焊缝及其周围的压缩塑性变形区金属，达到消除变形和调整残余应力的目的。对于厚板多层焊结构，可以只锤击最后焊道的焊缝和熔合线，也可以在每层焊道焊完后逐层锤击。

（2）对于大型构件（如工字形梁）可以采用压力机来校正挠曲变形。对于形状不规则的焊缝，可以采用逐点挤压的办法，用圆截面压头挤压焊缝及其附近的压缩塑性变形区，使压缩塑性变形得以延展。挤压后会使焊缝及其附近产生压应力，这对提高接头的疲劳强度是有利的。这种方法用于存在疲劳破坏危险的焊缝端部可提高其疲劳强度，用于点焊接头，可以提高焊点的疲劳强度。

（3）机械拉伸法即对工件施加机械拉伸，可以起到减小纵向焊接变形和降低残余应力的效果。因为焊接残余应力正是由于局部压缩塑性变形引起的，加载应力越高，压缩塑性变形就抵消得越多，残余应力也就消除得越彻底。机械拉伸消除残余应力对于一些焊接容器特别有意义。在进行液压试验时，采用一定的过载系数就可以起到降低残余应力的作用。对液压试验的介质（通常为水）温度要加以适当的控制，应能使其高于容器材料的脆性断裂临界温度，以免在加载时发生脆断。

（4）振动失效法是利用偏心轮和变速电动机组成激振器，使结构发生共振所产生的应力循环来降低内应力。这种方法的优点是设备简单、处理成本低、处理时间短，也没有高温回火时的金属氧化问题。这种方法不推荐在为防止断裂和应力腐蚀失效的结构上应用，对于如何控制振动，使得既能降低内应力，又不会使结构发生疲劳损伤的问题还有待进一步研究解决。

2. 加热方法

加热方法可采用火焰加热调节焊接变形、高温回火消除焊接残余应力两种。

（1）火焰矫正法是利用火焰局部加热时产生压缩塑性变形，使较长的金属在冷却后收缩，来达到矫正变形的目的。原理与锤击等机械方法通过使已经收缩的金属被延展来消除变形正好相反。这种方法简便易行，灵活机动，不受构件尺寸限制。但必须掌握好火焰加热矫正变形的规律，同时正确地定出加热位置，控制好火焰加热量。图6-5所示为火焰矫正法的应用示意图。精准地确定加热区是火焰矫形方法的关键。加热薄板时，由于火焰的加热范围较大，容易使薄板进一步向外拱出。在这种情况下，可以利用外力限制薄板的向外拱出变形。

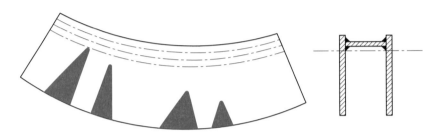

图6-5　不同情况下火焰矫正法的应用示意图

（2）高温回火消除焊接残余应力是通过加热到某一临界点的温度下，并保温来消除残余应力。材料的屈服强度会因温度的升高而降低，材料的残余应力超过该温度下材料的屈服强度，就会发生塑性变形，且高温时材料的蠕变速度加快，蠕变引起应力松弛，而缓和残余应力。理论上只要给予充分的时间，就能把残余应力完全消除，并且不受残余应力大小的限制。实际上要完全消除残余应力，必须在较高的温度下保温较长的时间才行，这也可能引起某些材料的软化。

1）整体高温回火是将整个焊接构件加热到一定温度，然后保温一段时间再冷却。消除残余应力的效果主要取决于加热的温度，材料的成分和组织，也与应力状态、保温时间有关。对于同一种材料，回火温度越高，时间越长，应力也就消除得越彻底。用高温回火消除残余应力，并不能同时消除构件的残余变形。为了消除残余变形，在加热之前应该采取相应的工艺措施（如使用刚性夹具）来保持构件的几何尺寸和形状。整体处理后，如果构件的冷却不均匀，又会形成新的热处理残余应力。重要的焊接构件多采用整体加热的高温回火方法来消除焊接残余应力。

2）局部高温回火是对焊缝周围的一个局部区域进行加热。由于局部加热的性质，因此消除应力的效果不如整体高温回火，它只能降低应力峰值，不能完全消除内应力。但是局部处理可以改善焊接接头的力学性能，处理对象仅限于比较简单的焊接接头。局部加热可以采用电阻、红外、火焰和感应加热，消除应力的效果与温度分布有关，而温度分布又与加热的范围有关。为取得良好的降低应力的效果，应该保证足够的加热宽度。

第七章 焊接缺欠和质量检测

焊接接头中存在焊接缺欠和缺陷时，影响焊接接头的承载能力和服役性能，从而降低电力设备及焊接结构的服役安全性和可靠性。电力设备及焊接结构在制造和使用过程中，须正确选择焊接质量检测方法，及时发现缺陷，定性或定量评定焊接接头的质量。准确可靠的定性定量评定焊接接头质量，有利于正确分析缺陷产生的原因，从而在材料选用、加工工艺、结构设计、设备服役运行等阶段采取有效措施防止缺陷。

第一节 焊接缺欠

一、焊接缺欠与焊接缺陷

按照 GB/T 6417.1—2005《金属熔化焊接头缺欠分类及说明》和 GB/T 6417.2—2005《金属压力焊接头缺欠分类及说明》的定义，焊接缺欠是指在焊接接头中因焊接产生的金属不连续、不致密或连接不良的现象。

焊接缺陷是指超过有关标准规定限值的缺欠，焊接缺陷的存在将直接影响焊接结构的安全使用，存在焊接缺陷的产品应该被判废或进行返修。例如，锅炉和压力容器制造中，如果焊接接头中存在某种缺陷，就可能在焊接应力和工作应力或其他环境条件（如腐蚀介质）的联合作用下逐渐扩展，深入母材并最终导致整台设备的提前失效或破裂，严重的危险性缺陷甚至会导致灾难性的事故。

二、焊接缺欠的分类

以熔化焊为例，根据焊接接头中缺欠的性质、特征，焊接缺欠可分为不连续性缺欠（如裂纹、夹渣、气孔和未熔合等）和几何偏差缺欠。按外观状态，焊接缺欠主要分为成形缺欠、结合缺欠和性能缺欠。按形成原因，焊接缺欠分为构造缺欠、工艺缺欠和冶金缺欠（焊缝成分偏析和夹杂物）。按断裂机制，焊接缺欠分为平面型缺欠（未熔合、裂纹、未焊透和线性夹渣）和体积型缺欠（气孔和圆形夹渣等）。按缺欠所处位置，分为外观缺欠、内部缺欠。按尺寸，可分为宏观缺欠和显微缺欠，宏观缺欠是指那些肉眼可以辨认的焊接缺欠，如裂纹、气孔、夹杂和焊缝几何形状偏差等；显微缺欠主要是焊缝金属中的元素偏析、非金属夹杂物和晶间微裂纹等。

GB/T 6417.1—2005《金属熔化焊接头缺欠分类及说明》根据缺欠的性质和特征将焊接缺欠分为六大类，每一大类中又按缺欠存在的位置及状态分为若干小类。

1. 裂纹

裂纹是一种在固态下由局部断裂产生的缺欠，它可能源于冷却或应力效果。焊接裂纹按照产生的机理可分为冷裂纹、热裂纹、再热裂纹和层状撕裂裂纹。根据分布及位置，焊接裂纹可分为横向裂纹、纵向裂纹、弧坑裂纹、放射状裂纹、枝状裂纹、间断裂纹和微观裂纹等。

横向裂纹是基本与焊缝轴线相垂直的裂纹，可能位于焊缝金属、热影响区及母材的区域。纵向裂纹是基本与焊缝轴线相平行的裂纹，可能位于焊缝金属、熔合区、热影响区及母材等区域。弧坑裂纹是在焊缝弧坑处的裂纹，可能是纵向的、横向的或放射状的。放射状裂纹是具有某一公共点的放射状裂纹，这种类型的小裂纹称为星形裂纹，可能位于焊缝金属、热影响区及母材的区域。枝状裂纹是源于同一裂纹并且连在一起的裂纹群，可能位于焊缝金属、热影响区及母材的区域。间断裂纹是一群在任意方向、间断分布的裂纹，可能位于焊缝金属、热影响区及母材的区域。微观裂纹是在显微镜下才能观察到的裂纹称为微裂纹。

2. 孔穴

孔穴缺欠包括气孔、缩孔、微型缩孔等。气孔是残留气体形成的孔穴。缩孔是由于凝固时收缩造成的孔穴。微型缩孔是仅在显微镜下可以观察到的缩孔等。

3. 固体夹杂

固体夹杂是在焊缝金属中残留的固体夹杂物。夹渣、焊剂夹渣、氧化物夹杂等可能是线状的、孤立的或成簇的。

（1）夹渣是残留在焊缝中的熔渣。

（2）焊剂夹渣是残留在焊缝中的焊剂渣。

（3）氧化物夹杂是凝固时残留在焊缝中的金属氧化物。在某些情况下，特别是铝合金焊接时，因焊接熔池保护不善和紊流的双重影响而产生大量的氧化膜，称为皱褶缺欠。

（4）金属夹杂是残留在焊缝金属中的外来金属颗粒。这些颗粒可能是钨、铜或其他金属。

4. 未熔合和未焊透

（1）未熔合是焊接时焊道与母材之间或焊道与焊道之间未能完全熔化结合的部分。它可以分为侧壁未熔合、焊道间未熔合及根部未熔合等几种形式。由于未熔合本身就是一种虚焊，在交变载荷的作用下，应力高度集中，极易开裂，是焊接接头严重缺陷之一。

（2）未焊透是焊接接头根部未完全熔透的现象，即实际熔深与公称熔深之间存在差异。未焊透在焊缝中的存在，不但降低焊缝的强度，同时容易延伸为裂纹性缺陷，导致焊接结构破坏，尤其是连续性未焊透，更是一种危险的缺陷。

5. 形状和尺寸不良

形状缺欠是由于焊接工艺参数选择不当，或操作不合理而产生的焊缝外观缺欠。焊缝的外表面形状或接头的几何形状不良，以及焊缝超高、角度偏差、焊脚不对称、焊缝宽度不齐、根部收缩、根部气孔、变形过大等各种缺欠。焊缝的外表面形状或接头的几何形状不良包括：

（1）咬边是焊接过程中由于熔敷金属未完全覆盖在母材的已熔化部分，在焊趾处产生的低于母材表面的沟或是由于焊接电弧把工件边缘熔化后，没有得到焊条熔化金属的补充所留下的缺口。在立焊及仰焊位置容易发生咬边，在角焊缝上部边缘也容易产生。咬边可分为连续咬边、间断咬边、缩沟、焊道间咬边、局部交错咬边的缺欠。咬边在焊接接头中的分布形态如图7-1所示。

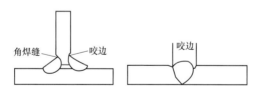

图7-1　咬边在焊接接头中的分布形态

（2）凸度过大是角焊缝表面上焊缝金属过高。角焊缝凸度的分布形态如图7-2所示。

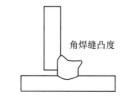

图7-2　角焊缝凸度的分布形态

（3）下塌是过多的焊缝金属伸到了焊缝的根部，或在多层焊接接头中穿过前道熔敷金属塌落的过量焊缝金属。

（4）焊缝形面不良是母材金属表面与靠近焊趾处焊缝表面的切面之间的夹角过小。

（5）焊瘤是焊接过程中熔化金属流淌到焊缝之外未熔化的母材上所形成的金属瘤，可分为焊趾焊瘤及根部焊瘤等焊瘤存在于焊缝表面，焊瘤下面往往伴随着未熔合、未焊透等缺陷，由于焊瘤的堆积，使焊缝的几何形状发生变化容易造成应力集中。焊瘤在焊接接头中的分布形态如图7-3所示。

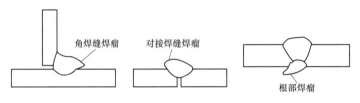

图7-3　焊瘤在焊接接头中的分布形态

（6）错边是两个工件表面应当平行对齐时，未达到规定的平行对齐要求而产生的偏差，包括板材的错边及管材的错边等。焊接接头错边形态如图7-4所示。

图7-4　焊接接头错边形态

（7）烧穿是焊接过程中熔化金属自坡口背面流出形成的穿孔缺陷。烧穿易发生在第一焊道及薄板对接焊缝或管子对接焊缝中。烧穿的周围常有气孔、夹渣、焊瘤及未焊透等缺陷。烧穿和下塌在焊接接头中的分布形态如图7-5所示。

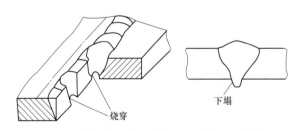

图7-5　烧穿和下塌在焊接接头中的分布形态

（8）未焊满是因焊接填充金属堆敷不充分，在焊缝表面产生纵向连续或间断的沟槽。

6. 其他缺欠

其他缺欠是指以上类别未包含的其他缺欠。如电弧擦伤、飞溅（包括钨飞溅）、表面撕裂、磨痕、凿痕、打磨过量、定位焊缺欠（如焊道破裂或熔合、定位未达到要求就施焊等）、双面焊道错开、回火色（不锈钢焊接区产生的轻微氧化表面）、表面鳞片（焊接区严重的氧化表面）、焊剂残留物、残渣、角焊缝的根部间隙不良以及由于凝固阶段保温时间加长使轻金属接头发热而造成的膨胀缺欠、过热和过烧等。电弧擦伤、飞溅形态如图7-6所示。

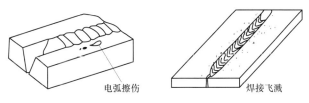

图7-6 电弧擦伤、飞溅形态

焊接时由于空间位置和操作不便所限制易产生电弧擦伤。电弧擦伤多属于人为不注意产生的，不慎使焊条与施焊部位表面接触引起电弧会造成表面擦伤。焊接时熔滴爆裂后的液体颗粒溅落到工件表面形成的附着颗粒，严重时导致形成飞溅缺陷。对于不锈钢焊接结构件，飞溅会降低抗晶间腐蚀的能力。采用碱性焊条时尽量使用短弧，选用适当的焊接电流。对于不允许有飞溅的不锈钢件焊接时，可在焊缝两侧覆盖一层厚涂料。

三、焊接缺欠的产生原因及防止措施

（一）外观缺欠

焊缝外观缺欠指不用借助于仪器，从工件表面可以发现的缺陷。常见的外观缺欠有咬边、未熔合、焊瘤、凹陷及焊接变形等，有时还包括表面气孔和裂纹、单面焊根部未焊透等。这些缺陷的存在直接影响焊接结构的安全使用，尤其是在锅炉压力容器和管道运行中带来的隐患和危害更为突出。

1. 未熔合和未焊透

未熔合不仅减少了结构的有效厚度，而且在工件使用过程中，未熔合的边缘处容易产生应力集中，会在其边缘处向外扩展形成裂纹，导致整个焊缝的开裂。未熔合缺陷一般都产生在焊缝内部，在焊缝表面看不到，如果检测不及时或检测不到，会对整个工件的质量造成严重影响。

未熔合常出现在焊接坡口侧壁、多层焊的层间及焊缝的根部，在焊缝表面看不到，须借助超声波或射线检测才能检查到。平焊时，未熔合多发生在沿母材的坡口面或多层焊的层间。横焊时，未熔合多发生在沿母材的上、下坡口面和焊道的层间。

未熔合产生的原因：①焊接时熔池金属在电弧力作用下被排向尾部而形成沟槽，电弧向前移动时沟槽中又填进熔池金属，如果这时槽壁处的液态金属层已经凝固，填进的熔池金属的热量不能使金属再熔化，则形成未熔合；②焊接热输入太低；③电弧发生偏吹；④操作不当；⑤坡口侧壁有锈蚀和污物，焊层间清渣不彻底等。此外，焊接电流较大而焊接速度又太慢，导致焊丝熔化后的铁水流向离熔池较远的地方，铁水与周围的母材接触，覆盖在低温的焊道表面，从而造成未熔合；还有一种情况就是坡口较宽时焊丝摆动幅度不够大而导致焊道两侧温度低，焊丝熔化后的铁水被快速降温后覆盖在坡口上造成未熔合。

防止未熔合产生的措施：①熟练掌握焊接操作技术，注意运条角度和边缘停留时间，使坡口边缘充分熔化以保证熔合；②采用正确的焊接工艺参数。焊接电流要适当，控制焊接速度，焊接速度宜快不宜慢，应依据焊丝直径、电流大小以及坡口形式和焊接位置等确定合适的焊接速度；③选择合适的焊接角度；④保证焊丝摆动幅度；⑤依据母材厚度确定焊接层数，尽量多层多道焊（要严格控制每一层的厚度，这也与焊接速度有关，焊接速度较快的焊层厚度小，这样能避免未熔合；焊接速度慢，每一焊层的厚度会增加，易产生未熔合）；⑥焊前预热对防止未熔合有一定的作用，适当加大焊接电流可防止层间未熔合。

未焊透对焊接结构来说直接的危害是减少承载截面，降低焊接接头的力学性能。未焊透引起的应力集中远比强度降低的危害性还要大，承受交变载荷、冲击载荷、应力腐蚀或低温下工作的焊接结构，常常由此导致脆性断裂。无论是平焊或立焊，随着未焊透缺陷存在程度的加剧，静载强度与韧性急剧下降。而且，它对疲劳强度的影响更为严重。未焊透在焊接结构的疲劳载荷作用下，可能导致新缺陷产生在焊趾尖角应力集中的部位，即在热影响区粗晶区产生并沿粗晶区向上方扩展，还可能沿柱状晶近乎垂直向上扩展，或在长度方向上沿两个未焊透尖端向外扩展。

未焊透产生的原因：①焊接电流偏小，焊速过快，热输入小，致使产生的电阻热减小，使电弧穿透力不足，工件边缘得不到充分熔化；②焊接电弧过长，从焊条金属熔化下来的熔滴不仅过渡到熔池中，而且也过渡到未熔化的母材金属上；③工件表面存在氧化物、锈、油、水等污物；④管道焊接时，管口组装不符合要求，如管口组装间隙小（有时是人为造成，有时是工件下沉造成），坡口角度偏小，管口钝边太厚或不均匀等；⑤工件散热过快，造成熔化金属结晶过快，导致与母材金属之间得不到充分熔合；⑥焊条药皮偏心、受潮或受天气影响；⑦操作人员技术不熟练，如焊条角度、运条方法不当，对控制熔池经验不足；⑧接头打磨和组装不符合要求。

大型管道建设中，管道焊缝未焊透缺陷是不允许存在的。检测时一旦发生未焊透，立即会被判定为不合格。焊缝未焊透缺陷的防止措施是：在满足焊接工艺的前提下，选择焊接电流、管口组装间隙、钝边、坡口角度的最佳组合。清理干净焊接表面的氧化物、铁锈、油污等杂质。在焊缝起焊与接头处，可先用长弧预热后再压低电弧焊接，焊缝根部应充分熔合。每次停弧后，用角向磨光机对接头进行打磨，其打磨长度一般为15～20mm，且形成圆滑过渡。每次焊接时，在坡口内至起焊点20～30mm处引弧，然后以正常焊接速度运条，以保证焊接接头的充分熔合。进行根部焊接时，要严格控制熔孔直径，对要求单面焊双面成形的焊缝，操作者应将熔孔直径始终控制在2.5～3mm，并保持匀速运条，这样才能使内焊缝成形美观，符合质量要求。采用焊条电弧焊下向焊根部时，当环境风速大于5m/s时，必须采取防风措施，以保证焊接质量。

2. 咬边

咬边或焊趾沟槽是沿着焊缝焊趾伸展的连续的或断续的缺口，势必增大局部应力值。咬边底部应力、局部应力升高的幅度取决于沟槽底部的形状。如果沟槽底部比较尖锐，咬边对焊缝形状和截面变化造成的应力会较大。

咬边对接头质量的影响与作用于结构上的应力有关。如果施加于结构上的应力大致平行于咬边或焊趾沟槽，咬边对焊趾沟槽扩展成明显裂缝的影响较小；但如果施加的应力或其中一个分力与焊趾沟槽相垂直，根据结构局部形状和载荷类型，可能引起结构件的严重破坏。咬边会减小接头的截面积，升高局部应力。但若咬边与所加应力平行，又处于塑性状态，则不会影响接头性能。在脆性状态下任何形式的咬边都会增加脆断的危险，对于一些高强度材料或厚壁工件，可容许的咬边值极低，甚至不容许有咬边缺陷。

（1）产生咬边的原因。①电流过大或电弧过长；②焊条和焊丝的倾斜角度不合适；③埋弧焊时电压过低。

（2）防止咬边产生的措施。①适当增加焊接电流，缩短焊接电弧；②调整焊条和焊丝的倾斜角度；③提高埋弧焊电压。

3. 焊瘤和下塌

（1）焊瘤和下塌产生的原因。①焊接电流偏大或焊接速度太慢；②施焊操作不熟练。

（2）防止焊瘤和下塌产生的措施。①选用合适的焊接工艺参数；②提高操作技术。

4.错边和角度偏差

（1）错边和角度偏差产生的原因。①工件装配不好；②焊接变形。

（2）防止错边和角度偏差产生的措施。①正确装配工件；②采取控制焊接变形的措施。

5.电弧擦伤

（1）电弧擦伤产生的原因。①焊把与工件无意接触；②焊接电缆破损；③未按焊接工艺规程操作要求在坡口内引弧，而在母材上任意引弧。

（2）防止电弧擦伤产生的措施。①启动焊机前，检查焊把，避免与工件短路；②将破损焊接电缆包裹绝缘带；③在坡口内引弧。

6.飞溅

（1）飞溅产生的原因。①焊接电流过大；②未采取防护措施；③二氧化碳气体保护焊的焊接回路电感不合适。

（2）防止飞溅产生的措施。①适当减小焊接电流；②采用涂白垩粉等措施进行防护；③调整二氧化碳气体保护焊的焊接回路的电感。

（二）内部缺欠

1.气孔

气孔属于体积性缺陷，对焊缝的性能影响很大，主要危害有三个方面：导致焊接接头力学性能降低；破坏焊缝的气密性；诱发焊接裂纹的产生。

气孔产生的根本原因是高温时金属溶解了较多的气体（如氢、氮），冶金反应时又产生了相当多的气体（CO、H_2O），这些气体在焊缝凝固过程中来不及逸出就会产生气孔。焊接接头中的气孔主要有氢气孔、氮气孔和CO气孔。

根据产生气孔的气体来源，可分为析出型气孔和反应型气孔。析出型气孔是因溶解度差而造成过饱和状态气体析出所形成的气孔。这类气孔主要是由外部侵入熔池的氢和氮引起的。氢和氮在液态铁中的溶解度随着温度的升高而增大。高温熔池和熔滴中溶解了大量的氢、氮，当熔池冷却时，液态金属结晶时氢、氮的溶解度下降至1/4左右，于是过饱和状态的气体需要大量析出，但因为焊接熔池冷却非常快，析出的气体来不及逸出，在焊缝中形成气孔。反应型气孔主要是由于冶金反应而生成的CO、水蒸气等造成的气孔。

（1）气孔产生的原因。①母材或填充金属表面有锈、油污等，焊条及焊剂未烘干会增加气孔量，因为锈、油污及焊条药皮、焊剂中的水分在高温下分解为气体，增加了高温金属中气体的含量。②焊接线能量过小，熔池冷却速度大，不利于气体逸出。③焊缝金属脱氧不足也会增加氧气孔。④焊接位置。横焊或仰焊比平焊更易产生气孔。⑤电源的种类、极性和焊接工艺参数对气孔的形成也有重要作用。一般情况下，交流焊接时的气孔倾向大于直流焊，直流正接时的气孔倾向大于直流反接，降低电弧电压可以减小气孔倾向。

（2）防止气孔产生的措施。①消除气体来源。焊前对焊丝表面、坡口及其附近20～30mm范围进行清理，去除表面锈蚀、氧化膜、油污和水分等杂质，露出金属光泽。焊条、焊剂要严格烘干，并且烘干后不得放置时间过长，应存放在保温筒或保温箱内，随用随取。加强防护，空气侵入熔池是气孔产生原因之一，主要是氮的作用。②正确选用焊接材料。适当调整熔渣的氧化性。如为减小CO气孔倾向，可适当降低熔渣的氧化性；为减小氢气孔的倾向，可适当增加熔渣的氧化性。③选取正确的焊接工艺参数，采取必要的焊接工艺措施。焊接时工艺参数要保持稳定，对于低氢型焊条应尽量采用短弧焊，并适当配合摆动，以利气体逸出。钨极氩弧焊引弧前提前3～4s输送氩气，排尽输气管内的空气，保证氩气纯度，防止钨极与熔池在引弧及焊接时氧化产生气孔。钨合金钨极氩弧焊时，氩气保护层极易受到外界气流的破坏，使保护效果变差，从而产生气孔。当在室外作业时，风速须小于1m/s，并采取防风措施。④焊前预热，减缓冷却速度。

2. 裂纹

焊接裂纹按照产生的机理可分为冷裂纹、热裂纹、再热裂纹和层状撕裂裂纹几大类。

（1）热裂纹根据裂纹形成的机理，可分为结晶裂纹、液化裂纹和高温失塑裂纹。结晶裂纹是焊缝金属在结晶后期形成的裂纹，也称为凝固裂纹，其特征为：沿晶间开裂，断口由树枝状断裂区和平坦状断裂区构成，在高倍显微镜下能观察到晶界液膜的迹象。液化裂纹是热影响区的母材中的低熔点杂质被熔融形成薄膜状晶界，在凝固时出现的裂纹，其特征为：起源于熔合线靠母材侧的粗大奥氏体晶界，沿晶界扩展，在断口上能观察到各种共晶在晶界面上凝固的典型形态。高温失塑裂纹是低于固相线温度下，在焊缝金属凝固后的冷却过程中形成的一种热裂纹，其特征为：表面较平整，有塑性变形遗留下来的痕迹，沿奥氏体晶界形成并扩展，断口呈晶界断裂形貌。

热裂纹产生的原因：

1）材料因素。焊缝金属中合金元素含量高；焊缝中P、S、C、Ni含量高；焊缝中Mn和S的含量比例不合适。

2）结构因素。焊缝附近的刚度较大，如大厚度、高约束度的构件；接头形式不合适，如熔深较大的对接接头和各种角焊缝（包括搭接接头、丁字接头和外角接焊缝）抗裂性差；接头附近应力集中（如密集、交叉的焊缝）。

3）工艺因素。焊接线能量过大，使近焊缝区的过热倾向增加，晶粒长大，引起结晶裂纹；熔深与熔宽比过大；焊接顺序不合理，焊缝不能自由收缩。

防止热裂纹产生的措施：

1）控制焊缝中有害杂质（如硫、磷）的含量，硫、磷的含量应小于0.03～0.04%。对于重要结构的焊接，应采用碱性焊条或焊剂，可有效地控制有害杂质的含量。

2）改善焊缝金属的一次结晶，通过细化晶粒，可提高焊缝金属的抗裂性。

3）正确选择合格的焊接工艺，如控制焊接规范，适当提高焊缝成形系数，采用多层、多道焊等可避免中心线区域成分偏析，从而防止中心线区域产生裂纹。

4）选择降低焊接应力的措施，也可防止热裂纹的产生。

（2）冷裂纹根据裂纹形成的机理，可分为氢致裂纹、淬火裂纹、层状撕裂。氢致裂纹具有延时性，即焊后经过数小时、数日或更长时间才出现的冷裂纹。淬火裂纹在焊接含碳量高、淬硬倾向大的钢材时出现的冷裂纹。层状撕裂是母材本身固有缺陷，因焊接使其暴露出来的冷裂纹。

冷裂纹产生的原因：

1）材料因素。钢中C和合金元素含量增加使淬硬倾向增加，淬硬组织（马氏体）降低了金属的塑性储备；焊接材料中氢含量较高。

2）结构因素。焊缝附近的刚度较大，如大厚度、高约束度的构件，焊接接头承受拉应力；焊缝布置在应力集中区；坡口形式不合适（如V形坡口约束应力较大）。

3）工艺因素。焊接材料未烘干，焊口及工件表面有水分、油污及铁锈；预热温度较低。

防止冷裂纹产生的措施：

1）选用合格的低氢焊接材料，采用降低扩散氢含量的焊接工艺方法。

2）严格控制氢的来源，如焊条和焊剂应严格按规定的要求烘干，随用随取。严格清理坡口两侧的油、锈、水分以及控制环境温度等。

3）选择合适的焊接工艺，正确地选择焊接规范、预热、缓冷、后热以及焊后热处理等，改善焊缝及热影响区的组织，去氢和消除焊接应力。适当增大焊接线能量，有利于提高低合金钢焊接接头的抗冷裂性。

4）改善焊缝金属的性能，加入某些合金元素，以提高焊缝金属的塑性。

（3）再热裂纹是指在重复加热过程中产生的裂纹。再热裂纹产生的部位在熔合区、热影响区的粗晶区，具有晶间断裂的特征；对于不同的含碳量，再热裂纹有不同的温度敏感区；再热裂纹多发生在应力集中的部位。

再热裂纹产生的原因：

1）材料因素。焊接材料的强度过高；母材中 Cr、Mo、V、B、S、P、Cu、Nb、Ti 的含量较高；热影响区粗晶区域的组织未得到改善（未减少和消除马氏体组织）。

2）结构因素。结构设计不合理造成应力集中（如对接焊缝与填角焊缝重叠）；坡口形式不合适导致产生较大的约束应力。

3）工艺因素。回火温度不够，持续时间过长；焊趾处形成咬边而导致应力集中；焊接次序不当使焊接应力增加焊缝的余高导致近焊缝区的应力集中。

防止再热裂纹产生的措施：

1）采用低强度焊接材料，减少焊接应力。

2）合理预热或采用后热，控制冷却速度。

3）回火处理时尽量避开再热裂纹的敏感温度区，或缩短在此温度区内的停留时间。

（三）焊缝成分偏析和夹杂物

偏析是焊缝金属在不平衡结晶过程中由于快速冷却造成的合金元素不均匀分布的现象。偏析常出现在焊缝及熔合区中，严重的偏析易导致接头产生焊接热裂纹缺陷。焊缝中的夹杂物是由于焊接冶金过程中熔池中一些非金属夹杂物在结晶过程中来不及浮出而残存在焊缝内部。

1. 焊缝成分偏析

焊接过程的快速冷却条件导致焊缝金属的化学成分不均匀，严重的即出现偏析现象。根据成分偏析分布的特点，可将焊缝中的偏析分为显微偏析（微观偏析）、层状偏析和区域偏析（宏观偏析）三种类型。

（1）偏析产生的原因。①焊接材料选用不当、焊接热输入过大都会导致焊缝金属晶粒粗化，容易引起偏析。②当焊接速度较大时，成长的柱状晶最后都会在焊缝中心附近相遇，使低熔点溶质都聚集在那里，结晶后的焊缝中心附近出现严重偏析，在应力作用下，容易产生焊缝纵向裂纹。

（2）防止产生偏析的措施。①正确选用焊接材料，适当改善焊接工艺，以细化焊缝金属组织，因为随着焊缝金属晶粒的细化，晶界增多，可减弱偏析的程度。②适当降低焊接速度，因为高速焊接时，柱状晶近乎垂直地向焊缝轴线方向生长，在接合面处形成显著的区域偏析；而低速焊接时，熔池为椭圆形，柱状晶呈人字纹路向焊缝中部生长，区域偏析程度相应降低。③控制偏析产物不形成膜状，而是应呈球状或块状。

2. 焊缝夹杂物

焊缝中的夹杂物分为金属夹杂物和非金属夹杂物。夹杂在焊缝中的非金属夹杂物称为夹渣，对焊缝性能有不利的影响。金属夹杂物主要指钨、铜等金属颗粒残留在焊缝中，一般称为夹钨、夹铜。

焊缝或母材中有夹杂物存在时，不仅降低焊缝金属的韧性，增加低温脆性，同时也增加了热裂纹和层状撕裂的倾向。点状夹杂物的危害与气孔相似，带有尖角的夹杂会产生尖端应力集中，尖端可能发展为裂纹源，危害较大。

焊缝中的非金属夹杂物通常是指氧化物、硅酸盐、硫化物及氮化物等，其他的则属于钢中的第二相。焊缝中的氧和硫分别以氧化物和硫化物夹杂形式存在，这些夹杂物的分布形态、尺寸和数量对焊缝金属的质量有很大影响。非金属夹杂物聚集的地方易引起应力集中，降低焊缝的力学性能及加工性能，有些焊缝的断裂是由夹杂物引起的。

（1）夹杂物产生的原因。①焊接接头坡口尺寸不合理。②坡口清理不干净，存在污物。③多层多道焊时，每道焊缝熔渣清除不干净、不彻底也易形成夹渣。④焊接线能量小、熔渣黏度大等，熔渣浮不到熔池表面便形成夹渣。⑤焊缝熔池冷却速度太快，液态金属凝固过快。⑥焊条药皮、焊剂化学成分不合理，熔点过高，冶金反应不完全，脱渣性不良。钨极氩弧气体保护焊时，电源极性不当，电流密度大，钨极熔化脱落于熔池中。⑦手工焊时，焊条摆动不正确，不利于熔渣上浮。

影响焊缝中产生夹杂物的因素主要有冶金因素、工艺因素和焊接结构等。冶金因素主要是熔渣的流动性、药皮或焊剂的脱氧程度、原材料中含硫量等；工艺因素主要有焊接电流和操作技巧等方面的影响，例如，电流大小，熔池搅动程度，焊条药皮是否成块脱落等；结构因素主要是焊缝形状和坡口角度等方面的影响，例如立焊、仰焊易产生夹杂。深坡口易产生夹杂物。

（2）防止焊缝中夹杂物的措施。控制焊缝氧含量和减少焊缝中的非金属夹杂物是保证焊接质量、提高焊缝金属韧性的重要措施。防止焊缝中产生夹杂物的重要措施是控制原材料（包括母材和焊丝）中的夹杂物，正确选择焊条、焊剂等，使之更好地脱氧、脱硫。然后是注意工艺操作，例如：①坡口角度、焊接电流均应符合规范，仔细清理母材和焊丝，焊接过程中保持熔池清晰，使熔渣与液态金属分离。②选用合适的焊接工艺参数，以利于熔渣的浮出。③多层焊时，应注意清除前层焊缝的熔渣。④焊条要适当地摆动，以便熔渣浮出。⑤操作时注意保护熔池，防止空气侵入。

四、焊接缺欠对接头质量的影响

焊接接头内存在焊接缺欠是焊接结构失效的主要原因，由于焊接缺欠的存在减小了结构承载的有效截面面积，更主要的是在缺欠周围产生了应力集中，因此，焊接缺欠对结构的静载强度、疲劳强度、脆性断裂及抗应力腐蚀开裂等都有重要的影响。

（一）对焊接结构静载强度的影响

圆形缺欠所引起的静载强度降低与缺欠造成的承载截面积的减小成正比。若焊缝中出现成串或密集气孔时，由于气孔的截面积较大，降低了有效承载截面积，使焊接接头的强度明显降低，因此成串气孔要比单个气孔的危害大得多。

夹杂对静载强度的影响与其形状和尺寸有关。单个的间断小球状夹杂并不比同样尺寸和形状的气孔危害大，但当夹杂呈连续的细条状且排列方向垂直于受力方向时，是比较危险的。

裂纹、未熔合和未焊透对静载强度的影响比气孔和夹杂的危害大，它们不仅降低了结构的有效承载截面面积，而且更重要的是产生了应力集中，有诱发脆性断裂的可能。

（二）造成应力集中

几乎所有的焊接缺欠都会产生应力集中，只是应力集中的程度不同而已。

焊缝中的气孔一般呈单个球状或条虫形，内壁光滑，此类缺欠产生的应力集中并不严重；而裂纹、未熔合和未焊透缺欠常呈扁平状，如果加载方向垂直于裂纹、未熔合和未焊透的平面，则在它们的两端会引起严重的应力集中，尤其是裂纹，在其尖端存在着缺口效应，容易诱发出现三向应力状态，导致裂纹的失稳和扩展，以致造成整个结构的断裂，所以裂纹（特别是延迟裂纹）是焊接结构中最危险的缺欠。固体夹杂的应力集中效果取决于固体夹杂的形状，若夹杂为圆形，则应力集中程度相对较小，若夹杂形状不规则，将会由于存在尖角而导致应力集中程度增加。

此外，对于焊缝的形状不良、角焊缝的凸度过大及错边、角变形等焊接接头的外部缺欠，也都会引起应力集中或产生附加应力。焊缝增高量、错边和角变形等几何不

连续缺欠，有些虽然为现行规范所允许，但都会在焊接接头区产生应力集中。

由于接头形式的差别也会出现应力集中，在焊接结构常用的接头形式中，对接接头的应力集中程度较小，角接头、T形接头和正面搭接接头的应力集中程度相差不多。重要结构中的T形接头，如动载荷下工作的H形板梁，可采用开坡口的方法使接头处应力集中程度降低；但搭接接头不能做到这一点，侧面搭接焊缝沿整个焊缝长度上的应力分布很不均匀，而且焊缝越长，不均匀度越严重，故一般钢结构设计规范规定侧面搭接焊缝的计算长度不得大于60倍焊脚尺寸。超过此限定值后即使增加侧面搭接焊缝的长度，也不会降低焊缝两端的应力峰值。

（三）对焊接结构疲劳强度的影响

焊接缺欠对结构的静载强度和疲劳强度有不同程度的影响，在一般情况下，材料的破坏形式多属于塑性断裂，这时缺欠所引起的强度降低，大致与它所造成承载截面积的减少成比例。焊接缺欠对疲劳强度的影响要比静载强度大得多。

例如焊缝内部的裂纹由于应力集中系数较大，对疲劳强度的影响较大。气孔引起的承载截面积减小10%时，疲劳强度的下降可达50%。焊缝内部的球状夹杂当其面积较小、数量较少时，对疲劳强度的影响不大，但当夹杂形成尖锐的边缘时，对疲劳强度的影响十分明显。咬边对疲劳强度的影响比气孔、夹杂大得多。有咬边的焊接接头在106次循环条件下的疲劳强度大约仅为致密焊接接头的40%，其影响程度也与负载方向有关。含裂纹的结构与占同样面积含气孔的结构相比，前者的疲劳强度比后者降低约15%。对未焊透来说，随着其面积的增加，疲劳强度明显下降。而且，这类平面型缺欠对疲劳强度的影响与负载方向有关。此外，焊缝成形不良，焊趾区及焊根处的未焊透、错边和角变形等外部缺欠都会引起应力集中，易产生疲劳裂纹而造成疲劳破坏。

（四）对焊接结构脆性断裂的影响

脆性断裂是一种低应力破坏形式，具有突发性，事先难以发现和加以预防，因此危害较大。一般认为，焊接结构中缺欠造成的应力集中越严重，脆性断裂的危险性也越大。

由此可见，裂纹对脆性断裂的影响较大，其影响程度不仅与裂纹的尺寸、形状有关，而且与其所在的位置有关。如果裂纹位于高正应力区，就容易引起低应力破坏；若裂纹位于结构的应力集中区，则更危险。如果焊缝表面有缺欠，则裂纹很快在缺欠处形核。因此，焊缝的表面成形和粗糙度、焊接结构上的拐角、缺口、缝隙等都对裂纹形成和脆性断裂有很大的影响。

夹渣或夹杂物，根据其截面积的大小成比例地降低材料的抗拉强度，但对屈服强度的影响较小。几何形状造成的不连续性缺欠，如咬边、焊缝成形不良或焊穿等不仅降低了构件的有效截面积，而且会产生应力集中。当这些缺欠与结构中的残余应力或热影响区脆化晶粒区相重叠时，会引发脆性不稳定扩展裂纹。

未熔合和未焊透比气孔和夹杂更有害。当焊缝有增高量或用优于母材的焊条制成焊接接头时，未熔合和未焊透的影响可能不十分明显。事实上许多焊接结构已经工作多年，焊缝内部的未熔合和未焊透并没有造成严重事故。但是这类缺欠在一定条件下可能成为脆性断裂的引发点。

气孔和夹杂等体积类缺欠低于5%时，如果结构的工作温度不低于材料的塑性－脆性转变温度，对结构安全影响较小。带裂纹构件的临界温度要比含夹杂构件高得多。除用转变温度来衡量各种缺欠对脆性断裂的影响外，许多重要焊接结构都采用断裂力学作为评价的依据，因为用断裂力学可以确定断裂应力和裂纹尺寸与断裂韧度之间的关系。许多焊接结构的脆性断裂是由微裂纹引发的，在一般情况下，由于微裂纹未达到临界尺寸，结构不会在运行后立即发生断裂。但是微裂纹在设备运行期间会逐渐扩展，最后达到临界值，导致发生脆性断裂。

所以在结构使用期间要进行定期检查，及时发现和监测接近临界条件的缺欠，是防止焊接结构脆性断裂的有效措施。当焊接结构承受冲击或局部发生高应变和恶劣环境影响，容易使焊接缺欠引发脆性断裂，例如疲劳载荷和应力腐蚀环境都能使裂纹等缺欠变得更尖锐，使裂纹的尺寸增大，加速达到临界值。

（五）引起应力腐蚀开裂

焊接缺欠的存在能够引起焊接接头出现应力腐蚀疲劳断裂，应力腐蚀开裂通常总是从表面开始。如果焊缝表面有缺欠，则裂纹易在缺欠处萌生、扩展。因此，焊缝的表面粗糙度、焊接结构上的拐角、缺口、缝隙等都对应力腐蚀有很大的影响。这些外部缺欠使浸入的介质局部浓缩，加快了微区电化学过程的进行和阳极的溶解，为应力腐蚀裂纹的扩展成长提供了条件。

应力集中对腐蚀疲劳也有很大的影响。焊接接头应力腐蚀裂纹的扩展和腐蚀疲劳破坏，大都是从焊趾处开始，然后扩展穿透整个截面导致结构的破坏。因此，改善焊趾处的应力集中也能提高接头的抗腐蚀疲劳的能力。

错边和角变形等焊接缺欠也能引起附加的弯曲应力，对结构的脆性破坏也有影响，并且角变形越大，破坏应力越低。

综上所述，焊接结构中存在焊接缺欠会明显降低结构的承载能力。焊接缺欠的存在，减小了焊接接头的有效承载面积，造成了局部应力集中。非裂纹类的应力集中源在焊接产品的工作过程中也极有可能演变成裂纹源，导致裂纹的萌生。并且，焊接缺欠的存在对焊接结构的耐蚀性和疲劳寿命均有不同程度的影响。所以，焊接结构的制造过程中应采取措施，防止产生焊接缺欠，在焊接结构的使用过程中应进行定期检测，以及时发现缺欠，采取修补措施，避免事故的发生。

第二节　焊接接头质量检测方法分类

一、非破坏性和破坏性检测方法

根据采用的检测方法是否需要破坏焊接结构的完整性，分为非破坏性和破坏性检测。

非破坏性检测是指在不损坏工件的前提下，以物理或化学方法为手段，借助先进的技术和设备器材，对工件的内部和表面的结构、性质、状态进行检查和测试的方法。非破坏性检测的方法主要有焊接接头外观检验方法、耐压试验、致密性试验及无损检测方法。焊接接头外观检验方法包括检测几何偏差检测、外观成形不良检测。耐压试验主要方法有水压试验、气压试验。致密性试验主要有气密性试验、载水试验、水压试验、煤油试验、渗透试验、氮检漏试验等。无损检测方法主要有目视检测、射线检测、超声波检测、磁粉检测、渗透检测、涡流检测、声发射检测等。

破坏性检测的方法主要为理化检测方法，如金相检测（宏观组织检测、微观组织检测）、力学性能测试（拉伸试验、弯曲试验、冲击试验、压扁试验、硬度试验、疲劳试验、蠕变试验、热疲劳试验等）、化学成分分析、金属断口分析等。

二、外部缺陷和内部缺陷检测方法

根据缺陷在焊接接头中的分布，可分为外部缺陷检测方法和内部缺陷检测方法。

外部缺陷检测方法一般为非破坏性检测，可采用目视监测、磁粉检测、渗透检测等无损检测方法对焊接接头外观缺陷进行检验，包括几何偏差缺陷（错边、角变形、焊瘤、焊缝外观尺寸不合格等）、外观成形不良缺陷（咬边、焊瘤、烧穿、下塌、电弧擦伤）及不连续性缺陷（夹渣、气孔、裂纹、未熔合、未焊透等）。

内部缺陷检测方法有破坏性检测和非破坏性检测。内部缺陷的破坏性检测可采用微观组织分析、断口检验与分析、力学性能分析、化学成分分析、夹杂物分析等理化方法对金相组织缺陷（夹杂、过热、过烧、偏析、微观裂纹等）、化学元素含量超标、力学性能超标、接头断口断裂性质进行检测。内部缺陷的非破坏性检测可采用射线检测、超声波检测、磁粉检测、渗透检测等无损检测方法对不连续性缺陷进行检测。

第三节　焊接接头质量检测方法介绍

一、焊接接头外观质量检测

焊接接头外观质量检验主要分为焊接接头几何偏差检测、焊接接头外观成形不良检测两部分。

（一）焊接接头几何偏差检测

焊接接头几何偏差检测是用肉眼、借助测量工具或用低倍放大镜（不大于5倍）观察焊接工件，以发现错边、角变形、焊瘤等几何偏差缺陷，以及观测焊缝外形和尺寸是否满足技术要求的检验方法。在测量焊缝外形尺寸时，可采用焊缝检验尺、游标卡尺、卷尺、钢板直尺等工具。焊缝检验尺经典应用场景如图7-7所示。

（1）直接外观检验。用于眼睛能清楚地看到被检验焊接件，直接观察和分辨焊接缺陷的场合。在检验过程中可以采用适当的照明，利用反光镜调节照射角度和观察角度，或借助于低倍放大镜进行观察，以提高肉眼发现和分辨焊接缺陷的能力。

（2）间接外观检验。用于眼睛不能接近被焊结构件的场合，如直径较小的管子及焊接制造的小直径容器内表面的焊缝。间接外观检验必须借助于工业内窥镜等进行观察试验，这些设备的分辨能力至少应具备相当于直接外观检验所获得检验效果的能力。

火电机组设计、安装、维修、改造工程及其配套加工制造的锅炉、压力容器、压力管道、钢结构采用焊条电弧焊、钨极氩弧焊、熔化极（实芯和药芯焊丝）气体保护焊、气焊、埋弧焊等焊接方法成型时，其允许的焊缝外形尺寸可按照DL/T 869—2021《火力发电厂焊接技术规程》执行。

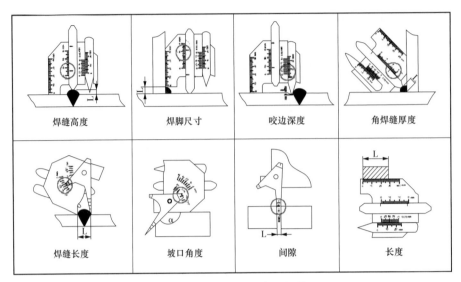

图7-7　焊缝检验尺应用场景

（二）焊接接头外观成形不良检测

焊接接头外观成形质量可采用目视检测方法进行。

1. 表面颜色

焊接接头的表面颜色是质量信息的一部分，尤其是钛合金焊接，通过观察焊接接头的颜色，可以判定焊接过程规范的正确性或焊接工艺纪律是否得到贯彻执行，并对焊接接头质量进行预判。焊缝颜色的不同，表明焊接过程中的保护效果不同，若焊缝处有明显的氧化色，则说明保护效果不好，焊缝表面氧化严重。不锈钢焊接接头表面以银白色、金黄色为最好。

2. 外观成形质量

焊接接头的外观成形质量是指焊后未经机械加工的表面，采用肉眼或借助放大镜（5倍）观察到的原始形貌及相应信息。焊接接头不得有表面裂纹、未熔合、未焊透、夹渣与气孔、弧坑、焊瘤、未填满等缺欠。

二、焊接接头耐压和致密性试验

（一）焊接接头耐压试验

耐压试验又称为压力试验，是将液体或气体介质充入焊接结构，缓慢加压，对结构整体进行强度和致密性的综合检验，常用于受压容器、管道等焊接结构的检验。耐压试验的主要目的是检验焊接结构在超负荷条件下的结构强度，验证其是否具备在设计压力下安全运行所必需的承压能力。耐压试验在检验强度的同时能检查焊接结构的致密性。

根据使用检验介质的不同，耐压试验可分为水压试验和气压试验。

1. 水压试验

水压试验是以水为介质的耐压试验。水的压缩系数小，爆炸时的膨胀功也很小，在水压试验中如果焊接结构破裂，则释放的能量小，不易引起爆炸。因此，水压试验安全可靠、成本低廉、操作简单，是焊接结构进行耐压试验的主要试验方法。

2. 气压试验

气压试验是以气体为介质的耐压试验。气压试验后无须排水，比水压试验灵敏、迅速，但气体的压缩系数大，在同样的试验压力下，气体的体积膨胀系数比水的体积膨胀系数大得多，焊接结构在气压试验过程中一旦发生破坏事故，不仅释放积聚的能量，而且以最快的速度恢复在升压过程中被压缩的体积，其破坏力极大。因此，从安全角度考虑，在焊接结构耐压试验时，条件允许下优先选用水压试验。

（二）焊接接头致密性试验

致密性试验又称为泄漏试验、密封性试验，用来检查结构有无液体、气体泄漏的现象，即检查焊缝的致密性，及焊缝有无贯穿性缺欠。致密性试验主要用于检查存储介质为液体或气体的焊接结构。对存储有毒、有害或易燃、易爆介质的容器，必须进行严格的致密性试验。焊接接头致密性试验常用的方法有气密性试验、煤油试验、氨气试验、氨泄漏试验、沉水试验等。

1. 气密性试验

首先在密封的焊接结构中通入一定压力的干燥、清洁的空气、氮气或其他惰性气体，同时，在焊接结构上焊缝的外表面涂肥皂水，然后检查焊缝外表面有无肥皂泡产生。如果没有肥皂泡产生，认为合格；若发现有肥皂泡产生，则做上标记，试验完后进行处理。

气密性试验一般用于密封的焊接结构的检验。在进行气密性试验时，焊接结构的安全附件应安装齐全。气密性试验的试验压力为焊接结构的工作压力。

2. 煤油试验

煤油试验适用于敞开的焊接容器和储存液体的储罐以及同类其他焊接产品的致密性检验。在便于观察和焊补的一面涂以白垩粉，待干；焊缝另一面涂以煤油，试验过程中涂2~3次，持续15min~3h。涂煤油后开始观察涂有白垩粉的一侧，如在规定时间内，焊缝表面未出现油斑和油带（无渗漏），即定为合格。锅炉管箱式空气预热器一般采取该检验方法。

3. 氨气试验

氨气试验适用于可封闭的容器或构件的致密性试验。试验时，在焊缝上贴以浸透5%硝酸银（汞）水溶液的试纸（其宽度比焊缝宽度大20mm）。在工件内部充入含10%（体积含量）氨气的混合压缩空气（其压力按工件的技术条件制定），保压3~5min，以试纸上不出现黑色斑点为合格。对于致密性要求较高的焊缝，检查时，将容器抽真空，然后喷射氨气或在容器内通入微量氨气，由专用氨气质谱检漏仪进行检漏。

4. 氦泄漏试验

向密封容器中通入氦气，保持一段时间后，在焊缝外侧利用氦质谱检漏仪检测有无泄漏的氦气。由于氦气质量轻，可以穿透尺寸很小的缝隙，因此，氦检漏试验是一种灵敏度很高的密封性试验方法，常用于致密性要求很高的压力容器检验。

氦检漏试验主要分为吸枪法和负压法两种。吸枪法又称为正压法，一般不允许用于抽空、放气量大和复杂管道等被检件。

5. 沉水试验

首先将焊接结构沉入水面下20~40mm的位置，然后向结构内充入压缩空气，观察有无气泡产生，如果没有气泡浮出则为合格，出现气泡处为焊接缺欠存在的位置。这种方法一般用于小型密封焊接结构的检验。

6. 载水试验

试验前，清理焊缝和热影响区表面，在温度不低于0℃的条件下，向容器内灌入温度不低于5℃的净化水，保持一段时间（不得小于1h），表面观察焊缝外表面以焊缝不出现水流、水滴渗出，焊缝和热影响区表面无"出汗"现象为合格。

载水试验一般用于不受压结构或敞口结构的检验。对于体积较大的容器，试验过程中需要消耗的水量较大，试验的成本较高，时间较长。

7. 吹气试验

试验前，先将焊缝表面清理干净，再用压缩空气猛吹焊缝的一侧，在焊缝的另一侧涂以肥皂水，观察气流冲击时有无肥皂泡产生，若没有出现肥皂泡，则为合格。在试验中，压缩空气的压力不得小于0.4MPa喷嘴到焊缝表面的距离不超过30mm并且喷嘴和焊缝要保持垂直。吹气试验一般用于敞口结构的检验。

8. 冲水试验

在焊缝的一侧用高压水流喷射，同时观察焊缝的另一侧，以没有渗水现象为合格。试验中，试验的环境温度不低于0℃，水温不低于5℃；水管喷嘴直径不得小于15mm，水的喷射方向与焊缝表面的夹角不得小于70°，试验水压不应小于0.1MPa。垂直焊缝的检查应自下而上进行。冲水试验一般用于大型敞口结构的检验。

三、常用无损检测方法

（一）目视检测方法

1. 目视检测原理及分类

目视检测（VT）是观察、分析和评价被检件状况的一种无损检测方法。它仅指用人的眼睛或借助于某种目视辅助器材对被检件进行的检测。目视检测可分为直接目视检测、间接目视检测和透光目视检测。

（1）直接目视检测。不借助于目视辅助器材（照明光源、反光镜、放大镜除外），用眼睛进行检测的一种目视检测技术。

（2）间接目视检测。借助于反光镜、望远镜、内窥镜、光导纤维、照相机、视频系统、自动系统、机器人以及其他适合的目视辅助器材，对难以进行直接目视检测的被检部位或区域进行检测的一种目视检测技术。

（3）透光目视检测。借助于人工照明，观察透光叠层材料厚度变化的一种目视检测技术。

2. 目视检测特点

（1）原理简单，易于理解和掌握。

（2）不受或很少受被检产品的材质、结构、形状、位置、尺寸等因素的影响。

（3）不需要复杂的检测设备器材。

（4）检测结果直观、真实、可靠、重复性好。

（5）不能发现表面上细微的缺陷。

（6）观察过程中由于受到表面照度、颜色的影响，容易发生漏检现象。

3. 目视检测应用

目视检测主要用于观察材料、零部件、设备和焊接接头等的表面状态、变形、腐蚀、泄漏迹象等。此外，目视检测还可用于确定复合材料（半透明的层压板）表面下的状态。

目视检测结果应按设备相关法规、标准和（或）合同要求进行评价。NB/T 47013.7—2012《承压设备无损检测　第7部分：目视检测》规定了最低限度的检测要求，但并不限制在生产过程中可能进行的更高要求的检测。当目视检测发现异常情况，且不能判断缺陷的性质和影响时，可采用厚度测量、超声波检测、射线检测、磁粉检测、渗透检测等其他无损检测方法对异常处进行检测和评价。

（二）渗透检测方法

渗透检测又称渗透探伤或着色探伤，是五种常规无损检测方法中的一种。

1.渗透检测原理及分类

渗透检测（PT）是一种利用毛细现象的原理检查非疏松性固体表面开口缺陷的无损检测方法。其原理是将溶有荧光染料或着色染料的渗透液施加于被检工件表面，由于毛细现象的作用，渗透液渗入各类表面开口的细小缺陷中，去除附着于被检工件表面上多余的渗透液，经干燥后再施加显像剂，缺陷中的渗透液在毛细现象的作用下重新被吸附到工件表面上，形成放大的缺陷显示，在黑光下（荧光检验法）或白光下（着色检测法）观察，缺陷处可相应地发出黄绿色的荧光或呈现红色显示，从而检测出缺陷的形貌和分布状态。

根据渗透剂所含染料成分，渗透检测可分为荧光渗透检测法、着色渗透检测法和荧光着色渗透检测法三类。根据渗透剂去除方法，渗透检测可分为水洗型、后乳化型和溶剂去除型三类。根据显像剂类型，渗透检测可分为干式显像法、湿式显像法两类。

2.渗透检测特点

（1）检测效率高，检测结果显示直观。一次检测操作可同时检测不同方向的表面开口缺陷，并可直观观察和记录缺陷的形貌和分布。

（2）适合野外或者无水源、电源设施的场所或高处作业现场。一般不需要大型的设备，可不用水、电，使用携带式气雾罐着色渗透检测法十分方便。

（3）试件表面粗糙度影响大，检测结果往往容易受操作人员水平的影响。工件表面粗糙度值高会导致本底很高，影响缺陷识别，易造成缺陷漏检。

（4）仅可检测表面开口缺陷。由渗透检测原理可知，渗透液渗入缺陷并在清洗后能保留下来，才能产生缺陷显示，缺陷空间越大，保留的渗透液越多，检出率越高。对于闭合型的缺陷，渗透液无法渗入，因此无法检出。

3.渗透检测应用

（1）可应用于金属材料（钢、耐热合金、铝合金、镁合金、铜合金等）和非金属材料（陶瓷、塑料等）工件的表面开口缺陷检测。

（2）可应用于铁磁性材料和非铁磁性材料的检出，如碳素钢、低合金耐热钢等铁磁性材料及奥氏体不锈钢等非铁磁性材料。

（3）渗透检测不受被检工件结构和加工方法限制，可检查锻件、铸件和焊接件。例如，火电机组的管道及其焊接接头、阀门的阀芯和阀体、汽轮机大型铸件、轴类设备等。形状复杂的部件也可用渗透检测，并且一次操作就可大致做到全面检测。工件几何形状对磁粉检测影响较大，但对渗透检测的影响很小。对因结构、形状、尺寸不利于实施磁化的工件，可考虑用渗透检测代替磁粉检测。

采用溶剂去除型非荧光着色渗透检测法对锅炉屏式过热器出口集箱三通对接接头进行检测，发现对接接头存在横向裂纹缺陷，如图7-8所示。再热热段管道内壁热疲劳裂纹渗透检测形貌如图7-9所示。

 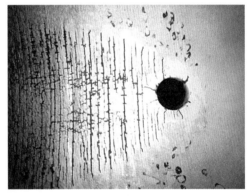

图7-8　焊接接头横向裂纹　　　　图7-9　热段管道热疲劳裂纹

（三）磁粉检测方法

磁粉检测（MT）又称磁粉探伤或磁粉检验，是五种常规无损检测方法中的一种。

1. 磁粉检测原理及分类

铁磁性材料磁化后，在有缺陷的地方产生漏磁场并吸附磁粉。磁粉检测是基于缺陷处的漏磁场与磁粉的相互作用，利用磁粉显示铁磁性材料表面或近表面缺陷，进而确定缺陷的位置（有时包括形状、大小和深度），如图7-10所示。

磁粉检测按照不同的分类方法，可以分成以下几类：按检测方法，可分为连续法和剩磁法；按磁化电流性质，可分为交流磁化法和直流磁化法；按磁化场的方向，可分为轴向磁化和纵向磁化；按显示介质的状态和性质，可分为干粉法、湿粉法和荧光磁粉法；按磁化方法，可分为直接通电法、线圈法、磁轭法、复合磁化法和旋转磁场法等。

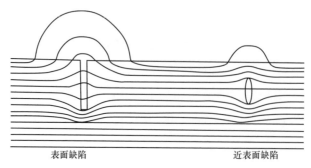

表面缺陷   近表面缺陷

图7-10 磁粉检测原理图

2. 磁粉检测特点

（1）适宜检测钢铁等铁磁性材料及其制品检测，但不能用于镁、铝、铜、钛等非铁磁性材料的检测。

（2）可以检出表面和近表面缺陷，不能用于检查内部缺陷。可检出的缺陷埋藏深度与工件状况、缺陷状况以及工艺条件有关。一般来说，采用交流电磁化可以检测表面下2mm以内的缺陷，采用直流电磁化可以检测表面下6mm以内的缺陷。但对焊接接头检测来说，因为表面粗糙不平，背景噪声高，弱信号难以识别，近表面缺陷漏检的概率较高。

（3）对缺陷具有较高的灵敏度。可检测出长0.1mm、宽为微米级的裂纹和目测难以发现的缺陷。但实际现场应用时可检出的裂纹尺寸达不到这一水平。虽然如此，在射线检测（RT）、超声波检测（UT）、磁粉检测（MT）、渗透检测（PT）四种无损检测方法中，对表面裂纹检测灵敏度较高的仍是MT。

3. 磁粉检测应用

（1）适用于管材、棒材、板材、型材和锻钢件、铸钢件及焊接件的磁粉检测。

（2）适用于马氏体不锈钢和沉淀硬化不锈钢的磁粉检测，不适用于奥氏体不锈钢和用奥氏体不锈钢焊接材料填充的焊缝；也不适用于检测铝、镁、铜、钛等非铁磁性材料，即不适用于变电站铝母线焊接接头、铝制GIS筒体及其焊接接头、铜铝过渡接头等。

（3）适用于检测表面和近表面的裂纹、白点、发纹、折叠、疏松、冷隔、气孔和夹杂等缺陷，不适用于检测工件表面浅而宽的划伤、针孔状缺陷、埋藏较深的内部缺陷。

（4）适用于检测火电机组的锅炉集箱、管道、受热面管的对接接头及弯头背弧、水压堵阀阀体等设备，风电机组塔筒焊接接头、刹车盘、机架，变电站钢制GIS筒体及其焊接接头、钢管杆等设备。

采用直流磁化的磁轭法、湿粉非荧光黑色磁悬液法检测壁厚为88mm的20g钢板对接接头，发现1条长28mm的裂纹，如图7-11所示。为提高检测灵敏度，检测过程中使用磁粉检测反差剂。

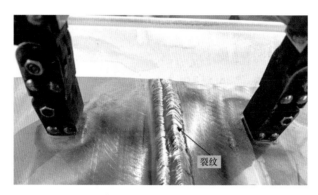

图7-11　磁粉检测钢板对接接头

（四）射线检测方法

射线检测（RT）又称射线探伤或射线检验，是五种常规无损检测方法中的一种。

1. 射线检测原理及分类

将射线能量注入被检测工件中，射线在穿过物质的过程中与被检工件进行相互作用（吸收、散射），发生衰减而使其强度降低，衰减的程度取决于被检测材料的种类、射线种类以及穿透的距离等因素，利用各部位对入射射线的衰减不同，导致透射射线的强度分布不均匀，利用胶片或传感器收集其结果，再用图像将结果信息显示出来。由此，可检测出工件的结构状态、组织结构和缺陷（种类、大小和分布）。

按照射线源的不同可分为X射线检测、γ射线检测和中子射线检测。按照成像介质和方式的不同可分为胶片照相（成像介质为胶片）、计算机射线照相（CR，成像介质为IP成像板）、数字X射线检测（DR，成像介质为数字成像板）、计算机断层扫描检测（CT）等。

2. 射线检测特点

（1）射线照相法用底片作为记录介质，可以直接得到缺陷的直观图像，且可以长期保存。通过观察底片能够比较准确地判断出缺陷的性质、数量、尺寸和位置。

（2）容易检出能够形成局部厚度差的缺陷。对气孔和夹渣等体积型缺陷有很高的检出率，对裂纹、未熔合等面积型缺陷的检出率受透照角度的影响。不能检出垂直照射方向的薄层缺陷，如钢板的分层缺陷。

（3）所能够检出的缺陷高度尺寸与透照厚度有关，可以达到透照厚度的1%，甚至更小。所能检出的长度和宽度尺寸分别为毫米数量级和亚毫米数量级，甚至更小。

3.射线检测应用

（1）可应用于金属材料（钢、耐热合金、铝合金、镁合金、铜合金等）和非金属材料（陶瓷、复合材料等）的检测。

（2）射线检测薄工件没有困难，几乎不存在检测厚度的下限，但检测厚度上限受射线穿透能力（射线能量）的限制。

（3）射线检测可用于火电机组的锅炉、压力容器、管道、集箱、受热面等设备，风电机组的塔筒、叶片、机架等设备，输变电导线、复合绝缘子、直焊缝导体、铝管母、GIS等设备的制造、安装和在役检测，检测对象包括各种熔化焊接方法（电弧焊、气体保护焊、电渣焊等）的对接接头。也能检测铸钢件，在特殊情况下也可用于检测角焊缝或其他特殊结构工件。

数字X射线检测系统如图7-12所示，利用该系统对管道焊接接头进行X射线检测，检测成像如图7-13所示。

图7-12 数字X射线检测系统

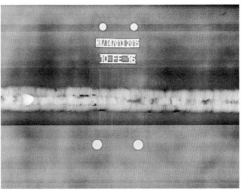
图7-13 管道焊接接头检测成像

锅炉受热面钢管对接接头DR检测，焊接接头中存在圆形缺陷，如图7-14所示。压力容器承压钢板对接接头人工制造的层间缺陷如图7-15所示。

（五）超声波检测方法

超声波检测（UT）又称超声波探伤或超声波检验，是五种常规无损检测方法中的一种。

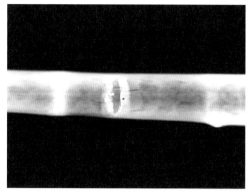
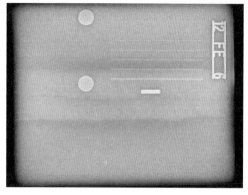

图7-14　受热面钢管对接接头圆形缺陷　　　　图7-15　钢板对接接头层间缺陷

1. 超声波检测原理及分类

超声波检测是在不损坏被检工件的前提下，利用工件与缺陷具有不同的声学特性，借助相应的检测设备，通过分析超声波在被检工件中传播路径和传播时间与波幅（衍射信号）变化，对部件内部及表面结构进行检测，并对结果进行分析和评价的一种无损检测方法。

使用一定方法激励声源产生超声波，超声波进入被检工件后，如果工件内部存在缺陷，工件与缺陷会形成异质界面，由于工件与缺陷部位具有不同的声阻抗，使得超声波在异质界面处发生反射或衍射，通过超声波探头接收反射或衍射信号，并分析所接收到的超声波信号，判断工件内部缺陷情况。

超声波检测常用方法有A型显示超声波检测法（UT）、超声波衍射时差检测法（TOFD）和超声波相控阵检测法（PAUT）。其中，PAUT和TOFD为可记录式超声波检测方法，其检测工艺参数和检测结果数据叮永久记录。

超声波相控阵检测法是指基于惠更斯原理，利用相控阵换能器（探头）对工件进行线形，扇形扫查，并以B、C、S形等显示方式来显示缺陷的一种超声波成像检测技术。相控阵换能器：由一定数目的压电晶片按某种几何阵列（线形、矩形、圆形等）排列，每个晶片的激励（或接收）时间可以单独调节，从而实现控制超声波声束轴线和聚焦位置。

超声波衍射时差检测法（TOFD）是一种依靠从被检工件内部结构（主要是指缺陷）的"端角"和"端点"处与超声波相互作用后形成衍射波，通过计算衍射波的传播时差来测量缺陷（深度、自身高度、长度），然后通过对衍射信号的图像化处理来显示缺陷的一种超声波检测方法。

2. 超声波检测特点

（1）穿透能力强，能够检测大厚度工件的内部缺陷，能够对缺陷进行定位和定量，但无法对缺陷进行精确定性及定量。

（2）对面积型缺陷检出率高。

（3）适应性强，检测灵敏度高，无辐射伤害。

（4）较难检测复杂形状或不规则外形的工件。

（5）缺陷位置、取向和形状对检测结果有一定的影响。

3. 超声波检测应用

超声波检测穿透能力强，其适用范围广。

（1）按检测对象材料，可用于各种金属材料和非金属材料。

（2）按金属制造工艺，可用于锻件、铸件、焊接件、复合材料等，检测灵敏度可达$\lambda/2$（λ为波长）。

（3）按被检工件，可用于对接接头、角接头、T形接头、板材、管材、棒材、锻件等各种工件。

（4）超声波检测可用于锅炉、压力容器、管道、汽轮机和发电机等金属监督设备的制造、安装和在役检测，亦可用于风电机组塔筒、螺栓、刹车盘、大轴、叶片等设备制造、安装和在役检测，并在输变电GIS、铝管母、钢管杆、构架等设备的制造、安装和在役检测中应用广泛。

PAUT方法由于具有声束偏转、聚焦特性，尤其适用于空间受限、工件外形复杂（如异形管道焊接接头、汽轮机隔板焊缝、汽轮机叶根等）等情况下的检测。

TOFD方法由于衍射信号波幅基本不受声束角度影响，任何方向的缺陷都能有效地发现，其缺陷检出率高达70%～90%，远高于常规A型显示超声波检测方法，大多数情况下也高于射线照相检测法。而且TOFD技术的定量精度高，一般认为，对线性缺陷或面积型缺陷，TOFD测高误差小于1mm，对足够高的（一般指大于3mm）裂纹和未熔合缺陷高度测量误差只有零点几毫米。TOFD技术还可用于在役设备的缺陷扩展监控，且对裂纹高度扩展的测量精度极高，可达0.1mm。

利用A型显示超声波检测方法对火电机组主蒸汽管道（$\phi355.6\times50mm$，12Cr1MoVG）熔化焊对接接头进行检测，发现焊缝中存在超标夹渣缺陷，车削后焊缝中夹渣缺陷如图7-16和图7-17所示。

与常规A型显示脉冲反射法超声波检测技术不同，TOFD检测技术与PAUT检测技术可对检测过程全记录，检测结果具有可追溯性。TOFD检测技术是利用缺陷部位的衍射波信号来检测和测定缺陷尺寸的超声波检测方法，由于对缺陷定量不依赖缺陷的回波高度，因此检测灵敏度较高，对缺陷自身高度测量更准确。TOFD检测技术应用于

图7-16　主蒸汽管道夹渣缺陷

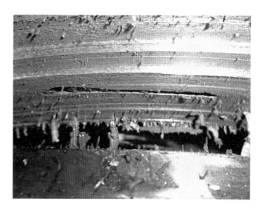

图7-17　主蒸汽管道超标缺陷

厚壁管道、压力容器的焊接接头检测中具有明显优势。TOFD技术把一系列A扫数据组合，通过信号处理转换为TOFD图像。在图像中每个独立的A扫信号成为图像中很窄的一行，通常一幅TOFD图像包含了数百个A扫信号。A扫信号的波幅在图像中以灰度明暗显示，通过灰度等级表现出幅度大小。典型TOFD扫查图像如图7-18所示。

图7-18　TOFD典型扫查图像

　　超声波相控阵检测技术是通过控制阵列换能器中各个阵元激励脉冲的时间延迟，改变由各阵元发射（或接收）声波到达（或来自）物体内某点时的相位关系，实现聚焦点和声束方位变化，从而完成相控阵波束合成，形成成像的技术。相控阵超声波检测技术能在不移动探头情况下对检测对象进行声束覆盖，从而使检测效率大幅度提高，也能通过控制声束角度从而对复杂工件进行检测，被广泛应用于电站锅炉压力管道、集箱、压力容器的焊接接头，及汽轮机叶片的叶根、隔板、高温紧固螺栓等部件的检测中。超声波相控阵检测660MW高效超（超）临界机组再热蒸汽热段管道（ID851×69mm、A335P92）焊接接头的检测结果如图7-19所示，由图可知，检测结果可通过A扫、C扫、D扫、S扫等方式显示，含有丰富的检测信息和缺陷信息，并可永久保存检测数据。

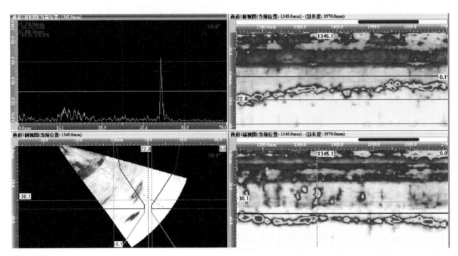

图7-19 超声波相控阵检测焊接接头的结果显示

（六）涡流检测方法

涡流检测（ET）又称涡流探伤或涡流检验，是五种常规无损检测方法中的一种。

1.涡流检测原理

涡流检测是一种非接触检测方式，根据电磁感应原理，工件在交变磁场作用下产生涡流，工件内部产生的感应电流方向与给工件施加交流磁场线圈（激励线圈）的电流方向相反。由于涡流所产生的交流磁场也会产生磁力线，磁力线通过激励线圈时会产生出感应电流，感应电流方向与激励电流方向相同，激励线圈中电流因为涡流反作用而增加。因此，可通过测定激励线圈中电流变化，测得涡流的变化，进而得到工件信息。涡流的分布及其电流大小，与激励线圈的形状和尺寸，交流频率，导体电导率、磁导率、形状和尺寸，导体与线圈间距离，以及导体表面缺陷等因素有关。可通过检测工件中涡流变化，得到工件材质、缺陷和形状尺寸等信息。

2.涡流检测特点

（1）非接触式检测。检测时，线圈不需要接触工件，也不需要耦合介质，检测速度快，可实现自动化检测和在线检测。

（2）不能显示出缺陷直观图像，无法从显示信号判断出缺陷的性质。

（3）不适用于检测非导电材料，也不适合于检测工件内部埋藏较深的缺陷。

3. 涡流检测应用

（1）可用于检测铁磁性和非铁磁性等导电材料的表面和近表面缺陷检测，具有较高的检测灵敏度，且在一定范围内具有良好的线性指示，可对缺陷大小及深度作出评价。

（2）可用于检测材料和构件中裂纹、折叠、气孔和夹杂等缺陷。

（3）可用于检测管道壁厚的腐蚀或其他壁厚减薄缺陷。

（七）声发射检测方法

声发射检测（AE），是通过接收和分析材料的声发射信号来评定材料性能或结构完整性的一种无损检测方法。

1. 声发射检测原理

声发射是材料中因裂缝扩展、塑性变形或相变等引起应变能快速释放而产生的应力波现象。声发射检测过程中，声发射源发生的应力波传播到材料表面，传感器将材料的机械振动转化为电信号，然后经过放大、处理和记录，通过分析声发射信号特征，评价材料内部缺陷或结构完整性。

2. 声发射检测特点

声发射检测技术不同于其他常规无损检测技术，主要特点表现在以下方面：

（1）声发射是一种动态检测方法，声发射探测到的能量来自缺陷本身，而不同于超声波或射线检测方法来自仪器或换能器自身。

（2）声发射检测方法对线性缺陷检测灵敏度高，可提供活性缺陷随载荷、时间、温度等因素变化的实时信息，但是难以对活性缺陷进行定性和定量。不能检测非活性缺陷。

（3）可远距离操作，对被检工件的接近环境要求不高，可实现在高低温、核辐射、易燃、易爆等其他检测方法无法接近环境下对设备运行状态和缺陷扩展情况的监控。

（4）对于工件几何形状不敏感，适用于其他检测方法因受限制无法检测的复杂形状的工件。

3. 声发射检测应用

（1）声发射检测可应用于压力管道及压力容器安全性评价。能够检测压力容器加压试验过程中裂纹等活性缺陷的部位、活性和强度，从而为安全性评价提供依据。例如，出厂水压试验时的声发射监测、压力容器定期检修时水压试验的监测，以及压力容器运行过程中的实时监测。

（2）对于新设备加载试验，声发射检测可以预知由未知不连续缺陷引起的设备失效，并由此限定设备最高工作压力。声发射检测可确定小型韧性不锈钢压力容器安全使用压力，并研究各类缺陷的收敛性和危险性。

（3）声发射检测可作为材料疲劳、蠕变、脆断、应力腐蚀和断裂力学的研究测试手段。

（4）声发射检测可实时监测焊接过程中热裂纹、延迟裂纹以及再热裂纹的产生和扩展，有效提高焊接质量。

四、理化检测方法

焊接接头的理化检测方法一般为破坏性检测，主要有金相检验方法、力学性能测试方法、化学成分分析方法、断口分析方法。

（一）金相检验方法

1. 金相检验方法概述

金属的相结构称为金相，金相中包含着关于冶金质量、生产工艺以及服役过程中的组织变化等信息。金相检验的目的在于通过分析材料的宏观或微观组织结构，来解释材料的宏观性能。金相检验是指运用目视或放大设备，对金属材料的宏观及微观组织进行观察，从而对金属材料的性能和状态进行分析评估，以便了解金属的组织结构状态、缺陷、老化、蠕变损伤等信息。

2. 金相检验方法分类

金相检验分为宏观金相检验和微观金相检验两类。

宏观金相检验的方法是通过目视或低倍放大镜观察，来分析金属金相试样的各种宏观特征或缺陷。宏观金相是常用的检验方法。宏观金相检验的缺点是无法观察到细微的组织特征，其优点是简便易行，可以纵观全貌，在较大视野内观察组织的不均匀性以及宏观缺陷的形貌及分布。在日常质量检验、失效分析和科学研究中，宏观检验的应用普遍，而且往往作为微观检验的先导。

微观金相检验是指通过金相显微镜观察金属的微观组织形态、分布、晶粒度和微观缺陷等。常规光学显微镜的分辨率在 $0.2\mu m$ 左右，放大倍数一般小于2000倍。电子显微镜也可以用来观察分析金属显微组织，其放大倍数较光学显微镜更大，可达几十万倍，甚至可以观察到材料表面原子像。

3. 金相检验技术的应用

金相检验技术在火力发电厂金属技术监督工作中，通常情况下有以下应用：

（1）受监金属部件原材料金属检验（原材料组织形态、晶粒度等）。

（2）受监金属部件焊接以及热处理质量检验（热影响区过烧组织、淬硬组织及微观裂纹等）。

（3）高温再热蒸汽管道、主蒸汽管道、锅炉受热面管等受监设备部件材质组织的老化分析。

（4）评估设备运行状态下的金属管壁温度。

（5）高温紧固螺栓制造质量检验、运行后的材质脆化分析。

（6）受监金属部件爆破、断裂或损伤失效分析。

（二）力学性能测试方法

常规的力学性能测试方法有拉伸试验、冲击试验、硬度试验等。

1. 拉伸试验

金属材料的强度性能指标（抗拉强度和屈服强度）和塑性性能指标（伸长率和断面收缩率）可以通过拉伸试验测出，金属材料的典型拉伸曲线如图7-20所示。拉伸试验是用静载荷对金属试样进行轴向拉伸，直至拉断，在整个试验过程中，可以真实地看到材料在外力作用下产生的弹性变形、塑性变形和断裂等各阶段，可以测量得到材料的抗拉强度、屈服强度、延伸率和断后伸长率等性能指标。

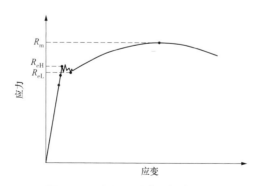

图7-20　金属材料典型拉伸曲线

（1）屈服强度。当金属呈现屈服现象时，在拉伸试验期间发生塑性变形而力不增加时的应力。应区分上屈服强度和下屈服强度。上屈服强度是指试样发生屈服而力首次下降前的最高应力值，用R_{eH}表示。下屈服强度是指在屈服期间，不计初始瞬时效应时的最低应力值，用 R_{eL} 表示。有些材料没有明显的屈服现象，通常用规定塑性延伸强度来替代屈服强度，用 R_p 表示。使用的符号应附以下脚注说明所规定的百分率，如 $R_{p0.2}$ 表示规定塑性延伸率为0.2%时的应力。

（2）抗拉强度。拉伸试验时与最大力 F_m 相对应的应力称抗拉强度，用 R_m 表示。对于有屈服的金属材料，最大力是指在加工开始之后试样所承受的最大力；对于无明显屈服的金属材料，最大力是指试验期间的最大力。

（3）伸长率。金属材料在进行拉伸试验时试样拉断后其标距部分所伸长的长度与原始标距长度的百分比称为断后伸长率，也称伸长率，用 A 表示，计算公式如下

$$A = \frac{l_1 - l_0}{l_0} \times 100\% \tag{7-1}$$

式中　l_1——试样拉断后的标距长度（mm）；

　　　l_0——试样的原始标距（mm）。

（4）断面收缩率。金属试样在拉断后，其横截面积的最大缩减量与原始横截面积的百分比，称为断面收缩率，以符号 Z 表示，计算公式如下

$$Z = \frac{S_0 - S_u}{S_0} \times 100\% \tag{7-2}$$

式中　S_u——试样拉断后缩颈处的最小横截面积（mm^2）；

　　　S_0——试样原始横截面积（mm^2）。

2. 冲击试验

冲击韧性是评定金属材料受冲击载荷作用时抵抗变形和断裂的抗力指标，以冲击韧度或冲击吸收功来度量。冲击试验根据试验温度分为高温冲击、室温冲击和低温冲击三种；根据受力形式分为拉伸冲击、弯曲冲击和扭转、剪切冲击等。冲击韧度计算公式如下

$$a_k = A_k / A_0 \tag{7-3}$$

式中　a_k——冲击韧度（J/cm^2）；

　　　A_k——冲断试样所吸收的功（J）；

　　　A_0——试样缺口部位原始横截面积（cm^2）。

冲击试验常用方法为夏比冲击试验。夏比冲击试验是将规定形状、尺寸和缺口形状的试样，放在冲击试验机的试样支座上，然后让规定高度和重量的摆锤自由落下，产生冲击载荷将试样折断，记录冲击吸收功，冲击吸收功越高，表明材料的冲击韧性越好。冲击试验对材料的变脆倾向和冶金质量、内部缺陷情况极为敏感，所以冲击试

验主要用来判断材料的冶金质量和热加工后的产品质量，以及揭示材料中的缺陷情况。

3. 硬度试验

硬度试验分为压入法、回弹法和刻划法三种。常见的硬度试验方法有布氏硬度法、洛氏硬度法、维氏硬度法和里氏硬度法。

（1）布氏硬度法。布氏硬度试验是用一定直径的钢球或者硬质合金球体，以相应的试验压力压入试样表面，经规定保持时间后卸除试验压力，通过测量压痕直径来计算硬度的一种试验方法。布氏硬度常用 HBS 或 HBW 表示。布氏硬度具有试验数据稳定、重复性好的优点，在操作上影响试验结果的因素少。

布氏硬度检测示意图如图 7-21 所示，对一定直径 D（mm）的碳化钨合金球施加试验力 F（N）压入试样表曲，经规定保持时间后，卸除试验力，测量试样表面压痕直径 d（mm），求出压痕表面积 S（mm²），布氏硬度可通过式（7-4）求出

$$布氏硬度 = 0.102 \times \frac{2F}{S} \qquad (7-4)$$

布氏硬度测定主要适用于各种未经淬火的钢，如退火、正火状态的钢、调质钢、铸铁、有色金属及质地轻软的轴承合金等材料。由于进行高硬度材料测试时，钢球本身的变形会影响测量结果，所以通常只用来测定小于 450HBW 的金属材料。由于布氏硬度试验的压痕大，设备不便携，故对成品的检测较困难，这一困难由便携式布氏硬度计的推广应用而得到改善。目前，便携式布氏硬度计在火电机组金属监督检验中得到了广泛应用，可用于汽轮机高温紧固螺栓、薄壁和厚壁管道母材及焊接接头的硬度检测。

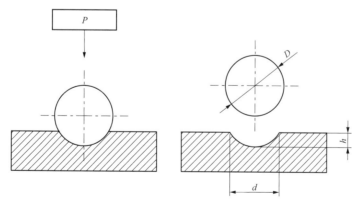

图 7-21　布氏硬度原理示意图

（2）洛氏硬度法。洛氏硬度试验是将压头按要求压入试样表面，经规定保持时间后卸除主试验力，通过测量压痕深度值来计算硬度值。洛氏硬度常用 HRA、HRB、HRC 表示。由于洛氏硬度的试验力小，压痕也小，故可直接在成品工件上进行测试。

但是由于压痕小，测量数值代表性差，若试验试样中有偏析及组织不均匀等情况，则所测量硬度值重复性差。

洛氏硬度可根据最终压痕深度和初始压痕深度的差值 h 通过式（7-5）计算得出

$$洛氏硬度 = N - \frac{h}{S} \tag{7-5}$$

式中　N——全量程常数；

　　　S——标尺常数。

（3）维氏硬度法。维氏硬度试验是将顶部两相对面夹角为136°的正四棱锥体金刚石压头用一定的试验力 F（N）压入试样表面，保持规定时间后，卸除试验力，测量试样表面压痕对角线长度 d（mm），求出压痕面积 S（mm）。维氏硬度常用HV表示，维氏硬度通过式（7-6）计算得出

$$维氏硬度 = 0.102 \times \frac{F}{S} \tag{7-6}$$

维氏硬度的试验力一般可选5、10、20、30、50、100、120kg等，小于10kg的压力可以测定显微组织硬度。维氏硬度的测量范围广，几乎适用于各种金属材料，测量精度高，重复性好。显微维氏硬度的试验力小，对试样的化学成分不均匀或组织不均匀具有较敏感的鉴定能力。在火电机组的金属监督检验中，可以对特别细小的试样甚至是金属组织中的某一组成相或涂层、镀层等表面处理层进行硬度测试。但是显微维氏硬度的制样较复杂，测试过程复杂，测试效率低。

（4）里氏硬度法。里氏硬度试验方法是一种动态硬度试验法，用规定质量的冲击体在弹簧力作用下以一定的速度垂直冲击试样表面，以冲击体在距试样表面1mm处的回弹速度（v_R）与冲击速度（v_A）的比值表示材料的里氏硬度，常用HL表示。里氏硬度通过式（7-7）计算

$$里氏硬度 = 1000 \times \frac{v_R}{v_A} \tag{7-7}$$

里氏硬度计体积小，质量轻，操作简便，在任何方向上均可测试，所以特别适合工程现场使用。同时对测试面的压痕很小，不损伤试样表面，既可以在平面试样上进行测试，也可以在弧面试验上测试。因此，里氏硬度在火电机组金属监督检验中使用范围最广，频率最高。但是，里氏硬度测试数据受操作方法、环境等人为因素影响较大；硬度值转换为其他硬度值时，因为各种测试原理无明确的物理关系，会产生误差。因此，在使用过程中，测试数据有时需在一定的试验数据基础上进行修正。

（5）弯曲试验。弯曲试验是测定材料承受弯曲载荷时的力学特性试验。弯曲试验

主要是测定脆性材料和低塑性材料的抗弯强度并能反映塑性指标的挠度，还可用来检查材料的表面质量。弯曲试验分为力学性能弯曲试验和工艺试验弯曲试验两类。对于脆性材料弯曲试验一般只产生少量的塑性变形即可破坏，断裂后可测定其抗弯强度、塑性等力学指标，属于力学性能弯曲试验。而对于塑性材料则不能测出弯曲断裂强度，但可用规定尺寸弯心将其弯曲至规定程度，检验其延展性和均匀性，并显示表面有无裂纹，属于工艺试验弯曲试验。

火电机组金属监督中应用较广泛的是工艺试验弯曲试验。对塑性材料试样或金属管进行弯曲试验时，一般不断裂，将试样加载弯曲到规定程度后，检验其弯曲变形能力，观察弯曲面是否有起层、开裂等现象。

（6）压扁试验。压扁试验是用于测定圆形横截面金属管塑性变形性能，并可揭示其缺陷的一种试验方法。在火电机组金属监督检验中，主要用于检验无缝金属管管材或焊接接头的塑性变形能力以及是否存在裂纹缺陷。在进行压扁试验时，将试样放在两个平行板之间，用压力机或其他加载方法，均匀地压至有关的技术条件规定的压扁距，检查试样弯曲变形处，无裂缝、裂口或焊缝开裂，即认为合格。

（7）扩口试验。扩口试验是用于测定圆形横截面金属管塑性变形能力的一种试验方法。在进行扩口试验时，将具有一定锥度的顶芯压入金属管试样一端，使其均匀地扩张到有关技术条件规定的扩口率，然后检查扩口处是否有裂纹等缺陷，以判定合格与否。在火电机组金属监督检验中，扩口试验主要用于外壁不大于150mm、壁厚不大于10mm的锅炉受热面管的检验。

（三）化学成分分析方法

金属材料化学成分分析的目的是检测金属材料中的化学组分及各组分的含量。按分析的任务可分为定量分析和定性分析。鉴定金属材料由哪些元素所组成的试验方法称为定性分析。测定各组分含量关系的试验方法称为定量分析。根据分析原理的不同，分析方法可分为化学分析法和光谱分析法。

1. 化学分析法

化学分析法是以物质的化学反应为基础的分析方法。根据其利用的化学反应方式和使用仪器不同，分为重量分析法和滴定分析法。化学分析方法是国家规定的仲裁分析方法。

（1）重量分析法。重量分析法是指根据物质的化学性质，选择合适的化学反应，将被测组分转化为一种组成固定的沉淀或气体，通过钝化、干燥、灼烧或吸收剂的吸收等一系列的处理后，精确称重，测量出被测组分的含量。

（2）滴定分析法。滴定分析法是指根据滴定所消耗标准溶液的浓度和体积以及被测物质与标准溶液所进行的化学反应计量关系，求出被测物质的含量。

化学分析法具有测量准确度高、所用仪器设备相对简单的优点，但该方法必须在试验室完成，且试验过程所需时间较长，对操作人员专业水平要求较高，不适合产品大批量的检测。

2. 光谱分析法

光谱分析法是根据元素被激发后所产生的特征光谱来确定金属的化学成分及大致含量的方法。通常借助于电弧、电火花、激光、X射线等外部能源激发试样，使被测元素激发出特征光谱，再依据光的强度与待测物质含量确定的函数关系来准确分析该元素的含量。根据仪器设备不同，可分为台式直读光谱仪、手持式X射线荧光光谱分析仪、便携式火花直读光谱仪。

（1）台式直读光谱仪。直读光谱仪属于原子发射光谱法的一种，根据原子发射的特征光谱来测定物质的组成。台式直读光谱仪是在试验室内进行金属材料化学成分定量分析的重要设备，其优点是自动化程度高、测量精度高、分析速度快、可同时进行多元素定量分析。缺点是仪器价格较高，对试验室环境及试样要求较高。

（2）X射线荧光光谱分析仪。X射线荧光光谱分析仪又称手持式合金分析仪或便携式合金分析仪，是基于X射线荧光光谱法而进行分析的一种设备，通常由X射线管、滤光片、探测器和数据处理软件组成。X射线荧光光谱分析仪是现场进行金属合金成分分析的主要仪器。其优点是结构轻便适于现场检测、操作简单、检测效率高、属于无损检测，不会对被检样品造成破坏。缺点是该方法属于半定量分析，无法对非金属元素进行分析。

（3）便携式火花直读光谱仪。便携式火花直读光谱仪又称看谱镜或看谱仪，属于原子发射光谱法的一种，工作原理与台式直读光谱仪一样，不同之处在于便携式火花直读光谱仪采用眼睛来观测谱线的强度，所以仅适用于可见光波段，波长390～700nm，无法对谱线的强度进行定量分析，所以专门用于钢铁及有色金属的定性及半定量分析。看谱镜的设备结构简单，价格低廉，使用成本低，适用于大批量检测，一般在火电厂基建安装期应用较广泛。

（四）金属断口分析方法

金属破断后获得的一对相对匹配的断裂表面及其外观形貌，称为断口。焊接接头断口记录着裂纹的发生、扩展和断裂的全过程，断口的形貌、色泽、粗糙度、裂纹扩展途径等受断裂时的应力状态、环境介质和材料特性的制约，并与时间有关。因此，通过断口观察可判断断裂的起因（裂纹源）、应力状态、断裂性质、断裂机制、裂纹扩展的速率以及环境因素对断裂的影响等。

1. 断口分析方法分类

断口分析方法主要有断口宏观分析方法、断口截面金相分析方法、断口电子显微分析方法。

（1）断口宏观分析方法。断口宏观分析是指借助肉眼、放大镜、微距相机或体式显微镜等低倍放大设备，对金属材料及其部件的断裂面进行形貌观察与分析。宏观分析一般作为断口分析的第一步，通过宏观分析对断口进行全面观察，初步判断断裂性质（脆性、韧性、疲劳、应力腐蚀等）、裂纹源位置和裂纹扩展方向，在此基础上可以有针对性地对断口进行微观分析。

断口宏观分析的主要内容有：断口与主正应力（主切应力）的关系；断口的平直情况、有无塑性变形、粗糙程度等；断口的主要特征形貌及各特征形貌面积的比例，如最后瞬断区所占比例；有无放射棱、人字缝、海滩纹、棘轮标记等；裂源区的位置。如表面或者内部，是否在应力集中区域，是否存在损伤区域；断口的颜色（氧化色、腐蚀产物颜色、新鲜光亮情况等）。

（2）断口截面金相分析方法。当需要判断断口是否为沿晶断裂，或观察断口上是否有二次裂纹、观察断口表面氧化状况、观察断面靠近断裂部件外缘表面是否有缺陷（可能成为裂源）时，截取垂直于断口截面的试样进行金相检验是很有效的方法。该方法会对断口造成不可逆的截取破坏，因此前提是断口全貌已经观察完毕。

（3）断口电子显微分析方法。为得到比光学显微镜更大的放大倍数及景深，需要用到电子显微镜。电子显微镜分析是将聚集成很多很细的电子束打到待测样品的微小区域上，产生各种不同的物理信息，把这些信息加以收集、整理，并进行分析，得出材料的微观形貌、结构和成分等有效资料。

扫描电子显微镜（scanning electron microscope，SEM）是介于透射电镜和光学显微镜之间的一种微观形貌观察手段，可直接利用样品表面材料的物质性能进行微观成像。它是将电子束聚焦后以扫描的方式作用于样品表面，产生一系列物理信息，收集其中二次电子、背散射电子等信息，这些信息经检测器接收、放大并转换成调制信号，最后在荧光屏上显示反映样品表面各种特征的图像。扫描电子显微镜的优点是分辨率高，放大倍数大（18万～100万倍），景深大，视野大，成像富有立体感，可直接观察各种试样凹凸不平表面的细微结构，制样简单。

扫描电镜中可以同时装配X射线能谱仪，可实现对样品的表面形貌、微区成分等方面的同步分析。X射线能谱仪（energy dispersive spectroscopyr，EDS），其原理是利用X射线光子特征能量不同进行成分分析。利用束径零点几微米的高能电子束，激发出试样几立方微米范围的各种信息，进行成分分析。EDS可快速、自动进行多种方式分析，能同时测量所有元素，并自动进行数据处理和数据分析，在很短时间内即可完成定性、定量分析。由于EDS分析电子束流小，分析过程中一般不会对样品造成损坏。扫描电子显微镜如图7-22所示。

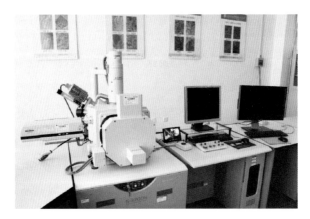

图7-22 扫描电子显微镜

2. 典型断口的特征与分析

（1）韧性断口。韧性断口又称塑性断口，其断裂前发生了明显的宏观塑性变形。韧性断口一般分为杯锥状、凿峰状和纯剪切断口，其中塑性金属材料拉伸圆棒试样拉伸杯锥状断口是一种较为常见的韧性断口。杯锥状断口通常可分为纤维区、放射区和剪切唇区三个区域，也就是常说的断口特征三要素。纤维区是大量塑性变形后裂纹萌生并缓慢扩展的结果，晶界被拉长似纤维，由于散射能力强，颜色发暗。紧邻纤维区的是放射区，裂纹由缓慢扩展向快速失稳扩展转化，放射区的特征是放射花样，放射方向与裂纹扩展方向平行，并逆向指向裂纹源。最后断裂的区域形成剪切唇，其表面光滑，与拉伸应力方向呈45°角，它是裂纹在较大的平面应力下发生不稳定快速扩展形成的切断型断口。

韧性断口的微观特征有滑移分离和韧窝。滑移分离是金属表面在外载荷下塑性变形时沿着一定的晶体学平面和方向滑移的现象，在断口上呈现蛇形滑动特征，随着变形量增大，会形成涟波花样，直至无特征的平坦面。金属韧性断口主要的微观特征是韧窝。首先材料内部分离形成空洞，在滑移作用下空洞逐渐长大并不断相互合并，形成韧窝断口。

（2）脆性断口。脆性断口没有明显的宏观塑性变形，断口相对平坦，断口表面呈放射状、人字纹或颗粒状，有时呈无定型的粗糙表面。脆性断口分穿晶（准）解理断口和沿晶脆性断口，前者较光亮（解理小刻面），后者相对较灰暗。

穿晶解理断裂是金属在外加正应力作用下，沿某些特定低指数结晶学平面发生的一种低能断裂现象。解理断口的微观特征有解理台阶、河流花样等，它们都是解理裂纹或解理面与不同角度晶界、组织缺陷等相互作用的结果；准解理断裂是介于解理断裂与韧窝断裂之间的一种过渡断裂形式，也属于脆性断裂范畴，在现实中这种断裂更为常见。准解理是不连续的断裂过程，各隐藏裂纹连接时，常发生较大的塑性变形，形成所谓的撕裂棱，甚至是韧窝；沿晶断裂，是由于晶界弱化后导致的断裂。微观上断口呈现出不同程度的晶粒多面体外形的岩石状花样或冰糖状形貌，晶粒明显且立体感强，晶面上多显示光滑无特征形貌。

（3）疲劳断口。疲劳分为热疲劳、机械疲劳、腐蚀疲劳三类。热疲劳是由于温度的循环变化而产生的循环热应力所导致的疲劳。机械疲劳的交变应力是由机械力引起的，根据载荷类型又可分为弯曲疲劳、扭转疲劳、接触疲劳和振动疲劳等。腐蚀疲劳是腐蚀环境和循环应力（应变）的复合作用所导致的疲劳。

疲劳断口由疲劳源区、疲劳裂纹稳定扩展区、快速断裂区三部分组成。多数的疲劳断口的诊断都是依靠宏观断口来确定的。如低周疲劳断口和腐蚀疲劳断口，在微观下可能观察不到疲劳条带。疲劳断口的宏观特征有疲劳弧线、疲劳台阶和棘轮标记。

对疲劳断口的疲劳源区高倍观察重点是有无摩擦痕迹和材料微观缺陷，以便判断裂纹的起源。疲劳扩展区为疲劳裂纹稳定扩展的第二阶段，疲劳条带是该区域的典型微观形貌特征。最终断裂区的微观形貌表现为静态瞬时特征，通常为韧窝，有时也可能出现沿晶、准解理或解理形貌。

（4）应力腐蚀断口。应力腐蚀断口的宏观特征与前述的脆性断口特征类似，无塑性变形、断面与主应力方向垂直。所不同的是，应力腐蚀断口表面由于腐蚀或氧化的作用可能呈暗色。应力腐蚀一般为多源，这样可能会形成高低不平的断口表面。应力腐蚀断口形成的两个必要条件是应力和腐蚀介质。

应力腐蚀裂纹可能是沿晶的，也可能是穿晶的，其微观形貌的基本特征也是沿晶特征或解理特征，所不同的是，在裂纹起始区大多有腐蚀产物，有时在腐蚀坑内会看到龟裂的泥块花样。断口上常呈现腐蚀形貌和二次裂纹。

第八章　焊接接头缺陷及失效案例分析

焊接是电力设备制造安装的主要连接方式，具有承载多向性好、结构多样性、连接可靠性高、加工经济性高等优点，但也具有不可避免的缺点，例如，焊接接头中可能存在着各种焊接缺陷，使焊接接头成为一个几何不连续体；由于焊接冶金和局部温度场的不均匀性，焊接接头的焊缝、熔合线、热影响区在成分、组织、性能上都是一个不均匀体，在焊接残余应力的作用下，易使焊接接头的薄弱区域过早地达到屈服极限，同时也会影响结构的刚度、尺寸稳定性。

同时，由于焊接结构在服役过程中，除了承受主静载荷外，根据服役环境的不同，往往还要承受高温载荷、交变载荷、热疲劳载荷、应力腐蚀、风雪载荷、冲击载荷等。焊接接头中几何不连续部位和缺欠部位易形成应力集中，叠加制造、安装和服役过程中的多种载荷、工质压力、焊接残余应力的共同作用，使得焊接接头经常发生变形、腐蚀、开裂、泄漏、断裂等失效事件。因此，有必要了解和分析焊接接头的失效机理、失效原因，以便在焊接结构设计、焊接工艺选择、焊接质量检测等环节采取有针对性的预防和解决措施，提高焊接结构服役的稳定性和安全性。

第一节　电力设备焊接接头常见缺陷案例

火力发电机组、新能源发电机组及电网的输电和变电设备的焊接接头在制造、安装、服役过程中易产生多种类型的缺陷。这些缺陷的产生不仅与设备的服役条件有关，也与焊接接头在生产过程中的结构形式、焊接工艺、焊接操作、热处理工艺等因素有关。

1. 不符合要求的焊接接头形式

不同的焊接结构根据其服役条件和服役环境，采用不同的设计标准和焊接技术标准，设计不同的焊接接头形式。火力发电机组承压设备焊接接头的形式及装配组对应符合 DL/T 869—2021《火力发电厂焊接技术规程》的要求。

某火电机组4号锅炉型号为WGZ670/140-V，汽轮机型号为NK200-12.7/535/535。高压给水管道规格为 $\phi 355.6 \times 36mm$，材质为St45.8/Ⅲ，工作压力为16.8MPa，工作温度为245℃。高压给水管道与电动截止阀连接对接接头形式如图8-1所示。高压给水管道直管与阀门侧管道壁厚不等，未按照DL/T 869—2021《火力发电厂焊接技术规程》关于"不同厚度工件组焊"的要求，对不等厚的两个工件在组焊前坡口两侧直管进行削薄处理，不符合要求。该结构因壁厚不连续产生的应力集中，将对设备疲劳寿命产生不良影响。高压给水管道放水管管座角焊缝使用螺纹钢填充，如图8-2所示。高压给水管道与放水管组焊焊接材料的选用，应根据钢材化学成分、力学性能、使用工况条件和焊接工艺评定结果选用。螺纹钢用于高压给水管道焊接接头填充材料，其材料性能不能满足承压设备服役要求，同时，使用螺纹钢填充焊接接头，必然造成焊接接头中存在未熔合缺陷，严重影响焊接接头的承载能力。

 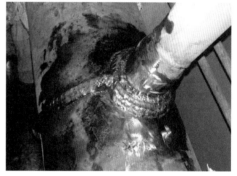

图8-1　高压给水管道不合格的焊接接头形式　图8-2　高压给水管道放水管管座不合格

2. 汽轮机隔板静叶脱落

近年来，国内高参数大容量汽轮机隔板静叶发生多起脱落事故。如某电站的几台机组，7、8号机组为国内a汽轮机厂生产的亚临界间接空冷凝汽式汽轮机，汽轮机设计额定功率为600MW，再热蒸汽温度538℃，压力3.206MPa，其中高中压缸为日本东芝公司原厂生产，国内汽轮机厂组装，运行时间分别为2007年8月29日～2013年4月29日和2007年9月20日～2013年5月19日；4号机组为国内a汽轮机厂引进东芝技术生产的1000MW超（超）临界汽轮机，型号CCLN1000-25/600/600，运行时间为2009年11月9日～2015年3月9日。2号机组为国内b汽轮机厂引进日立技术生产的660MW超（超）临界凝汽式汽轮机，运行时间为2008年12月31日～2013年7月28日。脱落的静叶焊缝中存在大量未熔合、未焊透缺陷，如图8-3所示。隔板静叶片组焊过程如图8-4所示。

主要原因有：

（1）冲动式机组隔板设计应力大，安全系数较低。

（2）隔板主焊缝内部存在大量的未熔合，导致强度和刚度严重不足。隔板主焊缝采用窄间隙焊或电子束焊，坡口宽度小，熔深大，焊接难度大，焊缝不存在大量焊接缺陷。

（3）选材不当导致熔合线产生铁素体带。

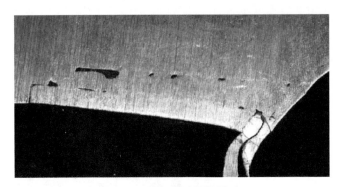

图8-3　隔板静叶焊缝缺陷

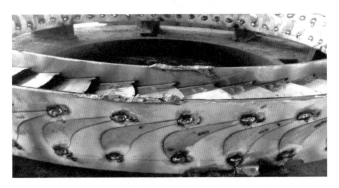

图8-4　隔板组焊

3. 锅炉过热器集箱接管角焊缝裂纹

锅炉过热器集箱、再热器集箱、集汽集箱常见的主要缺陷有表面氧化、腐蚀、折叠、重皮、集箱内部异物堆积、机械损伤、壁厚不满足设计要求、钢管分层、焊缝硬度异常和组织异常、母材硬度异常和组织异常、接管角焊缝和对接焊缝表面裂纹、角焊缝和对接焊缝超标埋藏缺陷等。

某燃煤发电机组，锅炉型号为B&WB-1221/25.13-M，为超临界参数、螺旋炉膛、一次中间再热锅炉，并设有无循环泵的内置式启动系统。锅炉在最大连续负荷（BMCR）工况时，过热蒸汽蒸发量为1221t/h，过热蒸汽出口压力为25.4MPa，出口571℃。过热蒸汽通过二级减温器进入后屏过热器进口集箱（ID285×75mm、12Cr1MoVG），经25个φ219×50mm、12Cr1MoVG后屏过热器进口分集箱将蒸汽引入后屏过热器管组。

经渗透检测，后屏过热器进口分集箱接管（φ51×8mm，材质为12Cr1MoVG）角焊缝发现横向裂纹和纵向裂纹，如图8-5所示。

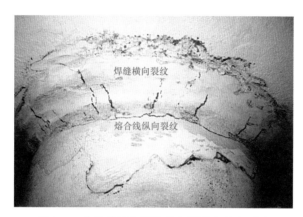

图8-5　集箱接管角焊缝横向裂纹和纵向裂纹

4. 水冷壁管焊缝焊接缺陷

受热面管布置于锅炉炉膛、烟道或尾部竖井内，在承受高温火焰或烟气热辐射的同时，还要承受烟气及飞灰的腐蚀、磨损等恶劣工况的作用。锅炉受热面在制造、运输、安装过程中，易在钢管内部或外部形成夹杂、微裂纹、外部划痕、内凹、刮伤等加工、运输缺陷，以及裂纹、未焊透、未熔合、夹渣、气孔、焊瘤、角变形等焊接缺陷。运行过程中由于机组启停或负荷变动产生的热交变应力在缺陷部位产生应力集中，当应力超出材料本身的强度极限时，可引发受热面爆管泄漏。

某发电厂3号锅炉为HG-1140/25.13-YM1型的超临界参数、变压运行螺旋管圈直流炉，单炉膛、一次再热、采用前后墙对冲燃烧方式、平衡通风、紧身封闭、固态排渣、全钢构架、全悬吊结构Ⅱ型锅炉。过热蒸汽最大出口压力25.4MPa，出口最高温度571℃，再热蒸汽最大出口压力3.931MPa，出口最高温度569℃。

该机组自投产运行以来，频繁发生水冷壁管焊接接头泄漏失效，泄漏水冷壁管段的材质为15CrMoG，规格为φ38×7.3mm，泄漏部位形貌如图8-6和图8-7所示。

5. 主蒸汽管道堵阀对接接头裂纹

火力发电机组汽水管道运行中主要承受管内工质温度和压力的作用，以及由钢管重量、工质重量、保温材料重量、支撑和悬吊等引起的附加载荷的作用。由于管壁温度与

图8-6 水冷壁管焊接接头泄漏形貌

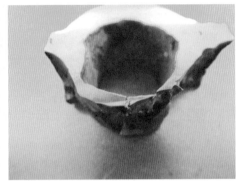

图8-7 水冷壁管焊接接头断口形貌

工质温度相近，因此蒸汽管道是在产生蠕变的条件下工作。此外，在锅炉启停和变负荷工况下，还要承受周期性变化的载荷和热应力作用，即承受低循环疲劳载荷的作用。

高温蒸汽管道常见的主要缺陷有表面氧化、腐蚀、折叠、重皮、机械损伤、壁厚不满足设计要求、钢管分层、焊缝硬度异常和组织异常、母材硬度异常和组织异常、弯头硬度异常和组织异常、角焊缝和对接焊缝表面裂纹、角焊缝和对接焊缝超标埋藏缺陷等。

某火电厂2059t/h亚临界压力控制循环锅炉的主蒸汽管道水压堵阀，设计压力17.5MPa，设计温度550℃，单侧堵阀设计流量1030t/h，堵阀结构如图8-8所示。堵阀与管道连接对接接头沿堵阀侧熔合线整圈开裂，开裂位置处于堵阀变截面的应力集中处，如图8-9所示。

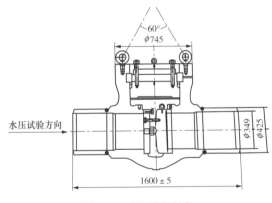

图8-8 水压堵阀结构

图8-9 主蒸汽管道堵阀焊接接头熔合线裂纹

6. 温度套管接管角焊缝失效

近年来，主蒸汽管道和再热蒸汽热段管道温度套管管座角焊缝发生多次开裂失效。

发生失效的温度套管管座均采用铁素体/奥氏体异种钢焊接接头。由于奥氏体钢和铁素体钢两种材质的合金组织、成分和线膨胀系数差异较大，焊接材料需要选用镍基合金焊材，焊接工艺用脉冲自动焊来实现。按照DL/T 612—2017《电力行业锅炉压力容器安全监督规程》的要求，机组投运的第一年内，应对主蒸汽和再热蒸汽管道的奥氏体不锈钢温度套管角焊缝进行渗透和超声波检测，并结合每次A级检修进行检测。锅筒、集箱、管道与支管或管接头连接时，不应采用奥氏体钢和铁素体钢的异种钢焊接。已安装奥氏体钢温度测点套管的高温蒸汽管道，应在机组投运的第一年内及每次B级以上检修对套管角焊缝进行渗透和超声波检测，如果发现角焊缝开裂情况，应更换与管道相同材质的温度套管。

某火电厂锅炉型号为HG-1056/17.5-YM39，主蒸汽管道主管道规格为ID368.3×40mm，材质为A335P91，温度测点套管规格为$\phi 38 \times 12mm$，套管材质为8Cr-12Mn型不锈钢，焊缝填充材料为18Cr-8Ni型奥氏体不锈钢，运行70000h时在角焊缝母管侧沿熔合线开裂泄漏，主蒸汽管道温度套管管座焊缝开裂如图8-10所示。

图8-10　主蒸汽管道温度套管管座焊缝开裂

7. 主蒸汽管道对接接头裂纹

某火电厂3号机组汽轮机的型号为CZK300/250-16.7/0.4/538/538。3号机组6m平台右侧主蒸汽支管道高压主汽阀前第1道对接接头（该焊接接头为汽轮机厂家制造）运行中发生开裂泄漏，机组累计运行43800h，开裂焊缝如图8-11所示。

高压主汽阀体材质为ZG15Cr1Mo1，主蒸汽管道材质为A335P91，规格为ID273.05×29.2mm。

8. 锅炉过热器连接管道螺塞角焊缝裂纹

某火电厂2号锅炉为HG-1025/17.5-YM11型的亚临界参数、一次中间再热、自然

图 8-11　开裂焊缝宏观照片

循环汽包炉。在 TRL 工况下，过热器流量为 915.70t/h，过热蒸汽出口压力为 17.31MPa，出口温度为 540℃。过热器连接管规格为 ϕ457×80mm，材质为 SA335P22。从末级过热器出口集箱引出的连接管的第一个弯头上开有螺塞孔，装配 M45 螺栓，材质为 12Cr1MoVG。距离该螺塞 70mm 处为弯头与直管对接焊缝，螺塞孔用于对焊缝根部进行射线检测使用，结构示意图如图 8-12 所示。螺栓露出连接管外表面 20mm，采用焊接方式封堵。

2 号锅炉运行中，末级过热器连接管螺塞角焊缝中心沿圆周方向开裂泄漏，裂纹长约 3/4 周长，如图 8-13 所示。2 号锅炉累计运行 6568h。螺栓拧入管道，外表面焊接封堵，在运行工况下，螺栓承受蒸汽冲击、振动，机组启停和锅炉负荷变化时的热膨胀应力是螺塞角焊缝开裂的主要原因。

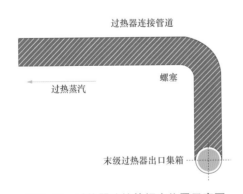

图 8-12　过热器连接管螺塞位置示意图

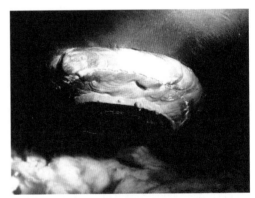

图 8-13　过热器连接管螺塞角焊缝开裂

9. 再热蒸汽管道对接焊缝横向裂纹

某发电厂 1 号机组再热蒸汽热段管道设计压力为 3.99MPa，设计温度为 546℃。1 号机组于2009年11月投运，2020年5月A修时，经磁粉检测，再热蒸汽热段管道汽轮机侧三通前30号对接焊缝发现2条裂纹缺陷，长度分别为38、40mm，2条裂纹均已贯穿管壁。再热蒸汽热段管道规格为ID 724×35mm，材质为A335P22。

热段管道对接焊缝裂纹为横向裂纹，宏观形貌如图8-14所示。焊缝组织为柱状晶形态的回火索氏体，组织状态正常，未见过热组织及淬硬的马氏体等异常组织。在焊缝组织可见多条微裂纹以及多个分散的晶间孔穴，裂纹由这些孔穴串集而成，均沿粗大的原奥氏体晶界分布，具有典型的沿晶开裂形貌特征；同时裂纹内部已氧化，如图8-15所示。

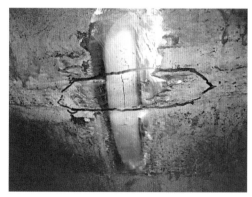 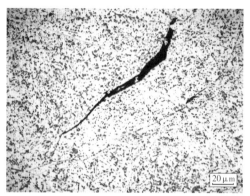

图8-14　热段管道对接焊缝横向裂纹　　　图8-15　泄漏的热段管道焊缝微观组织

热段管道焊缝熔敷金属的化学成分符合标准要求。焊缝的布氏硬度值符合标准要求，焊缝的冲击值低于标准要求，表明开裂焊缝的冲击韧性较低，塑形储备不足。从断口微区形貌特征分析，整个断口呈脆性断裂特征，部分区域呈典型的冰糖块状沿晶开裂形貌特征，同时伴有二次裂纹。

1号机组再热蒸汽热段管道焊缝开裂的主要原因：由于焊接工艺或操作不当，致使焊缝内形成大量细小的结晶热裂纹。同时，焊缝的冲击值较低，韧性储备不足，抵抗裂纹扩展能力下降。在管道内部介质压力形成的一次应力和管系膨胀收缩产生的二次应力共同作用下，焊缝内的细小结晶裂纹不断扩展，最终导致开裂。

10. 连排扩容器进汽管角焊缝裂纹

300MW火电机组连续排污扩容器，壳程设计压力为1.77MPa，设计壳程设计温度为350℃，材质为16MnR，规格为ID 2200×16mm。定期检验中经渗透检测，发现连排扩容器进汽管加强圈角焊缝（J6）存在1条长约80mm的裂纹缺陷。如图8-16和图8-17所示。

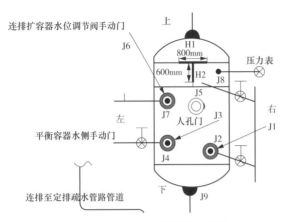

连排扩容器水位调节阀手动门

平衡容器水侧手动门

连排至定排疏水管路管道

图8-16　连排扩容器接管布置图

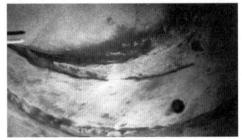

图8-17　连排扩容器进汽管角焊缝裂纹

11. 水力发电机组管道焊缝裂纹

某抽水蓄能电站的水轮机是东方电机有限公司生产的立轴单级混流可逆式水泵水轮机，额定容量300MW，额定转速500r/min，最大发电水头580m，最小发电水头491m，额定水头521m，水泵工况最大扬程591m，最小扬程540m。水导管道规格为DN450×10mm，材质为304，经渗透检测发现，其三通法兰处角焊缝发现1条长约12mm的裂纹，如图8-18所示。

图8-18　连排扩容器接管布置图

12. 风电机组机舱座及立支撑角焊缝裂纹

某风场20余台风电机组机舱座及立支撑角焊缝开裂，经目视检测，裂纹缺陷主要以四种方式出现：立支撑钢管与法兰连接T形角焊缝开裂；立支撑钢管与底盘连接T形角焊缝开裂；立支撑法兰与钢圈连接螺栓断裂；立支撑钢管旁人孔处底盘母材开裂。立支撑角焊缝开裂宏观形貌如图8-19所示。

图8-19 立支撑角焊缝开裂宏观形貌

　　利用有限元分析软件构建风电机组机舱三维有限元模型并进行受力计算，模拟3种不同工况下风电机组机舱的受力。①工况1：风电机组静止状态，且风场风速较低，风电机组机舱部分仅受自身重力作用。②工况2：风电机组处于运行状态，且风场风速较低时，风电机组机舱部分除承受自身重力作用，还受风电机组因偏航转动的惯性力作用。③工况3：风电机组处于静止或运行状态，且风场风速较高，机舱部分除承受自身重力作用，还受水平风力的作用，取风速为36.9m/s（极端恶劣情况），对应风压为85N/m^2。根据上述风电机组受力状态的有限元模拟分析，该类型风电机组在静载及运行过程中齿轮箱立支撑部位承受一定的应力，且立支撑钢管上下焊缝及法兰连接螺栓处于应力集中区域，如果上述部位的焊接质量较差及螺栓强度不足极有可能在极端工况下造成立支撑结构焊缝的撕裂及法兰连接螺栓的断裂。

　　13. 变电站设备线夹焊缝开裂

　　变电站设备线夹焊缝开裂位置如图8-20所示，焊缝裂纹主要由焊接工艺不当，焊缝存在未熔合及未焊透缺陷引起，线夹裂纹形貌如图8-21所示。

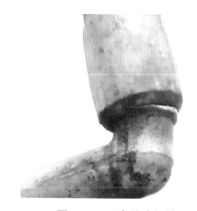

图8-20 设备线夹焊缝开裂位置

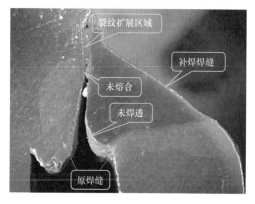

图8-21 设备线夹裂纹形貌

14. 220kV变电站钢管杆焊缝外表面缺陷

某220kV变电站新建工程，钢管杆为钢制纵焊缝连接成型，钢管杆厚度为6mm，材质为Q235B。钢管杆纵焊缝外表面存在大量气孔缺陷，如图8-22所示。按照DL/T 646—2021《输变电钢管结构制造技术条件》的要求，一级和二级焊缝不允许存在表面夹渣、气孔。

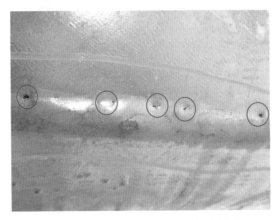

图8-22 钢管杆纵焊缝外表面气孔缺陷

15. 接地网焊接接头缺陷

铜材质接地网材料的焊接接头中存在大尺寸气孔和未熔合等缺陷，严重影响了地网的导通性能和连接强度，如图8-23和图8-24所示。

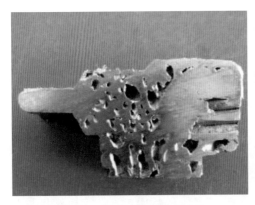

图8-23 接地网焊接接头缺陷　　　　图8-24 接地网焊接接头未熔合DR影像

16. 铝制管母线对接接头缺陷

利用DR检测技术对大量基建工程铝制管母线对接接头的焊接质量进行检测和评价。铝制管母线焊接接头未焊透宏观形貌及DR影像如图8-25和图8-26所示，焊接接头夹铜及根部焊瘤DR影像如图8-27和图8-28所示。

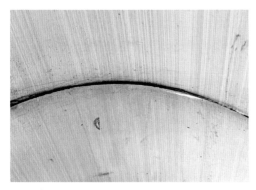

图 8-25　未焊透宏观形貌

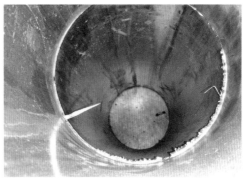

图 8-26　焊瘤宏观形貌

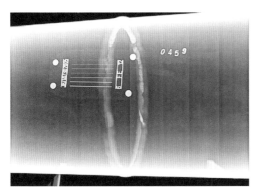

图 8-27　未焊透及焊瘤 DR 影像

图 8-28　夹铜 DR 影像

17. 110kV 线路钢圈焊缝断裂

某 110kV 线路门型塔架水泥杆连接钢圈焊缝断裂，如图 8-29 和图 8-30 所示。钢圈厚度 8mm，从图中可以看出，焊缝断口平齐，现场检测发现焊缝存在厚度约 3mm 的未焊透缺陷，导致焊接接头承载有效截面积急剧减小，接头承载强度不足，在导线拉力及风载荷等共同作用下发生断裂。

图 8-29　110kV 线路钢圈焊缝断裂

图 8-30　钢圈焊缝断口

18. 钢结构焊接接头缺陷

钢结构作为承重结构，在发电厂和输变电各类型厂房、设备承重中使用广泛，其焊接接头主要承受主静载荷，也承受风载荷及地震等偶发冲击载荷。钢结构立柱、横梁、支撑梁等常用H型结构，材质多选用Q345、Q235等结构钢，其腹板和翼板的对接焊缝、角焊缝常见裂纹、夹渣、气孔、未焊透、未熔合等缺陷。部分典型缺陷如图8-31和图8-32所示。

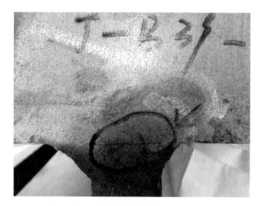

图8-31 腹板与翼板接头裂纹缺陷

图8-32 腹板与翼板角焊缝裂纹缺陷

19. GIS壳体环焊缝咬边缺陷

某1000kV特高压变电站500kV设备区5012间隔开关C相GIS壳体环焊缝咬边缺陷。如图8-33所示。按照DL/T 646—2021《输变电钢管结构制造技术条件》的要求，一级和二级焊缝咬边深度小于或等于0.05倍工件厚度，且不大于0.5mm；咬边连续长度小于或等于100mm，且焊缝两侧咬边总长不大于10%焊缝全长。

20. 220kV变电站构支架钢管开裂

某220kV变电站构支架钢管纵焊缝开裂，如图8-34所示。按照DL/T 646—2021《输变电钢管结构制造技术条件》的要求，钢管的表面不应有裂缝、折叠、结疤、夹杂和重皮。

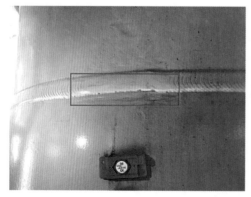

图8-33 GIS壳体焊缝咬边缺陷

图8-34 变电站构支架钢管纵焊缝开裂

第二节 电力设备焊接接头典型失效分析案例

焊接结构失效是指在使用过程中，由于焊接结构的尺寸、形状、组织和性能发生变化而不能完成指定的任务或丧失了原设计要求的现象，是内在和外在因素共同作用的结果。大多数情况下焊接结构失效是由于焊接接头部位开裂或断裂引起的失效。焊接结构失效内在因素是指焊接结构的母材金属、焊缝金属和热影响区的材质、状态和性能，焊接接头的外观形状，内部外部焊接缺陷等；外在因素是指焊接结构的制造和服役条件，如服役应力、服役环境和服役时间等。环境因素是指温度和介质两大因素。

焊接接头失效分析的目的在于查明失效原因，正确认识和充分考虑焊接结构在设计、制造中存在的不足之处，分析外在因素对结构失效的作用和影响，并反馈于设计、制造和使用过程，提出针对性的预防措施和针对性的质量检测方法和工艺，提升焊接结构的运行可靠性。

一、高温过热器入口集箱三通对接接头开裂

（一）设备概况

某火电厂330MW机组在锅炉A级检修中，经渗透检测发现高温过热器入口集箱三通焊接接头存在多条裂纹缺陷，裂纹走向均为横向分布。三通材质为12Cr1MoVG，规格 $\phi 406.4 \times \phi 355.6 \times \phi 355.6$。高温过热蒸汽温度为515℃、压力为12.75MPa。高温过热器入口集箱与管道连接的三通对接接头在服役中发生开裂，设备累计服役时间约62000h。

（二）试验分析

1. 宏观形貌观察与分析

开裂接头为高温过热器入口集箱三通与导汽连通管对接接头，接头上存在多条互相平行的横向裂纹，大部分裂纹主体位于焊缝内，个别裂纹已从焊缝扩展至熔合区。各裂纹均呈直线形态，开口细小，最长裂纹长度约为15mm，所有裂纹均未贯通管壁厚度，未造成运行泄漏。对接接头及其附近管材未见明显原始缺陷、机械损伤、氧化及腐蚀等痕迹，也未见明显的塑性变形，如图8-35所示。

2. 断口微区检测与分析

将高温过热器入口集箱三通焊缝开裂部位剖开，利用扫描电子显微镜（SEM）对断口微观形貌特征进行观察。结果显示，断口上起始开裂部位呈现典型的"冰糖状"晶间开裂形貌，局部伴有二次裂纹。局部位置有明显的呈河流花样的解理小刻面，断口整体呈脆性断裂特征，如图8-36所示。

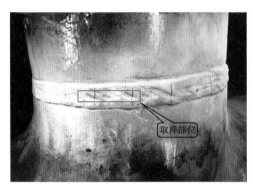 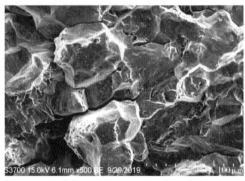

图8-35　高温过热器入口三通焊缝宏观形貌　图8-36　高温过热器入口三通焊缝断口SEM形貌

3. 显微组织检测与分析

在开裂的高温过热器入口集箱三通焊缝上取样进行显微组织检测，可以看出，焊缝的组织为柱状晶形态的回火索氏体，组织状态基本正常，未见过热组织及淬硬的马氏体等异常组织。在焊缝组织中除主裂口外，还存在多条微裂纹，这些裂纹均沿粗大的原奥氏体晶界分布，长度大多为几十至几百微米，具有典型的沿晶开裂形貌特征；同时裂纹内部存在氧化的情况，说明这些微裂纹形成温度较高，如图8-37所示。同时取样组织中明显可见有分散的晶间孔穴，也有由孔穴串集而成的晶界开裂，具有热裂纹的开裂特征。

图8-37　高温过热器入口集箱三通焊缝显微组织

（三）试验结果

化学成分分析结果表明：高温过热器入口集箱三通焊缝熔敷金属的化学成分符合要求，排除错用焊材导致的可能。力学性能测试结果表明：高温过热器入口集箱三通焊缝的硬度值明显高于标准要求，说明焊后热处理工艺不能满足要求，导致焊缝的韧性储备不足，抗裂能力下降。

高温过热器集箱结构及运行分析结果表明：高温过热器入口集箱与三通及蒸汽连接管道组成的管系在运行过程中既要承受内部高温高压介质形成的一次应力的作用，还要承受机组启停及负荷变化时在管系中形成的二次应力的作用。上述两种应力的叠加作用下，焊缝中的结晶微裂纹会进一步扩展而形成宏观的开裂损伤。

综合上述分析，高温过热器入口集箱三通对接接头开裂的主要原因：

（1）在安装过程中由于焊接工艺或操作不当，致使该焊缝内形成大量细小的结晶热裂纹。

（2）接头焊后热处理不当，致使焊缝的硬度偏高，韧性储备不足，抵抗裂纹扩展能力下降。

（3）锅炉长时间运行过程中，在管道内部介质压力形成的一次应力和管系膨胀收缩产生的二次应力共同作用下，焊缝内的细小结晶裂纹不断扩展，最终导致宏观开裂。

二、主蒸汽管道异种钢焊接接头断裂失效分析

（一）设备概况

150MW级燃煤火电机组4号机运行过程中，主蒸汽管道与电动主闸门连接的异种钢对接接头爆裂，导致蒸汽大量外泄，引发现场火灾。该机组于2007年投产运行，截至事故停机，累计运行28000h。

该主蒸汽管道异种钢对接接头（编号H4）位于汽轮机4.5m平台，布置结构如图8-38所示。主蒸汽管道设计压力为9.8MPa，设计温度为540℃，材质为SA335P91。编号为MS1、MS6的主蒸汽管道规格为$\phi 457.2 \times 26.97$mm，编号为MS2、MS3、MS4、MS5的主蒸汽管道规格为$\phi 457.2 \times 48$mm。电动主闸门阀体材质为SA217WC9。管道MS5、MS2为三通，与电动主闸门旁路管道（规格$\phi 108 \times 16$mm）连接。

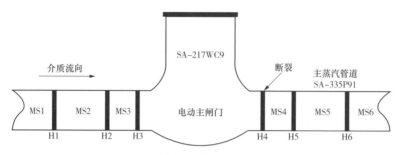

图8-38　主蒸汽管道断裂焊缝布置

（二）试验分析

1. 宏观形貌观察与分析

对接接头（H4）沿主蒸汽管道（MS4）侧熔合区断裂。对接接头断裂面无明显的塑性变形，断口色泽灰暗。主蒸汽管道侧断口宏观形貌如图8-39所示，阀门侧断口宏观形貌如图8-40所示。

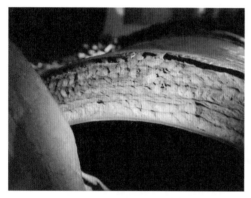

图8-39　管道侧断口形貌

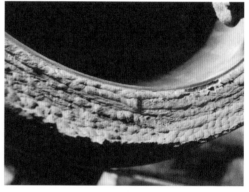

图8-40　阀门侧断口形貌

2. 断裂焊缝缺陷

焊缝的断口中存在着大量相关规程标准不允许存在的焊接超标缺陷。焊缝根部存在整圈未焊透缺陷，根部未焊透厚度实际测量值为5mm，如图8-41所示；焊缝中存在大量夹渣缺陷，其中最长的条状夹渣长50mm，如图8-42所示；焊缝中间部位和根部存在多处未熔合缺陷，如图8-43和图8-44所示。

3. 显微组织检测与分析

由于对接接头沿主蒸汽管道侧熔合区断裂，焊缝金属全部遗留在电动主阀门侧，所以取阀门侧部分断裂接头为试样，如图8-45所示，沿壁厚方向进行显微组织检验。

图8-41　焊缝根部未焊透缺陷

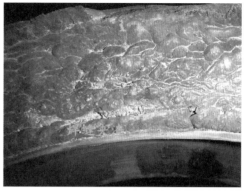

图8-42　焊缝夹渣缺陷

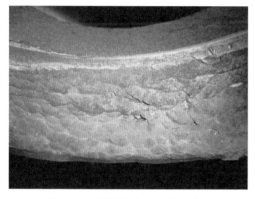

图8-43　焊缝夹渣、未熔合缺陷

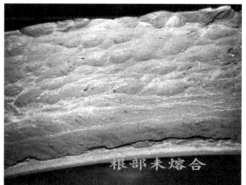

图8-44　焊缝根部未熔合缺陷

结果表明，焊缝由三部分组成：

（1）根部未焊透部分，显微组织为铁素体+珠光体，如图8-46所示，厚度为5mm。

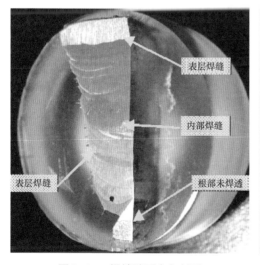

图8-45　焊缝壁厚方向剖面

图8-46　铁素体+珠光体

（2）焊缝中间部分（简称内部焊缝），显微组织为奥氏体+铁素体，如图8-47所示，厚度为38mm，并且含有大量微观热裂纹，如图8-48所示。

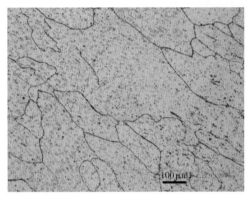

图8-47　焊缝奥氏体组织	图8-48　内部焊缝微观裂纹

（3）焊缝表层部分（简称表层焊缝）的显微组织不同于内部焊缝，为回火马氏体组织，表层焊缝厚度为5mm。

4.化学成分检测与分析

由显微组织检验知，断裂焊缝由三部分组成，分别对根部未焊透部分、内部焊缝部分和表层焊缝部分进行了化学成分检测，结果如表8-1所示。

表8-1　　　　　　　　　　焊缝化学成分检测结果（质量分数）

组成区域	Cr（%）	Mo（%）	V（%）	Nb（%）	Ni（%）
试样（根部未焊透部分）	2.72	0.97	—	—	—
SA217WC9	2.00～2.75	0.90～1.20	—	—	—
试样（表层焊缝）	10.76	0.48	0.06	0.027	4.57
SA335P91焊条E9015-B9	8.00～10.50	0.85～1.20	0.15～0.30	0.02～0.10	1.00
试样（内部焊缝）	16.61	—	—	—	8.86
DL/T 869—2012《火力发电厂焊接技术规程》A132	18.00～21.00	0.75	—	—	9.00～11.00

综合显微组织检验和化学成分检测结果可知：

（1）焊缝根部未焊透部分是电动主闸门阀体母材。

（2）内部焊缝的焊接材料为奥氏体不锈钢焊条或焊丝，但由于焊接过程的冶金反应，无法确定相对应的焊条或焊丝牌号。

（3）表层焊缝的主要合金元素为Cr、Mo、V、Ni、Nb，虽然该层金属的合金元素含量与P91焊条的化学元素含量不能完全相符，但是考虑焊接冶金反应对化学元素含量的影响，结合显微组织，推断表层焊接材料为P91类焊条。

5. 显微硬度检测与分析

表层焊缝的显微硬度最高值为279HV（279HV ≈ 265HB），内部焊缝正常组织的显微硬度最高值为224HV（224HV ≈ 215HB），符合电力行业规程要求。内部焊缝熔合区存在高硬度脆化层，如图8-49所示。在熔合区脆化层多点进行了显微硬度测试，其平均值为319HV（319HV ≈ 303HB），高于电力行业规程规定的P91材料的硬度上限值270HB。

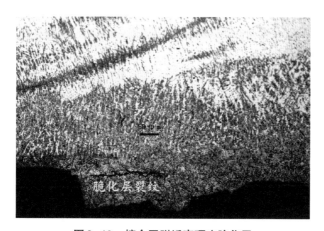

图8-49　熔合区附近高硬度脆化层

（三）试验结果

1. 焊接操作和工艺控制分析

WC9-P91异种钢焊缝断裂界面（即接头熔合界面）存在未焊透、未熔合、夹渣、内部焊缝中的微观热裂纹缺陷，减小了焊缝的承载截面，降低了焊接接头的强度，削弱了焊接接头的承载能力。

断裂韧性是材料阻止宏观裂纹失稳扩展能力的度量，断裂韧性越差，其阻止裂纹扩展的能力越差，发生脆性断裂的倾向性越大。由于焊接工艺不当，或焊接操作不当在WC9-P91异种钢接头内部焊缝熔合区产生的高硬度脆化层，是导致接头脆性断裂的主因。

2. 焊接材料分析

（1）依据相关规程，异种焊接接头WC9-P91宜选用合金成分与较低一侧钢材相匹配或介于两侧钢材之间的焊接材料，亦可采取中间堆焊过渡层的方法进行焊接。而金

相检验中的WC9-P91异种钢焊缝焊接材料由两种不同金属组成，表层焊缝焊接材料为P91焊条，内部焊缝焊接材料为奥氏体不锈钢焊条。使用奥氏体不锈钢焊条作为该接头的主要焊接材料，不能满足异种焊接接头WC9-P91的工艺要求。

（2）WC9-P91接头在机组启停过程和运行中承受由于异种钢接头母材和焊缝线膨胀系数不一致而产生的热应力。奥氏体不锈钢与SA217WC9、SA335P91钢比较，其热导率小，线膨胀系数大，如表8-2所示。在某一温度时，焊缝金属的线膨胀系数越大，产生的热应力也越大。由表8-2可知，温度为500℃时，以18Cr-9Ni奥氏体不锈钢为例，其线膨胀系数较SA335P91的线膨胀系数大61.3%，较SA217WC9的线膨胀系数大40.7%。选用奥氏体不锈钢焊条作为WC9-P91接头的焊接材料，使得接头的热应力较选用铁素体或珠光体钢焊条高。

表8-2　　　　　　　　　　母材和焊缝金属物理热导率和线膨胀系数

材料	20~500℃		20~600℃	
	热导率	线膨胀系数（×10⁻⁶℃⁻¹）	热导率	线膨胀系数（×10⁻⁶℃⁻¹）
SA335P91	29.20	12.21	29.20	12.39
SA217WC9	32.70	14.00	32.70	14.00
18Cr-9Ni不锈钢	21.40	19.70	23.90	20.30

综合上述分析，主蒸汽管道异种钢焊接接头断裂失效主要原因：

（1）使用奥氏体不锈钢焊条作为内部焊缝的主要焊接材料，不能满足异种焊接接头WC9-P91的工艺的要求。

（2）焊缝内部主要填充金属为奥氏体不锈钢，为内部焊缝熔合区脆化层的产生提供了必要条件。

（3）脆化层硬度高，断裂韧性差，是WC9-P91异种钢接头的薄弱处，且焊缝中存在大量未焊透和未熔合等超标缺陷是WC9-P91异种钢接头发生脆性断裂的根本原因。

三、主蒸汽管道疏水管焊缝开裂原因分析

（一）设备概况

锅炉型号为SG-690/13.7-M451，锅炉过热器采用两级喷水调节蒸汽温度，再热器采用以烟气挡板调节蒸汽温度为主、事故喷水装置调温为辅，该机组于2007年12月投产。

2017年11月15日2号机组主蒸汽管道堵阀前疏水管管座焊缝下部母材热影响区开裂，并及时对其进行了更换。2018年2月5日，2号锅炉主蒸汽管道堵阀前疏水管管座焊缝下部母材热影响区再次开裂泄漏。疏水管规格为$\phi 34 \times 5.0mm$，材质为12Cr1MoVG。

（二）试验分析

1. 宏观形貌观察与分析

对开裂的主蒸汽管道疏水管进行宏观形貌观察，发现疏水管与母管管座对接焊缝直管段热影响区沿周向钢管开裂，裂纹已经贯穿整个管壁，未见严重机械损伤等缺陷，如图8-50所示。

2. 显微组织观察与分析

对开裂泄漏的钢管取样进行显微组织分析，发现裂口位于焊缝热影响区粗晶区，边缘已氧化，焊缝组织正常，为铁素体+索氏体+粒状贝氏体，裂口边缘区域存在多条细小的沿晶开裂的再热裂纹，如图8-51所示。疏水管母材金相组织为铁素体+贝氏体，球化级别2.5级，介于轻度球化与中度球化之间，组织未见明显变形。

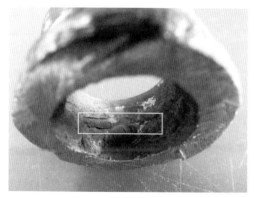
图8-50 泄漏疏水管宏观形貌

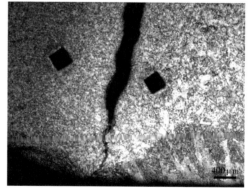
图8-51 泄漏疏水管裂纹微观形貌

（三）试验结果

化学成分分析结果表明：主蒸汽管道疏水管焊缝化学成分符合R317焊条成分要求，排除错用材质导致爆管。

力学性能测试结果表明：钢管母材硬度符合标准要求，焊接接头熔合区及焊缝硬度高于标准要求，易造成该区域塑性较差，脆性较高。

综合上述分析，主蒸汽管道疏水管开裂泄漏的主要原因：

（1）焊接工艺控制不当导致焊缝及热影响区硬度偏高，塑性较差，且在运行过程中因残余应力的释放造成焊接热影响区粗晶区出现细小的再热裂纹。

（2）在锅炉启停及运行过程中因膨胀不畅或剧烈振动造成疏水管承受较大的附加应力，在疏水管与母管管座焊缝处形成应力集中，导致之前形成的再热裂纹不断扩展并最终贯穿整个管壁。

四、抗燃油钢管焊接接头开裂泄漏原因分析

（一）设备概况

某150MW火电机组2号汽轮机为C150/135-13.2/1.0/535/535型的、超高压，一次中间再热、双缸双排汽、单轴、单抽汽凝汽式汽轮机，于2006年11月15日投产运行。2019年6月28日，高压调速汽门抗燃油管异径弯头的焊接接头处出现渗油现象，如图8-52所示。高压调速汽门抗燃油管材质为304。

（二）试验分析

1. 宏观形貌观察与分析

对渗漏的高压调速汽门抗燃油管异径弯头进行宏观形貌观察。可以发现，在抗燃油管异径弯头的近焊接接头处的母材上存在1条与轴线方向呈45°角的裂纹，裂开口细小，长度约为10mm，裂纹附近钢管管径未见胀粗，未见明显氧化损伤及机械损伤等特征，具有典型的正向拉应力开裂特征，如图8-53所示。

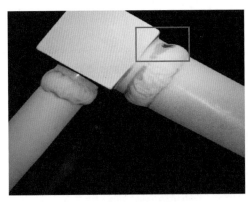
图8-52 抗燃油钢管渗漏位置

图8-53 抗燃油管开裂处宏观形貌

2. 化学成分检测与分析

对开裂的抗燃油管取样进行化学成分检测，检测数据如表8-3所示。结果表明，抗

燃油管中Cr元素含量偏低，可降低材料的抗腐蚀性能，在一定程度上加速其发生应力腐蚀的进程。

表8-3　　　　　　　抗燃油管304管材化学成分检测结果（质量分数）

检测元素	C（%）	Si（%）	Mn（%）	Cr（%）	Ni（%）	P（%）	S（%）
GB/T 5310—2017《高压锅炉用无缝钢管》	0.04 ~ 0.10	≤ 0.75	≤ 2.00	18.00 ~ 20.00	8.00 ~ 11.00	≤ 0.035	≤ 0.020
实测值	0.06	0.20	1.41	17.15	9.35	0.035	0.020

3. 显微组织检测与分析

在开裂的抗燃油管裂口处取样进行微观形貌观察，如图8-54所示。抗燃油管裂纹自抗燃油管外壁向内壁扩展，金相组织为单相奥氏体，部分奥氏体晶粒内含有退火孪晶组织，未见异常晶粒长大及明显老化特征；此外，裂纹呈树枝状穿晶型分布，具有明显的应力腐蚀特征。

4. 微区成分检测与分析

利用扫描电子显微镜（SEM）及能谱分析系统（EDS）对开裂的抗燃油管断口进行微区形貌观察及化学成分分析。

可以看出，抗燃油管断面存在多条大致平行的腐蚀坑道，具有明显的穿晶特征，如图8-55所示。断口微区EDS检测结果显示，抗燃油管断口上除了含有Fe、Cr、Ni等主要元素外，还存在一定量的Cl元素，表明抗燃油管的开裂主要与Cl元素的应力腐蚀有关，分析结果见表8-4。

图8-54　抗燃油管微观组织

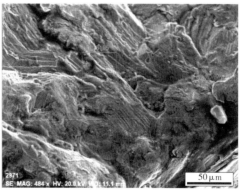

图8-55　抗燃油管断口微观形貌

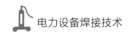

表 8-4	断口微区主要化学元素组成能谱分析结果（质量分数）			
断口局部区域主要元素组成	Fe（%）	Cr（%）	Ni（%）	Cl（%）
各元素所占比例	79.61	15.31	3.72	1.35

（三）试验结果

综合上述分析，高压调速汽门抗燃油管开裂渗漏的主要原因：

（1）304奥氏体不锈钢的抗燃油管异径弯头与直管焊接接头附近母材存在较高的正向拉应力水平。

（2）环境或介质中存在一定量的腐蚀介质Cl元素，导致抗燃油管发生了典型的应力腐蚀开裂损伤引发的渗漏。

五、110kV城关变电站隔离开关铜铝过渡线夹断裂原因分析

（一）设备概况

某110kV变电站1122母联隔离开关由西安西电高压开关有限公司制造，型号为GW4-126Ⅱ DW。断裂的铜铝过渡线夹型号为SIG-4。检修班组在检修过程中发现1122母联隔离开关A、C相的铜铝过渡线夹接线板开裂。线夹材质为工业纯铜＋工业纯铝，线夹厚度为6mm。

（二）试验分析

1.宏观形貌观察与分析

对断裂的铜铝过渡线夹进行宏观形貌分析。线夹断裂于铜材与铝材的对接焊缝处，断裂部位未见明显的塑性变形。断口显示，焊缝中铜材与铝材的有效熔合部位仅为断口的右上部分约占整个焊缝的约1/6截面积，有效熔合区域面积很小，其余大部分截面均沿铜材侧熔合区完全剥离；断口及附近未见明显的机械损伤及电弧烧伤等缺陷，如图8-56和图8-57所示。

2.断口微区检测与分析

利用扫描电子显微镜（SEM）对铜铝过渡线夹的断口各区域进行断口微观形貌特征的扫描与检测。结果显示，在断口上的有效焊接熔合区域可以观察到明显的疲劳辉纹，即典型的疲劳断裂的微观特征；在最后瞬断区可以观察到较为明显的韧窝状韧性断裂特征，如图8-58和图8-59所示。

图8-56 铜铝过渡线夹断裂宏观形貌

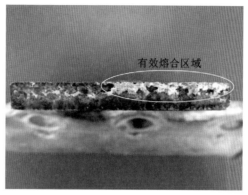

图8-57 铜铝过渡线夹断裂截面形貌

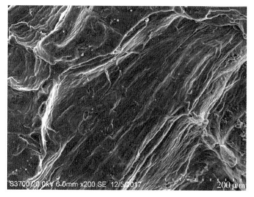

图8-58 SEM形貌-疲劳区

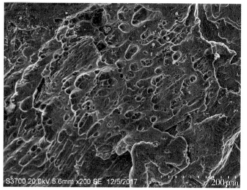

图8-59 SEM形貌-瞬断区

3. 化学成分检测与分析

对铜铝过渡线夹的铜材和铝材部分分别进行化学成分的检测，检测数据如表8-5和表8-6所示。铜铝过渡线夹铝材的化学成分中Al元素含量符合标准要求，Cu元素含量略有超标；铜材中Cu元素和Ag元素含量不足，Pb、Fe和S等杂质元素含量超标，不符合标准要求。

表8-5　　　　铜铝过渡线夹中工业纯铝部分化学成分检测结果（质量分数）

检测元素	Al（%）	Si（%）	Fe（%）	Cu（%）	Ga（%）	Mg（%）	Zn（%）
GB/T 1196—2017《重熔用铝锭》	≥99.50	≤0.22	≤0.30	≤0.02	≤0.03	≤0.05	≤0.05
实测值	99.73	0.055	0.073	0.08	0.015	0.003	0.011

表8-6 铜铝过渡线夹中工业纯铜部分化学成分检测结果（质量分数）

检测元素	Cu+Ag（%）	Pb（%）	Fe（%）	S（%）
GB/T 5231—2022《加工铜及铜合金牌号和化学成分》	≥99.90	≤0.005	≤0.005	≤0.005
实测值	99.65	0.019	0.10	0.007

4.显微组织检测与分析

对铜铝过渡线夹取样进行金相显微组织检测。线夹铝材部分的组织为等轴状单相 α 相；铜材侧的组织为单相 α 相并伴有孪晶组织；焊缝中存在严重的未熔合缺陷，如图8-60所示。

铝材　　　　　　　　　　焊缝　　　　　　　　　　铜材

图8-60　铜铝过渡线夹各部位金相组织

（三）试验结果

从受力角度分析，铜铝过渡线夹在运行过程中受到风载荷的作用会产生微动疲劳载荷，在对接焊缝中的未熔合缺陷部位会形成较大的应力集中。

综合上述分析，铜铝过渡线夹断裂的主要原因：铜铝过渡线夹制造过程中的对接焊接工艺操作不当，致使铜材与铝材两部分未完全有效熔合，只有局部熔合，在使用过程中导线风动载荷的作用下，沿焊接形成的未熔合缺陷处形成应力集中致裂纹并以疲劳开裂的方式逐渐扩展导致的断裂失效。

第九章　焊接工艺评定

焊接工艺评定是指为验证所拟定的焊接工艺的正确性而进行的试验及结果评价，也是控制重要焊接结构质量不可缺少的主要环节之一。焊接工艺评定试验不是金属材料的焊接性试验，它是在材料焊接性试验之后，产品投产之前，在施焊单位的具体条件下进行的。

国内外都制订了相应的强制性制造法规或标准，明确规定生产企业必须对受压或承载焊接接头根据相应的焊接工艺试验编制焊接工艺规程，指导焊接操作人员进行施焊，以确保焊接接头的各项性能符合产品技术条件或设计图样的要求。而焊接工艺规程的可行性和正确性，也应按相关标准，通过焊接工艺评定来加以验证。

第一节　焊接工艺评定方法及过程

火力发电机组、新能源发电机组和电网输变电设备的焊接接头在制造、安装、修理过程中极易产生不同类型的缺陷。这些缺陷的产生不仅与设备的材料性能有关，亦与焊接接头在生产过程中的结构形式、焊接参数、焊接操作、热处理工艺等因素有关，这些焊接因素即为焊接工艺评定过程需要评价和分析的内容。

1. 焊接工艺规程

焊接工艺是制造焊接结构所相关的加工方法和实施要求的统称，包括焊接准备、材料选用、焊接方法选定、焊接参数、操作要求等内容。焊接工艺规程（或称焊接工艺指导书）是与工件制造有关的加工和实践要求的细则文件，是焊接过程中的一整套焊接工艺程序和技术规定，可保证由熟练焊工或操作工操作时质量的再现性，是指导焊工进行焊接，保证焊接质量的技术性工艺文件。

焊接工艺规程的内容应至少包括以下内容：

（1）焊接工艺规程的标准格式没有强制性的要求，但须包含几方面必要的内容，如焊接工艺规程的名称和编号，依据的焊接工艺评定报告或其他所依据文件及制造单

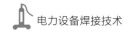

位的名称等。

（2）焊接所涉及材料相关的内容，如母材的牌号及依据标准、材料的组别、焊接接头的厚度范围和管子的外径范围等材料规格参数；焊接材料或填充金属的型号、制造商、规格尺寸和保管、烘干、大气暴露时间、再烘干等使用要求。如果有保护气体和焊剂，气体和焊剂的名称、型号，必要时包含成分和制造商信息或商标等内容。

（3）与焊接实际操作有关的内容，包括焊接方法和位置、接头设计和制备、焊接技能、电参数和热处理要求。具体为接头形状和尺寸或标准编号，接头的制备方法、清理、去污、装夹和定位焊接要求，必要的摆动，手工焊焊道的最大宽度，焊接电极或焊丝的角度，背面清根使用的方法、深度和形状，电流的种类及极性、电流和电压范围，开始焊接的最低温度，层间温度、热输入范围、除氢后热处理、焊后热处理或时效处理的最短时间和温度范围，热处理的标准要求等。

（4）不同的焊接方法具有不同的焊接工艺要求，如焊条电弧焊每根焊条熔敷的焊道厚度或焊接速度，埋弧焊导电管或导电嘴至工件表面的距离，气体保护焊保护气体的流量和喷嘴直径、焊丝的数量、金属过渡形态等，氩弧焊钨极的直径和型号、保护气体的流量和喷嘴直径，采用衬垫的方法、类型、材料及尺寸，采用背面气体保护时，气体的特征参数，机械化焊接及自动焊接的速度范围、摆动的最大幅度、频率和时间及送丝（带）速度范围。

焊接工艺规程的主要编制依据有评定合格的焊接工艺评定报告、产品的整套装配图样和零部件加工图、有关的焊接技术标准、产品验收的质量标准以及企业现有的生产能力等支撑材料。焊接工艺规程是在焊接工艺评定合格的基础上，根据本企业的生产能力，针对某一具体产品的焊接或针对常用材料、结构、焊接方法、典型零部件的焊接所制定的关于生产过程的规定，是生产、制造和安装的依据，焊接工艺规程的内容必须符合本企业的生产实际。同时，焊接工艺规程也是对产品进行检验和质量控制的依据和证明文件。

2. 焊接工艺评定的方法

GB/T 19866—2005《焊接工艺标准及评定的一般原则》规定焊接工艺评定主要有焊接工艺评定试验、焊接材料试验、焊接经验、标准焊接规程和预生产焊接试验五种方法。

（1）焊接工艺评定试验是应用最普遍的评定方法，该方法规定了如何通过标准试件的焊接和检验评定焊接工艺。当焊接接头的性能对应用结构具有关键影响时，一般应采用焊接工艺评定试验进行焊接工艺的评定。当实际焊接接头和评定试件形状差别较大，或拘束应力较大，或焊接操作有障碍，或可达性差的焊接评定不适用本方法。

（2）基于焊接材料试验的工艺评定仅限于需要填充焊接材料、焊接过程中母材热影响区性能不会明显降低的焊接方法。

（3）基于焊接经验的工艺评定，仅限于过去使用过的焊接工艺。如焊缝在接头形式和材料性能方面相似，则可从之前成功的焊接经验中获取相似焊接工艺，从而利用这些经使用验证过的焊接资料和经验进行焊接工艺评定。

（4）基于标准焊接规程的工艺评定，适用于预焊接工艺规程中所有变量均处于有关标准焊接规程允许范围内，则该评定为合格。标准焊接规程应在相关标准的焊接工艺评定试验基础上，以焊接工艺规程或预焊接工艺规程的形式正式颁布。标准焊接规程的应用也受使用者条件的约束，目前我国还没有有效实施的标准焊接规程。

（5）基于预生产焊接试验的工艺评定，仅适用于特定焊接接头，这类焊接接头的性能主要取决于接头尺寸形状、拘束度、热传导效应等条件。当评定规程标准试件的形状和尺寸无法适宜地代表实际焊接的接头时，可以使用预生产焊接试验做评定，生产之前按生产条件制作一个或多个特殊试件模拟生产接头的主要特征进行评定。

3. 焊接工艺评定的一般过程

国家和行业规程标准或质量监督检验部门对一些重要的焊接质量过程要求具有配套的焊接工艺规程。生产企业焊接之前，要确认本单位是否具有可用的、相应焊接产品的焊接工艺规程或焊接工艺评定报告，否则需要选择上述工艺评定方法中的任何一种进行焊接工艺评定。焊接工艺评定是一系列的焊前准备、焊接、试验和结果评价的过程。

焊接工艺评定的一般过程如下：

（1）编制预焊接工艺规程。根据金属材料的焊接性，依据标准焊接规程、工程图纸、技术文件、现有焊接经验文件以及行业焊接工艺评定规程，编制预焊接工艺规程。

（2）施焊试件和制取试样。根据焊接工艺评定标准规定的替代原则，按照预焊接工艺规程进行试件焊接，并制取焊接接头检验试样。

（3）试件焊接接头检验。按照焊接工艺评定标准要求的试样取样位置、取样数量进行有关项目的检验，核查依据该预焊接工艺规程施焊获得的焊接接头性能是否符合要求。如经检验试样不合格，则分析原因，重新编制预焊接工艺规程，重新施焊试件。

（4）形成焊接工艺评定报告。

第二节　电力设备焊接工艺评定

电力标准中的焊接工艺评定规程、焊接技术规程、焊工技术考核规程、焊接热处理技术以及焊接检验一系列规程共同构成了电力建设的焊接质量控制标准体系，保证了电站锅炉、承压管道、输电构架等电力设备的制造和安装质量。焊接工艺评定是电力工程焊接质量控制的重要环节之一，是焊接技术管理的重要组成部分。

电力行业第一部规范化的评定标准是SD 340—1989《火力发电厂锅炉、压力容器焊接工艺评定规程》，该标准的实施，推动了电力行业焊接技术的发展，规范了电力行业焊接管理，促进了焊接工程质量的提高。该标准经过两次修订，现行版本是DL/T 868—2014《焊接工艺评定规程》，由国家能源局于2014年发布，是DL/T 869—2012《火力发电厂焊接技术规程》（已被DL/T 869—2021替代）和DL/T 678—2013《电力钢结构焊接通用技术条件》的支持性标准。

1. 焊接工艺评定的依据

DL/T 612—2017《电力行业锅炉压力容器安全监督规程》规定受压元件施焊前应按DL/T 868或NB/T 47014进行焊接工艺评定，并依据批准的焊接工艺评定报告，制定焊接作业指导书。下列接头应进行焊接工艺评定：受压元件的对接焊接接头；受压元件的角接焊接接头；受压元件与承载的非受压元件之间的T形接头。

DL/T 869—2021《火力发电厂焊接技术规程》规定"焊接工程应按DL/T 868进行焊接工艺评定，编制焊接工艺、作业指导书，必要时应编制焊接施工措施文件"。

DL/T 678—2013《电力钢结构焊接通用技术条件》规定"焊接前，应进行焊接工艺评定。根据焊接工艺评定报告结合现场施工条件编制焊接工艺（作业）指导书，必要时应编制焊接施工措施文件""一、二类焊缝的焊接工艺应按照DL/T 868的规定进行焊接工艺评定"。

DL/T 753—2015《汽轮机铸钢件补焊技术导则》、DL/T 752—2010《火力发电厂异种钢焊接技术规程》、DL/T 734—2017《火力发电厂锅炉汽包焊接修复技术导则》、DL/T 905—2016《汽轮机叶片、水轮机转轮焊接修复技术规程》和DL/T 1097《火电厂凝汽器管板焊接技术规程》等电力标准规程亦对焊接工艺评定和试验提出了明确要求。

2. 焊接工艺评定的一般规定

焊接工艺评定工作应以金属材料的焊接性评价为基础，焊接工艺评定需用的焊接性评价应包括焊接热裂纹、冷裂纹和再热裂纹试验，层状撕裂试验、热应变失效脆化试验和焊接气孔敏感性试验，裂纹敏感指数及临界应力和冷却时间，断口和金相组织分析或连续冷却组织转变图、焊缝及热影响区的硬度限值，焊接接头的性能试验或成品运行试验等文件资料。焊接工艺评定所用的金属材料、焊接材料均应具有材料质量证明书，并符合相应的标准，如不能确定材料质量证明书的真实性或者对材料的性能和化学成分有怀疑时，应进行复验。

焊接工艺评定所使用的焊接设备和工器具，应处于正常状态，用于参数记录的仪表、气体流量计等应经校准且合格有效。主持焊接工艺评定工作、对焊接及试验结果进行综合评定的人员应具有焊接工程师资格，试件的焊接由施焊单位操作技能熟练的焊接人员使用本单位的设备完成。

3. 焊接工艺评定内容

DL/T 868—2014《焊接工艺评定规程》把焊接工艺评定内容分为要素和因素两个方面，要素指焊接方法、钢材及规格、焊接材料、试件形式、焊接位置和焊接热处理加热方法；因素有接头坡口、焊接热处理参数、电特性、焊接技术和焊接填充材料的增减等内容。

焊接方法指焊接工艺评定规程适用范围规定的焊条电弧焊、钨极氩弧焊、熔化极实芯/药芯焊丝气体保护焊、气焊和埋弧焊五种方法。

根据材料的化学成分、金相组织、力学性能和焊接性能，电力设备常用钢材分成A、B、C三类，A类钢材包括碳素钢（含碳量小于或等于0.35%）、普通低合金钢（下屈服强度小于或等于400MPa）和普通低合金钢（下屈服强度大于400MPa）三个组别。B类钢材包括珠光体型热强钢、贝氏体型热强钢和马氏体型热强钢三组。C类钢材包括马氏体型不锈（耐热）钢、铁素体型不锈（耐热）钢和奥氏体型不锈（耐热）钢三组，对应的组别号分别用罗马数字Ⅰ、Ⅱ、Ⅲ表示。例如B–Ⅲ属于B类第三个组别范围内，包括10Cr5Mo、10Cr9Mo1VNb、10Cr9MoW2VNbBN、10Cr11MoW2VNbCu1BN等马氏体热强钢。

结构用钢材料分为低碳钢、低合金高强度钢、不锈钢和不锈钢复合钢板四类，低合金高强度钢按照合金含量和强度等级分为八个组别，其余两类各分为三组。标准中的材料涵盖了目前电力设备中普遍使用的耐热钢和不锈钢材料，这一分类方法与《火力发电厂焊接技术规程》和《焊工技术考核规程》是一致的。

焊条、焊丝的分类和钢材是相对应并一致的，分A、B、C三类，每类三个组别，每一组别中包含不同成分和强度等级的焊条和焊丝，焊剂也类似，对应不同的钢材，按照化学成分进行分类，每一组别都列表描述，未列入或国外的焊条、焊丝、焊剂可

根据化学成分、力学性能、工艺性能对应划入相应类的组别。

试件形式有板状、管状和管板状三种类型，板件对接焊缝有平焊（1G）、横焊（2G）、立焊（3G）和仰焊（4G）四种位置，同样板件角焊缝有平焊（1F）、横焊（2F）、立焊（3F）和仰焊（4F）四种位置，角焊缝的平焊也形象的称为"船形焊"。管件对接焊缝有水平转动（1G）、垂直固定（2G）、水平固定（5G）和45°固定（6G）4种位置。固定位置习惯上称为"横口""吊口"和"斜口"，插入式/骑坐式管板角焊缝针对制造和安装现场状况规定了垂直固定横焊（2F/2FQ）、垂直固定仰焊（4F/4FQ）、水平固定（5F/5FQ）3种位置。

火力发电厂焊接热处理规程中规定了加热炉、火焰加热、感应加热以及柔性陶瓷电阻加热和远红外辐射加热等焊接热处理加热方法，用来消除焊接残余应力、改善接头组织性能、释放焊缝金属中的有害气体或提高抗应力腐蚀的能力。标准中的加热方法应该理解为热处理加热程度，是否发生了组织的相变过程，或达到相变临界点，同时热处理过程中须采取必要的措施对加热的温度质量进行控制。

按照焊接工艺评定因素对焊接接头性能影响的不同程度分为重要因素、附加重要因素和次要因素，重要因素指影响焊接接头力学性能（冲击韧性除外）的焊接条件，附加重要因素指影响焊接接头冲击韧性的焊接条件，次要因素指不影响焊接接头力学性能的焊接条件。评定前按照DL/T 868—2014《焊接工艺评定规程》中给出的分类依据确定焊接工艺评定因素的类别。

4. 焊接工艺评定规则

不同的焊接方法应分别进行焊接工艺评定，同一种焊接方法，手工焊和自动焊不得相互代替。如果采取一种以上的焊接方法组合形式焊接工件，则每种焊接方法可单独进行焊接工艺评定，也可以组合进行焊接工艺评定。焊接工艺相关因素变化超过要求时，涉及重要因素变化时，应重新进行焊接工艺评定，涉及附加重要因素变化时，对要求做冲击试验的，只需要在原重要因素适用条件下，焊制补充试件，仅做冲击试验，仅次要因素变化时，不需要重新评定。

首次采用的焊接材料应进行焊接工艺评定，酸性焊条经焊接工艺评定合格，可免做碱性焊条焊接工艺评定，因为碱性焊条焊缝性能强于酸性焊条。相同型号的焊接材料，采用不同的合金过渡方式的，如一种焊接工艺评定合格，另外一种应做工艺试验。

当重要因素和附加重要因素不变，其焊接质量也能满足要求时，对A类钢、低碳钢和低合金高强度钢同组别钢材的焊接工艺评定，强度级别和质量等级高的可以代替级别低的钢材，反之不可以，不同组别钢材的焊接工艺评定，高组别钢材可以代替低组别的钢材，反之不可以。对B、C类钢和不锈钢同组别内某一钢材的焊接工艺评定可以代替同组别内其他钢材的焊接工艺评定，不同组别钢材的焊接工艺评定不应互相代替。

不锈钢复合钢板的焊接工艺评定应单独进行。控轧控冷钢与其他供货状态钢材的焊接工艺评定结果不可互相代替。同种钢材选择异质填充金属时，应单独进行焊接工艺评定。异种钢焊接时A类别某一组别钢材评定合格的焊接工艺，适用于其与B类别钢材相焊接。A、B同类别中，低组别钢材评定合格的焊接工艺，适用于其与高组别钢材相焊接。C类钢材应按其组别分别评定，C-Ⅲ钢材与其他类别钢材焊接工艺评定合格，在符合低匹配原则的前提下，适用范围不限。

焊接工艺评定试件钢材厚度大于8mm时，适用工件母材和焊缝金属厚度范围下限值为评定试件的0.5倍，上限值为评定试件的2倍，当试件厚度达到40mm以上时，适用工件厚度上限值不限，评定试件厚度为1.5～8mm的，适用工件厚度范围下限值为1.5mm，上限值为试件厚度的2倍，且不大于12mm。板板角焊缝或对接焊缝试件厚度应取较薄件的厚度，管座角焊缝试件厚度取支管座管壁厚度，管板角焊缝试件厚度取管壁厚度。

两种或两种以上焊接方法的组合焊接工艺评定，对应每种焊接方法的工件厚度分别计算该方法焊接试件母材厚度的适用范围，不得叠加。试件内任一焊道的厚度大于13mm时，或除气焊外如试件超过上临界转变温度（Ac_3）的焊后热处理，则适用的工件的最大厚度为1.1倍试件厚度。试件管径不大于60mm、采用氩弧焊焊接方法进行焊接工艺评定的，适用工件管子的外径不限，其他焊接方法的试件管径，适用的工件管径外径的范围为下限0.5倍的试件外径，上限不限。气焊的焊接工艺评定适用的工件最大厚度和焊接工艺评定试件厚度相同。焊接工艺评定合格的对接焊缝应用于焊接角焊缝、角焊缝的焊接工艺用于焊接非承压件角焊缝时，工件厚度的适用范围不限。

板件对接焊缝评定合格的各位置适用于对应位置的板件对接焊缝和角焊缝位置，其他位置都可以代替平焊位置，反之不可以，管件的水平固定焊可以代替板件对接焊缝的平、立、仰焊位置，45°固定焊可以代替对接焊缝全位置和管件的水平和垂直固定焊，原因是不同位置受重力作用，溶液的流动对焊缝成形有影响。全焊透试件的焊接工艺评定适用于非全焊透焊工件，反之不可以。任一评定合格的角焊缝焊接工艺，适用于所有形式的工件角焊缝。直径不大于60mm的管件的气焊、钨极氩弧焊，对5G位置进行的焊接工艺评定可适用于工件的所有焊接位置。

5. 焊接工艺评定试验检验项目

对接焊缝的焊接工艺评定试验检验项目包括焊接接头外部的宏观检验、内部焊接质量的射线或超声波检测、标准试件的拉伸、弯曲和焊缝及热影响区的冲击韧性试验。B、C类钢材以及与其他钢种的异种钢焊接接头应截取焊缝的一断面做微观金相试验。用于有腐蚀倾向环境部件的C类钢应做晶间腐蚀试验或δ铁素体含量测定。冲击试样数量为热影响区和焊缝各取5个，焊接方法组合评定时，分别取对应方法位置的组织，无法制备冲击试件时，可免做冲击试验。有焊接热处理要求的，应做硬度试验。角焊缝的焊接工艺评定试件只进行外观检验和宏观金相检验。

6. 焊接工艺评定试样的制备

试件经外观和无损检查合格后，允许避开缺欠制取试样，试件的两端各弃去25mm，一般采用冷加工方法取样，若采用热加工方法取样时，应去除热影响区组织，试样做弯曲和拉伸试验时，焊缝余高可以采用机械方法去除，试样受拉伸面不得有划痕和损伤。冲击试样纵轴线应垂直于焊缝轴线，缺口轴线垂直于母材表面。

7. 试样的检验方法及评定标准

外观检验要求对接焊缝金属应填满坡口并圆滑过渡到母材，焊缝及热影响区表面应无裂纹、未熔合、夹渣、弧坑、气孔等缺陷。板状角焊缝焊脚高度不大于翼缘板厚度，且不大于20mm，管板和管座角焊缝最大焊脚等于管壁厚。咬边深度不应超过0.5mm，堆积焊缝两侧咬边总长度管件不大于焊缝总长的20%，板件不大于焊缝总长的15%。

管状试件应按DL/T 821—2017《金属熔化焊对接接头射线检测技术和质量分级》或DL/T 820《管道焊接接头超声波检测技术规程》系列标准的规定进行无损检测，焊缝质量不低于DL/T 821—2017《金属熔化焊对接接头射线检测技术和质量分级》的Ⅱ级或DL/T 820《管道焊接接头超声波检测技术规程》系列标准的Ⅰ级，即承压部件要求的射线检测Ⅱ级合格，超声波检测Ⅰ级合格。板状对接焊缝由于原电力检验标准不涉及这方面的检验，可采用NB/T 47013.2—2015《承压设备无损检测　第2部分：射线检测》和NB/T 47013.3—2015《承压设备无损检测　第3部分：超声检测》标准进行检测，也可以用DL/T 330—2021《水电水利工程金属结构及设备焊接接头衍射时差法超声检测》进行检测，合格级别一般为射线检测Ⅱ级合格，超声波检测Ⅰ级合格。

拉伸试验试样的厚度宜与母材的厚度相等，或根据试验用拉伸试验机载荷对焊接接头分层截取覆盖整个焊缝厚度的多片试样进行。同种钢焊接接头每个试样的抗拉强度不应低于母材抗拉强度规定值的下限，异种钢接头每个试样的抗拉强度不低于较低一侧母材抗拉强度规定值的下限，当产品技术条件规定熔敷金属抗拉强度低于母材抗拉强度时，试样接头的抗拉强度不应低于熔敷金属抗拉强度规定值的下限。如果试样断裂处在熔合线以外母材上，只要强度不低于母材规定最小抗拉强度的95%，可认为试验满足要求，采用多片试样进行拉伸试验时，每片都要满足上述要求。

弯曲试样可分为横向面弯、纵向面弯、横向背弯、纵向背弯和侧弯，弯曲试样须按要求制成标准件。面弯和背弯受拉侧的表面应去除焊缝余高部分，尽可能保持母材原始表面。试件厚度超过规定，机械去除受压侧多余部分组织，受拉面的咬边不去除，侧弯试验若试样表面存在缺陷，应以缺陷较严重的一面作为拉伸面。试样的焊缝中心应对准弯曲轴的轴线，按规定的弯轴直径、支座间距离和弯曲角度进行试验，试样弯曲到规定的角度后，弯曲试验合格标准为在焊缝和热影响区内每片试样的拉伸面上任何方向都不得有长度超过3mm的开裂缺陷，试样棱角上的裂纹除外，如果是由于夹渣或其他内部缺陷所造成的上述开裂缺陷也应计入，有的评定标准不计。

冲击试样取样方法、尺寸及试验方法应符合GB/T 2650—2022《金属材料焊缝破坏性试验　冲击试验》和GB/T 229—2020《金属材料　夏比摆锤冲击试验方法》有关规定，采用技术条件规定的试样形式；没有规定的，采用V形缺口试样。当试件尺寸较小时，可制作7.5mm或5mm的非标试样。分别去掉5个试样中的最大值和最小值，取中间3个值的算术平均值为冲击吸收能量值。平均值不应低于相关技术文件或标准规定的母材下限值，且不得小于27J，9%～12%Cr马氏体型耐热钢的冲击吸收能量不得小于41J，允许有一个试样冲击吸收能量低于规定值，但不得低于规定值的70%。

金相组织检验试样应尽可能取到焊道接头处，每块试样取一个面进行宏观检验，同一切口形成的两个面不得作为两个检验面。焊接接头微观金相组织检验应无裂纹、无过热组织、无淬硬性马氏体组织，9%～12%Cr马氏体型耐热钢的焊缝金相显微组织应为回火马氏体/回火索氏体，焊缝金相组织中的δ–铁素体的含量不应超过8%，最严重的视场中δ–铁素体含量不应超过10%，符合DL/T 2054—2019《电力建设焊接接头金相检验与评定技术导则》的规定。角焊缝试件检验外形允许尺寸符合DL/T 869—2021《火力发电厂焊接技术规程》的规定，两焊脚尺寸之差应不大于3mm，宏观金相检验要求焊透的焊缝应无未焊透现象。

硬度检验可在金相（宏观）试样上进行，试验按照GB/T 2654—2008《焊接接头硬度试验方法》焊接接头硬度试验方法进行。合格范围满足相应材料标准的规定值或技术规范要求，对于不进行焊后热处理和采用奥氏体型或镍基焊材的焊接接头，可不进行焊缝硬度的检验。

如材料标准中没有相关硬度指标时，同种钢焊接接头热处理后焊缝的硬度，不应超过母材布氏硬度值加100HBW，不低于母材标准硬度下限值的90%，且当合金含量小于3%时，布氏硬度值应不大于270HBW；合金总含量小于10%，且不小于

3%，布氏硬度值应不大于300HBW，9%～12%Cr马氏体型耐热钢硬度合格指标应为180～270HBW。异种钢焊缝布氏硬度值不应超出接头两侧母材的实际布氏硬度平均值的30%或低于较低侧硬度值的90%。

8. 母线焊接工艺试验

DL/T 754—2013《母线焊接技术规程》对母线焊接工艺试验进行了规定，电站和输变电领域涉及的母线焊接以及铝合金电力金具的焊接，焊接前应做焊接工艺试验。焊接工艺试验由企业工艺或技术管理部门组织，焊接专业技术负责人主持，有经验的焊工完成焊接作业。可按材料种类和结构形式分别进行试验，试验的主要内容为焊接材料的选择与母材的匹配性，焊接工艺参数电流、焊接电压、焊接速度、氩气流量和焊前预热等的调整等。

母线焊接工艺试验试件分为板对接焊缝和角焊缝试件（T形接头），焊接工艺试件厚度适用的工件厚度范围为试件厚度的0.5～2.5倍。在焊缝外形匀整、接头边缘平滑过渡和外形尺寸符合要求的基础上，对接焊缝试件进行射线检测、电阻测定和拉伸试验，角焊缝试件进行焊缝截面检查。射线检测的评定满足DL/T 821—2017《金属熔化焊对接接头射线检测技术和质量分级》和母线焊接接头射线检测规定的要求，焊接接头直流电阻值应不大于规格尺寸均相同的原材料直流电阻值的1.05倍，焊接接头抗拉强度不应低于原材料抗拉强度标准的下限。经热处理强化的铝合金，其焊接接头的抗拉强度不得低于原材料标准下限的75%。

9. 输变电钢管和电力钢结构的焊接工艺评定

DL/T 646—2021《输变电钢管结构制造技术条件》规定了输变电钢管杆、钢管塔及钢管构支架的材料、加工和检验等内容，要求制造单位对首次采用的钢材、焊接材料、焊接方法、预热、后热处理等焊接工艺时，在焊接施工前应进行焊接工艺评定，编制焊接工艺规程。输变电钢管结构的焊接工艺评定DL/T 868—2014《焊接工艺评定规程》的要求进行。

DL/T 678—2013《电力钢结构焊接通用技术条件》规定了水电站水工金属结构、火力发电站钢结构、风力发电站塔筒、光伏发电场和输变电工程中的钢结构的设计、制作、安装和改造等内容，要求一、二类焊缝的焊接工艺应按照DL/T 868—2014《焊接工艺评定规程》的规定进行焊接工艺评定。

10. 水工金属结构焊接工艺评定

SL 36—2016《水工金属结构焊接通用技术条件》适用于水利水电工程中的闸门、拦污栅、引水压力钢管、启闭机、升船机、清污机以及与水利水电工程相关的塔（构）

架等金属结构的焊接，也适用于水利水电工程其他机械产品钢结构的焊接，并规定焊接生产中使用的焊接工艺规程应按SL 36—2016《水工金属结构焊接通用技术条件》进行焊接工艺评定。

针对水工金属结构用钢材按照化学成分、金相组织类型、力学性能和焊接性进行了分类、分组。其中Ⅰ～Ⅲ类是按照材料的屈服强度进行分类、分组的，共分为7个组别，Ⅳ类是奥氏体型不锈钢，Ⅴ类是奥氏体–铁素体型双相不锈钢，Ⅵ类是马氏体–奥氏体型双相不锈钢。

焊接试件、替代原则、试件的检验项目和合格指标与NB/T 47014—2011《承压设备焊接工艺评定》类似。SL 36—2016《水工金属结构焊接通用技术条件》要求按GB/T 19866—2015《焊接工艺规程及评定的一般原则》进行焊接工艺评定，这是一个评定原则和方法的标准，修订后的SL 36—2016《水工金属结构焊接通用技术条件》没有说明和其他焊接工艺评定标准替代或认可问题，只要求以前评定合格的焊接工艺，须经焊接技术人员验证复核产品要求，焊接工艺规程可采用原焊接工艺评定报告。

11. 有色金属焊接工艺评定

GB/T 39312—2020《铜及铜合金的焊接工艺评定试验》规定了铜及铜合金的弧焊和气焊的焊接工艺评定试验方法和要求。评定接头形式包括全焊透的板对接焊缝、端接焊缝、全焊透的管对接焊缝、T型接头、支管连接五种。

GB/T 19869.1—2005《钢、镍及镍合金的焊接工艺评定试验》规定了镍及镍合金的电弧焊的焊接工艺评定试验方法和要求。

12. 焊接工艺评定的管理

焊接工艺评定试验检验项目应根据工程图纸、技术文件及焊接工艺评定标准的规定确定，下发焊接工艺评定任务书，明确评定的应用范围、评定的目的、钢材的基本情况以及焊接接头的基本要求等内容。根据焊接工艺评定任务书拟定焊接工艺评定方案，然后实施焊接工艺评定。由主持焊接工艺评定工作的焊接工程师做出综合评定结论，形成焊接工艺评定报告。

焊接工艺评定的所有原始资料均应全部收集、整理和建档，作为技术资料保存，经审查批准后的焊接工艺评定资料在同一个质量管理体系内适用，焊接工艺评定技术档案及焊接工艺评定试样、底片等支持性资料应保存到该焊接工艺评定失效为止。

结合实际焊接工程，根据已批准的焊接工艺评定报告，按工程项目分项由现场焊接专业工程师主持编制焊接工艺规程。当国家或行业焊接工艺评定标准更新时，原有的焊接工艺评定文件应根据新标准的要求进行技术转换，必要时应及时补做相应试件。

第三节　特种设备焊接工艺评定

　　电站锅炉（锅炉汽包、汽水分离器、连接管道、集箱、受热面、四大管道）、压力容器等承压设备属于特种设备监管范畴，在设备制造和工程建设中须满足特种设备安全技术规范的要求，其焊接工艺评定按照NB/T 47014—2011《承压设备焊接工艺评定》执行。

　　NB/T 47014—2011《承压设备焊接工艺评定》规定了锅炉、压力容器和压力管道等承压设备的对接焊缝和角焊缝焊接的焊接工艺评定、耐蚀层堆焊的焊接工艺评定、复合金属材料的焊接工艺评定、换热管与管板接头的焊接工艺评定和焊接工艺附加评定以及螺柱电弧焊工艺评定。适用于气焊、焊条电弧焊、埋弧焊、钨极气体保护焊、熔化极气体保护焊、电渣焊、等离子焊、摩擦焊、气电立焊和螺柱电弧焊等焊接方法。

　　承压设备的焊接工艺评定除了遵守NB/T 47014—2011《承压设备焊接工艺评定》的规定外，还应符合锅炉、压力容器和压力管道产品相关标准、技术文件的要求。评定的一般过程是根据金属材料的焊接性能，按照设计文件规定和制造工艺要求拟定预焊接工艺规程，施焊试件和制取试样，检测焊接接头是否符合规定的要求，形成焊接工艺评定报告并对预焊接工艺规程进行评价，评定承压设备制造、安装单位在限定条件下焊成符合技术规定的焊接接头能力。

一、通用焊接工艺评定因素及分类

1. 金属材料和填充金属及分类

　　根据金属材料的化学成分、力学性能和焊接性能将焊制承压设备用钢铁类母材分为Fe-1～Fe-8、Fe-9B、Fe-10I和Fe-10H共13个类别。Fe-1又分为Fe-1-1～Fe-1-4四个组别，Fe-2类目前国内没有对应的承压设备用材料牌号，Fe-3有三个组别，Fe-4、Fe-7和Fe-8各有两个组别。铝和铝合金分为Al-1～Al-5共五个类别，钛为两个类别，铜和镍均为五个类别。

　　填充金属包括焊条、焊丝、填充丝、焊带、焊剂、预置填充金属、金属粉、板极和熔嘴等，分类和金属材料相对应。焊剂分为碳钢用FeG-1和FeG-2，热强钢用FeG-2、FeG-3和FeG-4，不锈钢用熔炼焊剂FeG-5和烧结焊剂FeG-6共6个类别。熔炼焊剂在1400～1700℃的高温下熔炼制备，不容易添加合金，烧结焊剂可加入大量的合金在

750~1000℃下烧结而成，改善了熔敷金属的组织和性能，具有较高的力学性能和良好的抗裂性，低温冲击韧性远高于熔炼焊剂的冲击韧性。

2.焊后热处理及分类。

除了奥氏体不锈钢外的铁基类合金材料焊后热处理类别分为不进行焊后热处理、低于下转变温度进行焊后热处理、高于上转变温度进行焊后热处理（如正火）、先在高于上转变温度，而后在低于下转变温度进行焊后热处理（正火或淬火后回火）、在上下转变温度之间进行焊后热处理。

铬镍类奥氏体不锈钢材料的热处理由于采用的是固溶处理方式，焊后热处理类别分为不进行焊后热处理和在规定的温度范围内进行焊后热处理两类。分类是依据热处理过程中组织与结构发生的变化来区别的，不同的热处理类别得到的组织是有差别的。

二、专用焊接评定因素及分类

专用焊接工艺评定因素分为重要因素、补加因素和次要因素，其中补加因素在DL/T 868—2014《焊接工艺评定规程》中定义为附加重要因素，即当规定进行冲击试验时，需增加补加因素。由于DL/T 868—2014《焊接工艺评定规程》和NB/T 47014—2011《承压设备焊接工艺评定》都是参照采用ASME标准进行编制的，所以NB/T 47014—2011《承压设备焊接工艺评定》的定义及分类和DL/T 868—2014《焊接工艺评定规程》是一致的。

专用焊接工艺评定因素由于NB/T 47014—2011《承压设备焊接工艺评定》适用的焊接方法更广、工艺更复杂，所以每个类别相应的焊接工艺评定因素也比较多。对应每种焊接方法和相应的专用焊接评定因素，NB/T 47014—2011《承压设备焊接工艺评定》给出表格列出其分别属于重要、补加、次要因素或不相关。接头类别中包含坡口形状和根部间隙、衬垫的增减或改变、接头横截面积的变化以及一些特殊焊接方法要求共12种工艺评定因素。

填充金属类别包括焊条焊丝直径的变化、填充金属的增减、实芯和药芯焊丝及金属粉的变更、混合焊剂的比例变化等10种工艺评定因素。焊接位置类别受重力下熔敷金属形成的组织对性能的影响，分为焊接位置的增加、向上立焊和向下立焊位置的改变3种评定因素。预热和后热处理类别包括降低预热温度、提高道间温度和改变后热温度或时间参数3种评定因素。

气体类别包括改变可燃气体种类、改变气体保护方式和种类及比例等9种评定因素。电特性类别包括改变电流种类或极性、钨极的种类或直径、焊接电源类型等影响

焊接线输入量方面因素共9种评定因素。技术措施类别涉及不同的焊接方法和工艺共有20种评定因素。

三、对接焊缝和角焊缝通用评定规则

1. 焊接方法的评定规则

改变焊接方法，需要重新进行焊接工艺评定。当同一条焊缝使用两种或两种以上焊接方法或重要因素、补加因素不同的焊接工艺时，可按每种焊接方法或焊接工艺分别进行评定，也可以进行组合评定。组合评定合格的焊接工艺用于工件时，可以采用其中一种或几种焊接方法（或焊接工艺），但应保证其重要因素、补加因素不变。

2. 母材的评定规则

等离子弧焊使用填丝工艺、焊条电弧焊、埋弧焊、熔化极气体保护焊或钨极气体保护焊，对Fe-1 ~ Fe-5A类别母材进行焊接工艺评定时，高类别号母材相焊评定合格的焊接工艺，适用于该类别号母材与低类别号母材相焊，除此之外，当不同类别号的母材相焊时，即使母材各自的焊接工艺都已评定合格，其焊接接头仍需重新进行焊接工艺评定，即铬镍类不锈钢异种钢焊接接头都需要单独进行焊接工艺评定。

按规定，对热影响区进行冲击试验时，两类（组）别号母材相焊，如预焊接工艺规程与他们各自相焊评定合格的焊接工艺相同，则这两类（组）别号母材相焊不需要重新进行焊接工艺评定。两类（组）别号母材之间相焊，经评定合格的焊接工艺，适用于这两类（组）别号母材各自相焊。

某一母材评定合格的焊接工艺，适用于同类别同组别号的其他母材，在同类别号中，高组别号母材评定合格的焊接工艺，适用于该组别号母材与低组别号母材相焊，组别号Fe-1-2评定合格的焊接工艺，适用于Fe-1-1的母材焊接。此外，母材组别号改变时，需重新进行焊接工艺评定。

摩擦焊时当母材公称成分或抗拉强度等级改变时，要重新进行焊接工艺评定，若两种不同公称成分或抗拉强度等级的母材组成焊接接头，即使母材各自的焊接工艺都已经评定合格，其焊接接头仍需要重新进行焊接工艺评定，摩擦焊属于热压焊的一种，焊接热输入来源于焊接件之间的高速摩擦生热，标准化学成分或强度等级改变时，相同的摩擦焊工艺下焊缝的力学性能发生了变化。

3. 填充金属的评定规则

当变更填充金属类别后，埋弧焊、熔化极气体保护焊和等离子焊的焊缝金属合金含量主要取决于附加填充金属时，焊接工艺改变引起焊缝金属中重要合金元素成分超出评定范围时，埋弧焊、熔化极气体保护焊增加、取消附加填充金属或改变其体积超过10%时，需要重新进行焊接工艺评定。

当用强度级别高的类别填充金属代替强度级别低的类别填充金属焊接Fe-1、Fe-3类母材时，可不需要重新进行焊接工艺评定，仅限碳素钢和一些低合金钢。埋弧多层焊Fe-1类钢材时，改变焊剂类型（中性焊剂、活性焊剂），需重新进行焊接工艺评定，活性焊剂中含有Mn和Si还原性元素，能够对焊缝进行脱氧还原反应，改善了焊缝质量。

在同一类别填充金属中，用非低氢型药皮焊条代替低氢型药皮焊条，用冲击试验合格指标较低（仍符合本标准或设计文件规定的除外）的填充金属代替较高的填充金属，当规定进行冲击试验时，该工艺因素为补加因素，因为这些工艺条件主要是改变了焊接接头的冲击性能。

4. 焊后热处理的评定规则

改变焊后热处理类别，需要重新进行焊接工艺评定。除气焊、螺柱电弧焊和摩擦焊外，当规定进行冲击试验时，焊后热处理的保温温度和保温时间范围改变后需要重新进行焊接工艺评定。试件的焊后热处理应与工件在制造过程中的焊后热处理基本相同，低于下转变温度进行焊后处理时，试件保温时间不得少于工件在制造过程中累计保温时间的80%。下转变温度下的热处理是一个多相的不均匀转变，转变是否充分和保温时间有关，所以保温时间要处于一个相当的水平。

5. 试件厚度与工件厚度的评定规则

对接焊缝试件评定合格的焊接工艺适用于工件厚度的有效范围，标准中按试件进行拉伸试验和横向弯曲试验、试件进行拉伸试验和纵向弯曲试验分别列表规定了试件在所列条件下试件母材厚度与工件母材厚度分范围，评定的时候按照实际需要选择合适的试件厚度。对接焊缝评定合格的焊接工艺评定用于角焊缝时，工件厚度的有效范围不限。可以用任一种焊接方法或焊接工艺所评定的试件母材厚度，来确定组合评定试件适用于工件母材的厚度有效范围。

焊条电弧焊、埋弧焊、钨极气体保护焊、熔化极气体保护焊、等离子焊和气电立焊等焊接方法完成的试件，当规定进行冲击试验时，焊接工艺评定合格后，若试件母材厚度 $T \geq 6mm$ 时，适用于工件母材厚度的有效范围最小值为试件厚度 T 与16mm两者中的较小者，当 $T < 6mm$ 时，适用于工件母材厚度的最小值为 $T/2$。如试件经高于上转变温度的焊后热处理或奥氏体材料焊后经固溶处理时，仍按标准中表格中给定的厚度

电力设备焊接技术

范围执行。有冲击试验要求时，焊接试件厚度不宜过大，如果产品工艺有16mm以下的焊接需求时，焊接试件应小于6mm。

四、对接焊缝和角焊缝的专用评定规则

当变更任何一个重要因素时，都需要重新进行焊接工艺评定。当增加或变更任何一个补加因素时，则可按增加或变更的补加因素，增焊冲击韧性用试件进行试验。当增加或变更次要因素时，不需要重新评定，但要重新编制预焊接工艺规程。重要因素、补加因素和次要因素的确定按照标准中列表的要求进行区分，表中未列出的焊接因素可不作为评定因素。

五、对接焊缝的评定方法

1.试件形式及替代规则

对接焊缝试件分为板状和管状两种，对接焊缝试件评定合格的焊接工艺，适用于工件中的对接焊缝和角焊缝焊接。板状对接焊缝试件评定合格的焊接工艺，适用于管状工件的对接焊缝，反之也可以。任意角焊缝试件评定合格的焊接工艺，适用于所有形式的角焊缝焊接。评定非受压角焊缝预焊接工艺规程时，可以仅采用角焊缝试件。

2.试件的制备

母材、焊接材料和试件的焊接必须符合拟定的预焊接工艺规程的要求，评定试件的结构形式和企业产品的生产类型要相关，能够指导本企业的焊接生产。试件的数量和尺寸应满足试样制备的要求，试样也可以直接在工件上切取。选择对接焊缝试件厚度应充分考虑适用于工件厚度的有效范围，选择的试件厚度要满足生产所涵盖的产品范围。

3.试件的外观和无损检验

焊接工艺评定试件的外观检查和无损检验要求不得存在裂纹缺陷，出现裂纹需要重新焊接试件，必要的时候调整预焊接工艺规程后重新焊接试件。焊接工艺评定试件允许存在一定量的缺陷，进行力学性能和弯曲性能检验的时候，允许避开缺陷或缺欠制备试样。

NB/T 47014—2011《承压设备焊接工艺评定》中未对几何尺寸、气孔、咬边、夹渣、未熔、焊缝和热影响区及母材的微观金相组织等缺陷或缺欠进行要求，这方面有

别于DL/T 868—2014《焊接工艺评定规程》。焊接试件可以按照相应的焊接技术规程要求进行，除裂纹外的焊接缺陷或缺欠和焊接工艺关联不大，人为的焊接质量不作为评价因素。

4. 试件的力学性能试验

拉伸试样需要去除焊缝余高，与母材齐平，检验数量是2个。试样分紧凑型板接头带肩板型拉伸试样、紧凑型管接头带肩板型拉伸试样型式Ⅰ和型式Ⅱ以及管接头全截面拉伸试样4种类型。试样厚度应等于或接近试件母材厚度，可均匀分层取样，等分后的几个试样代替一个全厚度试样的试验。紧凑型管接头带肩板型拉伸试样壁厚方向上的加工量应最少。管接头可以采用全截面拉伸试样进行检验。钢铁类母材拉伸试样的合格指标和DL/T 868—2014《焊接工艺评定规程》是一致的，有色金属拉伸试样的合格指标一般要满足退货状态标准规定的抗拉强度下限值。

5. 试件的弯曲试验

弯曲试验时，为了测定焊接接头的完好性和塑性，试件焊缝两侧的母材之间或焊缝金属和母材之间的弯曲性能有显著差别时，可改用纵向弯曲试验代替横向弯曲试验。弯曲试样的拉伸面应加工齐平，试样受拉伸面不得有划痕和损伤，面弯试样和背弯试样各取2个，当试件厚度满足要求时，可以用4个侧弯试样代替2个面弯和2个背弯试样。组合评定时，应进行侧弯试验。

如果试样厚度超出弯曲标样要求时，可从试样受压面去除多余厚度，侧弯的厚度为3mm或10mm，当厚度较大时，可沿厚度方向分层为多片试样代替一个全厚度试样的试验。横向试样弯曲试验时，焊缝金属和热影响区应完全位于试样的弯曲部分内。

对接焊缝试件的弯曲试样弯曲到规定的角度后，其拉伸面上的焊缝和热影响区内，沿任何方向不得有单条长度大于3mm的开口缺陷，试样的棱角开口缺陷一般不计，按由于未熔合、夹渣或其他内部缺欠引起的棱角开口缺陷长度应计入，力学性能是弯曲试样制备时，允许避开缺陷或缺欠，在不能准确判定开裂原因的情况下，弯曲试验合格评价从严执行。

6. 试件的冲击试验

当规定进行冲击试验时，仅对钢材和含镁量超过3%的铝镁合金焊接接头进行夏比V形缺口冲击试验，铝镁合金焊接接头只取焊缝区冲击试样。异种钢接头当焊缝两侧母材的代号不同时，每侧热影响区都应取3个冲击试样。焊缝区试样的缺口轴线应位于焊缝中心线上，根据坡口形状确定热影响区的冲击试样缺口位置，试样的缺口尽可能多的通过热影响区。

冲击试验结果和试验温度有关，试验要不高于钢材标准规定的冲击试验温度。钢质焊接接头焊缝和热影响区的冲击吸收功应符合设计文件或相关材料标准规定。含镁量超过3%的铝镁合金母材，试验温度应不低于承压设备的最低设计金属温度，冲击吸收功应符合设计文件或相关材料技术标准规定，且不应小于20J。允许有1个试样的冲击吸收功低于规定值，但不得低于规定值的70%。

当试件采用两种或两种以上焊接方法或焊接工艺时，拉伸试验和弯曲试样的受拉面应包括每一种焊接方法或焊接工艺的焊缝金属和热影响区；当规定冲击试验时，对每一种焊接方法或焊接工艺的焊缝金属和热影响区都要经受冲击试验的检验。

六、角焊缝的评定

角焊缝试件分为板状角焊缝、管板角焊缝和管管角焊缝三种，角焊缝评定检验项目包括外观检验和宏观金相检验。板状角焊缝焊脚尺寸不大于翼缘板壁厚，且不大于20mm，管板角焊缝最大焊脚等于管壁厚，管管角焊缝最大焊脚等于内管壁厚，角焊缝焊脚之差不大于3mm，焊接接头不允许有宏观裂纹。宏观金相试样应包含全部焊缝、熔合区和热影响区组织，板状角焊缝的5个试样和管状角焊缝的4个试样焊缝根部应焊透，焊缝金属和热影响区不允许有裂纹和未熔合。

七、耐蚀堆焊工艺评定

耐蚀堆焊是为了防止腐蚀而在工件表面熔敷一定厚度具有耐腐蚀性能金属层的焊接方法，是一种有效地改变材料表面性能的工艺方法，也称为包层堆焊。手工电弧焊、气体保护焊、氩弧焊、埋弧焊都可以做堆焊，自动堆焊工艺目前被大量应用。

1. 评定规则

改变堆焊方法，需要重新评定堆焊工艺，改变专用堆焊工艺评定因素需要按照NB/T 47014—2011《承压设备焊接工艺评定》中列表规定进行区分。管状试件水平固定位置（5G）评定合格的堆焊工艺适用于平焊、立焊和仰焊，横焊、立焊和仰焊位置以及管状试件45°固定位置（6G）评定合格的堆焊工艺适用于所有焊接位置。

当试件基层厚度$T < 25$mm时，适用于工件基层厚度大于等于T；当试件基层厚度$T \geq 25$mm时，适用于工件基层厚度大于等于25mm。工件基层的厚度大，焊接时散热速度快，焊缝组织晶粒度较小，焊接应力也大，实际零部件焊接基层厚度小于25mm

时，评定试件厚度应选择较小一些。

按照 NB/T 47014—2011《承压设备焊接工艺评定》中堆焊层分析表面到熔合线的距离称为堆焊层评定最小厚度，实际操作中这个数据不容易测量，习惯用熔敷金属厚度来表示，即堆焊后增加的厚度。而保证一定的熔深既是保证焊接熔合强度的需要，也是在基材和耐蚀层之间起到一个过渡层的作用，所以评定中的最小厚度也指有效厚度是一个相对能准确表征堆焊层厚度的量。

2. 评定方法

堆焊试件分为板状与管状两种，管状指管道和环。管状试件可在管外壁或管内壁堆焊。NB/T 47014—2011《承压设备焊接工艺评定》中板状堆焊试件要求长宽大于或等于 150mm，管状堆焊试件长度大于或等于 150mm，最小直径满足切取试样数量要求，并可绕管材圆周连续堆焊作业，堆焊层宽度大于或等于 40mm。焊接基材的选择、过渡层的要求以及预热和焊后的消除应力处理的要求应符合工程应用实际。

（1）渗透检验

检验方法按 NB/T 47013.5—2015《承压设备无损检测　第5部分：渗透检测》的规定，可采用着色法或荧光法，检验结果不允许有裂纹。渗透检验部位分为堆焊前、过渡层、耐蚀层表面和堆焊后机加工表面几种情形，具体检验按照工艺要求或设计文件规定。无法判定缺陷性质的时候，可以按照渗透检测 I 级合格评定。

（2）弯曲检验

按 GB/T 2653—2008《焊接接头弯曲试验方法》规定的弯曲试验方法测定堆焊层金属、熔合线和基层热影响区的完好性和塑性。在渗透检测合格的堆焊试件上切取 4 个侧弯试样，试样宽度范围内至少包括堆焊层全部、熔合线和基层热影响区。弯曲除了评价堆焊层的组织性能外，也可以评定堆焊层和母材之间是否具有较好的冶金结合性能。奥氏体不锈钢材料的导热性较差，与基材相比线膨胀系数却较大，贫铬区造成的晶间腐蚀，堆焊层中的焊接缺陷等都是弯曲开裂的原因。

弯曲试样弯曲到规定的角度后，在试样拉伸面上的堆焊层内不得有大于 1.5mm 的任一开口缺陷，在熔合线内不得有大于 3mm 的任一开口缺陷。同样对标准中规定的断后伸长率 A 下限值小于 20% 的母材，弯曲试验不合格且实测值确实小于 20% 时，允许按标准加大弯心直径重新进行试验。

（3）化学成分分析

板状试件从堆焊层长度方向中间部位取样，每个焊接位置的堆焊金属都要取化学分析试样，立焊时，若焊接方向改变应分别取样，管状试件按焊接中包含的所有焊接位置

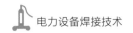

都要取到。不同的焊接位置熔敷金属熔液的流动状况不同，可能造成化学成分的差异。

分析试样的采集分为直接在堆焊层焊态表面上或从焊态表面制取屑片测定、在清除焊态表面层后的加工表面上或从加工表面制取屑片测定和从堆焊层侧面水平钻孔采集屑片测定，分析方法和合格指标按相关技术文件规定。

八、复合金属材料焊接工艺评定

复合材料是指由两种或两种以上不同性质的材料，通过物理或化学的方法在宏观或微观上组成具有新性能的材料。金属复合材料是利用复合技术使化学、力学性能不同的金属在界面上实现冶金结合而形成的复合材料，可极大改善单一金属材料的强度、韧性、耐蚀性、耐磨性、热膨胀性和电磁等性能。复合金属材料焊接工艺评定中的复合金属材料是指用轧制法、爆炸轧制法、爆炸法和堆焊生产的制造承压设备的金属层状复合材料。

1. 覆层厚度参与复合金属材料的设计强度计算时的焊接工艺评定

应使用复合金属材料（包括基层和覆层）制备评定试件，由于复合金属材料基层和覆层的结构差异以及在服役状态下所起的主要作用不同，所以焊接工艺评定检验项目合格指标也有别于传统的焊接工艺评定，须分别评定覆层和基层的性能。

（1）评定一般规则。经评定合格的焊接工艺应按试件的覆层和基层厚度分别计算适用于工件（包括母材和焊缝金属）厚度的有效范围。如果过渡层的性能和覆层的差异比较大，计算的时候需要考虑过渡层的厚度，计算依据参照标准中对接焊缝焊接工艺评定厚度替代规则。经评定合格的焊接工艺适用于工件覆层焊缝金属厚度有效范围，是指该范围内的化学成分都应满足设计要求。

拉伸和弯曲试验时，整个焊接接头部位都应检验到，过渡层和覆层焊缝焊接工艺评定重要因素不同时，应取4个侧弯试样进行弯曲试验，背弯试验时应使基层焊缝金属表面受拉。只对焊接接头基层的焊缝区及热影响区取冲击试样。

（2）评定合格指标。拉伸试样强度合格指标须满足基层和覆层规定的抗拉强度最低值的加权平均值。对轧制法、爆炸轧制法、爆炸法生产的复合金属材料，侧弯试样复合界面未结合缺陷引起的分层、裂纹允许重新取样试验，其余的合格指标须满足对接焊缝评定结果要求。

2. 覆层厚度不参与复合金属材料的设计强度计算时的焊接工艺评定

覆层厚度不参与复合材料的设计强度计算的焊接工艺说明覆层的主要作用是满足

耐蚀、耐磨等工艺性能，基层提供力学性能和保持结构形状。评定的时候既可以按照参与强度计算的评定规则进行，也可以只评定基层材料的焊接工艺，不需要焊接复合金属材料试件，在基层上施焊覆层填充材料时，按照耐蚀堆焊工艺评定进行，覆层焊接不考虑强度的影响，不作为对接焊缝要求。

九、换热管与管板焊接工艺评定和焊接工艺附加评定

换热管与管板连接的强度焊、胀焊并用的焊缝，仅限对接焊缝、角焊缝及其组合焊缝，主要承受的是剪切力，管子与管板之间焊缝焊脚长度和坡口形式决定了抗剪切能力，可作为角焊缝进行焊接工艺评定，对接焊缝与换热管熔合线长度由设计确定。

需要重新进行焊接工艺附加评定的情形：焊前改变清理方法，变更焊接方法的机动化程度（手工、半机动、机动、自动），由每面单道焊改为每面多道焊或手工焊时由向上立焊改变为向下立焊，或反之，评定合格的电流值变更了10%，焊前增加管子胀接，变更管子与管板接头焊接位置。焊条电弧焊增加焊条直径，钨极气体保护焊、熔化极气体保护焊和等离子弧焊增加或去除预置金属、改变预置金属衬套的形状与尺寸、改变填充丝或焊丝的公称直径。

适用于焊接工艺附加评定和合并评定的焊接试件接头结构与形式在焊接前后与工件基本相同，管板按要求加工10个孔，孔桥宽度决定相邻焊缝间的距离，孔桥宽度、几何尺寸和偏差要求计算参照GB 151—2014《热交换器》相关规定，换热管长度不小于80mm。

管板角焊缝的评定可以依据评定合格的对接焊缝或角焊缝焊接工艺，编制换热管管板的焊接工艺卡，按照换热管与管板焊接工艺附加评定规则进行分别评定。也可以在同一试件上将换热管与管板的焊接工艺与焊接工艺附加评定合并进行。

试件的管径与壁厚和工件的管径与壁厚替代关系为：换热管公称壁厚 $b \leqslant 2.5$mm 时，评定合格的焊接工艺适用于工件公称壁厚不得超过 $\pm 1.15b$；当评定公称壁厚 $b > 2.5$mm 时，适用于公称壁厚大于2.5mm的所有管径工件。试件换热管公称外径 $d \leqslant 50$mm，公称壁厚 $b \leqslant 2.5$mm 时，评定合格的焊接工艺适用于工件公称外径大于或等于 $0.85d$。试件换热管公称外径 $d > 50$mm 时，适用于工件公称外径最小值为50mm。

试件孔桥宽度 B 小于10mm或3倍管壁厚中较大值时，评定合格的焊接工艺适用于工件的孔桥宽度大于等于 $0.9B$。仅限孔桥宽度的下限值，当孔桥宽度较小时，相邻焊缝间的距离也小，焊接时可能对已成形相邻焊缝的再加热，局部甚至是达到热处理的

温度，间距较小时，不方便焊接操作，进而需要限制孔桥宽度的下限。

评定检验项目要求进行渗透检验、宏观金相检验和角焊缝的厚度测定。渗透检验10个焊接接头全部没有裂纹为合格。任取成对角线的两个管接头，沿换热管中心线互相垂直切开，一道切口作为一个金相检验面，其中一个应取自接弧处，8个检验面焊缝根部应焊透，不允许有裂纹和未熔合，测定8个金相检验面上角焊缝厚度，每个都应大于等于换热管管壁厚度的2/3倍。

第十章　焊接培训考核与质量控制

我国电力系统率先开始焊工和焊接技术人员的培训工作，是1952年在东北富拉尔基进行的电力系统第一批高压焊工培训班。1980年之前电力系统已经建立了较为完善的焊工培训管理体系，1981年当时的水利电力部颁布了DLJ 61—1981《焊工技术考核规程》，各省市的网、省电管局开始筹建成立集中培训、集中考核管理的焊工培训中心，组织和管理区域内的电力焊工培训和考核工作。电力部成立"锅炉压力容器安全监察委员会"管理这项工作，20世纪90年代末电力部撤销后这部分职能现由中国电力企业联合会下的电力行业电力锅炉压力容器安全监督管理委员会（简称电力锅监委）主管焊工培训和考核工作。

随着电力工业的持续高速发展，高参数、大容量机组及核电站的不断涌现，新材料、新工艺和新技术的不断运用，对焊接技术管理及焊接操作技能水平的要求也越来越高，焊接的观念和理念也在悄然的、不断的发生着变化。为了提高焊接技术人员的知识水平和实际操作能力，促进电力建设焊接技术的发展，新形势下的电力焊工培训和考核也存在着改革、创新和转型的问题。

第一节　焊接培训与管理

焊接操作人员的技能对焊接工艺过程有较大的影响，而焊工技能又取决于焊接培训质量，因此，有必要了解和熟悉电力焊工培训方式和特点，进一步完善原有的培训体系，探索新的教学模式，针对性地全面提高电力焊工培训质量。

1. 电力行业焊工培训的特点

原电力体制实行计划经济管理，各地域的电力焊工培训中心是省网公司的下属单位，系统地、规范地、严格地管理电力焊工培训，培训市场主要面向本省电力系统的发电和建设企业，网省公司实行地区性的企业内部的焊工技能培训和考核取证工作，另外企业都有自己的技工学校，为本企业培养焊工的后备人员。电力体制改革后，新的发电集团重组，形成了新的电力市场多元化管理格局，未来的电力焊接培训将以各集团公司的内部培训和协议委托的属地化培训机构共同完成。

电力焊工技术培训经历了60余年，建立了全国电力焊接培训网络，1995年中国电机工程学会电站焊接专业委员会内部发行了《电力工业部焊工培训教学大纲》，电力锅监委相继颁布实施了DL/T 1265—2013《电力行业焊工培训机构基本能力要求》和DL/T 816—2017《电力行业焊接操作技能教师考核规则》对焊接培训工作进行规范，同时拥有自己的焊工考核标准、具备庞大的焊接人员队伍，管理的科学化、规范化水平不断提高，电力行业焊工培训和考核的管理工作经过不断完善，效果非常明显，在全国各行业领先，取得了辉煌的业绩。

电力焊培中心一般都挂靠在省电科院、电研院或电建安装公司名下，单位具有电力工程中要求的所有焊接工艺评定，尤其是新材料、新工艺的应用，各培训中心都有足够的技术和科研储备。

电力焊工考核规程规定通过较简单的碳素钢和低合金钢板状试件考核的焊工可取得Ⅲ类焊工资格，可焊接相应材料和方法的钢结构和循环水管道，通过碳素钢、低合金管钢和高合金钢的小径管侧障碍试件的取得Ⅱ类焊工资格，通过十字障碍考核的取得Ⅰ类焊工资格，采取按照材料和方法的焊接难易程度循序渐进的增项培训方式。这里的障碍指的是考核和练习的试件上下和左右各设一个固定障碍管排（俗称梅花管）模拟实际操作工况，通过增加操作的难度来强化实际操作技能，这也是区分电力焊工资格水平的一个依据，因为Ⅰ类焊工可以焊接工作压力大于9.8MPa以上的高温高压锅炉受热面管件和管道，习惯上把Ⅰ类焊工称为高压焊工。

电力焊工培训中心依托于电网公司或能源建设集团，具有不同层次的焊接技术人才优势，在先进的焊接设备购置、维护和升级换代方面得到上级公司的强力支持，有的培训中心还配置了焊接虚拟仿真系统，如图10-1所示。培训中心同时具备一定的机加工和检验检测能力，有的检验检测机构实验室通过了CMA实验室资质认定或中国合格评定国家认可委员会CNAS的能力验证。电力焊工培训中心的实际操作技能教师也是普遍来源于电力建设安装企业的焊接技术骨干或各级焊工技能竞赛的优胜人员，他们拥有精湛的技艺和丰富的实践安装经验，在培训中心系统的、规范的教学模式下开展培训，有别于企业传统的师傅带徒弟操作技能培训模式。

电力焊工主要分布在火力发电企业和电建公司当中，供电企业、修造企业和水电企业焊工的人数较少。电力焊工存在的一个问题是年龄结构普遍偏大，和其他传统专业类似，新就业人员从事手工高压焊接工作的人员严重不足。电力系统中焊接岗位是

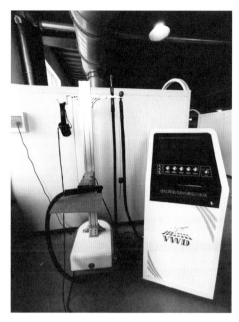

图10-1　焊接虚拟仿真实训系统

一个辅助岗位，焊工在职业技能鉴定和职称晋升方面存在障碍，各电力集团公司对焊工资质认定不一致，进一步降低了从事焊接工作的积极性。为解决这个问题，在新的定岗定编劳资改革中，部分公司焊工岗位也得到了认定。

2. 电力焊工培训机构能力要求

DL/T 1265—2013《电力行业焊工培训机构基本能力要求》规定了电力焊工培训机构建立、运行、监督管理及审验的过程、程序和方法，从十个方面明确了焊工培训机构应具备的基本能力，以及对焊工培训机构监督管理的要求。

焊接培训机构的组织机构应是独立法人或授权法人，应保证覆盖焊工培训所有管理岗位，保证培训全过程受控和管理体系的持续改进，保持培训中心相对的独立性、公正性和公平性，这一点主要是针对考核机构而言的。具备足够的人力资源、焊接方法和焊接工艺、设施与设备资源和环境资源。制订培训大纲、培训计划，编制培训教材和培训项目焊接工艺规程或作业指导书、考试题库以及相配套的管理制度。

建立围绕质量方针和质量目标的、文件化的、满足焊工培训工作需要的质量管理体系并保持有效运行。培训质量管理体系是实施质量管理的组织结构、程序和资源，其所关注的不仅是产品的质量，更是过程质量控制的能力以及满足相关要求的能力。

焊工培训机构的正、副主任、技术负责人要求为焊接专业人员，中级以上技术职称。操作技能培训人员须持有电力行业焊工技能操作教师资格证书，检验人员具有无损检测资格证，热处理人员持证上岗，其他人员都要经过专业的培训。

要求实际技能操作焊接工位不少于20个，四种以上焊接方法的设备、工艺和持证人员，指在电力建设中常用的手工电弧焊、气体保护焊、氩弧焊、埋弧焊和气焊焊接方法。气焊俗称火焊，现在发电侧应用较少，仅部分仪表管偶尔采用。还需要有专用的焊材库、试件库和工具库，相应的管理制度，焊条烘干设备，有切割、车、刨、铣和断口等机加工设备，相应的安全技术操作规程，一个企业组织内有检测和试验的设备和能力，如外观检测、无损检测、拉伸试验、冲击试验、宏观和微观金相试验等项目。

考核用钢材、焊接材料和气体等耗材经评价合格的供应商提供，进货和验收质量证明文件符合规程要求。所有培训焊接项目具有合格的焊接工艺评定和焊接工艺规程，培训过程符合体系文件要求，并具备过程评价和持续改进的能力。

3. 电力焊工培训操作技能教师要求

DL/T 816—2017《电力行业焊接操作技能教师考核规则》适用于对电力行业焊工培训的焊接操作技能教师的技术资格考核。考核内容包括理论考试、实际操作技能考试、焊接缺陷判断能力考试、模拟教学考试和答辩。

焊接操作技能教师经考核后取得相应培训项目的资格证书后，方可从事焊接操作技能教学工作，按教学大纲编写教案和教学计划，按焊接工艺规程或作业指导书规范教学，做操作示范，并讲解操作要领，对学员的焊接试件定期进行讲评，对操作不当产生的焊接缺陷原因进行分析。在操作技能教师指导下，完成焊接过程的各种动作，使学员掌握必备的焊接操作能力。

中国焊接协会培训工作委员会成立后，在各培训中心站系统内进行了规范化的焊工教师培训工作的推广和应用。机械工业哈尔滨焊接技术培训中心在我国最早引入国际上最先进的焊接技术培训体系，培训的焊接教师有资格承担初、中、高级焊工的培训指导工作和高、精、尖产品的焊接工作，具有组织、协调焊接生产及焊接培训的管理能力。电力焊工培训教师也参与了行业之间和国际的焊接教师培训交流学习，尤其是一些涉外的电力建设安装企业。

4. 电力钢结构焊工和焊接技术人员培训

国家正在大力建设特高压工程，以解决中东部用电问题，输电线路铁塔是支撑高压及特高压线路的重要组成部件，与铁塔加工质量密切相关的关键技术是焊接技术。为保证铁塔的焊接质量，国家电网公司2010年发布了《国家电网公司钢结构焊工资格培训考核大纲》和《国家电网公司钢结构焊接技术管理人员资格培训考核大纲》，要求所有施工人员必须取得电网钢结构焊工资格证书，具有钢结构焊接技术管理人员资格证书可以从事国家电网公司输电铁塔制造中的焊接技术管理工作，并以此标准进行焊工和焊接管理人员的培训与考核工作，规范相关人员取证工作。

国家电网公司钢结构焊接技术指导委员会主持开展电网钢结构焊工的培训与考核工作。焊工培训工作委托电网钢结构（江苏、山东、河南、重庆、陕西）焊接技术指导中心负责组织实施。焊工考核工作由国家电网公司钢结构焊接技术指导委员会组织实施。国家电网公司钢结构焊接技术指导委员会按分区组织原则，指定监考人，负责监督考试，记录整理焊工考试资料。

5.电力焊接其他培训

长期以来，我国实行的是专业人才教育制度，直至1998年通才教育制度的实施，如焊接专业并入材料成型与控制，焊接的专业课程减少，焊接的专业特点淡化，专业技能人才的培养的重任就落在了众多的焊接培训机构、各类高中级职业技能教育上，而目前的焊接职业培训体系尚不十分完善，还有更多的企业集团是通过内外部培训资源提高员工的焊接技能。

为适应与世界焊接技术的交流和加入WTO的需要，中国焊接培训与资格认证委员会获得国际焊接学会的授权，实行国际统一的焊接人员培训与资格认证工作。

第二节　焊接考核与管理

焊工的培训与考试在焊接生产中的地位，早就引起人们的注意和重视，经济发达的工业国家更是把它看成是经济发展的柱石、企业生存和竞争的手段、保证产品质量的基础。对焊接作业人员的操作技能进行必要的考试和认可，是实际焊接生产质量的有效控制措施。电力行业一直重视焊工培训质量的考核。1980年原国家劳动总局发布试行了《锅炉压力容器焊工考试规则》，规定由企事业单位成立焊工考核委员会，按照规则要求组织焊工考试和合格证书的签发工作。

焊工考核合格证一般指的是具有采用相应焊接方法焊接相应的材料和规格试件的能力。我国的焊工资格认证机构均为颁发相关标准和规程的政府机构或部门，属于原国家各部委或不同行业，如电力、特种设备、建筑施工、造船业、民用核工业、水电和冶金工程等，进而导致焊工培训和资格证书不统一、不规范、种类繁多、重复重叠、互不认可，没有统一性和通用性。另外和焊工考核相关的还有全国通用的有特种作业操作证考试和职业资格等级考试。

1. 电力行业焊工考核

电力行业第一部规范化的焊工考核规程是水利电力部颁布的 DLJ 61—1981《焊工技术考核规程》电力建设基础标准，随后修订的 SD 263—1988《焊工技术考核规程》代替了 DLJ 61—1981，应用范围扩大到电力系统火力发电设备的制作、安装和检修中的锅炉、压力容器、受压管道和承重钢结构的焊工考核。

DL/T 679—1999《焊工技术考核规程》替代了 SD 263—1988 和 SDZ009—1984《钢结构焊工考试规程》，修订后的标准把电力行业从事焊接工作的技术工人的技术能力划分为Ⅲ三类，升类考核应有一定时间的工程实际锻炼，按难易程度，逐类、逐级进行，不得越类考核。标准对焊工技术考核的组织及管理作出了规定，使焊工的技术考核达到规范与统一。

随着国家技术监督部门特种设备焊工考试要求的变化，2012年修订发布 DL/T 679—2012《焊工技术考核规程》，将适用范围调整为电力行业发、供电设备的焊接，将焊工技术考核循序渐进的强制性原则修改为推荐性原则，明确了实际操作技能考核因素及适用范围，对各类焊工允许承担的工作范围与 DL/T 869—2012《火力发电厂焊接技术规程》规定的焊接接头类别进行了统一，也就是焊工类别和焊接接头类别是一致对应的。

考核分基本知识考核和操作技能考核两部分，初次参加考核的、重新考核的和增加新的焊接方法的应进行基本知识考核，不包括改变材料种类和增加焊接位置项目的考核，焊接方法指的是气焊、焊条电弧焊、钨极氩弧焊、熔化极气体保护焊和埋弧焊五种方法。焊接方法可单独考核也可组合考核，组合考核合格时，底层焊道采用的焊接方法可以单独使用，其余焊道采用的焊接方法，不能用于全焊透结构底层焊接。也就是盖面焊合格的不能代替单面焊双面成形的击穿焊。

焊工考核项目与焊接工艺评定类似，也进行材料分类以及焊接因素采用一些替代原则，达到简化考试项目种类的目的，这也是焊接考试国际通用的原则，也是每一个考核合格的材料类别、材料规格、焊接位置、焊接填充材料都有一个适宜焊接范围，所以在考核项目选择上要力求符合本企业所采用的材料种类、规格和焊接方法要求。

操作技能考核项目由焊接方法、钢材类组别、焊接位置、母材或熔覆金属厚度、试件外径、焊条药皮酸碱性和焊工类别组成，一般合格证书上有标示，方便识别焊工可操作项目。焊接方法直接标出考核方法的符号，如 OFW、SMAW、GTAW 等，两种方法组合考试时，焊接方法间用"/"分开，如氩弧焊封底，电焊盖面用GTAW/SMAW表示。钢材类组别直接标出焊接接头两侧钢材类组别号，如AⅠ、BⅡ、BⅢ/CⅢ等。焊接位置和材料规格直接标出，焊条药皮碱性用J、酸性用S标示，最后一项是焊工的类别，焊机操作工对材料和焊工类别不要求，可忽略不标。

考核用试件要求和检验程序及质量标准规程中有详细的要求，为了方便检验测量，板件T形接头焊缝只焊一侧，检测时断口检测的时候作为受压侧，试样焊缝反向加力，使腹板和翼缘板贴合或焊缝开裂，考核试件的焊缝根部和表面不得进行修补，试件也不允许进行矫正处理。其他的合格标准要求和DL/T 869—2021《火力发电厂焊接技术规程》是一致的，也就是焊工考核合格标准和工程实际要求是一致的。

基本知识考核的内容和操作技能考核的内容密切结合，主要内容与考核的焊接方法相关，采用闭卷笔试，现在是百分制，70分合格，随着计算机考试系统的大规模应用，电力焊工基本知识的机考也在筹办中，预计不久即可上线。操作技能考核试件外观或无损检测有一件不合格时，允许补试一件，超过一件时，必须重新培训练习再进行重新考核，性能试验有一项不合格时，允许加倍补做，补做试验仍有不合格时，须经过不少于一周的练习，一个月内可准予补考1次。操作技能考核不合格的，必须间隔3个月以上，经过重新培训才可重新申请考核。

标准对合格证的签发、吊销、管理和免试签证及复试进行了规定。

2. 特种设备行业焊工考核

为深入贯彻落实《中共中央 国务院关于推进安全生产领域改革发展的意见》及国务院在全国推行"证照分离"改革的要求，推进《特种设备安全监管改革顶层设计方案》实施，有效降低企业制度性交易成本，加强特种设备监管，2019年国家市场监督管理总局对现行特种设备作业人员认定项目进行了精简整合，制定了《特种设备作业人员资格认定分类与项目》（市场监管总局〔2019〕第3号），自2019年6月1日起实施，其中特种设备焊接作业种类仍在目录内，特种设备焊接作业人员代号按照《特种设备焊接操作人员考核规则》的规定执行。

为贯彻落实国务院关于深化"放管服"改革和"证照分离"的总体要求，推进特种设备行政许可改革，规范特种设备作业人员许可工作，根据《中华人民共和国特种设备安全法》《中华人民共和国行政许可法》《特种设备安全监察条例》等有关法律法规，2019年市场监管总局制定了TSG Z6001—2019《特种设备作业人员考核规则》，规定了《特种设备作业人员资格认定分类与项目》范围内特种设备作业人员资格的考核工作，按照规则要求取得特种设备安全管理和作业人员证后，方可从事相应的作业活动，特种设备焊接作业人员的资格考核工作同时应当满足相关安全技术规范的要求，即《特种设备焊接操作人员考核细则》。

1980年《锅炉压力容器焊工考试规则》发布试行，对提高焊工素质和锅炉压力容器受压元件的焊接质量起了重要的作用。1982年国务院颁布了《锅炉压力容器安全监察暂行条例》（国发〔1982〕22号）后，根据试行的情况，1988年原考试规则进行修订，重新发布了《锅炉压力容器焊工考试规则》（劳人锅〔1988〕1号）。

1996年劳动部发布了《压力管道安全管理与监察规定》（劳部发〔1996〕140号），2002年，国家质检总局颁发了《锅炉压力容器压力管道焊工考试与管理规则》（国质检锅〔2002〕109号），焊工管理范围扩大到锅炉、压力容器（含气瓶）和压力管道的焊接，要求省级安全监察机构成立焊工考试监督管理委员会，焊工考委会资质及所承担的考试项目范围，须经所在地地市级（或以上）安全监察机构批准，报省级安全监察机构备案。

2003年6月1日起施行了《特种设备安全监察条例》（国务院令第373号），且依据《国务院关于修改〈特种设备安全监察条例〉的决定》（国务院令第549号）进行了修订，修订版自2009年5月1日起施行。2007年12月国家质检总局特种设备监察局下达了《特种设备焊接操作人员考核细则》起草任务书。2010年11月4日由国家质检总局批准颁布的TSG Z6002—2010《特种设备焊接操作人员考核细则》，适用于从事《特种设备安全监察条例》中规定的锅炉、压力容器（含气瓶）、压力管道和电梯、起重机械、客运索道、大型游乐设施、场（厂）内专用机动车辆焊接操作人员的考核，同时规定了考试机构的要求。

从事承压类设备的受压元件焊缝、与受压元件相焊的焊缝、受压元件母材表面堆焊、机电类设备的主要受力结构（部）件焊缝，与主要受力结构（部）件相焊的焊缝和熔入前两项焊缝内的定位焊缝焊接工作的焊工，应当按照细则考核合格，持有特种设备作业人员证。

细则包含金属材料和非金属材料的焊工考核，金属材料按材料代号分为低碳钢 Fe Ⅰ、低合金钢 Fe Ⅱ、铬含量大于5%的铬钼钢、铁素体钢和马氏体钢 Fe Ⅲ、奥氏体钢、奥氏体和与铁素体双相钢 Fe Ⅵ以及其他多种有色金属类别。

手工焊焊工操作技能考试项目表示为焊接方法代号–金属材料类别代号–试件位置代号，带衬垫加代号K–焊缝金属厚度–外径–填充金属类别代号–焊接工艺因素代号，如果操作技能考试项目中不出现其中某项时，则不包括该项。焊机操作工操作技能考试项目表示方法为焊接方法代号，耐蚀堆焊加代号（N与试件母材厚度）–试件位置代号，带衬垫加代号K–焊接工艺因素代号。

另外对考核试件及合格标准、补考规定、复试抽审等要求进行了规定。

3. 其他行业的焊工考核

除了电力和特种设备行业外，还有一些行业存在焊工考核要求。2019年6月12日公布了《民用核安全设备焊接人员资格管理规定》（生态环境部令第5号），自2020年1月1日起施行，对从事民用核安全设备制造、安装和运营中焊接活动的人员资格考核和管理工作进行了规定，资格证书由国务院核安全监管部门颁发。

一般工业与民用建筑工程混凝土结构中的钢筋焊工考试执行JGJ 18—2012《钢筋焊接及验收规程》，该规程要求从事钢筋焊接施工的焊工必须持有钢筋焊工考试合格证，并应按照合格证规定的范围上岗操作，是强制性条文，自GB 55008—2021《混凝土结构通用规范》实施之日起，该条文的强制性同时废止，考试由设区市或设区市以上建设行政主管部门负责。

一般船舶工业按照CB 1357—2001《潜艇船体结构焊工考试规则》和CB/T 3807—2013《船用铝合金焊工考试规则》进行考核，中国船级社《材料与焊接规范》是一部较全面的规范，包括焊接材料、焊接工艺认可、焊工资格考试、船体结构的焊接、海上设施结构的焊接、受压壳体的焊接、重要机件的焊接、压力管系的焊接和海底管系的焊接。

冶金系统制定了针对钢结构焊接的焊工考核标准YB/T 9259—1998《冶金工程建设焊工考试规程》，国家电网公司按照企业标准对钢结构焊工和焊接管理人员进行考核。另外，建筑机械与设备行业的JG/T 5082.2—1996《建筑机械与设备 焊工技术考试规程》和水利行业标准SL 35—2011《水工金属结构焊工考试规则》也曾对焊工考试进行了要求，由于这两个规程是参照国外标准制定的，和国内现行相关标准重叠，目前已经废止。

4. 特种作业操作证的考核

特种作业人员必须经专门的安全技术培训并考核合格，取得中华人民共和国特种作业操作证后，方可上岗作业。在1999年由国家经济贸易委员会发布施行了《特种作业人员安全技术培训考核管理办法》，由于焊接过程涉及触电、高温、弧光、粉尘、电磁辐射、有害气体、易燃易爆气体和高空作业等不安全因素，焊工上岗前须参加特种作业人员安全技术培训并考核合格。2010年国家安全生产监督管理总局对办法进行了修订公布为《特种作业人员安全技术培训考核管理规定》，2013年8月29日国家安全监管总局令第63号和2015年5月29日国家安全监管总局令第80号进行修正，焊工考核内容主要是焊接切割技术及安全的基本知识及技能，特种作业操作证书采用IC卡形式，有效期6年，每3年复审1次，在全国范围内有效。

管理规定附件中的特种作业目录焊接与热切割作业，指运用焊接或者热切割方法对材料进行加工的作业（不含《特种设备安全监察条例》规定的有关作业），电力焊接施工是属于特种设备安全监察条例管理范畴内的，原该项工作由国家安全监督局系统实施监管，通常为属地管理。2018年国务院机构改革方案组建应急管理部，不再保留国家安全生产监督管理总局，这部分职能现由应急管理部门负责。近年来国家对安全生产的重视与法规的完善，政府职能部门执法力度的加强，对无证操作上岗处罚力度加大，"特种作业人员安全技术培训"工作得到重视。

5.职业技能鉴定考核

《中华人民共和国劳动法》第八章第六十九条规定："国家确定职业分类，对规定的职业制定职业技能标准，实行职业资格证书制度，由经过备案的考核鉴定机构负责对劳动者实施职业技能考核鉴定"。职业资格证书分为高级技师（一级/高级职称）、技师（二级/中级职称）、高级（三级/助理职称）、中级（四级）、初级（五级）五个级别，职业资格证书是劳动就业制度的一项重要内容，也是一种特殊形式的国家考试制度。它是指按照国家制定的职业技能标准或任职资格条件，通过政府认定的考核鉴定机构，对劳动者的技能水平或职业资格进行客观公正、科学规范的评价和鉴定，对合格者授予相应的国家职业资格证书。

职业技能鉴定考核分为知识要求考试和操作技能考核两部分，知识要求考试一般采用笔试，技能要求考核一般采用现场操作加工典型工件、生产作业项目、模拟操作等方式进行，焊工技能考核可以参照GB/T 15169—2003《钢熔化焊焊工技能评定》和GB/T 19805—2005《焊接操作工 技能评定》，一些省市级工会和人力资源部门联合组织的技能竞赛优胜者同时也会获得相应的职业资格证书。目前该项工作由人力资源和社会保障部门主管，鉴于职业（工种）行业特点明显，技能鉴定大部分也是以行业为主，一些行业或大的企业集团针对自身需求的岗位职业需求，获得相关授权或认证组织技能鉴定。

6.国际焊工考核

随着经济全球化的推进，出口产品与国外工程的增加，电力行业的国际市场正在逐步扩大。一些国外有关焊工制造资格认证也逐渐在国内推行，其中相应国外焊工技能培训及鉴定的标准在国内也逐步得到采用。中国焊接培训与资格认证委员会（CANB）已获得国际焊接学会（IIW）的授权，按国际标准及规程进行"国际焊接工程师（IWE）""国际焊接技术员（IWT）""国际焊接技师（IWS）"和"国际焊接技士（IWP）"等层次焊接人员的培训与资格认证。

ISO 9606系列标准以不同产品或结构的共性条件为基础，设计确定了不同材料熔化焊焊工考试的要求，规定的考试称为国际焊工考试，我国等同采用为发布了GB/T 15169—2003《钢熔化焊焊工技能评定》。ISO 14731规定了焊接人员的管理职责和任务，对影响焊接质量的人员要素规定了条件，我国等同采用并发布了GB/T 19419—2003《焊接管理任务与职责》。ISO 14732规定了自动焊和机械化焊接的焊接操作工考试要求，我国等同采用并发布了GB/T 19805—2005《焊接操作工　技能评定》。

7. 焊工考核过程及注意事项

焊工考核机构按年度下发考核计划通知，单位和个人根据自身需求，确定初试或复试考核项目向考核机构提交申请资料，考核机构审查焊工的考核资格，确定通过审核的名单，考核机构根据报名审核情况安排考试。首先参加基本知识的考试，考试合格者方可继续参加操作技能的考核。操作技能考核需要按照考核机构提供的或焊工所在单位的焊接工艺规程进行焊接操作。

考核前学员可以按需参加必要的基本知识和操作技能培训，尤其是焊接安全方面的知识培训是很必要的。目前普遍执行的是"培考分离"的政策，焊接培训和考核机构分别需要获得资质认可。

第三节　焊接质量控制

为保证电力设备焊接质量，避免在运行过程中出现焊接质量原因造成的事故，要求施焊单位对整个焊接过程中的设备焊接质量进行规范化管理，依据相应的设计规范、制造法规和规程标准进行全面而科学的控制和管理，建立职责明确且能够正常运转的焊接质量控制体系。

一、焊接质量控制系统

为确保焊接产品质量，许多企业按ISO 9000系列标准和GB/T 19000质量管理体系系列标准建立或完善质量保证体系，以加强制造过程的质量控制。国际标准化组织制定的ISO 3834系列标准规定了保证焊接质量体系应包括的焊接质量要求，我国等同采用并发布了GB/T 12467《金属材料熔焊质量要求》系列标准。

编制并有效运行符合焊接质量控制要求的质量手册、程序文件、焊接工艺文件、各种焊接质量记录表、操作规程、管理制度等，设置焊接质量控制环节、控制点和焊接质量要求。体系文件应与所承担的焊接工程或焊接工作相适宜，满足实际焊接工作的质量要求和持续改进要求。

二、焊接质量控制系统的范围、程序、内容

焊接质量控制体系或控制系统大致包含焊接用材料质量控制系统、焊接设备质量控制系统、工艺质量控制系统、焊接过程质量控制系统和焊接检验检测质量控制系统等，质量控制从焊接标准、设计要求、原材料、焊接设备、焊接人员、焊接材料、焊接工艺、焊接过程的监督与管理、焊后热处理和检验等多个方面体现并得到实现。

1. 焊接质量控制一般要求

焊接质量控制体系应符合相关法律、行政法规、部门规章、技术标准的规定和要求，而且还要符合自身的焊接能力与水平等实际情况。建立行之有效的焊接质量控制系统组织机构，任命全过程的、能够胜任焊接质量管理工作的各环节责任人员，明确焊接各责任人员的职责和权限，配备能够满足焊接工作实施所需要的焊接操作人员、焊接设备、设施等资源。

2. 焊接操作人员控制

焊工必须持有国家机构认可部门颁发的资格证书，电力行业焊接人员从业资质主要有三种，一是特种作业操作证，即 IC 卡证（也称上岗证），由各地应急管理部门颁发；一个是特种设备焊接操作人员资格证，即职业资格证（也称等级证），由各地市场监督管理局相关部门颁发管理和监督，从事锅炉、压力容器、压力管道等特种设备焊接的焊接人员必须持有此类证书；一个是电力行业焊工合格证，由国家能源局颁发，从事电力行业发、供电设备在制作、安装和维修改造工作中焊接工作的焊接人员，必须持有此类证书。

焊接人员应持证上岗，不能超项目施焊，在施焊过程中认真执行焊接作业指导书中规定进行焊接工作。焊接操作人员证书到期前，提前进行培训和参加考核机构的复试考试，避免证书超过有效期。采用新工艺、新方法，新材料的焊接工作，及时培训焊工、及时进行增项考试，防止超项焊接。应重视并加强焊前模拟练习的质量控制环

节。对新承担的焊接工作，在开展实际焊接操作前，要进行针对性焊前练习，保证施焊的焊接人员能够保质保量完成所承担的焊接工作。

3. 焊接材料控制

焊接材料管理是焊接质量控制的主要控制点，包括焊接材料的采购、验收、存储、烘干、发放、使用和回收等管理和控制。焊接材料控制的主要目的就是要确保焊接材料符合相关标准要求，母材与焊接材料必须具备相应产品质量证明文件，实现焊接材料使用的可跟踪、可追溯，确保焊接材料干燥，要防错、防混、防潮、防锈，防止焊接时候产生缺陷。

4. 焊接设备控制

焊接设备质量控制是保证焊接质量的一个重要措施，焊接设备质量很大程度上决定了焊接产品的质量，焊接设备结构越复杂，机械化、自动化程度越高，其焊接质量也就越高。为保证焊接设备具有更好的性能及其稳定性，建立焊接设备状况的技术档案，做到定期维护、保养和检修，定期校验设备用电流表、电压表、气体流量计等仪表。

5. 焊接工艺控制

应有与焊接操作相符的焊接工艺评定报告、焊接工艺规程或详细的焊接操作指导书，焊接工艺规程是与所有焊接有关的加工方法和实施要求的细则文件，是指导焊接操作的细则，是处理焊接过程中出现的问题和检查焊接质量检验和质量控制的依据，是焊接操作必须执行的强制性工艺文件。

焊接工艺评定应以钢材的焊接性评价为基础，现场使用的焊接工艺还要满足设计文件、技术协议和相关标准的要求，焊接工艺评定的项目及编制的焊接工艺规程或焊接操作指导书应覆盖所承担焊接工作的范围。电力施工现场使用的焊接工艺指导书必须依据经审核、批准的焊接工艺评定报告为编制依据，施工前应由焊接技术责任人根据焊接工艺评定报告编制焊接工艺指导书。

6. 焊接过程控制

焊接过程控制主要是对焊接参数、焊接质量和焊接程序的控制，对于焊接工序的质量控制阶段，要严格执行工序组成中各项工作完成的检查要求，应采取全面控制焊接过程、重点控制工序质量的措施。

确认现场的温度、湿度、风速等影响焊接质量的自然环境是否符合要求，检查焊接设备、仪表等是否正常，确定焊接的材料规格牌号、位置、项目与焊接工艺规程是否相符。检查坡口形状和尺寸是否符合要求，表面是否有缺陷，污染物是否清理干净。

检查焊接设备其运行状态是否稳定、其运行参数是否达到焊接工艺参数的要求，焊钳、把线等焊接工具质量。

需预热时按工艺预热并在整个焊接过程中不低于预热温度。严格按焊接工艺要求施焊，工艺参数应与焊接作业指导书或焊接工艺规程一致。逐层清渣及飞溅，并检查焊接缺陷，接近坡口顶部时按要求控制余高。有层间温度要求的按要求施焊。

焊后清除焊接区清渣和飞溅，对焊接接头的外观质量进行自检，检查焊缝余高或焊脚高度、焊缝表面质量是否符合图样及有关标准的规定，然后对焊缝进行无损检测，从而确定焊缝的内部质量等级。并填写自检记录，依据外观质量和内部质量对焊缝进行综合评级。在焊接工作完成后按照规定做好焊工标识。应详细登记焊接记录，剩余焊条退库并交还焊条头。

焊接质量记录是焊接质量管理控制体系文件的组成部分，质量记录是对工件达到所要求的质量和质量体系有效运行的证实。焊接质量记录应包括：焊材领用、焊前准备、施焊环境等的检查确认、施焊记录、焊工钢印标记、焊后检验记录、焊接缺陷的返修记录等。焊接质量记录是焊接质量控制系统中的一项重要的基础工作，也是一个关键要素。

7. 焊接返修控制

焊接接头返修是指对存在超标缺陷的焊接接头进行焊补处理，通过焊接返修消除缺陷，达到服役要求的性能。加强焊接返修的管理，提高一次合格率和返修的成功率，确保产品质量是焊接质量控制的一项重要工作。对于返修焊口，尤其是受监督的焊口，未经过相关焊接负责人员批准，不得进行返修焊接工作。

三、焊接质量控制系统的程序文件

焊接质量控制系统的程序文件或管理制度是《质量保证手册》的支持性文件，是具体实施焊接质量控制工作的规定性文件，它是焊接质量控制的主要内容，程序文件或管理制度应包括以下内容：①焊接人员管理规定，包括焊工培训、资格考核，焊工考绩档案，焊工标识等规定；②焊材管理规定，包括采购、验收、检验、储存、烘干、发放、使用、回收等；③焊接工艺评定；④焊接操作指导书。

焊接接头施焊是其焊接质量形成的阶段。焊工的技能、焊接材料的性能、焊接设备的能力、焊接工艺评定的保证作用与焊接工艺的指导作用，都将在这一阶段体现出来。控制环节包括焊接环境、焊接工艺纪律、施焊过程等控制点。

四、焊接工艺纪律

　　焊接人员必须严格执行焊接操作指导书，施焊记录规范完整、齐全，是焊接质量得到有效控制的具体体现。焊接工艺纪律是焊接质量控制系统的程序文件（或管理制度）中的重要组成部分。可以说，没有严格焊接工艺纪律的保障，就不可能得到合格的焊接质量。

　　焊接工艺纪律的监督检查，焊接责任人员应该经常检查焊接人员的施焊情况是否符合焊接作业指导书的规定。焊接责任人员应检查焊接条件是否符合焊接工艺规定，所用焊材、焊接参数是否符合工艺规定，并如实填写焊接质量记录。焊接责任人员有权阻止任何违反工艺纪律、随意施焊的错误行为。

第十一章 焊接安全与防护

焊接过程中必须采取可靠的预防措施，从而保障焊接培训及作业人员的人身安全和健康，预防伤亡事故和职业病的发生。焊接工作者应该深入了解焊接制造过程中的安全、健康与环境问题，熟知相关的规定与制度，做好焊接安全防护。

第一节 焊接与切割作业中的危害因素

在工业生产中，把对人造成伤亡或对物造成突发性损害的因素称为危险因素，而把影响人体健康或对物造成慢性损害的因素称为有害因素，两者统称为危害因素。根据 GB/T 13861—2022《生产过程危险和有害因素分类与代码》的规定，生产过程中危险和有害因素共分为四大类，分别是人的因素、物的因素、环境因素和管理因素。

1. 焊接危险因素和有害因素

各种焊接方法都会产生某些有害因素，不同的焊接工艺，有害因素亦有所不同，焊接人员应熟悉和掌握焊接安全生产知识，了解危害因素和有害因素的产生原因，严格落实岗位安全责任，遵守安全生产规章制度和焊接安全技术操作规程，服从管理，正确佩戴和使用劳动防护用品，保证自身和作业周围他人的安全与健康，保证生产场所及周围设施的安全。

焊接有害因素分化学有害因素和物理有害因素两大类。化学有害因素主要是焊接烟尘和有害气体，物理有害因素主要是电弧辐射、高频电磁场、放射线和噪声等。图 11-1 所示为焊接操作人员采用手工电弧焊进行管道焊接时产生了有害烟尘和有害气体。

在焊接操作过程中存在危险因素和有害因素，如果不加以消除和预防处理就可能出现相应的安全事故或者人身伤害，一般焊接和切割作业过程中存在的危险因素、有害因素和可能造成爆炸、火灾、触电、灼烫、急性中毒、高处坠落、物体打击、窒息等安全事故。

图11-1 焊接过程中产生的有害烟尘和有害气体

2. 焊接方法和工艺过程与危害因素分析

目前发达工业国家都已经制定了劳动环境的卫生标准，要求劳动环境中的各种有害物质不得超过标准规定的允许值。我国采用"最高允许浓度（MAC）"进行限定，规定作业环境中有害物质在长期多次有代表性的采样测定中，均不允许超过标准要求的数值。焊接车间空气中电焊烟尘的最高允许浓度规定为6mg/m^3，其他的有害物质浓度均可按GB/Z 2.1—2019《工作场所有害因素职业接触限值 第1部分：化学有害因素》的规定执行。

3. 焊接作业与职业病防护

电焊工尘肺是工人长期吸入高浓度电焊烟尘而引起的慢性肺纤维组织增生为主的损害性疾病，发生及病变程度与肺内粉尘蓄积量有关，蓄积量主要取决于粉尘的浓度、分散度、接触时间和防护措施等。电焊烟尘是由于高温使焊药、焊条芯和被焊接材料熔化蒸发，逸散在空气中氧化冷凝形成的颗粒极细的气溶胶，电焊烟尘因使用的焊条不同有所差异。

金属烟热是吸入金属加热过程释放出的大量新生成的金属氧化物粒子引起的急性职业病，各种重金属烟均可产生金属烟热。金属加热刚超过其沸点时，释放出高能量的微粒子，吸入大量细小的金属尘粒也可发病。能引起金属烟热的金属有锌、铜、镁，特别是氧化锌。锌的熔点和沸点较低，高温时首先逸出大量锌蒸气，在空气中氧化为氧化烟而致病，金属焊接和切割作业的高温可使镀锌金属或镀锡金属释放出氧化锌或氧化锡烟。

电焊作业时，会产生对人体有害的电焊弧光，主要包括红外线、可见光线和紫外线。当光辐射作用在人体上，机体内组织便会吸收，引起组织热作用、光化学作用或电离作用，致使人体组织发生急性或慢性的损伤。长期从事焊接作业人员由于防护不周在面、手背和前臂等暴露部位可能发生电光性皮炎职业病，该病常伴有电光性眼炎发生。

焊接职业病的发生主要取决于焊接烟尘和气体的浓度与性质及其污染程度，焊工接触有害污染的机会和持续时间，焊工个体体质与个人防护状况，焊工所处生产环境的优劣以及各种有害因素的相互作用。作业环境很差或缺乏劳动保护情况下长期作业，有引发焊接职业病的可能。

第二节　焊接与切割安全技术

理解与识别焊接技术及相关作业面临的安全与健康风险，是降低职业伤害与安全事故的基础。影响焊接作业安全的因素是多方面的，包括焊接设备、工具、气体及作业环境及作业内容、安全措施和防护用品因素，这些因素独立或共同影响着焊接作业的安全。

一、焊接设备的安全要求

弧焊电源除了满足GB/T 8118—2010《电弧焊机通用技术条件》的规定外，系统的安全性能还须满足GB/T 15579.1—2013《弧焊设备　第1部分：焊接电源》的要求，焊接设备的空载电压既要满足焊接工艺要求，同时又要保证焊工的操作安全。

焊接设备和等离子切割系统的工作环境须满足设备技术说明书要求，如在气温过高或过低、湿度过大、气压过低以及在腐蚀性或爆炸性等特殊环境中作业，应使用具有相应特殊性能的焊机或采取保护措施。焊接设备有外露带电部分必须有完好的隔离防护装置，如防护罩、绝缘隔离板等，必须装设独立的专用电源保护开关，禁止多台焊机共用一个电源开关。焊接设备应结构合理、连接牢固、接触良好，且便于维修和安全操作。正常状态下焊接设备不带电的金属外亮，必须采用保护接零或接地的防护措施，防止触电事故，不得多台焊机串联接地，专用的焊接工作台架应与接地装置连接。每半年应进行1次电焊机维修保养。

二、焊接工器具的安全要求

电焊钳、焊接夹钳、焊炬（枪）、送丝装置和焊接电缆是手工电弧焊、气电焊以及等离子弧焊的主要工器具，它与焊接操作安全有着直接的关系，因此必须符合相应的安全技术要求，作业人员也应熟悉焊接工器具的安全使用性能，在操作中严格按照规程要求进行使用和维护。

1. 电焊钳

电焊钳是与电弧焊机配套使用的，除了满足 QB/T 1518—2018《电焊钳技术条件》的规定外，其安全性能须满足 GB/T 15579.11—2012《弧焊设备　第11部分：电焊钳》的要求，应能安全、快速地装上焊条和取下剩余的焊条残段，焊钳应保证在任何斜度下都能夹紧焊条，而且更换焊条方便，能使焊工不须接触带电部分即可迅速更换焊条。

电焊钳应结构轻便、易于操作，手工电弧焊焊钳的质量一般不应超过600g，其他一般不超过700g。绝缘性能和隔热性能要好，手柄要有良好的绝热层，手柄外表面最热点的温升不应超过40K。电焊钳的导电部分应采用纯铜材料制成，与电缆的连接必须简便牢靠，接触良好，连接处不得外露，应有屏护装置或将电缆的部分长度深入握柄内部以防触电。焊钳嘴陶瓷片缺失或焊把破损时应及时更换焊钳，焊钳过热时禁止用水冷却后继续使用。

2. 焊接夹钳

焊接夹钳也称工件夹或回流电流夹钳，是将焊接电缆连接至工件的装置，其安全性能须满足 GB/T 15579.13—2016《弧焊设备　第13部分：焊接夹钳》的要求，使用中焊接夹钳的规格要根据连接的焊接电缆的截面积范围确定。

焊接前应检查焊接夹钳与工件或电缆接触是否牢固，接触不良影响电流的传导，使接触处产生较大的接触电阻，造成钳口发热，甚至会打火花，不得借用金属脚结构、手架、管道、轨道、结构钢筋或其他金属物搭接起来作回路地线使用这些金属物作为焊接电缆，很容易引起触电，同时会因接触不好，产生火花，还会引起火灾。

3. 焊炬（枪）

焊炬是在弧焊、切割或类似工艺过程中，能够提供维持电弧所需电流、气体、冷却液、焊丝等必要条件的装置，其安全性能须满足 GB/T 15579.7—2013《弧焊设备　第11部分：焊炬（枪）》的要求，不应在雨雪或类似天气条件下使用。手柄和电缆软管组件的绝缘应能承受热颗粒和正常数量的焊接飞溅物的影响而不致燃烧或出现不安全的因素。

焊炬的气体通路零件均应使用抗腐蚀材料制造，焊炬（枪）内腔要光滑、气路畅通、阀门严密、调节灵敏，连接部位紧密不泄漏，等离子焊枪应保持电极和喷嘴同心，保证水冷系统密封，不漏气、不漏水。禁止在使用中把焊炬的嘴头与平面摩擦来清除嘴头堵塞物，大功率焊炬应采用摩擦点火器或其他专用点火器，禁止用普通火柴点火，以防止烧伤。使用前焊工应检查焊炬（枪）的气路是否通，以及射吸能力和气密性能技术性能，另外还需要定期检查和维护。

4. 送丝装置

送丝装置是将焊丝输送至电弧或熔池，并能进行送丝控制的装置，可与手工焊炬或机械导向的焊炬配套使用，其安全性能须满足 GB/T 15579.5—2016《弧焊设备　第5部分：送丝装置》的要求。送丝装置应有防止在操作过程中意外触及运动部件（如送丝轮、齿轮）的防护，以及在将焊丝导入送丝装置时或对焊丝盘的操作时防止人体部位受到挤压的防护措施。

焊接操作时要了解送丝装置的正确使用方法，熟悉如搬运要求、焊丝规格、焊丝类型、负载限制、热保护说明、驱动滚轮和焊枪要求。在调整送丝机构及焊机工作时，手不得触及送丝机构的滚轮，导丝或更换丝盘时不能戴手套，应按照使用说明书要求定期进行维护保养。

5. 焊接电缆

焊接电缆是用于焊接设备二次侧接线及连接电焊钳、电焊机、工件等的专用绝缘电缆，其特点是电流大、电压低，其安全性能须符合 GB/T 5013.6—2008《额定电压450/750V及以下橡皮绝缘电缆　第6部分：电焊机电缆》的要求，电缆的截面积应根据焊接电流的大小、焊接配用电缆标准的规定来选择，要保证电缆不能过热而损坏其绝缘层。

电焊机与焊钳必须使用软电缆，应具有良好的导电能力和绝缘外层，不能有裸露现象，具有良好的抗机械损伤能力，有耐油、耐腐蚀等性能，轻便柔软，能任意弯曲和扭转，便于焊接操作，长度应考虑电压降和可操作性等因素，一般以20～30m为宜，二次电缆线和电焊机连接可以用设备耦合器相连。电缆与设备、焊钳、焊枪、工件的接触要良好，横过马路或通道时，应加保护套、穿管或进行遮盖，避免碾压和磨损等，禁止与油、脂等易燃物料接触。焊接电缆应定期检查其绝缘性能，一般半年1次为宜。

三、焊接用气体使用相关安全要求

焊接用气体包括保护性气体和可燃气体两类，保护性气体须满足 GB/T 39255—

2020《焊接与切割用保护气体》的要求，气瓶的使用须满足 TSG 23—2021《气瓶安全技术规程》的要求。除此之外，和焊接气体使用相关的气体减压器、橡胶和复合塑料软管也必须满足相应的安全使用要求。

1. 氧气瓶的使用安全要求

氧气瓶禁止在阳光下长期暴晒，以免发生爆炸。氧气瓶和瓶阀及减压器不能沾染或接触油脂类物质，禁止用沾染油类的手和工具操作气瓶，氧气瓶里的氧气必须保持约 0.1MPa 剩余压力，严防乙炔倒灌引起爆炸。

氧气瓶一般应直立放置，必须安放稳固，不能强烈碰撞，禁止采用抛、摔及其他容易产生撞击的方法进行装卸或搬运，严禁用起重机械吊运，氧气瓶是高压容器，掉落容易引起爆炸，如果大批量运输，有专用的盛装氧气瓶的集装格，适合多瓶的一次性运输、装卸要求，气瓶无防震圈或在气温 −10℃ 以下时，禁止用转动方式搬运氧气瓶。

使用前应稍打开瓶阀，吹出瓶阀上黏附的细或脏污后立即关闭，然后使用专用工具接上减压器再使用，工作时氧气瓶距离乙炔源、明火或热源应大于 5m，禁止使用没有减压器的氧气瓶，禁止在带压力的氧气瓶上以拧紧瓶阀和垫圈螺母的方法消除泄漏，禁止单人肩扛氧气瓶，禁止用手托瓶帽移动氧气瓶。禁止用氧气代替压缩空气吹净工作服、乙炔管道或用作试压及气动工具气源，禁止用氧气对局部焊接部位通风换气。

采用氧气汇流排（站）供气的车间，执行 GB 50030—2013《氧气站设计规范》的要求，氧气汇流排输出的总管上，应装有防止可燃气体进入的单向阀。汇流排应按规定使用一种介质，不得混用，以免发生危险，气体汇流排不要安装在有腐蚀性介质的地方，气体汇流排不得连同同气瓶充气。

2. 乙炔瓶的使用安全要求

乙炔气瓶的充装、检验、运输和储存均应符合 GB/T 11638—2020《乙炔气瓶》的规定，瓶阀应符合 GB/T 15382—2021《气瓶阀通用技术要求》或相关标准的规定。乙炔气瓶的附件（瓶阀、易熔合金塞装置）不得选用含铜量大于 70% 的铜合金材料制造，且不得含有锌、镉、汞等元素，严禁铜、银、汞等及其制品与乙炔接触，瓶体结合处使用的密封材料，应不与乙炔、溶剂等发生化学反应。

乙炔气瓶应储存在通风、干燥、不受日光暴晒和没有腐蚀介质的地方，并符合国家法规和消防部门的有关规定。乙炔气瓶温度不得超过 40℃，不允许暴晒气瓶，溶剂丙酮沸点 58℃，丙酮挥发析出乙炔，使瓶内压力急剧增加，同时温度上升时气态乙炔发生聚合作用而发生爆炸。乙炔瓶不得碰撞，碰撞会造成活性炭破碎，膨胀空间增大，乙炔气聚集，并处于高压状态，有形成爆炸的危险。乙炔瓶、氧气瓶中一定要留有余压，瓶内气体严禁用尽，一般留有余压不低于0.05MPa，冬季应保留49~98kPa，夏季应保留196kPa。

搬动、装卸和使用时都应竖立放稳，禁止随意放置，不得放在橡胶等绝缘体上，严禁卧倒使用，乙炔瓶使用时要注意固定，防止倾倒措施，对已卧倒的乙炔瓶，不准直接开阀使用，使用前必须先立牢静置15min后，再接减压器使用。在用汽车、手推车运输乙炔瓶时，应轻装轻卸，严禁抛、滑、滚、碰，吊装搬运时，应使用专用夹具的运输车，严禁用起重机和手拉葫芦吊装搬运。禁止在乙炔气瓶上放置物件、工具或缠绕悬挂橡胶管及焊炬和割炬等。

3. 气瓶的其他使用安全要求

气瓶制造应满足GB/T 5099—2017《钢质无缝气瓶》系列标准和GB/T 5100—2020《钢质焊接气瓶》的规定，气瓶要定期进行技术检查，使用期满或送检不合格的气瓶均不准继续使用。气瓶油漆颜色的标志应符合国家规定，禁止改动，严禁充装与气瓶漆色不符的气体。

气瓶必须要配安全瓶帽，可防止灰尘或油脂类物质的沾染和侵入，气瓶不应停放在人行通道，如电梯间、楼梯间的等附近，防止被撞击、碰倒。如果躲避不开，应采用妥善的保护措施。气瓶要有防倾倒措施，气瓶搬运要轻装轻卸，工作地点频繁移动时，应装在专用小车上，严禁抛掷、滚动或碰撞。气瓶应配置手轮或专用扳手启闭瓶阀，工作完毕、工作间隙、工作点转移之前都要关闭瓶阀，拧紧安全帽。留有余气需要重新灌装的气瓶，应关闭瓶阀并拧紧安全帽。

标明空瓶字样或记号。冬季使用氧乙炔瓶或其他气瓶，气瓶的瓶阀、减压器和管系发生冻结时，禁止火烤解冻，或使用铁器一类的东西猛击气瓶，更不能猛拧减压阀的调节螺母，可用10℃以下温水解冻。气瓶不得靠近热源、电气设备、油脂及其他易燃物品，气瓶与明火的距离一般不得小于10m，夏季要有遮阳措施防止暴晒，乙炔瓶和氧气瓶应避免放在一起，乙炔瓶和氧气瓶之间的安全距离大于等于5m，氧气瓶和乙炔瓶需定置摆放并且划线，使用黄线规格50mm。

4. 气体焊接、切割和类似作业用软管的使用安全要求

焊接用气体软管须满足GB/T 39389—2020《气体焊接、切割和类似作业用复合塑料软管》和B/T 2550—2016《气体焊接设备 焊接、切割和类似作业用橡胶软管》的要求。单管外覆层颜色与所适用的气体相关，液化石油气（LPG）、甲基乙炔与丙二烯混合物（MPS）、天然气和甲烷用橙色，乙炔和其他可燃性气体用红色，氧气用蓝色，除

氧气外的其他非可燃气体和其他混合物用黑色标识。

焊接用气体胶管不能互换使用，也不能用其他胶管代替，应使用正式厂家合格产品，胶管应具有足够的抗压强度和阻燃特性。胶管若发现漏气，禁止用胶布等物缠绕包扎后继续使用，胶管一般以 10~15m 为宜，氧乙炔用胶管与回火防止器、汇流排等导管连接时，管径必须吻合，并用管卡严密固定，乙炔胶管管段的连接，应使用铜质量分数小于 70% 的铜管、低合金钢管或不锈钢管，禁止使用回火烧损的胶管。

新胶管在使用前，必须先把胶管内壁滑石粉吹除干净，防止割炬和焊炬的通道被堵塞，应检查胶管有无磨损、扎轧、刺孔、老化和裂纹等情况，并及时修理或更换。操作中不得用氧气吹扫清除乙炔管内的堵塞物，氧乙炔的使用过程中应随时检查和消除割炬和焊炬的漏气或堵塞等缺陷，防止在胶管内形成氧气与乙炔的混合气体。在使用中避免受外界挤压和机械损伤，不得与酸、碱、油类物质接触，不得将管身折叠，在保存、运输和使用时必须注意维护，保持胶管的清洁和不受损坏。防止由于磨损、重压硬伤，腐蚀或保管维护不善致使胶管老化，强度降低或漏气。

5. 气体减压器的使用安全要求

氧气、乙炔气、氢气、液化石油气和氩气等的减压器，必须选用符合气体特性的专用减压器，并定期进行校修，压力表定期进行检验。氧气、乙炔气、液化石油气等各种气体的专用减压器禁止互相换用和代用，禁止使用棉、麻绳或一般橡胶等易燃物料作为减压阀的密封垫圈。

乙炔气瓶必须装设专用减压器和回火防止器，液化石油气、溶解乙炔气瓶和液体二氧化碳气瓶用减压器必须保证位于瓶体最高部位，防止瓶内液体流出。同时使用两种不同的气体进行焊接操作时，不同气瓶减压器的出口端都应各自装设单向阀，防止气体互相串通。

在开启瓶阀和减压器时，人要站在侧面，开启的速度要缓慢，防止有机材料零件温度过高或气流过快产生静电火花而造成燃烧。操作过程中必须注意观察工作压力表的压力数值，如发现有漏气、压力表指针动作不灵敏或有误差应及时由专业部门维修。气割操作需要很大的氧气输出量，因此与氧气表高压端连接的气瓶阀门应全打开，以保证提供足够的流量和稳定压力。

四、防止焊接人员发生触电事故的安全措施

在焊接过程中，焊接人员不可避免地会碰触到焊接设备，当焊接设备的绝缘损坏

时外壳带电，工作人员身体直接或间接地接触电焊机的输入端或输出端，尤其在下雨天、焊接作业场地有积水或工作人员的手和身体沾水，均有一定程度的意外触电风险。

所有交、直流焊接设备必的外壳须采取保护性接地或接零装置，各种焊机或外壳、控制箱、焊机组等都应按照 GB 50169—2016《电气装置安装工程　接地装置施工及验收规范》的要求接地，防止触电事故。在动力电源为三相四线制中性点接地的供电系统中，焊机必须装设保护性接零装置，在三相三线制对地绝缘的供电系统中，焊机必须装设保护性接地装置。弧焊变压器的二次绕组与工件相接的一端也必须接地或接零，保护中性线中间不允许有接头，焊机地线不能随意搭接。

根据 GB 50194—2014《建设工程施工现场供用电安全规范》的规定，用电设备须执行"一机一闸一漏一箱"规定，不得一个开关同时控制两台（条）及以上电气设备，即每台电焊机必须配备一个独立的电源控制箱，控制箱内有容量符合要求的铁壳开关（或自动空气开关）和剩余电流保护器，当焊机超负荷时，应能自动切断电源，剩余电流保护器必须选用符合 GB 6829—2017《剩余电流动作保护电器（RCD）的一般要求》的产品。

一般电焊电弧电压为 16～35V（低于安全电压），即引弧后电源输出电压（二次线电压）自动下降到工作电压才能稳定地继续施焊，二次线电压属于安全电压范围，停止焊接时二次线电压变为空载电压 50～90V，电压超出了安全电压范围，自动断电装置可以在焊机停用、误操作或设备本身绝缘不良焊接中断，延时开关将在设定的时间内自动切断电源。特别危险如在金属容器、管道内、在金属结构上、潮湿地点以及水下、高处等处进行焊接作业电焊机必须配装空载自动断电保护装置。

焊接设备应在铭牌允许的负载持续率下工作，设备超载运行会因过热而烧毁绝缘，可能引起漏电而发生触电事故。焊工施焊时应避免过载，不得长时间超载运行，以防损坏绝缘发生触电事故。电焊机发热多少与电流大小和通电时间有关。过载指两个方面：一是焊接电流超过额定电流值，二是使用的时间超过负载持续率。

电焊设备应有良好的隔离防护装置，避免人体与带电体接触。电焊机一次线和二次线的接线柱端口都必须有良好的防护罩，防止人体意外触及带电体。如果防护罩是金属材料，必须防止防护罩和接线端口的接线柱、金属导线碰触或连接，以免防护罩带电。伸出箱外的接线端应用防护罩盖好，有插销孔接头的设备，插销孔的导体应隐蔽在绝缘板平面内。设备的电源线长度越短越好，一般不超过 2～3m，若临时紧迫需要较长电源线时，应在离地面 2.5m 以上的墙壁上用绝缘体隔离架设，不得将电源线拖在地面上。各设备之间，以及设备与墙壁之间至少要留 1m 宽的通道，焊接设备和电源变压器之间的通道，宽度不能小于1.5m。

焊接人员更换焊条时必须戴防护皮手套，禁止用手和身体随便接触二次回路的导电体。对焊接设备、电源线、焊接电缆及焊接工具等，要定期检查其绝缘性能，绝缘电阻、耐压强度、泄漏电流、截至损耗等性能达到相关国家标准的要求。身体出汗衣服潮湿时，切勿靠在带电的钢板或坐在工件上工作、金属容器、管道、金属结构及潮湿等不良的环境下进行焊接时，触电的危险性很大，应使用"一垫一套"防止触电，即脚下加绝缘垫，停止焊接时，取下焊条在焊钳上套上"绝缘套"。

改变焊机接头、改接二次回路线、摆动焊机、更换熔断器、焊接设备故障、检修焊机应在切断电源后进行操作。电焊设备与电力线路的连接、拆除、设备故障以及电焊设备的电气维修必须由专业电工检修人员进行维修，焊接操作人员不得擅自处理。

五、焊接及切割作业时防止火灾、爆炸事故的安全措施

工业用乙炔含有杂质硫化氢和磷化氢，磷化氢的在100℃温度下就会发生自燃，乙炔与空气混合的爆炸极限为2.2%～81%，乙炔受热或受压容易发生聚合、加成、取代和爆炸性分解等化学反应，乙炔与铜、银、汞等金属或盐类长期接触时，会生成乙炔铜和乙炔银等爆炸性化合物，当受到摩擦或冲击时就会发生爆炸。

氢站、燃油库、中心乙炔站、氧气站等一、二级动火区内一般不允许电弧焊作业，限制动火的地方从事焊接，必须按照规程要求办理动火工作票并严格执行防火制度，严禁将易燃、易爆管道作为焊接回路使用。发现室内有可燃气体滞留，禁止立即启动电动装置，怀疑可燃气体漏气，禁止用明火试验检查泄漏点。不得将点燃的焊炬、割炬用作照明。

焊接、切割盛装过易燃易爆物料（如油漆、有机溶剂、液化石油气等）、强氧化剂或有毒物质的各种容器、管道、设备，以及进入狭窄和通风不良的地沟、竖井及封闭容器内进行焊接作业，都属于特殊焊接作业环境。严禁焊接带压的、油漆未干的管道、容器及设备，储放易燃、易爆物的容器未经彻底清洗严禁焊接。不得随便进行补焊或切割，必须先进行置换，然后清洗合格后才能动火，不得擅自倾倒石油气或其他可燃气体残液。焊接管道、容器时，必须把和外部通风的孔盖、阀门打开，在容器内进行焊接或切割，中间因故停止操作，禁止将焊把或割炬放在容器内，而焊工擅自离开。在密封空间不允许同时进行电焊和气焊操作。

高处作业时，更换下来的焊条头要放入焊条头回收桶妥善保管，禁止乱扔焊条头，

作业下方应用防火材料进行隔离或遮挡，电弧焊工作结束后要立即切断电源和气源，待工件冷却并确认无火灾隐患后方可离开现场。

六、防止高处坠落和物体打击安全措施

高处作业必须有可靠的作业面或其他安全防护，如脚手架、防坠安全绳、安全带、防坠网等，并正确佩戴和使用，应根据 GB 51210—2016《建筑施工脚手架安全技术统一标准》的要求，规范搭设脚手架，并验收合格后方可登高焊接作业。

严禁在6级以上大风、雨天、雾天、大雪等天气条件下，进行高处作业或高处立体交叉作业时，应根据作业高度和环境条件对危险作业范围予以明确，设置围栏并做出必要的安全警示标志禁止在作业危险区存放可燃、易燃物品和停留人员。高处作业人员应沿着通道、梯子上下，严禁沿着绳索、立杆或栏杆攀登。登高时，人与吊物分开上下，人从专门的梯子或其他安全的地方进入施工位置，吊物未放稳时不得攀爬。高处作业确保全过程都处于安全保护状态后再移动。

施工现场的焊接作业人员要正确佩戴安全帽，安全帽执行标准为 GB 2811—2019《头部防护　安全帽》。配备工具袋，施工工具和工件有防滑落措施，施工作业区域下方围栏警戒区域内，工作期间禁止人员走动，严禁向下投掷杂物，防止交叉作业带来高处坠物等风险，现场设专人监护，采取规范的施工方法，不存在侥幸心理。

第三节　焊接与切割劳动防护

焊接劳动保护是在焊接过程中为了保障操作者的安全和健康所采取的措施，除了加强作业者自身的劳动保护外，从业单位还需要在绿色环保的作业场所和焊接技术方面强化安全保护措施。各种焊接工艺方法在施焊过程中仅存在单一有害因素的可能性很小，同时存在的有害因素，比单一有害因素对人体的毒害作用更大。

一、焊接作业人员个人防护用品

作业人员必须正确佩戴个人防护用品，个人防护用品是对焊工直接保护的设备，

主要有工作服、工作帽、护目镜、平光眼镜、电焊面罩（或送风头盔）、电焊手套、口罩、防毒面具、绝缘鞋或护脚、鞋套、套袖、绝缘垫板等，所有防护用品必须是符合相关国家标准要求的合格产品。

1. 焊接防护服

焊接工作服的种类很多，最常见的是白色棉帆布工作服或铝膜防护服，用防火阻燃织物制作的工作服也已开始应用，白色对弧光有反射作用，棉帆布有隔热、耐磨、不易燃烧可防止烧伤和烫伤等作用。焊接防护服面料的性能和检验项目应符合GB 8965.2—2022《防护服装　焊接服》的规定。

焊接与切割作业的工作服不能用一般合成纤维织物制作，布料应结实耐磨，而且耐火性能要好，不产生静电。穿戴工作服应保持整洁干燥，穿着时要把衣领和袖子扣好，上衣不应系在工作裤里边，工作服不应有破损、孔洞和缝隙，不允许粘有油脂，或穿着潮湿的工作服。

2. 电焊面罩和护目镜

面罩和护目镜是用来保护作业人员的眼睛、面部和颈部的一种遮蔽工具，防止焊接时的飞溅、弧光及熔池和工件的高温烧伤等外部伤害，分为手持式和头戴式或安全帽与面罩组合式三类，执行标准为GB/T 3609.1—2008《职业眼面部防护　焊接防护　第1部分：焊接防护具》。

面罩和头盔的壳体应选用难燃或不燃且无刺激皮肤的绝缘材料制成，应根据焊接、切割工作条件，选戴与遮光性能相适应的面罩或相应型号的防护眼镜片。罩体应遮住脸面和耳部，结构牢靠，无漏光，用于各类电弧焊或登高焊接作业的头戴式面罩，质量不应超过560g。打磨焊口、清除焊渣等准备和清理工作，应佩戴镜片不易破碎的防渣眼镜护目镜或平光防护眼镜。

3. 绝缘手套和鞋

焊工防护手套是对手部和腕部起保护作用保护、不受飞溅和辐射损伤、防止触电的绝缘专用护具，执行标准为AQ 6103—2007《焊工防护手套》。绝缘鞋是用来防止脚部烫伤、触电的辅助安全用具，须符合LD 4—1991《焊接防护鞋》的要求。防护手套和工作鞋宜采用牛绒面革或猪绒面革制作，以保证绝缘性能好和耐热不易燃烧。应使用绝缘、抗热、不易燃、耐磨损、防滑材料制作。

防护手套的长度不得短于300mm，应用较柔软的皮革或帆布制作。推拉隔离开关时，可戴绝缘手套且避开面部。焊工防护鞋的橡胶鞋底，经耐电压5kV耐压试验合格，现一般采用胶底翻毛皮鞋，并具有防烧、防砸性能、绝缘性和鞋底耐热性能好的特点。如在易燃易爆场合焊接时，不允许穿着带有铁钉的防护鞋，防止摩擦产生火花、防触电。有积水的地面焊接切割时，焊工应穿用经6kV耐压试验合格的防水橡胶鞋。护脚通常用耐热且不易燃材料制作，防止脚部烫伤。

4. 其他防护用品

焊接操作时，周围其他人员还应佩戴防尘毒口罩，减少烟尘吸入体内，口罩是用来减少焊接烟尘的吸入。为了消除和降低噪声，经常采取隔声、消声、减震等一系列噪声控制技术，当仍不能将噪声降低到允许标准以下时，应佩戴耳塞、耳罩或防噪声盔等个人防噪声防护用品。在锅炉、容器、管道类工件内施焊时，应使用绝缘垫板，以防止触电。

二、有害物质的防护

焊接烟尘和有毒气体可通过技术性防护措施与个人防护措施两方面来控制，为尽可能减少工作环境对焊工健康的危害，必须综合性改善工作条件的技术性防护措施。焊接通风是防止焊接烟尘和有害气体对人体造成危害最重要的措施，凡在车间内各种容器及舱室内进行焊接作业时，都应采取通风措施，按换气范围分局部通风和全面通风。

铝合金在大电流MIG焊时，容易产生颗粒细小的Al_2O_3烟尘，密闭容器和不易解决通风的特殊焊接作业，剧毒场所紧急情况下的抢修焊接作业，一般防护工具很难避免对作业人员造成危害，可以采取整体式通风设备与佩戴过滤式防毒空气呼吸器的措施进行防护，仅用于短时间内和限定的空间，且含有致癌或有毒的物质时。

可选择烟雾散发率低的焊接工艺，埋弧焊的焊接过程是在焊剂层下进行的，仅有少量的有害物质散发出来，在焊接条件允许情况下，尽量使用埋弧焊代替其他的弧焊方法。气体保护脉冲电弧焊比其他电弧焊能减少50%~90%的焊接烟雾散发率。钨极惰性气体保护焊被称为低烟雾散发率的工艺。光切割比氧切割的烟雾散发率低，使用带N_2的高压激光切割代替带O_2激光切割时，有害物质散发率低得多。通过选择有利的焊接参数，能减少有害物质的产生以及在呼吸区的沉积。采用无钍钨极，可以减少甚至消除含有放射性物质的烟雾和灰尘，激光光束功率较低，透镜焦距短，切割压力低，有害物质能通过激光切割参数的优化而尽量减少。去除焊接区表面的油、涂料、残余的溶剂等污染物或镀层有害物质，改善工件的表面状态，减少有害物质。焊工的身体姿态与吸入有害物质的程度有关，焊接的位置与焊工头部的水平距离越远越好，使有害物质上升而确保远离焊工的呼吸区。

三、电弧辐射的防护

焊接作业人员要正确佩戴防辐射面罩、护目镜、工作服、绝缘手套等个人防护用品，或采用弧光挡板等隔离措施。带有过滤层的头盔和面罩应用于电弧焊时，可以对光辐射、热、火花以及某种程度上对有害物质进行防护，焊接时必须使用镶有特别防护镜片的面罩，并按照焊接电流的强度不同来选用不同型号的滤光镜片。严禁直视电弧，应佩戴有专用滤色玻璃的面罩或眼镜。护目镜的编号是按护目镜颜色深浅程度确定，由浅到深排列。

为防止面罩与滤色玻璃之间漏光，可在其中间垫一层橡胶，同时在滤色玻璃外面可镶一块普通透明玻璃，避免金属飞溅而损坏滤色镜片。对于焊接辅助工和焊接地点附近的其他工作人员受弧光伤害问题，工作时要注意相互配合，辅助工要戴颜色深浅适中的滤光镜。为保护焊接场地中其他人员的眼睛不受电弧光辐射，在多人作业或交叉作业场所从事电焊作业，要采取保护措施，设防护遮板与周围隔离开，以防止电弧光刺伤焊工及其他作业人员的眼睛。

四、放射线的防护

钍钨棒应有专用的储存设备，大量存放时应藏于铁箱里，并安装排气管。采用密闭罩施焊时，在操作中不应打开罩体，手工操作时，必须戴送风防护头盔或采用其他有效措施。应备有专门砂轮来磨削钍钨棒，砂轮机要安装除尘设备，砂轮机地面上的磨屑要经常作湿式扫除，并集中深埋处理。磨削钍钨棒时应戴防尘口罩。接触钍钨棒后应以流动水和肥皂洗手，并经常清洗工作服和手套等。焊割时选择合理的规范，避免钍钨棒的过量烧损。尽可能不用钍钨棒而用铈钨棒或钇钨棒，因后两者无放射性。

五、高温热辐射的防护

焊接时的焊接电弧可产生3000℃以上的高温强射热，焊条电弧焊时，其电弧总热量的20%左右散发在周围空间。电弧产生的强光和红外线还造成对焊工的强烈热辐射，红外线被物体吸收后，辐射能转变为热能，使物体成为二次辐射热源。焊接工作场所的机械通风或自然通风是降温的重要技术措施，尤其是在电站锅炉炉膛或炉顶大包箱内部等狭小的空间或容器内进行焊接工作时，应加强通风。

六、噪声的防护

按照GB/T 50087—2013《工业企业噪声控制设计规范》中规定，焊接场地的噪声不得高于85dB，最高不能超过90dB，需要加以控制及防护。采用低噪声工艺和设备，减少噪声源。如采用热切割代替机械切割，用坡口机、碳弧气刨、热切割坡口代替手工加工坡口，采用整流器、逆变电源代替旋转直流焊机，用组装机械化装置代替手工操作等。选用噪声控制装置，在进、排气管路上采取消声措施。采取隔声措施，如采用隔声罩、隔声间等。采取吸声降噪措施。加强个人防护措施，如耳塞、耳罩、防护头盔等。

七、高频电磁场污染及防护

人体在高频电磁场作用下会产生生物学效应，焊工长期接触高频电磁场能引起植物功能紊乱和神经衰弱，表现为全身不适、头昏头痛、疲乏、食欲不振、失眠及血压偏低等症状。高频振荡电路的电压较高，要有良好而可靠的绝缘。一般的焊接电磁场对人体健康不会有影响，注意选择高性能的焊接设备，保证钨棒端部形状，提高引弧成功率，减少高频引弧时间，减少高频辐射，在采用交流钨极氩弧焊焊接操作时，可以选用方波交流焊接电源，降低稳弧阶段的高频电压以及高频稳弧时间，减少高频辐射。

焊接作业面临诸多的安全与健康风险，国家及有关行业、集团公司制定了一系列的焊接操作、设备安装与使用、用电安全等标准，对设备安装、维护、使用以及焊接操作进行了详细的规定，以保证焊接操作者的安全以及焊接生产的安全。

企业应依据《中华人民共和国安全生产法》《中华人民共和国职业病防治法》和《用人单位劳动防护用品管理规范》等法律法规，以及GB/T 39800《个体防护装备配备规范》系列标准等标准建立和完善企业的管理制度，对生产过程中存在的隐患、有害因素、安全缺陷等进行实时检查和监测以确定其存在状态，确定整改措施以消除或降低危险因素，有效提升安全与健康的管理水平，帮助企业有效保护焊工这一宝贵的资源，保持企业的持续发展。

参考文献

［1］张艳飞，李航.火力发电厂金属监督及典型案例分析［M］.北京：中国电力出版社，2021.

［2］华北电力行业理化检验人员资格考核委员会.电力行业金属材料理化检验培训教材［M］.
北京：中国电力出版社.2018.

［3］冯砚厅.超（超）临界机组金属材料焊接技术［M］.北京：中国电力出版社，2010.

［4］杜文敏.火电厂金属材料焊接技术与管理［M］.北京：中国电力出版社，2012.

［5］方洪渊.焊接结构学［M］.北京：机械工业出版社，2017.

［6］王文仙，王东坡，齐芳娟.焊接结构［M］.北京：化学工业出版社，2012.

［7］陈祝年，陈茂爱.焊接工程师手册（第3版）［M］.北京：机械工业出版社，2018.

［8］李亚江，王娟.焊接缺陷分析与对策（第二版）［M］.北京：化学工业出版社，2016.

［9］苏允海，黄宏军，刘长军.焊接检验及质量管理［M］.北京：冶金工业出版社，2018.

［10］刘鹏，李阳，郭伟.焊接质量检验及缺陷分析［M］.北京：化学工业出版社，2014.

［11］张艳飞，田力男，田峰.主蒸汽管道异种钢焊缝断裂失效分析［J］.焊接技术，2014，43
（6）：61-63.

［12］李亚江.焊接冶金学　材料焊接性［M］.北京：机械工业出版社，2015.

［13］上海市特种设备监督检验研究院.特种设备焊接技术［M］.北京：机械工业出版社，
2017.

［14］赵忠刚，郭玉明，张凤英.GIS铝合金壳体的TIG焊焊接工艺及常见缺陷的成因概述［J］.
金属加工（热加工），2017，20：64-66.

［15］张应力，周玉华.焊接材料手册［M］.北京：化学工业出版社，2019.

［16］邱葭菲.焊接方法与设备［M］.北京：化学工业出版社，2021.

［17］张启运，庄鸿寿.钎焊手册［M］.北京：机械工业出版社，2017.

［18］邱霞菲，李继三.焊工（初级、中级、高级）［M］.北京：中国劳动社会保障出版社，
2014.

［19］文申柳.金属材料焊接.2版.［M］.北京：化学工业出版社，2016.

［20］丁永福.我国电力工业现状及发展形势展望［J］.电气时代，2023，499（04）：33-37.

［21］张义斌.新型电力系统背景下水电创新发展研究［J］.中国电力企业管理，2023，No.694
（01）：51-55.

［22］冯路路，吴开明，余宏伟，等．高强韧水电站用钢的生产现状及发展趋势［J］．钢铁研究学报，2020，32（03）：175-185.

［23］晏嘉陵，陈安生，陈庆涛，等．变电所构架水泥杆钢圈对接焊缝无损检测及应力分析［J］．电力安全技术，2012，14（4）：22-24.

［24］秦坤涛．钢岔管用B780CF钢焊接工艺研究［D］．哈尔滨工业大学，2018.

［25］张宝红．国内风电用钢市场分析与技术开发［J］．特钢技术，2012，18（01）：6-8.

［26］莫建文．公格尔水电站B780CF高强钢岔管制造与焊接［J］．广西水利水电，2014（02）：72-75.

［27］杨永强．火力发电厂用新型铁素体耐热钢焊接及热处理工艺控制要点［J］．焊接技术，2010，39（10）：72-74.

［28］李亚江．合金结构钢及不锈钢的焊接［M］．北京：化学工业出版社，2013.

［29］中国机械工程学会焊接学会．焊接手册 第3版 第2卷 材料的焊接［M］．北京：机械工业出版社，2021.

［30］陈轩，李萌蘗，卜恒勇．7系铝合金焊接技术的现状及展望［J］．材料导报，2023，37（13）：21010106.

［31］沈小冶．低磁钢与纯铜的焊接工艺研究［J］．金属热加工，2015，22：60-65.

［32］张亚彬．高硅铝合金焊接现状及展望［J］．冶金与材料，2021，41（3）：179-180.

［33］韩永全，孙振邦，杜茂华．铝合金高能束焊接及其复合焊接的研究现状［J］．电焊机，2020，50（9）：221-230.

［34］李洋，韩旸，曲趵．特高压变电站铝合金管母线MIG焊接工艺及培训［J］．热加工工艺，2017，46（21）：223-225.

［35］郑江鹏，扈金富，王家赞．铜及铜合金激光熔化焊接工艺的研究进展［J］．热加工工艺，2023，DOI：10.14158/j.cnki.1001-3814.20220889.

［36］孙遇谆．铜铝闪光焊接工艺参数探讨［J］．焊接技术，2011，40（6）：22-25.

［37］国家电网有限公司设备管理部．电网设备金属监督检测技术及实例［M］．北京：中国电力出版社，2019.

［38］李亚江．高强钢的焊接［M］．北京：冶金工业出版社，2010.

［39］陈浩，李航，高云鹏．电力设备腐蚀失效案例分析及预防［M］．济南：山东科学技术出版社，2021.

［40］李航，陈浩．电力设备腐蚀失效案例分析及预防［M］．北京：中国电力出版社，2022.